JN104813

# 日本アマチュア無線機名鑑 II

## 最盛期から円熟期へ

1977年　2000年

JJ1GRK 高木 誠利 著

CQ出版社

# まえがき

2021年5月に，『日本アマチュア無線機名鑑　黎明期から最盛期へ』を上梓させていただきました．ほぼ半世紀前のストーリーであり，どれだけの方に読んでいただけるのか不安もありましたが，幸いなことに多くの方に手に取っていただいています．

おかげさまで今回，その続編として本書を発表することができました．1977年から2000年までのアマチュア無線機を紹介しています．日本のアマチュア無線機が世界中で認められ，日本のアマチュア無線局数が世界一となった頃から，バブル崩壊後の不景気と携帯電話の普及によって，本来のアマチュア無線家ばかりに戻ったころまでの無線機です．このジェットコースターのように変化の激しかった時代ですが，各社は一生懸命努力をして新機種を開発していて，本書をお読みいただくとその苦労が偲ばれることと思います．

本書の時代にはさまざまな理由から会社規模の大きなメーカーがアマチュア無線から撤退していきます．しかし無線機の専業メーカーは逆に特定小電力などの新しい無線システムへ進出し，気が付けばどのアマチュア無線機メーカーも総合通信機メーカーへと変身していました．その昔の業務用無線機はアマチュア用より一段高い存在でしたが，本書の終盤の年代頃にはアマチュア機と一般の業務機のあいだの性能的な差異はなくなったと言ってよいと思います．

前著と合わせると20世紀全体をカバーします．2冊に示された無線機の進化からその時代のアマチュア無線の姿も見ていただけるものと思います．その歩みを感じていただければ幸いです．

本書をまとめるにあたって，各社がホームページで公開している取扱説明書には本当にお世話になりました．あまりに多くダウンロードをしましたので不審に思われた社もあろうかと思いますがご容赦ください．ハンディ機の電池別の出力のようにカタログにはない部分への興味もあり，その都度，取扱説明書を参考にさせていただいていました．

前著と同じく，バンド表記は原則として下限周波数としています．また，基本的にCQ ham radio誌の写真を利用していますが，写真がない製品もあります．著作権に配慮をいただいた上で読書の皆様から提供いただけると幸いです．

28MHz帯用と言いながら実際は27MHz帯の違法無線局用として作られたとしか思えないリニア・アンプなど，扱いが難しいものが多々あったため，第20章，リニア・アンプの章のみ日本で発売された全機種とせず抜粋としています．とはいえ前著にはリニア・アンプの項はありませんでしたので，明らかにアマチュア無線用と思われるものは前著の期間（1976年以前）も含み掲載させていただきました．

今回は見出しとなる機器だけで1000を超えています．このためレイアウトなどにはかなり苦労されたようですが，派生タイプの表現などは我が儘を通させていただいています．皆様，本当にありがとうございました．

2022年4月
JJ1GRK　髙木 誠利

# 日本アマチュア無線機名鑑II 目次



※章立ては前作「日本アマチュア無線機名鑑」からの通し表記です.「日本アマチュア無線機名鑑」の章立てはp.13を参照してください.

# 第11章　V/UHFモービル機は多チャネル化 1977〜1986年



**メーカー名の変遷**

- アルインコ電子 → アルインコ
- 井上電機製作所 → アイコム
- トリオ → ケンウッド(現 JVCケンウッド)
- 日本マランツ → マランツ → スタンダード/日本マランツ
- 八重洲無線 → スタンダード/八重洲無線 →八重洲無線

# 第12章　ハンディ機はスティック型へ 1977~1986年



## 90　ハンディ機はスティック型へ 1977~1986年 各機種の紹介 発売年代順

# 第13章　GHz帯を目指して



## 112　GHz帯を目指して 各機種の紹介 発売年代順

# 第14章　ちょっと変わったモノバンド機たち



## 132　ちょっと変わったモノバンド機たち 各機種の紹介 発売年代順

# 第15章　HF機はマルチバンドへ



# 第16章　V/UHF固定機は多機能化

# 第17章 車載機はハイパワー志向へ



## 192 車載機はハイパワー志向へ 各機種の紹介 発売年代順

# 第18章　ハンディ機はどんどん小さく

# 第19章　ATV, レピータなどの特殊なリグたち



## 257　ATV, レピータなどの特殊なリグたち 各機種の紹介 発売年代順

# 第20章　リニア・アンプの変遷



## 276　リニア・アンプの変遷 各機種の紹介 発売年代順



※ 第9章から第20章の機種紹介ページ画像で，引用などの断り書きがないものについては，CQ ham radio誌1977年1月号(第32巻第1号通巻367号)から2000年12月号(第55巻第12号通巻654号)に掲載された「新製品情報」(編集部原稿)および広告ページから抜き出したものです．

※ 機種紹介ページで画像が見当たらない製品がございます．当該機種の画像などをお持ちの方は，本書籍のWebページなどで紹介させていただきますので，CQ出版社アマチュア無線出版部までお寄せください．なお，画像や資料につきましてはご自身で所有する，または引用等の明記が可能なものに限らせていただきます．

※ モアレについて：モアレは印刷物をスキャニングした場合に多く発生する斑紋です．印刷物はすでに網点パターン(ハーフトーンパターン)によって分解されております が，その印刷物に，明るい領域と暗い領域を網点パターンに変換するしくみのスキャニングを施すことで，双方の網点パターンが重なってしまい干渉し合うために発生する現象です．本書にはそのモアレ現象が散見されますが，諸々の事情で解消することができません．ご理解とご了承をいただきますようお願い申しあげます．

# 日本アマチュア無線機名鑑
## ～黎明期（1948年）から最盛期（1976年）へ～
## 章立て

# 第9章 HF機はデジタル制御に

## 時代背景

この章では1977年から1986年に発売されたHF機を紹介します．この時代はアマチュア無線局数が40万局から80万局に倍増した時期にあたります．電波伝搬上はサイクル21が始まり，終わるまでの期間でもあります．経済的には第1次オイルショックが終わり，第2次オイルショックを経て世界経済が成長した時代ですが，第2次オイルショックは日本にはあまり影響がなく，1987年のブラックマンデーを迎えるまで日本経済は比較的順調に推移していました．

こうした順調な背景を基に，高価格帯機器の代表格であるHF固定機は相次ぐ技術革新を受けてどんどん変化していきました．特に1981年までは新製品ラッシュが続きます．

内容的には真空管を併用したリグを高性能化したものとファイナルまでトランジスタ化した新型機の両方が発売されています．このユーザーに選択を任せるような状況は約5年間続きました．

## 免許制度

この時代のＨＦ機事情に一番インパクトを与えたのは保証認定の対象機が10Wから100Wに拡大されたことでしょう．

1983年8月の出来事です．これにより100W機を購入した際に新設検査，変更検査を受けずにそのリグを使用することが可能になりました．

そしてWARC79での新バンド制定もありました．国際電気通信連合(ITU)加盟国の会議である世界無線通信主管庁会議(World Administrative Radio Conference：WARC)で1979年に10MHz帯，18MHz帯，24MHz帯が将来運用できるようになる周波数帯として制定され，1982年4月に10MHz帯が解放(利用開始)されています．ちなみに他の2バンドの解放は1989年(平成元年)でした．

もうひとつの大きな変化は1982年7月の操作範囲の改正です．電話級はほぼ電話だけ，電信級はほぼ電信だけ(電話不可)という操作範囲が，電信級は“電波を使用するものの操作”，電話級は“電波を使用するもの

**写真9-1　IC-710のPLL**(右)**とVCO**(左)

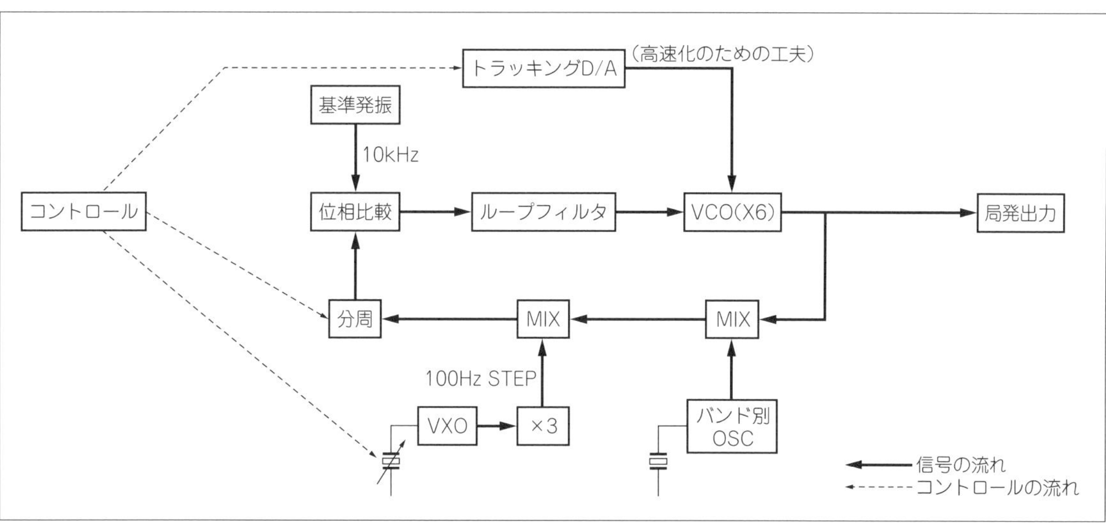


**図9-1　IC-710の局発の回路構成**

の操作(モールス符号による通信操作を除く.)"に変更されました. これによりSSTVやRTTYのような音声以外での通信が電話級でも可能となっています.

なお, 1986年12月28日から, 3.8MHz帯が3791～3805 kHzに拡張されています.

## 送受信機

この時代のリグには2つの大きな変化がありました. PLL(Phase Locked Loop)の普及と送信出力段(ファイナル)のトランジスタ化です.

1976年に発売されたトリオのTS-820はアナログVFOの出力をPLLで必要周波数に変換することで, 純度の高い局発信号を得るようになりました.

次の進化はVFOのデジタル化です. PLLで作りにくい細かいステップをデジタル・コントロールのアナログ発振器で作り出し全体をPLLでまとめるという方法で, アナログVFOを代替できる細かいステップの発振器が誕生しました. この技術は井上電機製作所(現アイコム)が144MHz帯のIC-221, IC-232用で最初に採用した技術ですが, HF機ではIC-710が最初です(**写真9-1**, **図9-1**).

一方, ファイナルのトランジスタ化は1977年八重洲無線のFT-301が国産第1号となります. それまでにもモノバンドの10W機ではオール・ソリッドステートの製品がありましたが, オールバンドをカバーする100W機にはいろいろと難しい問題があったようです.

真空管ファイナル機の出力部にはπマッチが付いています. これはアンテナ・カップラ(近年の言い方ではチューナ)と同じ動作をしますので, 多少*SWR*が悪くても良好な動作が期待できました.

しかしトランジスタ・ファイナルは広帯域トランスで出力回路に接続されます. このためアンテナ系のインピーダンスの影響を受けやすく, 出力が低下したり保護回路が動作するということがありましたが, リグにチューナが内蔵されるようになってこれらの問題は解消されています.

初期のトランジスタ・ファイナル機にはTUNEつまみがありました. これは真空管機のPRESERECT(DRIVE)と同じく受信のRF同調と送信ドライバの同調を連動させたもので, 多信号特性を良好にする効果はあったのですが, トランジスタ・ファイナルのチューニング不要という特徴に水を差す存在でした. その後, 1982年ごろから無調整タイプのリグが現れています. 50Ωに整合がしやすく強入力特性にも優れたゲート接地のFETフロントエンドとバンドパス・フィルタを組み合わせたもので, デュアルゲートFETによる高周波増幅器はすぐにこれに置き換わりました.

この時代にはもう一つ大事なテクノロジーが実用化されています. それはアップコンバージョンを利用したゼネカバ(ゼネラル・カバレッジ)受信で, 長波もしくは中波帯から30MHzまでを無理なく受信できるようになりました.

1978年に米国で発売されたドレークのTR-7, 1979年発売のコリンズのKWM-380などで採用された技術ですが, 1977年発売の日本無線のNRD-505(受信機)もこの回路を搭載しています.

## 電源について

真空管を利用したリグには内蔵, もしくは別筐体の

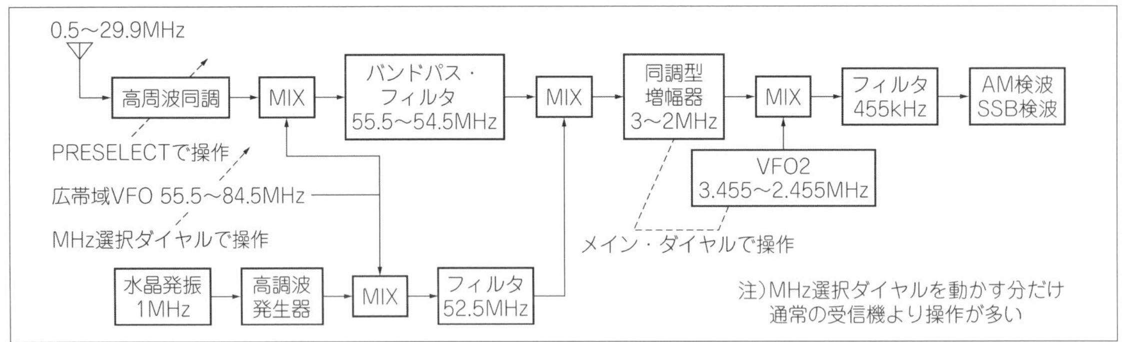


**図9-2 ワドレーループの周波数構成例**
八重洲無線 FRG-7の場合(増幅段省略)

専用電源があり，さまざまな電圧を内部に供給していました．大元はAC100V，モービル用に13.8V電源が用意されたリグもありましたが，いずれにしても本体が要求する複数の電圧を作り出します．

ところがリグがトランジスタ化されたところで変化がおきました．リグが直流13.8Vで直接動作するようになったのです．ファイナルも13.8Vです．100W機では20A程度の容量が必要で，電源を内蔵しないリグの場合，AC100Vから13.8Vを作り出す大容量の定電圧電源を用意する必要が生じるようになりました．

1980年代終わりごろまでの外部電源は皆ドロッパ・タイプです．内部の定電圧回路の入出力には3V程度の電位差が必要で，20Aが流れると実に60Wの損失が生じます．トランスも大きいので，小型機では本体と電源の大きさが同じということもありました．

そこでセットメーカーでもいろいろと工夫をしていて，たとえば井上電機製作所のIC-710の電源，IC-710PSでは，電源出力を定電圧化しないという手法を取っています．本体内で必要に応じて定電圧化すればよいという考え方です．また八重洲無線のFT-757GXなどで使われた電源FP-700では，制御部分と出力回路に違う電圧を供給しています．高い電圧が必要なのは定電圧化する制御回路なので，そこにだけ余裕のある電圧を与えればよいという考え方です．整流後の波高成分を使うことで，トランスの1つの巻線から2電圧を取り出す巧みな回路でした．もちろんこの時代にもスイッチング・レギュレータはありました．FP-700と併売されたFP-757HDはノイズ対策を施したスイッチング・レギュレータですが，当時の一般的なスイッチング・レギュレータにはノイズが多いものが多かったためか，あまり使われなかったようです．

スイッチング・レギュレータを利用した重すぎない電源内蔵機が実現したのは，IC-760(アイコム)，FT-1011(八重洲無線)からではないかと思われます．どちらも厳密にシールドをし，信号回路から電源を離すことで良好な動作を実現しています．

## ワドレーループ受信機について

まだアップコンバージョンのゼネラル・カバレッジ受信回路がなかった時代に短波帯をくまなく受信できるものは，短波ラジオか全波型と呼ばれる高価な通信型受信機だけでした．

そんな中，1975年ごろに特殊な方法で短波帯全体を連続カバーした安価な受信機が発売されます．それがワドレーループ式受信機で，水晶発振の高調波と広帯域VFOの信号を混合することで，広帯域VFOの周波数を横にシフトしたような信号を作り，受信信号を2度周波数変換することで結果的に広帯域VFOのドリフトをキャンセルするというものです．発明者はワドレー氏，このためワドレーループと呼ばれました．

**図9-2**の例ではダウンコンバージョンされた信号は1MHz幅になるので，実用上十分な周波数読み取りが可能です．1975年のSSR-1(ドレーク・世和興業)，1976年のFRG-7(八重洲無線)，1977年のC6500(マランツ商事)，1978年のFRG-7000(八重洲無線)などがこの方式の製品として発売されています．バンドチェンジ時の調整箇所が普通の受信機より1カ所多く局発の純度も低めでしたが，実売価格は5万円前後，これで短波帯全体を受信できるというのでどの製品も好評を博しました．

しかしワドレーループ式受信機の商品寿命は数年でした．PLLを使用することでドリフトをキャンセルしなくても十分な安定度が得られるようになったためです．1977年にはICF-6800(ソニー)，1979年にはR-1000(トリオ)が発売されています．また少し後にはアマチュア無線機にもゼネラル・カバレッジ受信部が付くようになりました．

**HF機はデジタル制御に 機種一覧**

| 発売年 | メーカー | 型番 | 種別 | 価格(特記なきものは完成品) |
|---|---|---|---|---|
| | 特徴 | | | |
| 1977 | 八重洲無線 | **FT-301D(301)** | 送受信機 | 211,000円 |
| | HF6バンド　100W　オール・トランジスタ　デジタル表示　スピーチプロセッサ<br>派生タイプ　相違点：アナログ　型番：無印　価格：177,000円 | | | |
| | トリオ | **TS-520S(V)** | 送受信機 | 139,800円(Sタイプ) |
| | HF6バンド　入力160W　入力20W(Vタイプ)　AFスピーチプロセッサ<br>派生タイプ　相違点：10W　型番：V　価格：124,800円 | | | |
| | 日本無線 | **NRD-505** | 受信機 | 389,000円 |
| | 0.1～30MHz　SSB，CW，AM　1MHz幅アナログVFO　デジタル表示　メモリ4ch | | | |
| | 八重洲無線 | **FT-7** | 送受信機 | 99,800円 |
| | HF5バンド　10W　オール・トランジスタ　操作はTUNEのみ　移動用 | | | |
| | 八重洲無線 | **FT-901D(SD，DM)前期型** | 送受信機 | 235,000円 |
| | HF6バンド　100W　デジタル表示　6146B×2　PLL式VFO　AMGC<br>派生タイプ　相違点：10W/ダイレクト・メモリ付き　型番：SD/DM　価格：218,000円/268,000円 | | | |
| 1978 | 井上電機製作所 | **IC-710(S)** | 送受信機 | 212,500円 |
| | HF6バンド　100W　デジタルVFO　QSY無調整　外部からバンド変更可能<br>派生タイプ　相違点：10W　型番：S　価格：195,000円 | | | |
| | 八重洲無線 | **FT-901E(S)** | 送受信機 | 203,000円 |
| | HF6バンド　100W　アナログ表示　6146B×2　PLL式VFO　AMGC　FMなし<br>派生タイプ　相違点：10W　型番：S　価格：193,000円 | | | |
| | トリオ | **R-820** | 受信機 | 210,000円 |
| | HF6バンド+放送5バンド　500kHz幅VFO　デジタル表示　RF複同調 | | | |
| | 日本無線 | **NSD-505D(S)** | 送信機 | 395,000円 |
| | HF6バンド　100W　デジタル表示　オール・トランジスタ　無調整<br>派生タイプ　相違点：10W　型番：S　価格：385,000円 | | | |
| | 九十九電機 | **FT-101ESデラックス** | 送受信機 | 129,800円 |
| | HF6バンド　100W | | | |
| | トリオ | **TS-120V** | 送受信機 | 105,000円 |
| | HF5バンド　10W　オール・トランジスタ　チューニングなし　デジタル表示 | | | |
| | 八重洲無線 | **FT-7B** | 送受信機 | 118,000円 |
| | HF5バンド　50W　オール・トランジスタ　操作はTUNEのみ　移動用 | | | |
| 1979 | 八重洲無線 | **FT-101Z(ZS)前期型** | 送受信機 | 149,800円 |
| | HF6バンド　100W　アナログ表示　6146B×2　プリミクス式VFO　当初FM，AMなし<br>派生タイプ　相違点：10W　型番：ZS　価格：134,800円 | | | |
| | 八重洲無線 | **FTV-901** | トランスバータ | 59,500円 |
| | 144MHz　オールモード　10W　28MHz入力50，430MHzユニット別売<br>追加ユニット：50MHz/430MHz　価格：18,500円/42,000円 | | | |
| | 八重洲無線 | **FT-101ZD(ZSD)前期型** | 送受信機 | 169,000円 |
| | HF6バンド　100W　デジタル表示　6146B×2　プリミクス式VFO　当初FM，AMなし<br>派生タイプ　相違点：10W　型番：ZSD　価格：154,800円 | | | |
| | トリオ | **TS-120S** | 送受信機 | 130,000円 |
| | HF5バンド　入力160W　オール・トランジスタ　チューニングなし　デジタル表示 | | | |

| 発売年 | メーカー | 型番 | 種別 | 価格（特記なきものは完成品） | 特徴 |
|---|---|---|---|---|---|
| 1979 | 杉山電機製作所 | **F-850D(S)** | 送受信機 | 220,000円 | HF6バンド+50MHz+144MHz　10W　オールモード　デジタル表示<br>派生タイプ　相違点：廉価　型番：S　価格：196,000円 |
| 1979 | トリオ | **TS-180S(V，X)** | 送受信機 | 220,000円 | HF6バンド　入力160W　オール・トランジスタ　2重フィルタ(Xを除く)　デジタル表示<br>派生タイプ　相違点：10W/廉価10W　型番：V/X　価格：198,000円/165,000円 |
| 1979 | 八重洲無線 | **FT-107(S，M，SM)前期型** | 送受信機 | 189,000円 | HF6バンド　100W　オール・トランジスタ　プリミクス式　FMなし　Mはメモリ付き(+26,000円)<br>派生タイプ　相違点：10W　型番：S　価格：169,000円 |
| 1979 | 八重洲無線 | **FTV-107** | トランスバータ | 29,500円 | 28MHz入力　バンド・ユニット装着が必要．50，144，430MHzユニット別売<br>追加ユニット：144MHz　価格：26,500円　他はFTV-901と共通 |
| 1979 | 八重洲無線 | **FT-707S(707)前期型** | 送受信機 | 114,800円 | HF9バンド　SSB，CW，AM　10W　デジタル表示　小型機<br>派生タイプ　相違点：100W　型番：無印　価格：144,800円 |
| 1980 | アイコム | **IC-720(S)** | 送受信機 | 198,000円 | HFゼネカバ　100W　10HzステップVFO　アップコンバージョン<br>派生タイプ　相違点：10W　型番：S　価格：178,000円 |
| 1980 | 清水電子研究所 | **SS-105S(前期型)** | 送受信機 | 78,800円(キット) | HF6バンド　SSB，CW　10W　FMオプション |
| 1980 | 日本無線 | **NRD-515** | 受信機 | 258,000円 | 0.1～30MHz　SSB，CW，AM　デジタルVFO　24chメモリはオプション |
| 1980 | 八重洲無線 | **FT-901D(DM，SD)後期型** | 送受信機 | 240,000円 | 従来機がWARC79に対応のHF9バンド　100W　DMはメモリ付き(273,000円)<br>派生タイプ　相違点：10W　型番：SD　価格：223,000円 |
| 1980 | 八重洲無線 | **FT-101Z(ZD，ZS，ZSD)後期型** | 送受信機 | 154,800円 | 従来機がWARC79に対応のHF9バンド　100W　アナログ表示　Dはデジタル表示(+20,000円)<br>派生タイプ　相違点：10W　型番：ZS　価格：139,800円 |
| 1980 | 八重洲無線 | **FT-107(S，M，SM)後期型** | 送受信機 | 194,000円 | 従来機がWARC79に対応のHF9バンド　100W　デジタル表示　パネル色は白，グレーあり<br>派生タイプ　相違点：10W　型番：S　価格：174,000円　Mはメモリ付き(+26,000円) |
| 1980 | 八重洲無線 | **FT-707S(707)後期型** | 送受信機 | 119,800円 | HF9バンド　SSB，CW，AM　10W　デジタル表示　小型機<br>派生タイプ　相違点：100W　型番：無印　価格：144,800円 |
| 1980 | トリオ | **TS-830S(V)** | 送受信機 | 180,000円 | HF9バンド　SSB，CW　入力180W　デジタル表示　6146Bパラ<br>派生タイプ　相違点：10W　型番：V　価格：166,000円 |
| 1980 | トリオ | **TS-130S(V)** | 送受信機 | 139,000円 | HF9バンド　SSB，CW　入力180W　デジタル表示　オール・トランジスタ小型機<br>派生タイプ　相違点：10W　型番：V　価格：115,000円 |
| 1980 | ミズホ通信 | **SB-8X** | 送受信機 | 88,000円 | 7，21，50MHz　SSB，CW　10W　各バンド　20kHzステップ40ch+VXO |

| 発売年 | メーカー | 型　番 | 種　別 | 価格(特記なきものは完成品) |
|---|---|---|---|---|
| | 特　徴 | | | |
| 1981 | アイコム | **IC-730(S)** | 送受信機 | 149,000円 |
| | HF8バンド　SSB，CW　100W　10HzステップVFO　オール・トランジスタ小型機 | | | |
| | 派生タイプ　相違点：10W　型番：S　価格：128,000円 | | | |
| | アイコム | **IC-720A(AS)** | 送受信機 | 218,000円 |
| | HFゼネカバ　100W　10HzステップVFO　アップコンバージョン | | | |
| | 派生タイプ　相違点：10W　型番：AS　価格：198,000円 | | | |
| | 日本無線 | **NSD-515D(S)** | 送信機 | 278,000円 |
| | HF6バンド　100W(Sタイプ10W)　デジタル表示　オール・トランジスタ　無調整 | | | |
| | トリオ | **TS-530S(V)** | 送受信機 | 156,000円 |
| | HF9バンド　SSB，CW　入力180W　デジタル表示　6146Bパラ | | | |
| | 派生タイプ　相違点：10W　型番：V　価格：142,000円 | | | |
| | 八重洲無線 | **FT-ONE(ONE/S)** | 送受信機 | 395,000円 |
| | HFゼネカバ　100W　10HzステップVFO　アップコンバージョン　フルブレークイン | | | |
| | 派生タイプ　相違点：10W　型番：/S　価格：375,000円 | | | |
| | 松下電器産業 | **RJX-810D(P)** | 送受信機 | 179,800円 |
| | HF9バンド　SSB，CW　100W　25Hzステップ　オール・トランジスタ　コンプレッサ | | | |
| | 派生タイプ　相違点：10W　型番：P　価格：149,800円 | | | |
| 1982 | 八重洲無線 | **FT-102(S)** | 送受信機 | 189,800円 |
| | HF9バンド　100W　6146×3　ダイナミックレンジ104dB　IMD−40dB　WIDTH，ノッチAPF | | | |
| | 派生タイプ　相違点：10W　型番：S　価格：176,800円 | | | |
| | トリオ | **TS-930S(V)** | 送受信機 | 269,800円 |
| | HFゼネカバ　100W　10HzステップVFO　8chメモリ　混信除去　PITCH | | | |
| | 派生タイプ　相違点：10W　型番：V　価格：249,800円 | | | |
| | アイコム | **IC-740(S)** | 送受信機 | 178,000円 |
| | HF9バンド　100W　AUTO　TS付き10HzステップVFO　混信除去　Wフィルタ | | | |
| | 派生タイプ　相違点：10W　型番：S　価格：159,800円 | | | |
| | ロケット | **CQ-110E** | 送受信機 | 79,500円 |
| | HF6バンド　SSB，CW，AM　100W　新日本電気製品の在庫処分？ | | | |
| | 日本無線 | **JST-100D(S)** | 送受信機 | 256,000円 |
| | HF9バンド　100W　10HzステップVFO　バンド，モード含む11chメモリ | | | |
| | 派生タイプ　相違点：10W　型番：　S　価格：256,000円 | | | |
| | トリオ | **TS-430S(V)** | 送受信機 | 169,800円 |
| | HFゼネカバ　100W　SSB，CW　オール・トランジスタ　速度可変スキャン | | | |
| | 派生タイプ　相違点：10W　型番：V　価格：149,800円 | | | |
| | 八重洲無線 | **FT-77(S)** | 送受信機 | 119,800円 |
| | HF8バンド　100W　FMオプション　シンプル操作 | | | |
| | 派生タイプ　相違点：10W　型番：S　価格：99,800円 | | | |
| | 日本無線 | **JST-10** | 送受信機 | 99,800円 |
| | 7MHz，21MHzの2バンド　SSB，CW　10W可搬型　21MHzアンテナ付き | | | |
| 1983 | 八重洲無線 | **FT-980(S)** | 送受信機 | 299,000円 |
| | HFゼネカバ　100W　オール・トランジスタ　オールモード　フルブレークイン | | | |
| | 派生タイプ　相違点：10W　型番：S　価格：264,000円 | | | |

<table>
<tr><th rowspan="2">発売年</th><th>メーカー</th><th>型番</th><th>種別</th><th>価格(特記なきものは完成品)</th></tr>
<tr><th colspan="4">特徴</th></tr>
<tr><td rowspan="8">1983</td><td>アイコム</td><td>IC-750(S)</td><td>送受信機</td><td>218,000円(100W)</td></tr>
<tr><td colspan="4">HFゼネカバ　100W　10Hzステップ VFO　オール・トランジスタ　オールモード　混信除去<br>派生タイプ　相違点:10W　型番S　価格:198,000円</td></tr>
<tr><td>アイコム</td><td>IC-741(S)</td><td>送受信機</td><td>179,800円(100W)</td></tr>
<tr><td colspan="4">HFゼネカバ　100W　10Hzステップ VFO　オール・トランジスタ　SSB，CW　混信除去<br>派生タイプ　相違点:10W　型番S　価格:163,000円</td></tr>
<tr><td>松下電器産業</td><td>RJX-751</td><td>送受信機</td><td>69,800円</td></tr>
<tr><td colspan="4">7，21，50MHz　SSB，CW　10W　アナログVFO+カウンタ</td></tr>
<tr><td>八重洲無線</td><td>FT-757GX(SX)</td><td>送受信機</td><td>159,000円</td></tr>
<tr><td colspan="4">HFゼネカバ　100W　オールモード　超小型<br>派生タイプ　相違点:10W　型番:SX　価格:139,000円</td></tr>
<tr><td rowspan="4">1984</td><td>トリオ</td><td>TS-670</td><td>送受信機</td><td>134,800円</td></tr>
<tr><td colspan="4">7〜50MHz　4バンド　オールモード　10W　オプションでゼネカバ</td></tr>
<tr><td>アイコム</td><td>IC-731(S)</td><td>送受信機</td><td>156,000円</td></tr>
<tr><td colspan="4">HFゼネカバ　100W　オールモード　超小型　カンガルー・ポケット<br>派生タイプ　相違点:10W　型番:S　価格:138,000円</td></tr>
<tr><td rowspan="4">1985</td><td>清水電子研究所</td><td>SS-105S(後期型)</td><td>送受信機</td><td>82,500円(キット)</td></tr>
<tr><td colspan="4">HF8バンド　10W　SSB，CW　FMオプション<br>派生タイプ　相違点:完成品　価格:98,700円</td></tr>
<tr><td>トリオ</td><td>TS-940S(V)</td><td>送受信機</td><td>349,800円</td></tr>
<tr><td colspan="4">HFゼネカバ　入力250W　オールモード　メモリ40ch　テンキー　フルブレークイン<br>派生タイプ　相違点:10W　型番:V　価格:324,800円</td></tr>
<tr><td rowspan="12">1986</td><td>トリオ</td><td>TS-440S(V)</td><td>送受信機</td><td>209,000円</td></tr>
<tr><td colspan="4">HFゼネカバ　100W　オールモード　チューナ内蔵　フルデューティ　一発周波数管理<br>派生タイプ　相違点:10W　型番:V　価格:189,000円</td></tr>
<tr><td>アイコム</td><td>IC-750A(AS)</td><td>送受信機</td><td>228,000円</td></tr>
<tr><td colspan="4">HFゼネカバ　100W　オールモード　CWフィルタ，キーヤ，サイドトーン装備<br>派生タイプ　相違点:10W　型番:AS　価格:208,000円</td></tr>
<tr><td>日本無線</td><td>JST-110D(S)</td><td>送受信機</td><td>179,800円</td></tr>
<tr><td colspan="4">HFゼネカバ　100W　オールモード　72chメモリ　直下型チューナ対応<br>派生タイプ　相違点:10W　型番:S　価格:179,800円</td></tr>
<tr><td>日本無線</td><td>JST-10A</td><td>送受信機</td><td>78,000円</td></tr>
<tr><td colspan="4">7MHz，21MHzの2バンド　SSB，CW　10W可搬型，アンテナ付き</td></tr>
<tr><td>八重洲無線</td><td>FT-767GX(SX，GXX)</td><td>送受信機</td><td>287,000円</td></tr>
<tr><td colspan="4">HFゼネカバ　50，144，430MHzオプション　オールモード　100W(V/UHF10W)　GXXは第10章p.48を参照<br>派生タイプ　相違点:10W　型番:SX　価格:267,000円</td></tr>
<tr><td>八重洲無線</td><td>FT-70G</td><td>送受信機</td><td>165,000円</td></tr>
<tr><td colspan="4">2〜30MHz送受信　SSB，CW，AM　10W　ニッカド・パックのオプションあり　輸出用</td></tr>
</table>

入力と記載なき電力は出力.

# HF機はデジタル制御に 各機種の紹介 発売年代順

## 1977年

### 八重洲無線 FT-301D(301)

周波数をデジタル表示するオール・ソリッドステート・トランシーバ．FT-301SDの100W出力バージョン(Dタイプ)とそのアナログ表示バージョン(無印，177,000円)です．ファイナル・トランジスタには東芝と共同開発した2SC2100が使われていてHF帯6バンドをカバーしています．

回路はプリミクスのシングルコンバージョンで，RFスピーチ・プロセッサも内蔵しています．AMユニット，AMフィルタ，CWフィルタのみがオプション，当時としては高価なリグでした．

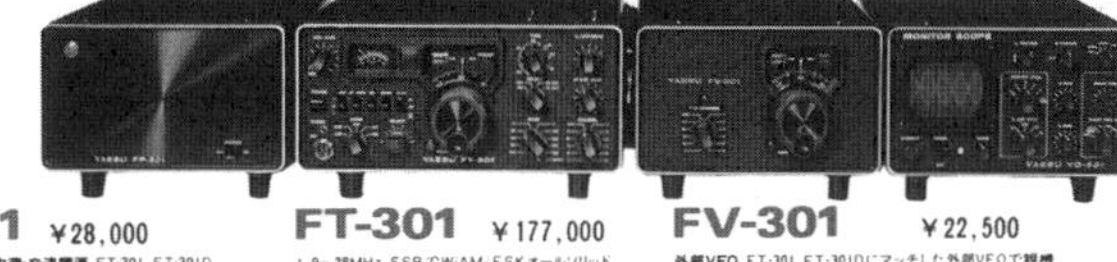


10W機，FT-301Sの最初期型にはメイン・ダイヤルが2重でAM，FSK非対応のバージョンがあり，後にAM，FSK対応に変わりました．

10Wのデジタル表示機(SD)発売時にはすべてAM，FSK対応でくぼみ付き1重ダイヤルとなり，その後に発売された100W機もこれを踏襲していますが，初期のアナログ表示100W機にはAM，FSK対応の2重ダイヤルの製品があるようです．本機にWARC対応タイプはありません．

### トリオ(JVCケンウッド) TS-520S(V)

名機TS-520D(X)のマイナ・チェンジ機です．コリンズ・タイプのダブルスーパー，真空管S2001Aパラレルのファイナルといった特徴は変わりませんが，スピーチ・プロセッサが改良され1.9MHz帯が追加されています．また周波数カウンタ型デジタル・ディスプレイDG-5が接続できるようになりました．

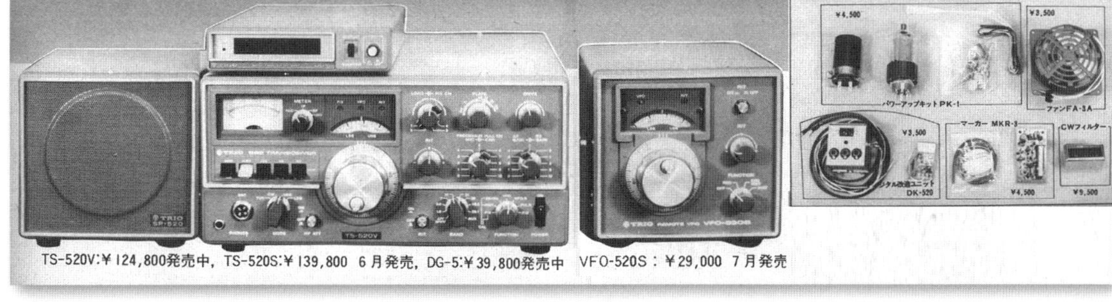

TS-520V:¥124,800発売中，TS-520S:¥139,800 6月発売，DG-5:¥39,800発売中　VFO-520S：¥29,000 7月発売

※ 機種名の( )表記や本文解説の「●」印部分の相違点，価格設定などについては章冒頭の機種一覧表の「派生タイプ」を参照してください

## 日本無線　NRD-505

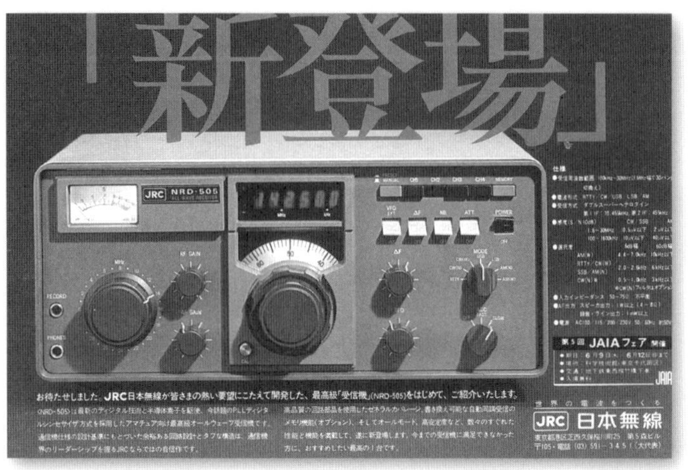


業務用無線機メーカー，日本無線(JRC)が初めて発売したアマチュア無線機です．

アップコンバージョンのゼネラル・カバレッジ受信機で，MHzオーダーを決める30接点のバンド・スイッチで受信バンドを切り替えるようになっています．

パネル面には最小限のツマミしかありませんので一見するとシンプルなリグという印象を受けますが，実際は極めて高機能かつ高性能な受信機でした．

## 八重洲無線　FT-7

コンパクトなHF5バンドで出力10Wのトランシーバです．受信系はTUNEツマミで最高感度に調整する必要がありますが，他に調整点はありません．

回路はプリミクス，基板はプラグイン・モジュールです．

DC動作での送信時の最大消費電流は3Aに抑えられていました．

## 八重洲無線　FT-901D(SD, DM, E, S)前期型

最高級機として作られた真空管ファイナルのオール・イン・ワン・トランシーバです．DMが100W出力の最上位タイプ，Dが100W，SDが10Wの標準タイプで，どれも周波数表示はカウンタ式のデジタル・ディスプレイです．

回路的にはPLL式シングルコンバージョンに混信除去のためのIFを追加した構成で，IF帯域の連続可変(WIDTH)とノッチ(REJECT)が組み込まれています．バックノイズをカットするノイズゲート(AMGC)やオーディオ・ピーク・フィルタなども装備していますが，最上位のDM型はこれに加えてメモリ回路，キーヤまで装備していました．

このメモリは，VFOの周波数をカウントし，その値と同じ分周値で別に用意したVCOを分周して基準発振と比較，両者が同じになるようにVCO周波数を追い込むという動作になっています．以後に作られたデジタルVFOと動作はほぼ同じですが，周波数のセット(分周比のセット)をVFOからの信号によって行うところに違いがあります．メモリ内蔵機は外付けVFOなしでたすき掛け運用ができました．

本機のメイン・ダイヤルは発売翌年に方向が変わっています．当初は金庫のダイヤルと同じ方向のものでしたが，後に右に回すと周波数が上がる物になりました．本機の終段は6146Bパラレル(10W機はシングル)で，歪を改善するために負帰還を掛けて使用しています．

Eタイプは100W，Sタイプは10Wのアナログ表示機で，翌月に追加発売されました．

● **FTV-901**(1979年)

HF機FT-901，FT-101Zにデザインを合わせたトランスバータです．親機周波数は28MHz帯で，標準では144MHz帯で出力10Wのオールモード機ですが，50MHz帯のユニット(18,500円，10W出力)や430MHz帯ユニット(42,000円，10W出力)を挿入すれば最大3バンドを切り替えて運用できるようになっていました．

● **FT-901D(SD，DM)後期型**(1980年)

PLL式アナログVFOのHF機，FT-901シリーズをWARCバンド対応にしたものです(+5,000円)．このマイナ・チェンジ時にデジタル表示を持たない901E，901Sはラインナップから外れています．

## 1978年

### 井上電機製作所(アイコム)　IC-710(S)

しばらくHF機から遠ざかっていた井上電機製作所が満を持して発売したリグです．コンパクトな本体に100Hzステップのデジタル・コントロールVFO2つを装備していることに最大の特徴があります．このVFOのドリフトはウォームアップ時でも500Hz(最大定格値)に抑えられていましたのでスイッチON直後から運用ができました．そのほかにも連続100W送信可能(Sタイプは10W，195,000円)なトランジスタ・ファイナル，

調整ツマミ全廃，バンド・スイッチを外部から制御可能，IFパスバンド・チューニングやRFスピーチ・プロセッサ付きといった特徴があります．RF増幅部は各バンドが独立し，ショットキーバリア・ダイオードによるDBMミキサを採用して強入力特性を改善しています．

本機はテンキー(オプション)で周波数セットができる最初のHF機でもあります．もちろん周波数メモリやスキャンといった動作もでき，1台でたすき掛け運用が可能です．

井上電機製作所は本機発売直後の1978年6月にアイコム株式会社に社名を変更しています．このため，取扱説明書のIC-710の発売元表記は２種類ありますが，ロゴは最初からICOMを使用していましたので外観上の変化はありません．

## トリオ(JVCケンウッド) R-820

TS-820で初めて採用されたPLL技術を用いた受信機です．アマチュアバンド以外に，JJY，49m，31m，25m，16mの４つの放送バンドを受信できます．デザインはTS-820に合わせてあり，両機の間でトランシーブ動作をさせることが可能です．

本機は8.83MHzに一旦変換した後に455kHz，50kHzへと変換することで，IFの帯域可変，そして鋭いノッチを装備しています．さらに高周波同調を複同調にしてイメージ比80dBを得ていたり，RFのアッテネータが10dBステップで40dBまで用意してあるといった，専用受信機ならではの特徴もありました．

カウンタ表示をホールド(保持)してメモ代わりに使用できるというちょっと変わった機能も持っています．デジタル，アナログ両方の表示があるからこそ可能な技でした．

## 日本無線 NSD-505D(S)

受信機NRD-505とペアで使用することを想定した送信機です．十分余裕を持たせ，短絡，解放保護も装備したトランジスタ・ファイナル機で，完全無調整化を実現しています．電源は別筐体ですが外付けスピーカNVA-505の中に収納できるようになっていて，HF6バンド，出力は100W(NSD-505Sは10W)でした．

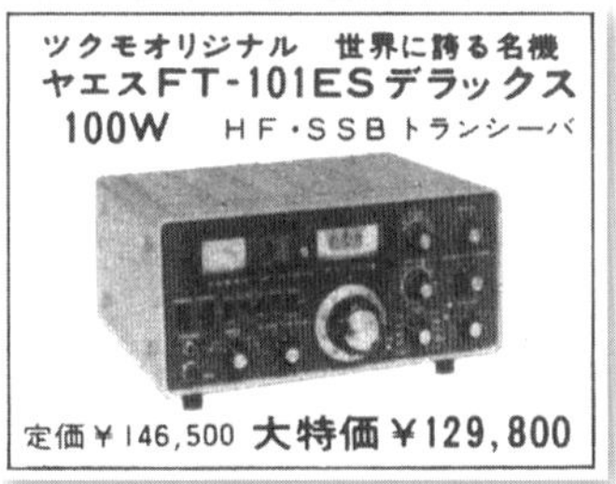


## 九十九電機 FT-101ESデラックス

八重洲無線のFT-101ES，つまり10W機を100Wに改造して販売されたリグです．このシリーズの100W機，FT-101Eはフルオプション・タイプのために10W機と46,200円もの価格差がありました．そこで10W機を100Wに改造して安価な100W機としたもので，海外向けのFT-101FX，FT-277EX(SOMMERKAMP社扱い)と同様の仕様となっています．

類似のものとしては有明無線が販売したFT-101ESL(169,000円)もありました．FT-101ESの装備をEタイプと同様にしてマイクも付属させたものです．

## トリオ(JVCケンウッド) TS-120V(S)

TS-120Vは同社初のオール・ソリッドステートHF機です．3.5～28MHz帯までの５バンドをカバーするSSB，CWの10W出力機で，アナログVFO機ながらデジタル・ディスプレイも装備しています．回路的にはPLLを使用したシングルコンバージョンで，10MHzの内部発振器と分周器をうまく組み合わせることでバンド別の局部発振器を排しつつ，IFシフトも実現した構成となっています．TS-510以後，同社のHF機では伝統的に5.5～5MHz(または4.9MHz)のVFOが使われてきましたが，本機で初めて周波数が変わり6～5.5MHzとなりました．本機のメータはパネル面左手中央にあります．少々珍しいデザインです．

TS-120Sは120Vのハイパワー版で数カ月後に追加されました．ファイナルも含むオール・ソリッドステート構成のDC160W入力機ですが，簡単な改造でDC100W入力(出力50W)に改造することが可能となっています．Vタイプ用にリニア・アンプ TL-120(40,000円)も発売されました．

## 1979年

### 八重洲無線　FT-7B

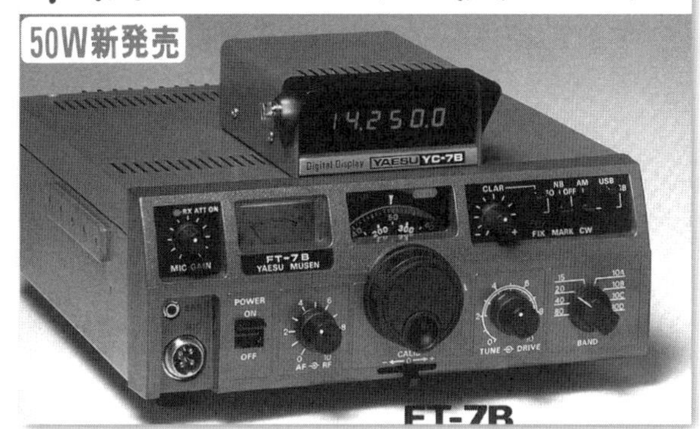


FT-7のマイナ・チェンジ機です．HF帯5バンドのモービル機という位置付けはそのままですが，出力は50W(AMは12.5W)に変わりました．

受信アッテネータ，AMモード，ドライブ・レベル調整が新たに追加され，前機種は500kHz幅だった28MHz帯が全体をカバーするように改良されています．

外付けのデジタル周波数表示器がオプションで取り付けられるようにもなりました．

### 八重洲無線　FT-101Z(ZS) 前期型

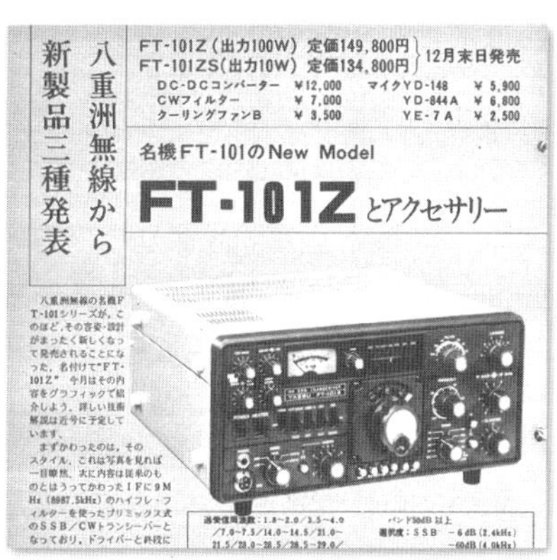


FT-101の名前を継いでいますがEタイプ以前の物とは全くの別物で，プリミクス・タイプのシングルスーパーに混信除去帯域可変(WIDTH)用のIFを付加したリグです．Zは100W出力で出力管は6146Bパラレル，ZSは10Wで出力管は6146Bシングルとなっています．ダイヤルはそれまでの101シリーズとは逆方向に回すようになりました．低価格帯のリグながらRFスピーチ・プロセッサや送信クラリファイア，1.9MHz帯も装備しています．スレッショルド・レベル可変型ノイズブランカが最初に装備されたリグでもあります．発売当初，本機はSSB，CW機でしたが，1979年秋ごろからAM基板がオプションで装着できるようになりました．

● **FT-101ZD(ZSD) 前期型**

FT-101Zシリーズの周波数表示をデジタルにしたものです．アナログ・タイプの100kHzオーダー表示は物差しのような横長スケール上を指針が動いていくものですが，この部分をそのままデジタル表示器に置き換えています．モードを変えた時に生じるキャリア周波数変動分について，本機のデジタル表示ではプリセット値を基に補正をしています．

● **FT-101Z(ZD，ZS，ZSD) 後期型**(1980年)

プリミクス方式アナログVFOのHF機，FT-101ZシリーズをWARCバンド対応にしたもので，+5,000円でした．翌1981年の初夏にアナログ表示機の生産が終わり，周波数がデジタル表示のタイプ(ZD，ZSD)のみに整理されています．後期型発売時にFMユニットがオプションで発売され3カ月間無料サービスされていますが，FMモードのスイッチ・ポジションはAMと同じで，AM，FMどちらか一方の基板だけを追加するという形になっていました．

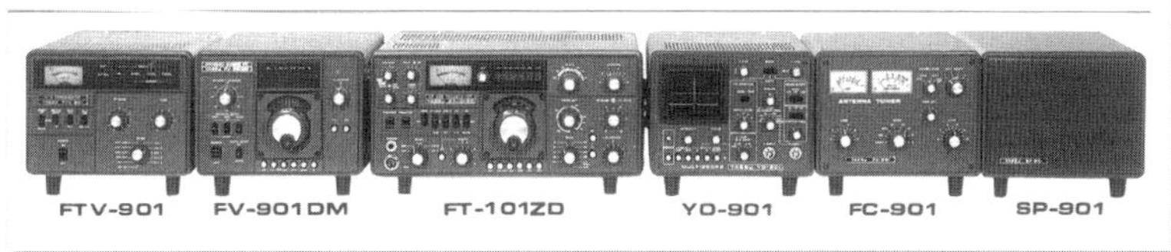

## 杉山電機製作所 F-850D(S)

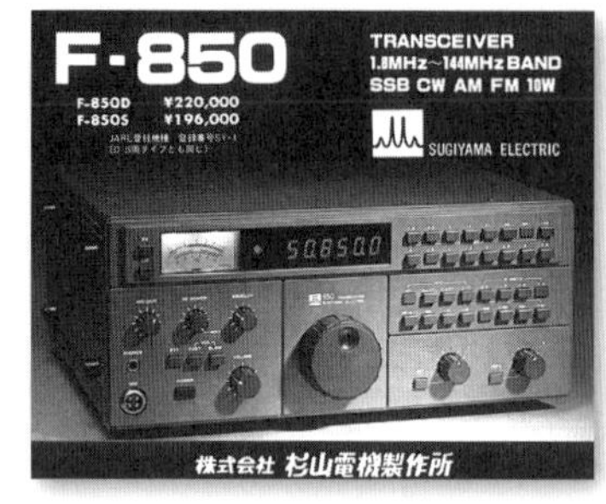


1.9～144MHz帯をフルカバーする出力10Wのオールモード機です．最大の特徴はHFとVHFの両方のバンドでオンエア可能なことで，回路はプリミクス方式のシングルコンバージョンです．バンド・スイッチには押しボタン式が採用され，VFOはカウンタ式のデジタル表示のみとしていました．Dタイプは500Hz～2.4kHzの４つのフィルタを実装していますがSタイプは2.4kHzのみで－25,000円．他に差異はありません．

14MHz帯以下での受信ダイナミックレンジは100dBを確保し，HF帯の送信スプリアスは－60dB以下，VHF帯は－70dB以下を定格値としていました．杉山電機製作所のリグは本機のみ，同社は杉山電機システムと名前を変え別分野の会社として活躍していますが，会社のロゴはツートーン信号のままです．

## トリオ(JVCケンウッド) TS-180S(V, X)

オール・ソリッドステート構成の高級機です．ダイナミックレンジを広くするにはIF回路のトップにフィルタを入れるのが有効ですが，こうするとIF段でのノイズが気になるようになります．そこでIF回路の後段にもフィルタを入れる２重フィルタ回路を採用(Xタイプを除く)し，さらにRF-AGCやバランスド・ミキサ等によって高い実用性能を得ています．Sタイプは160W入力，V，Xの両タイプは10W出力です．

デジタル表示のアナログ式VFOです．Xタイプ以外は4chメモリ付きデジタルVFOコントローラを内蔵し，本体のみでのたすき掛け運用も可能で，RFスピーチ・プロセッサも内蔵しています．

## 八重洲無線 FT-107(S, M, SM) 前期型

「美しい衝撃のデビュー．白いトランシーバー」というコピーで登場した，白を基調としたパネル面をもつリグです．デジタル表示のアナログVFOを搭載したオール・ソリッドステート，プリミクス方式の100W(Sの付くタイプは10W)出力機でRFスピーチ・プロセッサ，WIDTHやオーディオ・ピーク・フィルタ，オーディオ・ノッチ・フィルタなどを内蔵しています．

100W機の入力はDCで240Wと当時の上限ぎりぎりに設定されていました．

本機では+26,000円でMタイプ(10WはSMタイプ)も用意されています．これはFT-901DM同様の周波数メモリ機能付きの製品で，12chを記憶し，VFO同様にその周波数を動かすこともできました．デザインを合わせた外部VFO，アンテナ・チューナ，外部スピーカも同時に発売されています．

発売の翌年春にはパネル面をグレーにした物が登場しました．本機のデザインは秀逸でしたが，他のリグと並べると浮いてしまうという問題があったようです．

### ● FTV-107

HF機　FT-107にデザインを合わせたオールモード・トランスバータで，親機周波数は28MHz帯です．

運用する周波数に合わせてバンド・ユニットを装着して使用します．50MHz帯のユニット(18,500円)，144MHz帯のユニット(26,500円)や430MHz帯ユニット(42,000円)を挿入すれば最大3バンドを切り替えて出力10Wで運用できるようになっていました．

● **FT-107(S，M，SM)後期型**(1980年)

プリミクス方式のデジタル表示アナログVFOのHF機FT-107シリーズをWARCバンド対応にしたものです．価格は+5,000円，パネル色はホワイト，グレー両方がありました．

## 八重洲無線　FT-707S(707) 前期型　後期型

デジタル・ディスプレイ内蔵のアナログVFO式小型HF機です．オール・ソリッドステートのプリミクス方式で，ショットキーバリア・ダイオードによるDBMを使用しています．先行発売のSタイプは10W，半年後発売の無印タイプは100W出力でした．

FT-707Sは発売から半年間，AUXを2バンド持つHF5バンド(+JJY)機でしたが，WARC-79の結果を受けて1980年5月にはHF8バンドの後期型にマイナ・チェンジされています．

このマイナ・チェンジと100Wタイプの発売はほぼ同時期でした．

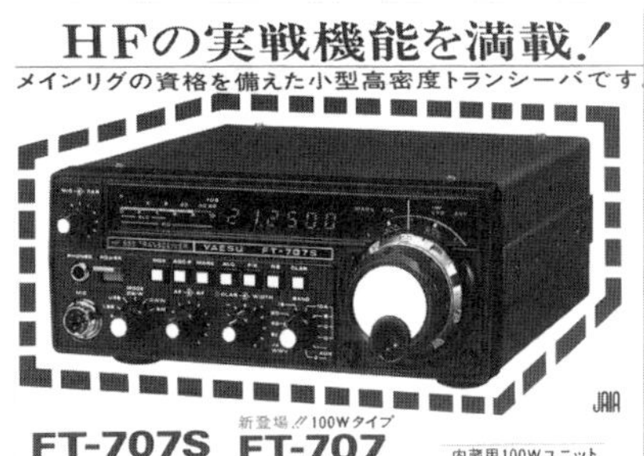


**1980年**

## アイコム　IC-720(S)

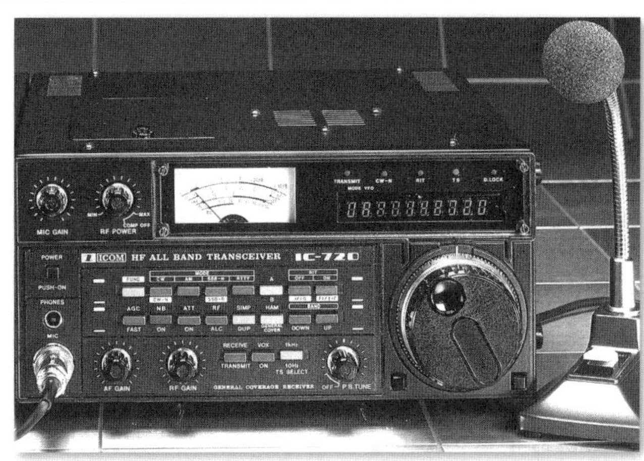


0.1～30MHzをすべて受信できる，いわゆるゼネカバ(ゼネラル・カバレッジ)受信部を持つ，出力100W(Sタイプは10W)のHF機です．

39.7315MHzに第1IFを持つアップコンバージョンを採用していて，UP/DOWNスイッチで内部のロータリー・リレーを回してバンドの切り替えをしています．デジタルVFOは10Hzステップに改良され，2つの周波数で切り替えて使用することができます．パスバンド・チューニング(PBT)，マイク・コンプレッサも内蔵していました．

本機は1980年2月にHF帯6バンドの新製品として発表されていますが，実際の発売は半年ほど後でWARCバンド対応機に改良されての販売となりました．

● **IC-720A(AS)**

ゼネラル・カバレッジ受信部を持つIC-720のマイナ・チェンジ機で出力100W(ASタイプは10W)などの諸元は変わりませんが，20,000円値上げされています．

機能的な変更はAMの送信がA3から添加搬送波片側波帯(旧A3H，現H3E)に変わったことぐらいですが，キャリアが切り替わると周波数表示が変わる方式から，表示を優先して内部の状態を変更するようになりました．CWの周波数関係やPLL回路の内部構成も一部変更しています．

翌年に外付けオプションとして日本初のアマチュア向けオート・アンテナ・チューナIC-AT500が78,000円で発売されています．

## 清水電子研究所 SS-105S(前期型)

アナログVFO式,プリミクス方式のHF5バンド,SSB,CWの出力10W機です.このリグの最大の特徴はキットがあることですが,完成調整済みの基板も含まれていたためIF基板とLO(局発)基板だけを作って全体を組み込むとキットは完成しました.FMなどオプションもいろいろと用意されています.完成品は94,500円.発売時に告知されていた100W機の実際の発売は1981年でした.

**● SS-105S(後期型)**(1985年)

SS-105S(前期型)の改良品で,WARCバンドを含む3.5~28MHz帯のオールモードに対応している10W機です.FM,NB,RF-AGC,一部バンドの局発水晶といったものをオプションとすることで低価格を実現しています.Dタイプは100Wリニア・アンプ(完成品30,500円,キット28,500円)を背面に装着したものです.

## 日本無線 NRD-515

0.1~30MHzを連続カバーする受信機です.デジタルVFOを採用したアップコンバージョンで,70.455MHzと455kHzにIFを持ちますが,70MHz側にもクリスタルフィルタを投入し,これと455kHz側のフィルタの重ね合わせをずらすことでパスバンド・チューニング(PBT)動作を得ています.アナログVFOを搭載する送信機NSD-505とのトランシーブが可能で,後に本機と同じデジタルVFOを持つNSD-515もペア相手として発表されました.

AMとSSBフィルタを標準装備,CWナロー・フィルタ,24chメモリはオプションでした.

## トリオ(JVCケンウッド) TS-830S(V)

PLL局発のシングルスーパーを基本に混信除去のためのIFを追加したWARC対応の新機種です.TS-820譲りの2信号特性を持ちながら,帯域可変フィルタやIFノッチ,トーン・コントロール,NBレベル可変などの付属回路を充実させたアナログVFOの真空管ファイナル機で,TS-830Sは6146Bパラレルの180W入力機,TS-830Vは6146Bシングルの20W入力機です.どちらもデジタルの周波数表示器を持ち,RFスピーチ・プロセッサも内蔵していました.

## トリオ(JVCケンウッド)　TS-130S(V)

トリオはWARC79での増バンドにモデル・チェンジで対応しています．本機はTS-120をWARC対応させたような外観のコンパクトなソリッドステート・ファイナル機ですが中身は全くの別物で，新たに1.9MHz帯にも対応しました．入力180W(Vは20W)，デジタルの周波数表示とIFシフトを持っています．モービル時に分離型パネルのように使えるコントローラDFC-230(43,000円)もオプションで用意されていました．

## ミズホ通信　SB-8X

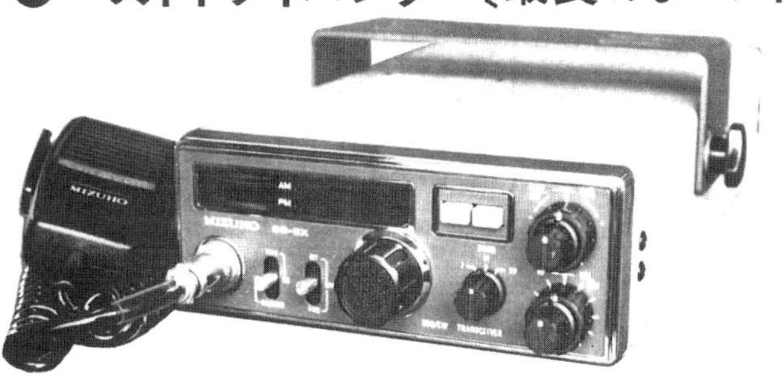


7MHz帯，21MHz帯，50MHz帯を装備した出力10WのSSB，CWモービル機です．メイン・ダイヤルは20kHzステップ40ch選択で，その間はVXOでカバーしています．50MHz帯はPLL回路出力をそのままミックスダウンに使ったシングルスーパー，他のバンドはプリミクスです．

表示はkHzオーダー3桁表示，カウンタ式でしたのでVXOによる微調整も表示に反映されます．時計機能が付いていて，50MHz帯は50.0～50.8MHzが動作範囲でした．

**1981年**

## アイコム　IC-730(S)

WARCバンドを含む3.5～30MHzのハムバンドをすべて内蔵したオール・ソリッドステートの100W(Sは10W)出力の小型HF機です．比較的安価なリグながら10Hzステップのデジタル VFOを内蔵し，受信信号を直接ハイレベルDBMで送り込む回路構成(DFS：Direct Feed Mixer)で高IP(+12dBm)，広ダイナミックレンジ(92dB)を得ています．必要に応じてプリアンプを動作させることも可能でした．

回路は39MHz台に第1IFを持つアップコンバージョンで，オプションのフィルタを追加することでPBTにもなるIFシフトを内蔵しています．CW受信フィルタのワイド，ナロー(オプション)の切り替えも可能です．VFOは2組のカウンタを持ち，バンドごとに1chのメモリも装備しています．

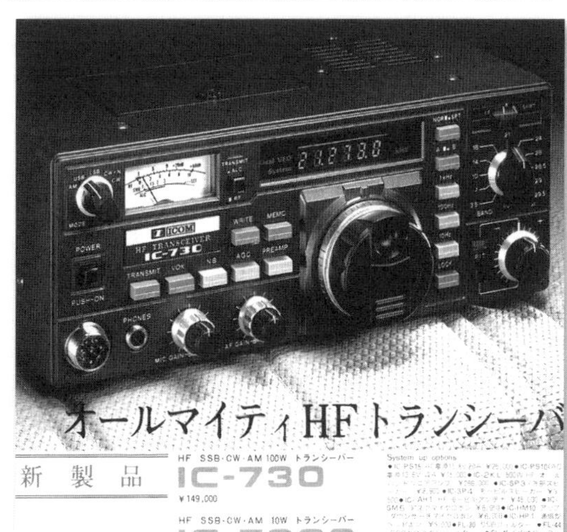

## 日本無線 NSD-515D(S)

受信機NRD-515と対になる送信機です．

1.9～28MHz帯で100W(Sタイプは10W，同価格)出力，SSB，CW，RTTYのモードを持つオール・ソリッドステート機で，内部は縦に基板が9枚並ぶプラグイン・モジュールとなっています．

アンテナ・カプラ(チューナ)，WARCバンドはオプション対応でした．

## トリオ(JVCケンウッド) TS-530S(V)

型番的にはTS-520の後継機のようですがTS-520の製造中止から2年近く経ってから発売されました．TS-830の一部機能を省略しコストダウンしたHF機です．一部基板，シャーシ，フロント・パネルはTS-830と同一の物を使っていますが，原型機より機能を絞っているためパネル面に2重軸ツマミはありません．

混信除去回路としてはIF-SHIFTを持ち，送信用にAF型マイク・コンプレッサを内蔵しています．ファイナルは6146Bパラレル(530S，100W出力)，シングル(530V，10W出力)でNFBは採用していませんでした．本機はトリオ最後の真空管ファイナルHF機です．

## 八重洲無線 FT-ONE(/S)

「超弩級」を目指して作られたHF100W出力機です．アップコンバージョンのゼネラル・カバレッジ受信部を持ち10Hzステップのデジタル VFOを搭載しています．メモリを10ch装備していますがその周波数はVFOで直接操作することが可能で，たくさんのVFOが装備されているのと同じ動作をします．

アマチュア無線用トランシーバとしては初めてCWのフルブレークインを採用しました．CWフィルタはオプションで600Hz，300Hzが用意され，WIDTH(PBTと同じ)，オーディオ・ピーク・フィルタ(APF)，ノッチ・フィルタ，RFスピーチ・プロセッサ，自動マイク・ゲイン・コントロールなど，多彩な付属回路も搭載されています．10W機，FT-ONE/S(375,000円)は1982年初冬の登場でした．

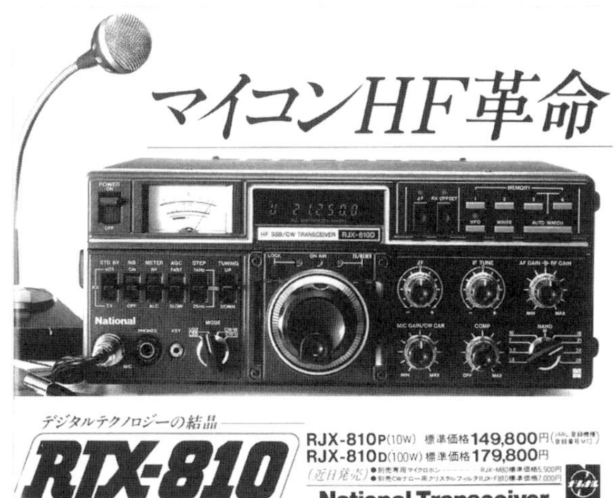


## 松下電器産業　RJX-810D(P)

WARCバンド，1.9MHz帯を含むHFオールバンドのソリッドステート固定機です．

出力は100W(810D)と10W(810P)，マイク・コンプレッサ，IFチューン(IFシフト)，CWナロー時のAFピーク・フィルタなどを内蔵しています．

25Hzステップのデジタル VFOはさまざまな周波数コントロールが可能で，独立したスイッチを持つ4chメモリを持ち，UP/DOWNの自動送り，送受信周波数入れ替えなども可能でした．

## 1982年

## 八重洲無線　FT-102(S)

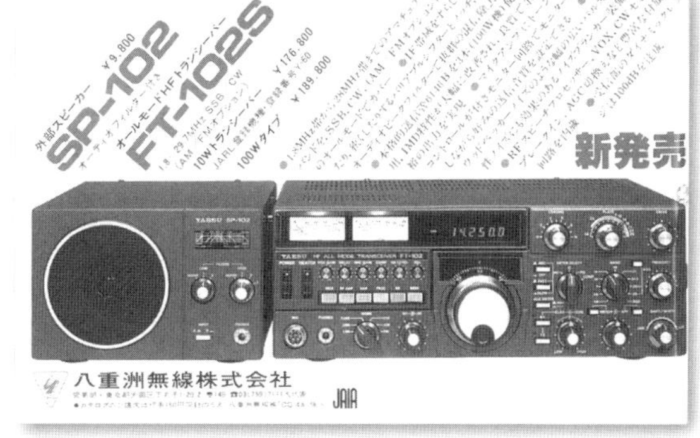


真空管ファイナルを持つ，WARCバンド，1.9MHz帯を含むHFオールバンドの固定機です．本機の最大の特徴はその受信部でRFアンプOFFなら104dB，RFアンプONの高感度状態でもダイナミックレンジ101dBを達成しています．IFシフトとWIDTHを組み合わせたバリアブル・シフタ，IFノッチ，AFピーク・フィルタ，ウッドペッカー対策NBなど，各種混信除去も充実しています．

無印は100W出力，Sタイプは10W出力(176,800円)です．100W機の場合ファイナルの6146Bは3本がパラレルとなり，IMD －40dB(14MHz)とPRしていました．大手メーカーが発売した製品としては，本機は最後の真空管式HF機です．

## トリオ(JVCケンウッド)　TS-930S(V)

国内向けで「KENWOOD」のロゴを最初に採用したトランジスタ・ファイナルの高級HF機で，ゼネラル・カバレッジの受信部を持っています．10Hzステップのデジタル VFOを装備し，蛍光表示管には横長アナログ・スケール風の表示もできるようにしました．スロープ・チューン(PBT)やノッチ，AFピーク・フィルタだけでなく，CWの受信ピッチ音可変，ウッドペッカー対策NBなども装備し，フルブレークイン運用も可能です．RITもデジタル化され，その量はディスプレイに表示されます．ファイナルの電圧が28Vのため，本機はAC100Vのみでの動作，Sタイプは100W，Vタイプは10W出力です．同一型番でオート・アンテナ・チューナがオプションのものと内蔵のもの(内蔵は世界初)があります．チューナ付きは＋30,000円でした．

## アイコム IC-740(S)

PBTやノッチ・フィルタを内蔵したオール・ソリッドステート機でWARCバンド，1.9MHz帯を含むHFオールバンドの100W(Sは10W)出力の固定機です．

10Hzステップのデジタル VFOを搭載し，各バンド1波をメモリすることができます．ウッドペッカー対策NBも装備しました．

DC動作機ですがオプションの電源を本体に取り付けることが可能です．

FMユニット，マーカー，キーヤーなどもオプションで用意されていました．回路はアップコンバージョンですが，IC-730同様RFのフィルタを絞り込んでハムバンドのみの動作としています．

## ロケット CQ-110E

WARCバンドを除く1.9～28MHz帯で100W出力，デジタル・ディスプレイを持ったAC，DC両用の大型HF機です．型番，そしてディスプレイ部の表示から，NECの輸出用リグCQ-110Eのデッド・ストックではないかと思われます．CQ-110Eは国内ではCQ-210という型番で販売されていました．ファイナルは6JS6Cパラレルのプリミクス方式機で，受信ミキサに7360を採用しているのが特徴です．

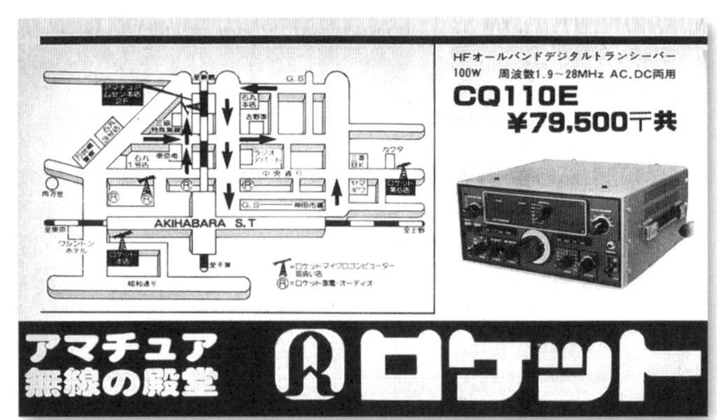


## 日本無線 JST-100D(S)

同社初のアマチュア無線用トランシーバです．JST-100Dは100W，同価格のJST-100Sは10W出力で，WARCバンド，1.9MHz帯を含むHF全バンドを装備しています．PBT，ノッチを装備しバンドや電波型式も記憶できるメモリが11chあり．デジタルVFOは10Hzまで周波数を表示しました．変わった機能としてはメモリ・ファインダ機能があります．これはメモリ・チャネルを読み出した際に元のVFOの周波数に戻れるように記憶をしておくものです．

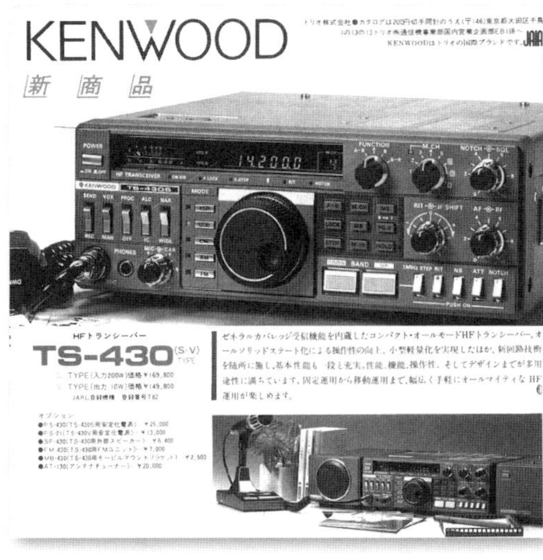


## トリオ(JVCケンウッド)　TS-430S(V)

ゼネラル・カバレッジ受信部を持つ100W(430S), 10W(430V)出力のSSB, CW機です.

FMはオプション, AMは受信のみとなっていますが, 1.9MHz帯, WARCバンドを含むHF全バンドを装備しています.

10Hzステップのデジタル VFOを持ち, モードまで記憶できるメモリが8chあり, プログラム・スキャンでは速度を可変できました.

本機は国内向けHF機として2番目にKENWOODのマークを付けたリグですが, 社名が株式会社ケンウッドに変わったのは1986年6月です.

## 八重洲無線　FT-77(S)

V/UHFのFM機並みのすっきりパネルを持った小型機で, HF機はつまみが多く操作が難しそうというイメージを崩すものです. 3.5MHz以上のHF帯全域をカバーする100W(Sタイプは10W)出力機で, SSB, CW, FM(オプション)に対応しています.

周波数カウンタ付きのアナログVFOを搭載していますが, メモリ付きデジタルVFO(FV-700DM, 49,800円)も用意されていました.

## 日本無線　JST-10

HFのハンディ・トランシーバとして作られた7MHz帯, 21MHz帯の10W出力, SSB, CW機です. 単2乾電池で動作させることが可能であり, そこにニッカド電池を入れて充電式として使用することも可能でした. 本機はVXO式ですが150kHzと可変幅が大きく, 21MHz帯を3バンドに分けることで当時の7MHz帯, 21MHz帯を共にフルカバーしました. 21MHz帯のL型アンテナは標準添付, 7MHzのアンテナはオプションです. どちらも短縮型で帯域は広くありませんが, アンテナ基部に目盛りが付いていて運用周波数に合わせることが可能でした. 本機の外観は少々特殊な形に見えますが当時の業務用無線機ではよく見られた形状のものです. アンテナを伸ばした状態で地面やベンチに直置きできるのでフィールドで待受けする時などはとても重宝します.

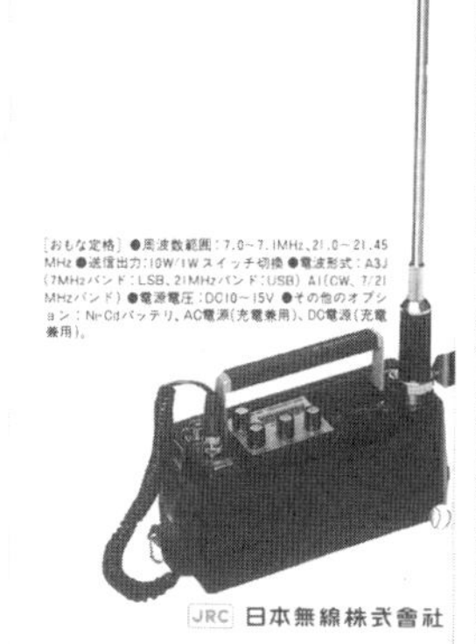


### ● JST-10A(1986年)

JST-10のマイナ・チェンジ機です. 7MHz, 21MHzの2バンド, 10W出力, SSB, CWといった基本的な部分は変わりません. ラジアルに同調ランプが点き, アンテナ長を微調整した時に最良調整点となっているかどうかがわかるようになりました.

1983年

## 八重洲無線 FT-980(S)

最高級機FT-ONEの技術を応用した高級機です．受信はアップコンバージョンのゼネラル・カバレッジで，バンドによっては受信トップのRFフィルタをハムバンドとそれ以外で切り替えるようになっていました．WIDTH，IFノッチ，IFシフト，オーディオ・ピーク・フィルタを持ち，フルブレークインにも対応しています．

本機は世界で初めてCAT(Computer Aided Transceiver)システムを搭載しました．これは30種のコマンドを用いてリグの状態を外部からコントロールできるようにするものです．内蔵メモリは12ch，もちろん運用モードなども記憶されます．

## アイコム IC-750(S)

ゼネラル・カバレッジ受信部を持つ，HFオールバンド100W出力の固定機です．メイン・ダイヤルで選択する32chのメモリはそのままに周波数を可変できるため，VFO A/Bも含めると事実上34個のVFOを持つのと同等の動作ができます．

プロセッサやPBTはもちろん，第4IFの350kHzで動作するノッチやフルブレークイン，モニタ回路を装備，パソコン接続用インターフェース・ユニットも用意されました．AC電源は別売ですが本体に内蔵させることが可能で，10W(198,000円)のSタイプも翌年発売されました．

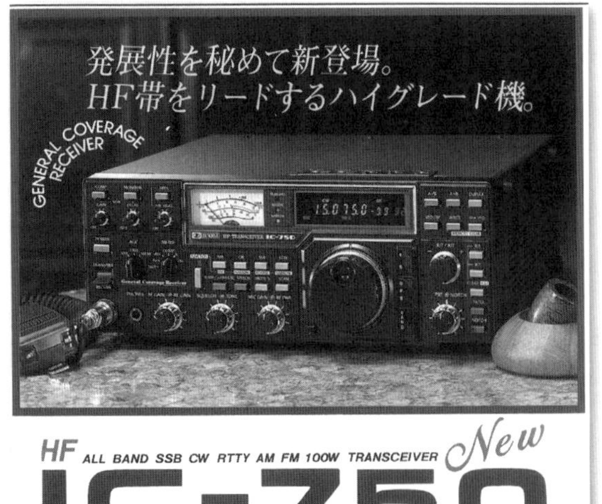


## アイコム IC-741(S)

IC-740にゼネラル・カバレッジなどの機能を追加したHFオールバンド100W出力の固定機です．ロータリー・スイッチで選択する16chのメモリは周波数だけでなくモードなども記憶できます．AMモード受信が追加され，プロセッサやPBTはもちろんノッチや送信モニタも装備されています．FMモードやキーヤ基板はオプションでした．10WのSタイプ(163,000円)は翌年の発売です．

## 松下電器産業　RJX-751

入門者に特に人気のあるバンド，7MHz帯，21MHz帯，50MHz帯の3バンドをカバーする10W出力のSSB，CW機です．

ファイナル段は広帯域増幅とバンド別のフィルタの組み合わせで，プリミクス・タイプのアナログVFOとカウンタ式の周波数表示を持ち，AC電源を内蔵しています．

CW用オーディオ・フィルタ，サイドトーンも内蔵していますが，50MHz帯は50.0～50.5MHzのみの対応となっていました．

## 八重洲無線　FT-757GX(SX)

スーパーコンパクトHF帯トランシーバー　¥139,000

FT-757SX

1.8～29.7MHz SSB/CW/AM/FM 0.5～29.9999MHz ジェネラルカバレッジ(受信部)
10Wトランシーバー(JARL登録機種・登録番号Y-68) ■100Wタイプ●FT-757GX ¥159,000
●FP-757GX 100W用薄型スイッチング電源…¥33,000　●FC-757AT オートアンテナチューナー…¥57,000

コンパクトに作られたHFオールモード機です．デジタルVFOを採用し受信はゼネラル・カバレッジ，本体上部を放熱ダクトとし，ファンからの風を沿わせる新方式によりGXは100W(SXは10W)出力ながら背面に放熱板のでっぱりがありません．RF型のスピーチ・プロセッサ，WIDTH，SHIFT，レベル可変型NBや各種スキャン，フルブレークインなど，大型機並みの装備を持ちながら本体の幅や奥行きは24cm弱に抑えられています．「スポーツカーをしのぐパワーウェイトレシオ　0.05kg/W」という，ジョークを交えた表現でその軽さをPRしていました．

### 1984年

7～50MHzオールモードクワッドバンダー
TS-670
¥134,800
JARL登録機種・登録番号T81

## トリオ(JVCケンウッド)　TS-670

7MHz帯，21MHz帯，28MHz帯，50MHz帯の4バンド，出力10W(AM4W)のオールモード機です．電信電話級のユーザーを想定していたようで14MHz帯はありませんが，ゼネラル・カバレッジ受信ユニットGC-10(11,000円)を追加するとゼネラル・カバレッジ受信が可能でした．2色発光の蛍光表示管を使いメモリは80ch，入門用にはとても見えない外観にデザインされています．セミブレークインやIFシフトは装備していますが，VOXはオプションでした．

## アイコム IC-731(S)

ゼネラル・カバレッジ受信部を持つ出力100W(Sは10W)小型のオールバンド，オールモード機です．本体前面にはAF/RFのボリュームとメイン・ダイヤル，PBT，NOTCH，RITツマミしかなく，普段触らないものは前面のカンガルー・ポケット(**写真**)に収納されています．デジタルVFOの周波数表示はLCDを採用し，4系統のアンテナを切り替えられるフルオートマチック・チューナ(AT-150)や，キーヤ基板がオプションで用意されていました．

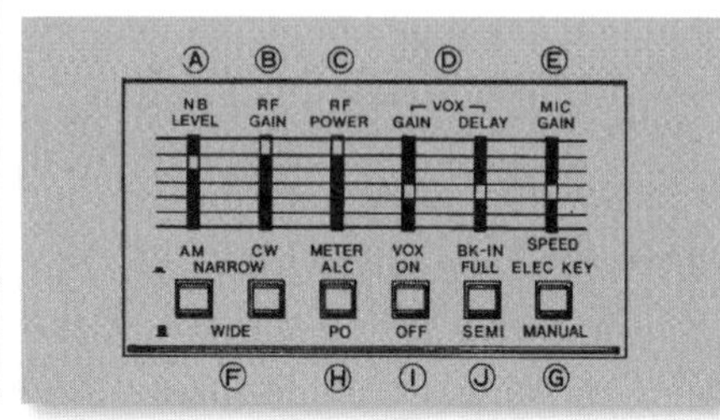


**◀IC-730は普段操作しない項目をカンガルー・ポケットに収納**(同機取扱説明書より)

### 1985年

## トリオ(JVCケンウッド) TS-940S(V)

同社の最高級機TS-930のモデル・チェンジ版です．回路構成はアップコンバージョンで受信部はゼネラル・カバレッジとなっています．前機種よりダイナミックレンジが広がると共に，FMモードも追加されました．バンド・スイッチ，モード・スイッチは押しボタンになり，テンキーでの周波数直接入力も可能で各種スキャンも充実しています．

LCDのサブ・ディスプレイが装備され，周波数表示やスロープ・チューンの状態表示，オート・アンテナ・チューナの状態表示，時計表示ができるようになっています．

Sタイプは100W機で入力は250W，Vタイプは10W機で入力20Wです．入力250Wで能率50％と考えると100W機は計算が合いませんが，もともと，「出力の測定が困難な時に入力に能率を乗じて出力を算出してよい」というのが法的な考え方ですから，本機のような設定でも問題はありませんし，以後は出力を基準にするのが一般的となりました．

### 1986年

## トリオ(JVCケンウッド) TS-440S(V)

ゼネラル・カバレッジ受信部を持つHFのオールバンド，オールモード固定機で，TS-940の流れを汲む下位機種にあたります．20万円前後の価格帯のリグで初めてオート・アンテナ・チューナを内蔵しました．

フルブレークイン，IFシフト，ノッチ・フィルタ，スピーチ・プロセッサを装備しメモリはなんと100ch，放熱板を内部に取り込んで放熱効率を上げることで1時間のフルパワー連続送信を可能にしています．一発周波数管理を初めて取り入れたリグでもありますが派手なPRはなく，メーカーはこの重要性に気付いていなかった可能性があります．本機発表直後にトリオは(株)ケンウッドに社名を変更しています．

## アイコム　IC-750A(AS)

HF帯オールモード，オールバンド機，IC-750のマイナ・チェンジ版で，IC-750Aは100W出力，20,000円安いIC-750ASは10W出力です．キーヤとCWナロー・フィルタを標準装備しました．また従来はモニタ回路を使用していたCW送信符号モニタをサイドトーンでも可能にしました．

## 日本無線　JST-110D(S)

ゼネラル・カバレッジ受信部を持つHFオールバンド，オールモード機です．

JST-110Dは100W，同価格のJST-110Sは10W出力で，どちらもアンテナ直下型アンテナ・チューナに対応しています．一見するとツマミが多いパネルに見えますが，これは操作性に配慮して2軸ツマミを一切使用していないためです．PBT，ノッチ，レベル可変型NBなどを装備しています．

## 八重洲無線　FT-767GX(SX)

ヒット作FT-757GXの世界をとことん拡張したようなリグです．フル装備のFT-767GXX(10章に掲載)の場合，1.9～430MHz帯で10W(HFは100W)出力，HF帯のアンテナ・チューナ付き，FT-767GX(HF100W出力)，FT-767SX(HF10W出力)はGXXタイプからV/UHFとトーン・スケルチ，エンコーダ(FTS-8)，CWフィルタを抜いたもので，どのタイプも30MHz以下はゼネラル・カバレッジです．

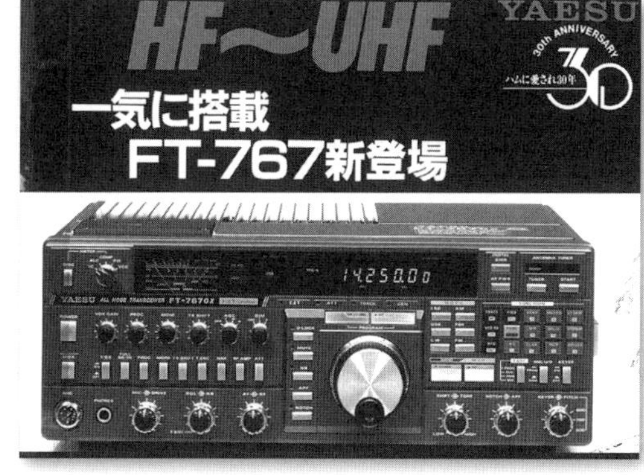


GX，SXでは26,000円(50MHz)，27,000円(144MHz)，33,000円(430MHz)のバンド別ユニットを装着するとそのバンドが運用可能になりました．

CWフルブレークインに対応し，データパケット通信(AX.25)などに便利なDATA IN/OUT端子やキーヤも付いています．チューナの動作や*SWR*などを表示するマルチ・ディスプレイも装備しています．GX，SXではレピータ用トーン・エンコーダFTE-7(2,900円)がオプションでしたが，これはFTS-8(7,800円)との択一装着だったためと思われます．

## 八重洲無線 FT-70G

HF帯のポータブル・トランシーバです．周波数選択は各桁を別々に設定するサムホイール・スイッチ式でHF帯全体をカバーしています．TUNEポジションや進行波から反射波を引いた電力を表示するパワー・メータなど，アンテナ調整に便利な機能も持っています．

モードはSSB，CW，AM(旧A3H，現H3E)，出力は10W(AMのみ5W)，4Ahのニッカド・バッテリ・パックを内蔵することができますが，その場合でも重さは5.8kgに収まります．アンテナ端子がパネル面側にあるので，直置きしてホイップ・アンテナを立てて交信することも可能でした．

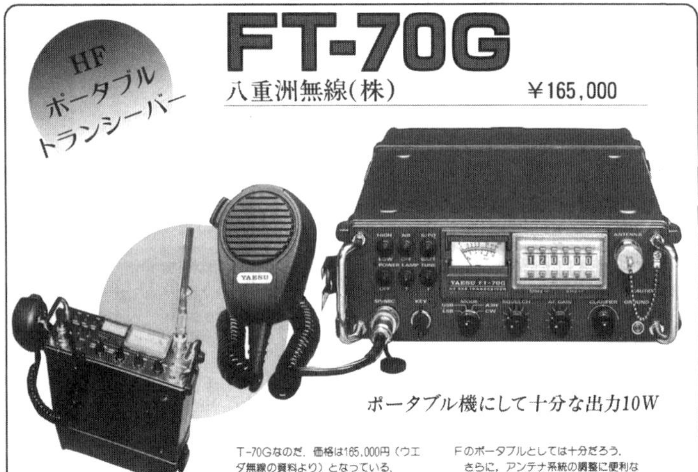


本誌4月号の(株)ウエダ無線の広告ページにおいて，ポータブル・タイプのPLLゼネカバ・トランシーバーが発表され，HFファンの間で何かと話題となった．実は，このトランシーバー，八重洲無線(株)が海外を中心に販売しているFT-70Gなのだ．価格は165,000円（ウエダ無線の資料より）となっている．

＊　＊　＊

特徴としては，オプションのNi-Cdパック FNB-70（12V 4Ah）の装着により，HFポータブル機として働く．周波数は，500kHz～29.9999MHzで，その間を100Hzステップでカバー，当然ハム・バンドもカバー(除く1.8MHz)している．

モードは，LSB／USB，CW，A3Hで，出力10W(A3Hは5W)と，HFのポータブルとしては十分だろう．

さらに，アンテナ系統の調整に便利なTUNEスイッチ，さらに，進行波電力と反射波電力を合成して真の送信電力を示すパワー・メーターなど，移動時のアンテナ調整に役立ちそう．

そのほか，ポータブル機として必要な機能は装備されており，モービル／移動マニアにはうれしいリグになりそうだ．

（詳細は，八重洲無線(株)企画部CQ係，または各販売店へ）

## Column 28MHz帯の50W規制

28MHz帯はHF帯でありながら，ずっと昔から1991年秋まで事実上最大出力は50Wまでに制限されていました．どのくらい昔からかと言うと“最初から”です．1952年(昭和27年)6月19日，戦後アマチュア無線が再開された時の割り当てで50W制限が掛かっていたのです．

AM時代には50Wを超える出力のリグがなかったため特に問題になりませんでしたが，SSB時代は100Wが当たり前となり，制限に引っ掛かるリグが出回るようになりました．

真空管式リグではバンド・スイッチと連動でスクリーングリッド電圧を下げたリグが多かったのですが，中には調整時にLOADを軽めにして50Wに調整するリグもありました．グリッド電流検出型のALCであればこのやり方でもALCがきれいに掛かりますし，電波監理局(当時)の変更検査もクリアできました．

そして1983年8月に保証認定の範囲が出力100Wまでになりました．時代は変わりトランジスタ・ファイナルのリグが出始めてはいますが，当時はまだ真空管ファイナルのリグも発売されていた頃の出来事です．当時のトランジスタ・ファイナル機ではほぼ全機種に50Wにする低減回路が設けられていましたから，保証認定をするには問題はありませんでした．また真空管ファイナルのリグは低減装置を付けた状態で保証認定の対象になりました．しかし後追いで認定された，言い換えればすでに市販されたリグの中にはそれが付いていないリグもあったのです．

著者が特別な減力回路が付いていないリグを近年になって保証認定申請した時のことです．終段電圧が資料と一致していない事，無改造だと減力装置が残っているはずだから28MHz帯は100Wと認められないとの2点の指摘を受けました．事情を説明し実機どおりということで保証認定をもらいましたが，こういったトラブルを防ぐには，今メーカーがWebで公表している公称値どおりに書類を作成するのが一番かと思います．ただしそれだけでは新スプリアス規制はクリアできません．この点はご留意ください．

# 第10章 V/UHF固定機は高級化路線に

## 時代背景

本項では，1977年から1986年のV/UHF帯の固定機を紹介します．この時代はアマチュア無線人口，無線局数ともに順調に増加していった時代です．順調な割に固定機の新製品が少ないように思えるかもしれませんが，これはモービル機が一定の水準に達したことで，逆に固定機の高性能・高機能化が求められたためではないかと思われます．モービル機と固定機がはっきりと区別されるようになった時代でした．

## 免許制度

1983年8月に保証認定範囲が100Wまでに拡大されました．V/UHF機の場合は最大出力は50Wとなりますが，この保証認定の開始以後，V/UHF固定機の多くが10W機とハイパワー機の二本立てとなります．

また1982年に電信級アマチュア無線技士の位置付けが変わり，電波型式による制約がなくなりました．電話級アマチュア無線技士もモールス符号による通信以外の全通信が許可され，テレビジョン通信やデータ通信ができるようになったのです．この改正で電信級からモールス符号通信を除いたものが電話級ということになり，電信級が電話級より上位の資格であることが明確化しています．

## 送受信機

固定機はSSB，FMの両モードを持つのが当たり前になり，モービル機との間にはっきりとした価格差が生じました．アナログVFOはデジタル周波数ディスプレイ付きへと進化し，次世代であるデジタルVFOではモードごとに周波数ステップを変えられるようになります．

JARLが50MHz帯，144MHz帯のアナログFM音声波の周波数偏移を±15kHzから±5kHzにするナロー化の方針を示したのは1976年１月です．これは1978年１月からナローのみにするというものでしたが，混信に苦労していた都市部のハムを中心に一斉にナローに移行したため，非常に短い時間でナローに移行することができました．もともと周波数偏移が±12kHzだった430MHz帯のナロー化は1981年7月施行のバンドプランからです．このナロー化はアマチュア無線側が自主的に行ったものなので，本書執筆時点(2022年春)でもワイドFM波を発射することは禁止されていません．

当時絶大な人気を誇ったHF機，FT-101(八重洲無線)やTS-520(トリオ)はどちらもトランスバータをラインナップに持っていましたが，FTV-250(八重洲無線)やTV-502(トリオ)，つまり144MHz帯用トランスバータの発売は1975年です．カタログには誇らしげにラインナップ写真が掲載されていました．本章の始まりの頃は，VHFのSSB，CWのためにHF機にトランスバータを接続してオンエアするのはごく当たり前のことだったのです．

しかしその後，VHFの固定機はSSB，FMの両モードを持つようになり，SSBやCWでもHF機はHF，VHF機でVHFという運用をすることが普通になります．こうしてHF機に取って代わったVHF固定機は，HF機以上の性能を追求した結果，存在感がどんどん増していきました．

当初アナログVFOを搭載していた各リグは，その後デジタル・ディスプレイで周波数を表示するようになりますが，それはすぐにデジタルVFOに取って代わられます．このVFOの最大のメリットは周波数ステップや周波数の変化量をモードに連動させられることです．CALLチャネル・スイッチも付けられます．HF機がFMモードを持っていても操作性には雲泥の差があったので，トランスバータが使われなくなったのは当然でしょう．

モービル機との間の区別が生じたのもこの頃です．以前は固定用とモービル用の一番の差は大きさでしたが，1970年代後半から，FM機はモービルが主で，SSBの付いているリグは大型となり固定(常置場所)で使うものという形が多くなりました．

価格差がありますから，安定化電源を付けてFMモービル機を固定で使う場面は多かったようですが，SSB付きのモービル機は移動用としてはあまり人気がなかったように思われます．評判の良かった小型機，

TR-9000シリーズ(トリオ)も固定局用オプションが充実していました.

先にも書きましたように,144MHz帯のアナログFM音声波の周波数偏移を±15kHzから±5kHzにする,ナロー化の方針を示したのは1976年1月です.このナロー化では144MHz帯の呼び出し周波数も変更になっています.当時使われていた水晶発振器式のリグの多くは144MHz台に多くのチャネルが設定されていましたが,これが使用できなくなり,一層の買い替えが進んでいます.1977年,1978年にはモービル機の新製品ラッシュがありました.

**V/UHF固定機は高級化路線に 機種一覧**

| 発売年 | メーカー | 型番 | 種別 | 価格(参考) |
|---|---|---|---|---|
| | 特徴 | | | |
| 1977 | 日本電業 | **Liner70A** | 送受信機 | 159,800円 |
| | 430MHz オールモード 10W 1MHz幅VFO 水晶可 ナロー専用 | | | |
| | マランツ商事 | **C5500** | 送受信機 | 198,000円 |
| | 144MHz オールモード 10W バンド・スコープはオプション対応 | | | |
| | トリオ | **TS-700S** | 送受信機 | 149,800円 |
| | 144MHz オールモード 10W デジタル・ディスプレイ 1MHz幅VFO | | | |
| | 福山電機 | **Bigear 1000** | 送受信機 | 129,800円 |
| | 144MHz SSB, CW, FM 10W FM 400ch, SSB 200ch+VXO | | | |
| 1978 | マランツ商事 | **C5400** | 送受信機 | 148,000円 |
| | 144MHz SSB, CW, FM 10W バンド・スコープはオプション対応 | | | |
| | 福山電機 | **Bigear 2000** | 送受信機 | 157,000円 |
| | 144MHz SSB, CW, FM 10W FM 200ch UP/DOWN 100Hzステップ・ダイヤル | | | |
| | 八重洲無線 | **FT-225D** | 送受信機 | 148,000円 |
| | 144MHz オールモード 10W 1MHz幅VFO 13ch(実装2ch) デジタル表示 | | | |
| | 八重洲無線 | **FT-625D(625)** | 送受信機 | 148,000円 |
| | 50MHz オールモード 10W 1MHz幅VFO 6ch(実装1ch) デジタル表示 派生タイプ 相違点:アナログ 型番:無印 価格:136,000円 | | | |
| | 日本電業 | **LS-707** | 送受信機 | 154,000円 |
| | 430MHz オールモード 10W 1MHz幅VFO 水晶可 ナロー専用 | | | |
| | アイコム | **IC-551** | 送受信機 | 89,800円 |
| | 50MHz SSB, CW, AM 10W 100Hzステップのデジタル VFO FMオプション | | | |
| | トリオ | **TS-770** | 送受信機 | 184,800円 |
| | 144/430MHz SSB, CW, FM 10W デジタル2VFO | | | |
| | アイコム | **IC-551D** | 送受信機 | 135,000円 |
| | 50MHz SSB, CW, AM 50W 100Hzステップのデジタル VFO FMオプション | | | |
| | アイコム | **IC-251** | 送受信機 | 128,000円 |
| | 144MHz SSB, CW, FM 10W 100Hzステップのデジタル VFO | | | |
| | トリオ | **TR-9000** | 送受信機 | 95,000円 |
| | 144MHz SSB, CW, FM 10W 100Hzステップのデジタル VFO | | | |
| | 日本電業 | **LS-707B** | 送受信機 | 156,000円 |
| | 430MHz オールモード 10W 1MHz幅VFO ナロー, ワイド切り替え | | | |
| 1980 | 八重洲無線 | **FT-280** | 送受信機 | 94,800円 |
| | 144MHz SSB, CW, FM 10W 10Hzステップのデジタル VFO 小型化 | | | |
| | 八重洲無線 | **FT-680** | 送受信機 | 89,800円 |
| | 50MHz オールモード 10W 10Hzステップのデジタル VFO 小型化 | | | |

| 発売年 | メーカー | 型　番 | 種　別 | 価格(参考) |
|---|---|---|---|---|
| | 特　徴 | | | |
| 1980 | アイコム | **IC-351** | 送受信機 | 148,000円 |
| | 430MHz　SSB，CW，FM　10W　100Hzステップのデジタル VFO | | | |
| | 八重洲無線 | **FT-780** | 送受信機 | 119,800円 |
| | 430MHz　SSB，CW，FM　10W　10Hzステップのデジタル VFO　小型化　FMワイド | | | |
| 1981 | トリオ | **TR-9500** | 送受信機 | 119,800円 |
| | 430MHz　SSB，CW，FM　10W　100Hzステップのデジタル VFO | | | |
| | トリオ | **TS-660** | 送受信機 | 119,800円 |
| | 21～50MHz　オールモード　10W　10Hzステップのデジタル VFO | | | |
| | トリオ | **TR-9300** | 送受信機 | 89,800円 |
| | 50MHz　オールモード　10W　100Hzステップのデジタル VFO | | | |
| | トリオ | **TS-780** | 送受信機 | 189,800円 |
| | 144/430MHz　SSB，CW，FM　10W　20Hzステップ　2バンドナロー　IFシフト | | | |
| 1982 | トリオ | **TR-9000G** | 送受信機 | 92,800円 |
| | 144MHz　SSB，CW，FM　10W　100Hzステップのデジタル VFO　CW機能向上 | | | |
| | トリオ | **TR-9500G** | 送受信機 | 119,800円 |
| | 430MHz　SSB，CW，FM　10W　100Hzステップのデジタル VFO　レピータ対応 | | | |
| 1983 | トリオ | **TR-9030G** | 送受信機 | 99,800円 |
| | 144MHz　SSB，CW，FM　25W　100Hzステップのデジタル VFO　CW機能向上 | | | |
| | 八重洲無線 | **FT-726** | 送受信機 | 215,000円 |
| | 144/430MHz　オールモード10W　50MHzまたは21～28MHzのユニット装着可能<br>派生タイプ　オプション：50MHzユニット，21～28MHzユニット　価格：38,000円/42,000円　サテライト・ユニット 19,500円もオプション | | | |
| | アイコム | **IC-271(D)** | 送受信機 | 111,000円(無印) |
| | 144MHz　SSB，CW，FM　10W(Dは50W)　メモリをVFOのように可変可能　派生タイプ　相違点：50W　型番：D　価格：158,000円 | | | |
| | アイコム | **IC-371(D)** | 送受信機 | 132,000円(無印) |
| | 430MHz　SSB，CW，FM　10W(Dは50W)　メモリをVFOのように可変可能　派生タイプ　相違点：50W　型番：D　価格：178,000円 | | | |
| | トリオ | **TS-711(D)** | 送受信機 | 148,000円(無印) |
| | 144MHz　SSB，CW，FM　10W(Dは25W)　DCL内蔵，AUTOモード付き　派生タイプ　相違点：25W　型番：D　価格：158,000円 | | | |
| | トリオ | **TS-811(D)** | 送受信機 | 159,800円(無印) |
| | 430MHz　SSB，CW，FM　10W(Dは25W)　DCL内蔵，AUTOモード付き　派生タイプ　相違点：25W　型番：D　価格：175,000円 | | | |
| 1986 | 八重洲無線 | **FT-767GXX(SX，GX)**再掲 | 送受信機 | 369,000円 |
| | HFゼネカバ　50/144/430MHz　100W(V，UHF10W)　CWフィルタ，トーン内蔵　派生タイプ　GX，SXはHF機の項を参照 | | | |
| | ミズホ通信 | **MX-606D** | 送受信機 | 46,000円 |
| | 50MHz　SSB，CW　10W　100kHz幅VXO　50.2～50.3MHz実装　派生タイプ　相違点：キット　価格：45,000円 | | | |
| | アイコム | **IC-275(D)** | 送受信機 | 139,800円 |
| | 144MHz　SSB，CW，FM　10W(Dは50W)　アイコム独自のDDS採用　派生タイプ　相違点：50W　型番：D　価格：165,800円 | | | |
| | アイコム | **IC-375(D)** | 送受信機 | 149,800円 |
| | 430MHz　SSB，CW，FM　10W(Dは50W)　アイコム独自のDDS採用　派生タイプ　相違点：50W　型番：D　価格：189,800円　AC電源内蔵10Wは15,000円増し | | | |

マランツ商事：スタンダード・ブランドの総発売元．
W表示はすべて出力．ゼネカバはゼネラル・カバレッジの略．送信周波数はHF帯6バンド．
1983年8月から100Wの保証認定が開始された．

# V/UHF固定機は高級化路線に 各機種の紹介 発売年代順

## 1977年

### 日本電業 Liner70A

1972年にUHF帯でのSSBが許可されるようになってから初の430MHz帯オールモード送受信機です．LSBやAMモードも持ち出力は10W，1MHz幅のVFOとバンド・スイッチで430MHz帯全体をカバーし，VOX，サイドトーン，セミブレークイン，固定チャネルも内蔵しています．

RF回路にはストリップラインを採用し，全体をプラグイン・モジュールで構成しています．AC電源内蔵，センターメータ付きです．本機のFMはナローのみでしたが，1979年末にワイド，ナロー切り替え受信ユニットLOP-70A(5,500円)が発売されています

### マランツ商事 C5500

144MHz帯のオールモード10W出力機です．スピーカを外してブラウン管式バンドスコープ(CBS-55　35,000円)を取り付けると，最大200kHzにわたってバンド内を見渡すことが可能でした．VFOはアナログ式で周波数表示はカウンタ・タイプです．FMはワイド／ナロー両用，VOX，サイドトーン，セミブレークイン，AGC切り替えなどが装備され，CWでも使いやすいリグでした．黒を基調とした独特のデザインになっています．右上の右から２番目のスイッチは「スペア」で，プリアンプのON/OFFなどを想定していたようです．本機の発売元はマランツ商事です．この後，1981年からはSTANDARDブランドのリグは日本マランツが発売元になります．

● **C5400**(1978年)

C5500の廉価版で50,000円安い価格設定となっています．出力は10WでモードはSSB，CW，FMが装備されC5500と同様にバンドスコープを組み込むことが可能です．パネル面は金属光沢を持つ茶色でC5500と一目で見分けがつきますが，スイッチ類は若干配置が変わった程度で機能的にはほとんど変わりません．スペア・スイッチも健在でした．

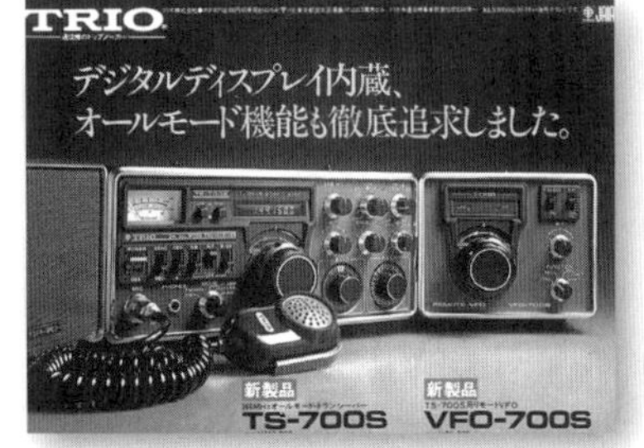


### トリオ(JVCケンウッド) TS-700S

TS-700GIIの後継機です．144MHz帯10W出力のオールモード機という基本的なところは変わりませんが，新たにデジタル・ディスプレイを搭載しました．VOX，サイドトーンを内蔵したためセミブレークインが可能となってCW運用がしやすくなり，FMはナロー専用に変更されています．

## 福山電機 Bigear 1000

福山電機が新しく立ち上げたビッグイヤー事業部の最初の製品で，モービル機3機種と共に発表されました．

144MHz帯で10W出力のSSB，CW，FM機です．

FMは5kHzステップ400ch，SSB，CWは10kHzステップ200ch(VXO併用)となっています．

周波数はkHzまで細かく表示する6ケタ表示，前面スピーカで聞きやすくしてあるのも本機の特徴です．パネル面にはBigear TYPE-1と表記されていました．

## 1978年

## 福山電機 Bigear 2000

Bigear 1000同様の144MHz帯で10W出力のSSB，CW，FM機です．本機はデジタル式VFOを内蔵し最小100Hzステップでのチューニングが可能になりました．このチューニングはUP/DOWNボタンでも可能で，周波数直接セット型シンセサイザつまみもあり，計3つの選局方式を搭載したリグとなりましたが，価格も3万円弱アップしています．本機はパネル面にBigear TYPE-1Dと表記されています．

## 八重洲無線 FT-225D FT-625D FT-625

FT-225Dは144MHz帯10W(AM4W)出力のオールモード機です．7桁の周波数表示を持ち，センターメータ，FMのワイド／ナロー切り替え，セミブレークイン，サイドトーンなどを装備しています．

1MHz幅のアナログVFOをPLLで133MHz台に持ち上げるシングルスーパー(FM除く)で，RF同調を取ることで高感度かつ低妨害の設計となっています．固定チャネルは水晶発振子を11個実装可能で，それとは別に145.00MHzと145.50MHzのCALLチャネル(水晶実装済み)が用意されていました．

FT-625Dは50MHz帯10W(AMも10W)出力のオールモード機です．FT-225D同様の特徴を持ちますが，固定チャネルは5chとなり，別に51.00MHzのCALLチャネル(水晶実装済み)が用意されました．後にデジタル・ディスプレイを持たないFT-625(136,000円)が追加されています．

## 日本電業 LS-707

充実の10MHz
フルカバーのオールモード機

430MHz帯10W出力のオールモード機で，Liner70Aの後継機です．感度が向上しRITの可変範囲も増えています．価格は多少安くなったかわりにDC電源専用になりました．本機のFMはナローのみでしたが，1979年末にワイド，ナロー切り替え受信ユニットLOP-70B(5,500円)が販売されています．

### ● LS-707B

430MHz帯10W出力のオールモード機で，LS-707のマイナ・チェンジ機です．プリアンプを増設しFMをワイド，ナロー切り替えにしました．1MHz幅のアナログVFO，固定チャネル用水晶発振子10個装着可能，AMモード付きといった特徴は変わりません．

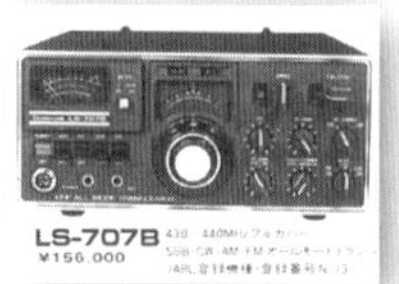


## アイコム IC-551

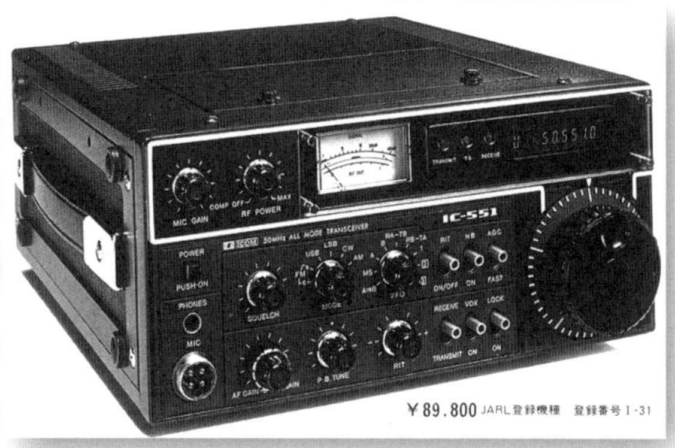


50MHz帯，オールモード(FMはオプション)の10W(AMはA3Hで4W)出力機です．IC-221と同様の100Hzステップのデジタル VFOを採用し50MHz帯全体をカバーしていて，メモリは3ch，VFOは2系統あります．

基板(IC-EX108)を追加すると受信時はPBT(パスバンド・チューニング)，送信時はRFスピーチ・プロセッサ動作ができるようになり，VOXユニット(IC-EX107)を追加するとCWのブレークイン動作が可能になります．

### ● IC-551D

50MHz帯のIC-551のハイパワー・バージョンです．SSB，CWは50W，AM(旧A3H，現H3E)は40W，FMは50W出力となっていて，AM出力を高めに設定していることが注目されます．10W機と同様にナローFMユニットがオプションで用意されていました．

## トリオ(JVCケンウッド) TS-770

ALL MODE DUAL BANDER

TS-700シリーズの後継機です．144MHz帯，430MHz帯で10W出力のSSB，CW，FM機で，デジタルVFOを搭載し両バンドをフルカバーしています．送信電力段や受信フロントエンドは2バンド別々でアンテナ端子も独立していますが，周波数切り替えは1MHzステップのUP/DOWNスイッチでバンドを意識せずに切り替えることができました．

出荷時の本機のFMはナローです．発売時430MHz帯ではまだワイドが使用されていましたがワイド用の受信フィルタはオプション(WF-455D，2,000円)で，内部の接続を変えれば，430MHz帯はワイド，144MHz帯はナローという設定も可能でした．

## アイコム IC-251

144MHz帯SSB，CW，FMの10W機です．2MHzを連続カバーするデジタルVFOを内蔵しています．スキャンやVFOコントロールが充実しており，スキャンが停止した後一定時間後に再開する機能も搭載していました．

● **IC-351**(1980年)

430MHz帯10W出力のSSB，CW，FM機です．オート・スキャン・スタートなど，姉妹機IC-251と同様の機能を持っていますが，バンドが広いため，1MHz単位のUP/DOWNスイッチが新たに配置され，TS(チューニング速度)スイッチ，AGC切り替えの場所が移動しました．

## トリオ(JVCケンウッド) TR-9000

144MHz帯10W出力のSSB，CW，FM機です．2MHzを連続カバーするデジタルVFOを内蔵しています．SSB，CWでは100Hzステップですが，FMでは20kHzステップと10／1kHzステップの両方をモード・スイッチで選ぶことができます．FMはナロー化されCWサイドトーンを内蔵しています．本機はモービルでも使える固定機として発売され，トリオでは「オール・マイティー・トランシーバー」と称していました．

● **TR-9500**(1981年)

430MHz帯10W出力のSSB，CW，FM機で，外観，機能はTR-9000とほぼ同じですが，水晶オプションのLSBがありました．本機にはMHzスキャン機能があり，簡単な操作で1MHz単位でのスキャンが可能です．操作は少々複雑ですが，トーン・エンコーダTU-78を追加するとレピータ対応となりました．

● **TR-9300**(1981年)

50MHz帯10W出力(AM3W)のオールモード機です．外観，機能はTR-9000とほぼ同じですが，CWサイドトーンだけではなくセミブレークインも内蔵しています．チャネル・ステップを粗くするDSスイッチを押すと，SSB，CWでは受信周波数を自動でスイープさせて相手局が見つけやすくなるようになっていました．

本機の発売に合わせて，固定局用ベースHR-9が発売されています．これはTR-9000，TR-9500，TR-9300をすべてセットできるラック状コンソールで，電源だけでなくマイク分配器，スピーカも内蔵しているものです．どのリグで送信するかはコンソールのスイッチで切り替えられるようになっていました．

● **TR-9000G　TR-9500G**(1982年)

TR-9000GはTR-9000のマイナ・チェンジ機，TR-9500GはTR-9500のマイナ・チェンジ機です．SSBのスケルチが改良され，CWのセミブレークインを内蔵し，メモリが6chに増えています．

衛星通信を考慮して送信中に周波数を変えることができるようになり，TR-9500Gにはレピータ用シフト・スイッチが追加されました．

● **TR-9030G**(1983年)

144MHz帯SSB，CW，FMの25W出力機でTR-9000Gのハイパワー版です．TR-9000Gと説明書が共通で機能的にもほとんど差はありませんでしたが，背面のAUX端子は本機だけにありました．

送信時＋9V，スタンバイ接点，ALC入力の端子で，外付けのリニア・アンプを想定していたものと思われます．本機はV/UHF機の中で一番最初に保証認定を受けたハイパワー機です．

## 1980年

### 八重洲無線 FT-280 FT-680 FT-780

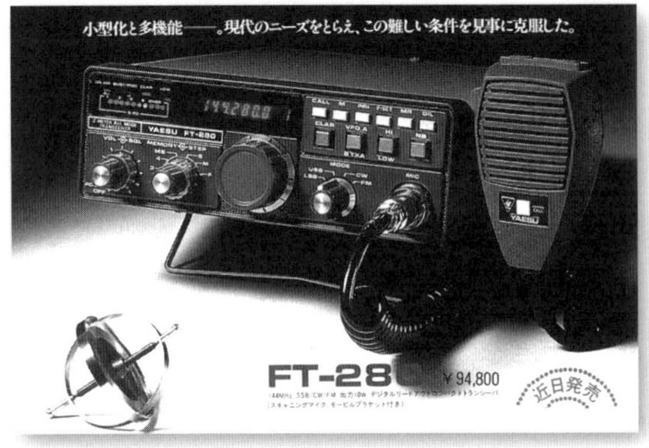


FT-280は144MHz帯で10W出力のSSB, CW, FM機, FT-680は50MHz帯オールモード10W(AM4W)機, FT-780は430MHz帯で10WのSSB, CW, FM機です. どれもFM機並みの大きさに収まっています. Sメータは10点のLED, 周波数表示は蛍光表示器で, これらは高さ6cmという小型化に一役買っています.

CWのサイドトーンやセミブレークインを内蔵しています.

CALLスイッチを押すとモードが一時的にFMに変わるという機能もありました. FMのメイン・チャネルでCQを出してSSBでQSOすることを想定しているとのことです.

## 1981年

### トリオ(JVCケンウッド) TS-660

小電力でもDXを狙える21～50MHz帯をカバーするオールモード10W出力(AM4W)機で, 50MHz帯モノバンダーTS-600のモデル・チェンジ機です.

10HzステップのデジタルVFOを採用し, CWサイドトーン, セミブレークインを内蔵, FMモード, VOX, AF型マイク・コンプレッサはオプションでした.

トリオでは本機発売に合わせて, 21MHz, 28MHz, 50MHz帯の短縮型3バンドGP(HA-3 22,000円)も発売しています.

当時はまだ24MHz帯が解放されていませんでしたので, このGPをつなげば簡単に本機をフル活用できるようになっていました. 本機の後継機はTS-670(1984年発売)です.

## 1983年

### トリオ(JVCケンウッド) TS-780

TS-770をマイナ・チェンジした144MHz帯, 430MHz帯で10W出力のSSB, CW, FM機です. 20HzステップのデジタルVFOを2つ内蔵し, クロスバンド運用も可能です.

メモリは10ch, V/UHFでは最初に混信除去機能(IF-SHIFT)を内蔵しました.

本機はメイン・ダイヤルに注意が払われています. 微調, 早送り, クリックの3つの動作があり, トルクを調整することもできました.

## 八重洲無線 FT-726

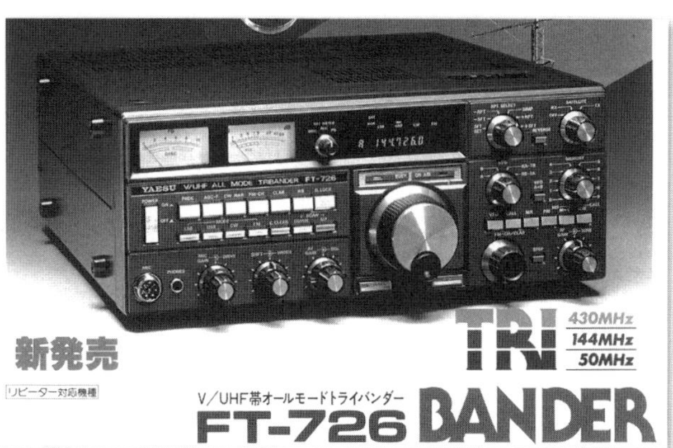


50MHz帯，144MHz帯，430MHz帯で10W出力のSSB，CW，FM機です．8ビットCPUを採用し20HzステップVFOを2つ持ち，クロスバンドでの運用も可能です．バックアップ付きのメモリは10chあり，バンド，電波型式も記憶できました．5秒間だけ受信して次に移るスキャン，FM用センターストップ型スキャンなどが付き，IF-SHIFT，IF-WIDTH，AF型スピーチ・プロセッサなどの付属回路も充実しています．50MHz帯のユニットはオプションで38,000円，衛星通信用サテライト・ユニットは19,500円です．また，21～28MHz帯ユニット(42,000円)もありました．

1985年夏から約2年間，同じ型番でモノバンド仕様も販売されています．50MHz帯，144MHz帯仕様が163,000円，430MHz帯仕様は177,000円でした．

## アイコム IC-271(D)　IC-371(D)

IC-271は144MHz帯，IC-371は430MHz帯の10W出力機，IC-271Dは144MHz帯，IC-371Dは430MHz帯の50W出力機です．

モードはSSB，CW，FMで32chのメモリを持ち，その内容をVFOに転送することも直接周波数を動かすこともできます．デジタルVFOは10Hzステップ，メモリ番号は別に表示が出るようになっていました．スキャンも豊富で，FMではセンター・ストップ機能が動作します．

IC-371(D)はレピータ対応も充実していて，プログラマブル・トーン・エンコーダを内蔵し，トーンやデュープレックス情報もメモリが記憶できるようになっていました．なお本機発表の2カ月後に，保証認定が100Wまでに拡大され，Dタイプはその対象となっています．

### 1984年

## トリオ(JVCケンウッド) TS-711(D)　TS-811(D)

TM-711(D)は144MHz帯，TM-811(D)は430MHz帯のSSB，CW，FM機で，無印は10W出力，Dタイプは25W出力です．AUTOモード対応，デジタルVFOは10Hzステップ，メイン・ダイヤルはクリック・タイプに切り替えることが可能です．AC電源を内蔵しDC運用も可能でメモリは40ch，モード情報なども記憶します．TS-811(D)はレピータ対応でした．TS-711(D)もTS-811(D)もTM-211，TM-411，TR-2600，TR-3600といったDCL対応機とほぼ同時に発表されたDCL機です．ハイパワー機TS-711Dは158,000円，TS-811Dは175,000円でした．

## 1986年

### 八重洲無線 FT-767GXX

HF～430MHz帯をカバーする大型固定機です．HFは100W，V/UHFは10W出力のオールモード機で，CWフィルタ，HF帯のオート・チューナ，電源も内蔵していました．

デジタルVFOは10Hzステップ，DATA IN/OUT端子付き，メモリはモードやトーン周波数も記憶できるタイプです．CWフルブレークイン，トーン・エンコーダ(FTE-7 2,900円)を装着すればレピータにも対応していました．

SXタイプ，GXタイプはV/UHFがオプションのHF専用機ですので，本機は第9章のp.35にも解説があります．画像はそちらを参照してください．

### ミズホ通信 MX-606D

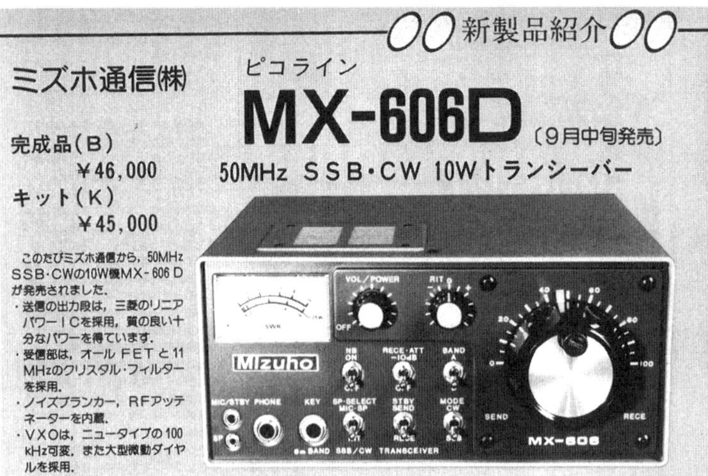


50MHz帯で10W出力のSSB，CW機です．100kHz幅のVXOに減速機構付きのダイヤルを組み合わせています．

50.2～50.3MHzを実装し，他に1バンド追加可能です．セミブレークイン，サイドトーンはオプションで，本機はキットでも販売されましたが価格差は1,000円しかありませんでした．

### アイコム IC-275(D) IC-375(D)

IC-275は144MHz帯，IC-375は430MHz帯のSSB，CW，FM機で，無印は10W出力です．局発系を全面的に改良して低雑音化，高速化しました．メモリ・スキャンでも1秒間に20chをスキャンできます．メモリは99ch，操作性を考えて独立させたRITはメイン・ダイヤルと同じくロータリー・エンコーダ処理です．データパケット通信やAMTORにも対応しています．

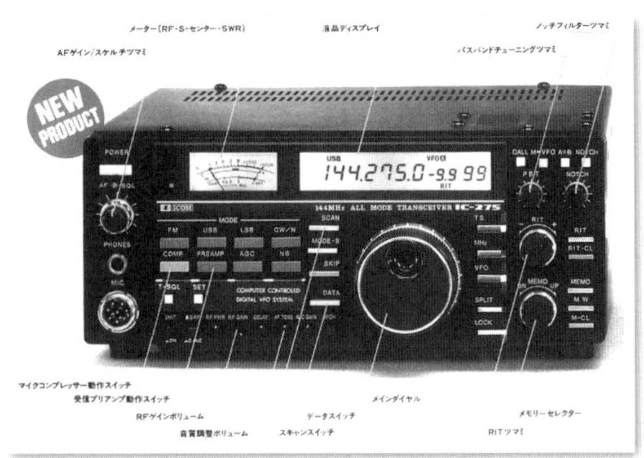


マイク・コンプレッサ内蔵，CWのフルブレークイン運用ができます．パスバンド・チューニングやノッチも装備，AQS(p.83参照)は外付けでした．AC電源内蔵機は+15,000円です．

両機共出力50WのDタイプが1年後に追加されています．IC-275DはDC電源タイプのみで165,800円，IC-375DはDC電源タイプのみで189,800円でした．

## Column　FMナロー化の意義

1970年代前半までFM機の周波数偏移は±15kHz(430MHz帯は±12kHz)でした．そして1976年から1981年にかけてナロー化は完全実施され，各バンドとも周波数偏移は±5kHzとなりました．混雑を緩和するためチャネル数を増やすとともに，他モードで使える周波数も確保するいう目的で行われたナロー化ではありますが，実際のところ，ワイドとナロー，この両者はどこがどう違うのでしょう．

ナロー送信をワイドで受信するというのは変調が浅いということですから復調音声が小さくなります．またワイド送信をナローで受けると音量が大きくなるだけでなく，受信側の帯域が足りないため歪(ひずみ)を生じてしまいます．ここまでは何となく感覚的にわかる話ではないかと思います．

では，ワイド送信ワイド受信とナロー送信ナロー受信の違いはどこにあるでしょうか．実は受信での*S*/*N*，つまり雑音の量が変わります．

三角雑音という言葉で表現されるように，FMでは帯域全体の雑音がそのまま出力されないため検波時に*S*/*N*の変化が生じます．今，搬送波にFM性の雑音が加わったとします．ノイズと搬送波が合成されて見かけ上周波数の揺らぎが生じたと考えてください．検波器の感度が良いのはナロー受信ですから，ナローの方がノイズが高い音量で復調されます(**図10-A**)．ノイズに対してはワイドの方が有利です．でもそれは一定値(**図10-B**)の直線の変曲点)以上の入力があった時の話です．

信号がとても弱くなると今度はナローの方が有利になります．これは帯域が狭い分だけ雑音の絶対量が少ないからです．FM検波では信号が弱くなると検波後の*S*/*N*はIFのそれよりも劣化するようになります．アマチュア無線のナロー化では変調指数を5から1.67に低下させましたが，*S*/*N*10dBのIF信号が検波器に到達した場合，変調指数5では*S*/*N*は3.8dB悪化して6.2dBになるのに対して，変調指数1.67では1.33dBしか損なわれません(プリエンファシスがない場合)．

**図10-A**(b)を見返すと，信号が強い場合に変調指数が5あると極めて良好な*S*/*N*が得られることがわかります．良好といえば聞こえが良いのですが通信用としてはオーバースペックで，変調指数1.67でも*S*/*N*は十分です．逆に信号が弱い場合についても考察すると，プリエンファシスがなければ復調後の*S*/*N*が20dB以下の場合はナローの方が有利になるようです．通常は6dB/octのプリエンファシスが掛かりますが，その場合は復調後の*S*/*N*で26dBを下回るような信号ではやはりナローの方が有利です．

ナロー化では必要以上のノイズ抑圧を失った代わりに，ギリギリのノイズ交じり信号では逆にノイズ量が減ったのです．*S*/*N*20dBあれば十分通信はできますから，占有周波数は半分になったのに限界は微妙に延びました．ナロー化がスムーズに受け入れられた理由はこのような事情ではないでしょうか．

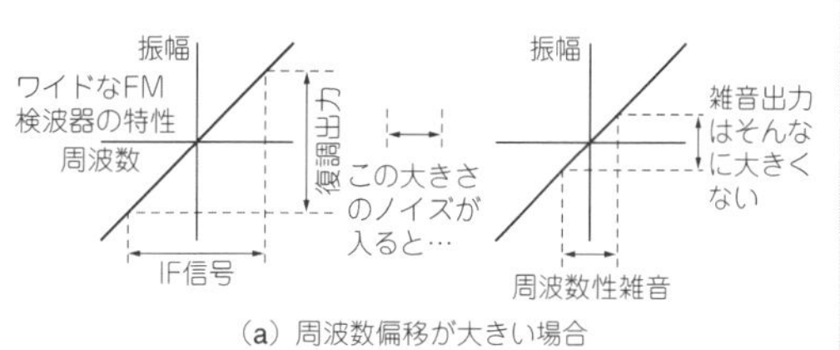


(a) 周波数偏移が大きい場合

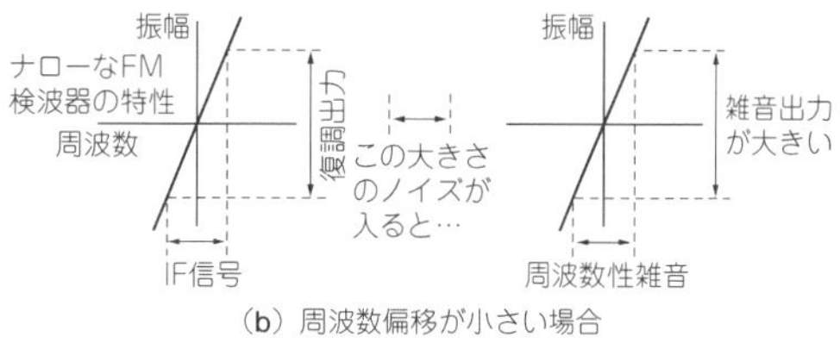


(b) 周波数偏移が小さい場合

**図10-A　十分な強度があるFM波での検波器からの雑音出力量**(各図右側)**の違い**

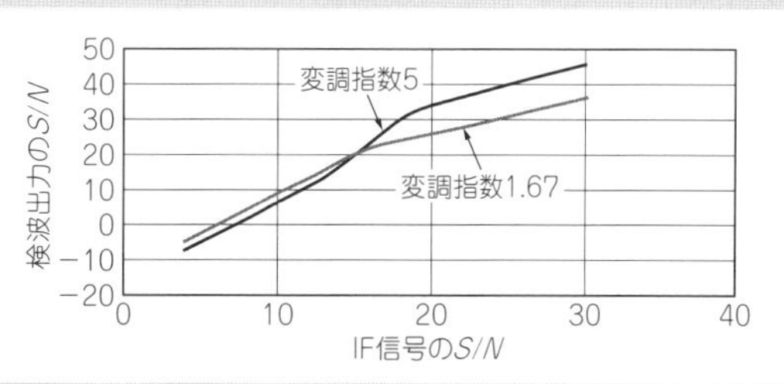


**図10-B　FM検波時の*S*/*N*の変化**
電波研究所季報1960年3月 FM回線における信号対雑音比より算出

# 第11章 V/UHFモービル機は多チャネル化 1977～1986年

## 時代背景

本章では1977年～1986年のV/UHFモービル機をご紹介します．アマチュア局は34万局から70万局に倍増した時代です．自家用車も増えました．1700万台から2700万台となっています．

1979年ごろには世界的な不況である第2次オイルショックがありましたが，日本経済にはあまり影響がなく，逆に日本の自動車の燃費の良さが見直されたために輸出が増え，貿易摩擦を引き起こすほどになりました．

同じ頃，簡易な無線システムが求められたために「パーソナル無線」が制度化され，1982年12月にスタートしています．2年後にはアマチュア局を数で抜き，1992年には170万局となりピークを迎えましたが，無線局免許の期限が10年(5年だったものを自動延長)であったこと，1996年に約50万局まで数が減ったことを考慮すると，1986年ぐらいに事実上のピークがあったとも考えられます．

パーソナル無線は900MHz帯を利用した5Wの無線電話で，無線従事者免許が不要，外部アンテナが使えるという特徴がありましたが，多数の社が参入した後に急減速したために市場が荒れてしまいました．当初のチャネル数は80で思いのほかユーザーが増えたため混信が激しかったこと，不法改造された無線機による運用が多発したこともマイナス要因となったようです．

## 免許制度

免許制度の変化としては電信級，電話級アマチュア無線技士の操作範囲の変更がありましたが，モービル機の世界ではほとんど影響はありませんでした．

影響が大きかったのはJARLによるバンドプランの変更，特にFMのナロー化です．

周波数偏移±15kHzのFM音声波を±5kHzにするナロー化の方針を示したのは1976年１月で，50MHz帯と144MHz帯について1978年1月から全面的にFM波をナローにするというものでした(**表11-1**)．

混信に苦労していた都市部のハムを中心に一斉にナローに移行したため，1978年を待たずに非常に短い時間でナローに移行することができています．この際に移動用呼び出し周波数やモービル専用の特定周波数も制定され，これに対応したリグも作られました．

一方430MHz帯は混信問題がなかったため，暫定的な処置で周波数偏移±12kHzのワイドでの運用が続きます．ナローに移行したのは1981年7月実施のバンドプランからで，但し書きで占有周波数帯域幅16kHzが明記されました．ナロー化の技術的な意味などは第10章の章末コラムをご覧ください．

## 送受信機

FMのナロー化の方向性が示された1976年に各社はすぐにナローのリグに移行します．売れ筋は144MHz帯の10W機ですから1977年頃の新製品はこればかりになりました．

50MHz帯も同時期にナロー化されたのですが，こちらは逆に発表されるリグが減っています．1/4波長で1.5mとアンテナが長く，もともとモービル運用が少なかったということが影響していると思われますが，もうひとつ，周波数割り当てにほとんど変化がなかったということも大きかったかもしれません．バンドは空いていましたから，送信の周波数偏移を減らせばなんとかなったのです．

ナロー化の主目的はFMの混信緩和と他のモードでのバンド利用を促すことでしたが，ナローのリグがひととおり出揃うと各社の間ではまたチャネル数の競争になりました．

144MHz帯はもともと2MHz幅しかなく，10kHz台のいわゆる奇数チャネルを使用する局があった関係で，1978年頃になると144MHz帯，10W出力，ナローFM，10kHzステップ200chというリグが多数発売されていますし，エリート無線商会などからは既存リグを多チャネル化する外付け発振器も発売されました．

144MHz帯が一段落すると各社は他のバンドのリグも発売するようになります．1981年頃からは430MHz帯でもナローFMのリグが発売され，1982年にはレピータ対応機が発表されます．実は1981年の時点で

**表11-1　1978年1月制定の144MHz帯ナロー，430MHz帯ワイドのJARLバンドプラン**

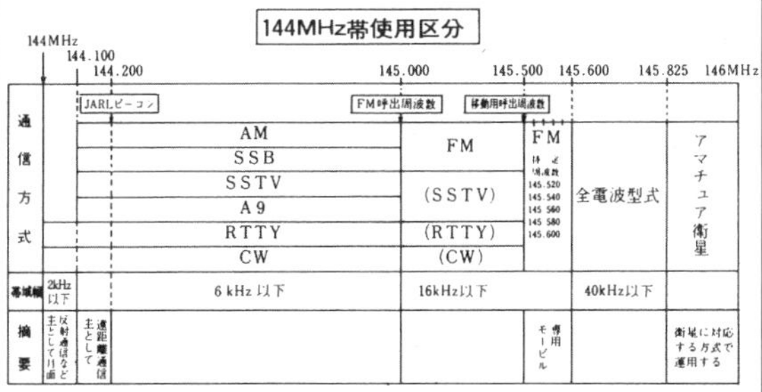

**144MHz帯使用区分**

| | 144MHz～144.100 | 144.100～144.200 | 144.200～145.000 | 145.000～145.500 | 145.500～145.600 | 145.600～145.825 | 145.825～146MHz |
|---|---|---|---|---|---|---|---|
| | | JARLビーコン | | FM呼出周波数 | 移動用呼出周波数 | | |
| 通信方式 | RTTY<br>CW | AM<br>SSB<br>SSTV<br>A9<br>RTTY<br>CW | AM<br>SSB<br>SSTV<br>A9<br>RTTY<br>CW | FM<br>(SSTV)<br>(RTTY)<br>(CW) | FM<br>特定周波数<br>145.520<br>145.540<br>145.560<br>145.580<br>145.600 | 全電波型式 | アマチュア衛星 |
| 帯域幅 | 2kHz以下 | 6kHz以下 | 6kHz以下 | 16kHz以下 | 16kHz以下 | 40kHz以下 | |
| 摘要 | 主として月面反射通信など | 主として遠距離通信 | | | モービル専用 | | 衛星に対応する方式で運用する |

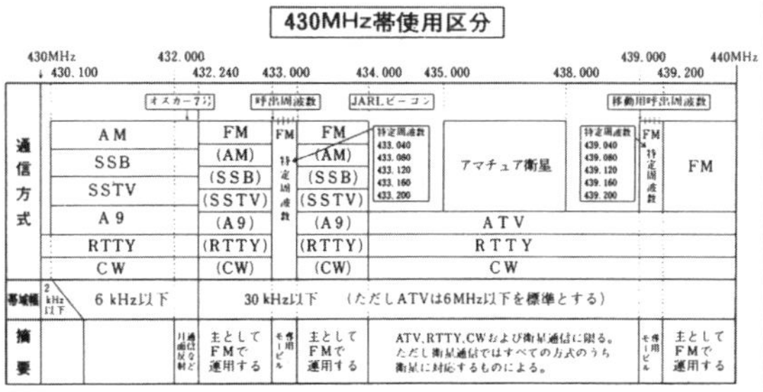

**430MHz帯使用区分**

| | 430MHz～430.100 | 430.100～432.000 | 432.000～432.240 | 432.240～433.000 | 433.000～ | ～434.000 | 434.000～435.000 | 435.000～438.000 | 438.000～439.000 | 439.000～439.200 | 439.200～440MHz |
|---|---|---|---|---|---|---|---|---|---|---|---|
| | | | オスカー7号 | 呼出周波数 | | | JARLビーコン | | | 移動用呼出周波数 | |
| 通信方式 | RTTY<br>CW | AM<br>SSB<br>SSTV<br>A9<br>RTTY<br>CW | AM<br>SSB<br>SSTV<br>A9<br>RTTY<br>CW | FM<br>(AM)<br>(SSB)<br>(SSTV)<br>(A9)<br>(RTTY)<br>(CW) | FM<br>特定周波数<br>(特定周波数 433.040 433.080 433.120 433.160 433.200) | FM<br>(AM)<br>(SSB)<br>(SSTV)<br>(A9)<br>(RTTY)<br>(CW) | ATV<br>RTTY<br>CW | アマチュア衛星<br>ATV<br>RTTY<br>CW | ATV<br>RTTY<br>CW | FM<br>特定周波数<br>(特定周波数 439.040 439.080 439.120 439.160 439.200) | FM |
| 帯域幅 | 2kHz以下 | 6kHz以下 | 6kHz以下 | 30kHz以下（ただしATVは6MHz以下を標準とする） | | | | | | | |
| 摘要 | | | 月面反射通信など | 主としてFMで運用する | モービル専用 | 主としてFMで運用する | ATV,RTTY,CWおよび衛星通信に限る。ただし衛星通信ではすべての方式のうち衛星に対応するものによる。 | | | モービル専用 | 主としてFMで運用する |

DUPLEX機能を持ったリグは発売されていますが，88.5Hzのトーン・エンコーダは搭載されていませんでした．

レピータ本免許後に発売されたC7900の説明書にも，別売のトーン・エンコーダが必要で，その周波数などは事前に調べてほしいと記載されています．皆さんご存じのとおり88.5Hzがあれば当時は不自由はしなかったはずなのですが，当初はこの情報自体がなかったようです．

さて燃費が重視されるようになったので，自動車は小型化，軽量化が進んできます．このため小型のリグが喜ばれるようになったのもこの頃の特徴でしょう．時代の象徴である200ch FM機を開発しながらも市場から消えてしまった会社がいくつかありますが，各社に共通する特徴として，リグの小型化に熱心ではなかったということが言えるのではないかと筆者は感じています．

1980年代に入ると車のダッシュボード(ダッシュパネル)収容を強く意識したサイズのリグが発売されました．

**V/UHFモービル機は多チャネル化　1977～1986年 機種一覧**

| 発売年 | メーカー | 型番 | 種別 | 価格(参考) |
|---|---|---|---|---|
| | 特徴 | | | |
| 1977 | 極東電子 | **FM50-10SXⅡ** | 送受信機 | 82,000円 |
| | 50MHz　FM　10W　51～54MHz　600ch実装　2軸メイン・ノブ　デジタル表示 | | | |
| | 極東電子 | **FM144-10SXⅡ** | 送受信機 | 82,000円 |
| | 144MHz　FM　10W　400ch実装　2軸メイン・ノブ　デジタル表示 | | | |
| | 八重洲無線 | **FT-223** | 送受信機 | 59,800円 |
| | 144MHz　FM　10W　23ch(実装8ch)　ナロー専用　トーン・スケルチ対応 | | | |
| | トリオ | **TR-7500** | 送受信機 | 63,800円 |
| | 144MHz　FM　10W　105ch(実装50ch)　水晶1つ追加で+50ch　ナロー専用 | | | |
| | 福山電機 | **Quartz-16** | 送受信機 | 49,800円 |
| | 144MHz　FM　10W　25ch(実装14ch)　ナロー専用 | | | |
| | ゼネラル | **GR-551** | 送受信機 | 59,800円 |
| | 144MHz　FM　10W　26ch(実装8ch)　送受共用水晶　ナロー専用 | | | |
| | 三協特殊無線 | **KF-430A** | 送受信機 | 39,800円(タイプA) |
| | 430MHz　FM　12ch(実装1ch) 3W　10WのタイプB　25WのタイプCあり | | | |
| | 三協特殊無線 | **KF-145** | 送受信機 | 46,500円 |
| | 144MHz　FM　10W　12ch(1ch実装) | | | |
| | 八重洲無線 | **FT-227** | 送受信機 | 64,800円 |
| | 144MHz　FM　10W　200ch　ナロー専用　メモリ・チャネル付き | | | |

| 発売年 | メーカー | 型番 | 種別 | 価格(参考) |
|---|---|---|---|---|
| | 特徴 | | | |
| 1977 | 北辰産業 | **HS-144** | 送受信機 | 39,500円 |
| | 144MHz FM 10W 24ch(実装4ch) 送受共用水晶 ナロー専用 | | | |
| | 日本システム工業 | **RT-145** | 送受信機 | 79,500円 |
| | 144MHz FM 10W 200ch ナロー専用 9chメモリ チャネル・スコープはオプション | | | |
| | 福山電機 | **MULTI-800S(D)** | 送受信機 | 59,500円(Sタイプ) |
| | 144MHz FM 10W 2スピードUP/DOWN選局<br>派生タイプ 相違点:25W 型番:D 価格:74,800円 | | | |
| | 福山電機 | **Bigear 500** | 送受信機 | 64,800円 |
| | 144MHz FM 10W 200ch ナロー専用 | | | |
| | 福山電機 | **Bigear 400** | 送受信機 | 59,800円 |
| | 430MHz FM 10W 25ch(実装3ch) ワイド専用 | | | |
| | 福山電機 | **Bigear 200** | 送受信機 | 49,800円 |
| | 144MHz FM 10W 25ch(実装8ch) ナロー専用 | | | |
| | 極東電子 | **FM2010** | 送受信機 | 76,500円 |
| | 144MHz FM 10W 5kHzステップPLL 2軸メイン・ノブ 4chメモリ | | | |
| | 日本電装 | **ND-1400** | 送受信機 | 52,000円 |
| | 144MHz FM 10W 24ch(実装6ch) ナロー専用 | | | |
| 1978 | 日本電装 | **ND-4300** | 送受信機 | 58,000円 |
| | 430MHz FM 10W 24ch(実装3ch) 2マイク対応 | | | |
| | 井上電機製作所 | **IC-270** | 送受信機 | 68,500円 |
| | 144MHz FM 10W 200ch ナロー専用 メモリ4ch | | | |
| | 三協特殊無線 | **KF-430D** | 送受信機 | 57,500円 |
| | 430MHz FM 10W 12ch(実装1ch) 430Bの廉価版 | | | |
| | 三協特殊無線 | **KF-51B** | 送受信機 | 69,500円 |
| | 50MHz FM 35W 12ch(1ch実装) | | | |
| | 日本電業 | **LS-20F** | 送受信機 | 59,800円 |
| | 144MHz FM 10W 200ch ナロー専用 メモリ3ch | | | |
| | 福山電機 | **MULTI-700S(D)** | 送受信機 | 59,500円(Sタイプ) |
| | 144MHz FM 10W 200ch ナロー専用 メモリ4ch<br>派生タイプ 相違点:25W 型番:D 価格:67,500円 | | | |
| | マランツ商事 | **C 8800** | 送受信機 | 69,800円 |
| | 144MHz FM 10W 200ch ナロー専用 メモリ5ch | | | |
| | 北辰産業 | **HS-2400S** | 送受信機 | 44,800円 |
| | 144MHz FM 10W 24ch(実装10ch) 送受信共用水晶 ナロー専用 | | | |
| | 八重洲無線 | **CPU-2500S(2500)** | 送受信機 | 78,900円(Sタイプ) |
| | 144MHz FM 10W 200ch ナロー専用 メモリ5ch<br>派生タイプ 相違点:25W 型番:無印 価格:81,900円 | | | |
| | 極東電子 | **FM-6016** | 送受信機 | 73,000円 |
| | 50MHz FM 10W 5kHzステップPLL 2軸メイン・ノブ 4chメモリ | | | |
| | 極東電子 | **FM-2016** | 送受信機 | 73,000円 |
| | 144MHz FM 10W 5kHzステップPLL 2軸メイン・ノブ 4chメモリ | | | |

| 発売年 | メーカー | 型番 | 種別 | 価格(参考) |
|---|---|---|---|---|
| | 特徴 | | | |
| 1978 | 八重洲無線 | **FT-227A** | 送受信機 | 65,800円 |
| | 144MHz　FM　10W　200ch　ナロー専用　メモリ4ch　オート・スキャン | | | |
| | 日本圧電気 | **PCS-2000** | 送受信機 | 72,500円 |
| | 430MHz　FM　10W　200ch　UP/DOWNスイッチ式　セパレート | | | |
| | アイコム | **IC-370** | 送受信機 | 78,500円 |
| | 430MHz　FM　10W　400ch(432~440MHz　20kHzセパレーション)　スキャン付き | | | |
| | 福山電機 | **MULTI-400S** | 送受信機 | 73,800円 |
| | 430MHz　FM　10W　500ch(20kHzセパレーション)　ワン・ノブ2MHz×5バンド | | | |
| | トリオ | **TR-7500GR** | 送受信機 | 64,800円 |
| | 144MHz　FM　10W　200ch　メモリ1ch　別売コントローラTCS-75あり | | | |
| 1979 | 福山電機 | **MULTI-700SX(DX)** | 送受信機 | 62,500円(SXタイプ) |
| | 144MHz　FM　10W　200ch　メモリ4chをマイクで操作可能<br>派生タイプ　相違点:25W　型番:DX　価格:69,500円 | | | |
| | 日本電業 | **LS-205** | 送受信機 | 69,800円 |
| | 144MHz　FM　25W　200ch　ナロー専用　メモリ3ch | | | |
| | 八重洲無線 | **FT-627A** | 送受信機 | 63,800円 |
| | 50MHz　FM　10W　50.99~53.99MHz　300ch実装　マイクからスキャン動作 | | | |
| | マランツ商事 | **C7800** | 送受信機 | 79,800円 |
| | 430MHz　FM　10W　500ch　メモリ5ch | | | |
| | 福山電機 | **Bigear　MUV-430A(A4)** | トランスバータ | 59,800円 |
| | 430MHz　オールモード・トランスバータ　144MHz入力　A4は4MHz帯域<br>派生タイプ　相違点:廉価　型番:A4　価格:54,800円 | | | |
| | アイコム | **IC-255J(255)** | 送受信機 | 69,500円 |
| | 144MHz　FM　25W　400ch　メモリ5ch　メモリ・スキャン<br>派生タイプ　相違点:10W　型番:無印　価格:66,500円 | | | |
| | 日本電装 | **ND-2010** | 送受信機 | 64,800円 |
| | 144MHz　FM　10W　10kHzステップPLL　操作部セパレート　小型 | | | |
| | マランツ商事 | **C8800G** | 送受信機 | 69,800円 |
| | 144MHz　FM　10W　400ch | | | |
| | アイコム | **IC-260** | 送受信機 | 97,500円 |
| | 144MHz　SSB, CW, FM　10W　オートワッチ・システム　小型化 | | | |
| | 福山電機 | **Bigear System500S(D)** | 送受信機 | 69,800円(Sタイプ) |
| | 144MHz　FM　10W　オートマチックQSY(トーン・スケルチ&スキャン)<br>派生タイプ　相違点:25W　型番:D　価格:76,800円 | | | |
| | 松下電器産業 | **RJX-230** | 送受信機 | 86,800円 |
| | 144MHz　SSB, FM　10W　SSBは100Hzステップ | | | |
| | 八重洲無線 | **FT-720U** | 送受信機 | 78,800円 |
| | 430MHz　FM　10W　500ch　メモリ5ch　セパレート　プライオリティ | | | |
| | 八重洲無線 | **FT-720V** | 送受信機 | 68,800円 |
| | 144MHz　FM　10W　200ch　メモリ5ch　セパレート　プライオリティ | | | |
| | 福山電機 | **MULTI-750** | 送受信機 | 89,500円 |
| | 144MHz　SSB, CW, FM　10W　SSBは100Hzステップ | | | |

| 発売年 | メーカー | 型番 | 種別 | 価格(参考) |
|---|---|---|---|---|
| | 特徴 | | | |
| 1980 | 極東電子 | **FM-2025J** | 送受信機 | 68,900円 |
| | 144MHz　FM　10W　200ch　メモリ10ch　クロス周波数 | | | |
| | 新日本電気 | **CQ-M2700** | 送受信機 | 68,800円 |
| | 144MHz　FM　10W　200ch　メモリ4chバックアップ付き　セパレート | | | |
| | アイコム | **IC-560** | 送受信機 | 89,800円 |
| | 50MHz　SSB，CW，FM　10W　オートワッチ・システム　小型化 | | | |
| | アイコム | **IC-370A** | 送受信機 | 78,500円 |
| | 430MHz　FM　10W　多機能スキャン・マイク | | | |
| | トリオ | **TR-8400** | 送受信機 | 79,800円 |
| | 430MHz　FM　10W　500ch　スキャン・マイク | | | |
| | トリオ | **TR-7700** | 送受信機 | 68,800円 |
| | 144MHz　FM　10W　200ch　メモリ・スキャン　イン・コンソール・サイズ | | | |
| | 日本圧電気 | **PCS-2200** | 送受信機 | 75,000円 |
| | 144MHz　FM　10W　200ch　UP/DOWNスイッチ式　イルミネート・キーボード | | | |
| | 福山電機 | **EXPANDER-430** | トランスバータ | 52,500円 |
| | MULTI-750専用　430MHzアップバータ　144，430MHzはエンドレス可変 | | | |
| | 電菱 | **FM-200** | 送受信機 | 54,800円 |
| | 144MHz　FM　10W　200ch(1回転50ch) | | | |
| 1981 | 極東電子 | **FM-6025J markⅡ** | 送受信機 | 69,800円 |
| | 50MHz　FM　10W　バックアップ付きメモリ10ch　クロス周波数 | | | |
| | 極東電子 | **FM-2025J markⅡ** | 送受信機 | 69,800円 |
| | 144MHz　FM　10W　200ch　バックアップ付きメモリ10ch　クロス周波数 | | | |
| | WARP | **WT-200** | 送受信機 | 64,800円 |
| | 144MHz　FM　10W　200ch　UP/DOWNスイッチ式　7メモリ　携帯ケースはオプション | | | |
| | アイコム | **IC-290** | 送受信機 | 97,500円 |
| | 144MHz　SSB，CW，FM　10W　多彩なスキャン機能　プライオリティ | | | |
| | アイコム | **IC-25** | 送受信機 | 67,000円 |
| | 144MHz　FM　10W　多彩なスキャン機能　プライオリティ | | | |
| | 九十九電機 | **スーパースター4600** | 送受信機 | 55,000円 |
| | 430MHz　FM　5W　25kHzステップ　40chナロー | | | |
| | ※フジヤマ | **MULTI-750Xタイプ** | 送受信機 | 92,500円 |
| | 144MHz　SSB，CW，FM　10W　SSBは100Hzステップ　デザイン変更 | | | |
| | ※フジヤマ | **EXPANDER-430Xタイプ** | トランスバータ | 52,500円 |
| | MULTI-750専用　430MHzアップバータ　デザイン変更 | | | |
| | 日本マランツ | **C5800** | 送受信機 | 94,800円 |
| | 144MHz　SSB，CW，FM　10W　10HzステップVFO　モード別VFO　上面SW | | | |
| | WARP | **WT-602** | 送受信機 | 56,000円 |
| | 50MHz　FM　10W　50～54MHz　400ch　UP/DOWNスイッチ式　携帯ケースはオプション | | | |
| | 八重洲無線 | **FT-230** | 送受信機 | 67,000円 |
| | 144MHz　FM　10W　200ch　バックアップ付きメモリ10ch | | | |
| | 日本電装 | **ND-1500** | 送受信機 | 69,800円 |
| | 144MHz　FM　10W　200ch　DINサイズ | | | |

※フジヤマ：正確には，フジヤマ・エンタープライズ・コーポレーション

| 発売年 | メーカー | 型　番 | 種　別 | 価格(参考) |
|---|---|---|---|---|
| | 特　徴 | | | |
| 1981 | アイコム | **IC-390** | 送受信機 | 108,500円 |
| | 430MHz　SSB，CW，FM　10W　多彩なスキャン　プライオリティ　ナロー化 | | | |
| 1982 | 極東電子 | **FM-2030** | 送受信機 | 59,800円 |
| | 144MHz　FM　10W　1kHzRIT　バックアップ付きメモリ11ch　クロス周波数 | | | |
| | 日本マランツ | **C7900** | 送受信機 | 62,800円 |
| | 430MHz　FM　10W　500ch　レピータ対応可能　チップ部品採用　超小型 | | | |
| | 日本圧電気 | **PCS-4000** | 送受信機 | 62,800円 |
| | 144MHz　FM　10W　UP/DOWN選局　ダッシュ・パネル取付用背面固定ネジ穴付き | | | |
| | 日本マランツ | **C8900** | 送受信機 | 59,800円 |
| | 144MHz　FM　10W　チップ部品採用　超小型 | | | |
| | 電菱 | **FM-6** | 送受信機 | 49,800円 |
| | 50MHz　FM　10W　200ch(1回転50ch)　2m受信はオプション | | | |
| | 八重洲無線 | **FT-730R** | 送受信機 | 69,800円 |
| | 430MHz　FM　10W　ロータリー型10メモリ　レピータ対応 | | | |
| | アルインコ電子 | **AL-2020(D)** | 送受信機 | 49,800円 |
| | 144MHz　FM　10W　200ch　4ch.メモリ　スキャン可能　RF-ATT付き<br>派生タイプ　相違点：25W　型番：D　価格：51,800円 | | | |
| | アルインコ電子 | **AL-2030(D)** | 送受信機 | 44,800円 |
| | 144MHz　FM　10W　200ch　4chメモリ　RF-ATT付き<br>派生タイプ　相違点：25W　型番：D　価格：46,800円 | | | |
| | アルインコ電子 | **AL-2040(D)** | 送受信機 | 39,800円 |
| | 144MHz　FM　10W　200ch<br>派生タイプ　相違点：25W　型番：D　価格：41,800円 | | | |
| | 日本圧電気 | **PCS-4300** | 送受信機 | 72,800円 |
| | 430MHZ　FM　10W　DINサイズ　背面固定ネジ　レピータ完全対応 | | | |
| | アイコム | **IC-35** | 送受信機 | 68,000円 |
| | 430MHz　FM　10W　多彩なスキャン機能　プライオリティ　レピータ対応 | | | |
| | 日本マランツ | **C7800B** | 送受信機 | 79,800円 |
| | 430MHz　FM　10W　500ch　メモリ5ch　レピータ対応 | | | |
| | トリオ | **TR-8400G** | 送受信機 | 79,800円 |
| | 430MHz　FM　10W　500ch　スキャン・マイク　レピータ対応 | | | |
| | トリオ | **TR-7900(7950)** | 送受信機 | 64,800円 |
| | 144MHz　FM　10W　テンキー&メモリ21chを選択する<br>派生タイプ　相違点：45W　型番：7950　価格：69,800円 | | | |
| 1983 | トリオ | **TM-201(D)** | 送受信機 | 64,800円 |
| | 144MHz　FM　10W　小型化　プライオリティ，送受信別メモリ付き<br>派生タイプ　相違点：25W　型番：D　価格：67,800円 | | | |
| | トリオ | **TM-401** | 送受信機 | 69,800円 |
| | 430MHz　FM　10W　プライオリティ，送受信別メモリ，レピータ完全対応 | | | |
| | トリオ | **TW-4000(D)** | 送受信機 | 99,800円 |
| | 144/430MHz　FM　10W　各種交互受信，メモリもレピータ完全対応<br>派生タイプ　相違点：25W　型番：D　価格：109,800円 | | | |

| 発売年 | メーカー | 型番 | 種別 | 価格(参考) |
|---|---|---|---|---|
| | 特徴 | | | |
| 1983 | 日本圧電気 | **PCS-4500** | 送受信機 | 62,800円 |
| | 50MHz　FM　10W　UP/DOWN選局　メモリ16ch　ナロー化 | | | |
| | 日本マランツ | **C4800** | 送受信機 | 119,800円 |
| | 430MHz　SSB，CW，FM　10W　デジタルVFO　小型化　GaAsFET採用 | | | |
| | WARP | **WT-430** | 送受信機 | 68,000円 |
| | 430MHz　FM　10W　UP/DOWNスイッチ式　37chトーン・エンコーダ内蔵 | | | |
| | 八重洲無線 | **FT-230II** | 送受信機 | 67,000円 |
| | 144MHz　FM　10W　200ch　パネル・デザイン変更 | | | |
| | 極東電子 | **FM-6033** | 送受信機 | 59,800円 |
| | 50MHz　FM　10W　400ch　メイン・ダイヤルで各種コントロールが可能 | | | |
| | 日本マランツ | **C7900G** | 送受信機 | 64,800円 |
| | 430MHz　FM　10W　500ch　レピータ対応　チップ部品採用　薄型マイク | | | |
| | 日本マランツ | **C8900G** | 送受信機 | 61,800円 |
| | 144MHz　FM　10W　チップ部品採用　超小型　4モード・スキャン　薄型マイク | | | |
| 1984 | アイコム | **IC-27(D)** | 送受信機 | 64,800円 |
| | 144MHz　FM　10W　小型化　プライオリティ　カスタムLEDで集中表示<br>派生タイプ　相違点：45W　型番：D　価格：69,800円 | | | |
| | 極東電子 | **FM-2033** | 送受信機 | 59,800円 |
| | 144MHz　FM　10W　200ch　メイン・ダイヤルで各種コントロールが可能 | | | |
| | アイコム | **IC-37(37D)** | 送受信機 | 69,800円 |
| | 430MHz　FM　10W　小型化　プライオリティ　カスタムLEDで集中表示<br>派生タイプ　相違点：25W　型番：D　価格：75,800円 | | | |
| | 八重洲無線 | **FT-730RII** | 送受信機 | 69,800円 |
| | 430MHz　FM　10W　ロータリー型10メモリ　レピータ対応　リバース・モニタ | | | |
| | 極東電子 | **FM-7033** | 送受信機 | 66,900円 |
| | 430MHz　FM　10W　レピータ対応　37chエンコーダ内蔵 | | | |
| | 日本マランツ | **C4100** | 送受信機 | 69,800円 |
| | 430MHz　FM　10W　500ch　レピータ対応　高感度(−18dBμ)　ALC付きマイク・アンプ | | | |
| | 日本マランツ | **C1100** | 送受信機 | 64,800円 |
| | 144MHz　FM　10W　200ch　高感度(−18dBμ)　960g　外部ディスプレイ対応 | | | |
| | トリオ | **TM-211(D)** | 送受信機 | 69,800円 |
| | 144MHz　FM　10W　200ch　TM-201に首振り　DCL　ハイパワー追加<br>派生タイプ　相違点：25W　型番：D　価格：74,800円 | | | |
| | トリオ | **TM-411(D)** | 送受信機 | 74,800円 |
| | 430MHz　FM　10W　1000ch　TM-401に首振り　DCL　ハイパワー追加<br>派生タイプ　相違点：25W　型番：D　価格：79,800円 | | | |
| | 八重洲無線 | **FT-2700R(RH)** | 送受信機 | 99,800円 |
| | 144/430MHz　FM　10W　同時送受信，メモリもレピータ完全対応<br>派生タイプ　相違点：25W　型番：RH　価格：109,800円 | | | |
| | 八重洲無線 | **FT-270(H)** | 送受信機 | 67,000円 |
| | 144MHz　FM　10W　200ch　音声合成はオプション　トーン・スケルチはオプション<br>派生タイプ　相違点：45W　型番：H　価格：79,800円 | | | |

| 発売年 | メーカー | 型番 | 種別 | 価格(参考) |
|---|---|---|---|---|
| | 特徴 | | | |
| 1984 | アイコム | **IC-2300(D)** | 送受信機 | 86,800円 |
| | 144/430MHz　FM　10W　デュープレクサ内蔵<br>派生タイプ　相違点：25W　型番：D　価格：96,800円 | | | |
| 1985 | アルインコ電子 | **ALR-205(D)** | 送受信機 | 44,800円 |
| | 144MHz　FM　10W　UP/DOWN選局<br>派生タイプ　相違点：25W　型番：D　価格：47,800円 | | | |
| | 日本圧電気 | **PCS-4310** | 送受信機 | 72,800円 |
| | 430MHZ　FM　10W　DINサイズ　UP/DOWNボタン式　大型LCD　DCL装備 | | | |
| | 日本圧電気 | **PCS-4010** | 送受信機 | オープン価格 |
| | 144MHZ　FM　10W　DINサイズ　UP/DOWNボタン式　大型LCD　DCL装備 | | | |
| | アルインコ電子 | **ALR-206(D)** | 送受信機 | 54,800円 |
| | 144MHz　FM　10W　UP/DOWN選局　テンキー・マイク<br>派生タイプ　相違点：25W　型番：D　価格：57,800円 | | | |
| | 極東電子 | **FM-240** | 送受信機 | 64,800円 |
| | 144MHz　FM　10W　プライオリティ　トーンフル対応　ディスプレイ・メニュー設定 | | | |
| | 極東電子 | **FM-740** | 送受信機 | 69,800円 |
| | 430MHz　FM　10W　プライオリティ　トーンフル対応　ディスプレイ・メニュー設定 | | | |
| | アルインコ電子 | **ALR-706(D)** | 送受信機 | 64,800円 |
| | 430MHz　FM　10W　UP/DOWN選局　テンキー・マイク<br>派生タイプ　相違点：25W　型番：D　価格：69,800円 | | | |
| | アイコム | **IC-26(D)** | 送受信機 | 64,800円 |
| | 144MHz　FM　10W　AQS　テンキー入力　マイク，アンテナはケーブル出力<br>派生タイプ　相違点：25W　型番：D　価格：69,800円 | | | |
| | 日本マランツ | **C5000(D)** | 送受信機 | 99,800円 |
| | 144/430MHz　FM　10W　同時送受信，AQS内蔵　AQS外部コントローラはオプション<br>派生タイプ　相違点：25W　型番：D　価格：109,800円 | | | |
| | 八重洲無線 | **FT-3700(H)** | 送受信機 | 99,800円 |
| | 144/430MHz　FM　10W　同時送受信，AQS内蔵　AQS外部コントローラはオプション<br>派生タイプ　相違点：25W　型番：H　価格：109,800円 | | | |
| | 八重洲無線 | **FT-770(H)** | 送受信機 | 69,800円 |
| | 430MHz　FM　10W　200ch　音声合成はオプション　トーン・スケルチはオプション<br>派生タイプ　相違点：25W　型番：H　価格：75,800円 | | | |
| | 八重洲無線 | **FT-3800(H)** | 送受信機 | 67,000円 |
| | 144MHz　FM　10W　UP/DOWN選局　AQS　AQS外部コントローラはオプション<br>派生タイプ　相違点：45W　型番：H　価格：79,800円 | | | |
| | 八重洲無線 | **FT-3900(H)** | 送受信機 | 69,800円 |
| | 430MHz　FM　10W　UP/DOWN選局　AQS　AQS外部コントローラはオプション<br>派生タイプ　相違点：25W　型番：H　価格：75,800円 | | | |
| 1986 | トリオ | **TM-201S** | 送受信機 | 67,800円 |
| | 144MHz　FM　45W　200ch　TM-201にハイパワー追加 | | | |
| | トリオ | **TM-401D** | 送受信機 | 74,800円 |
| | 430MHz　FM　25W　1000ch　TM-401にハイパワー追加 | | | |

| 発売年 | メーカー | 型番 | 種別 | 価格(参考) |
|---|---|---|---|---|
| | 特徴 | | | |
| 1986 | トリオ | **TR-751(D)** | 送受信機 | 89,800円 |
| | 144MHz SSB, CW, FM 10W オート・モード サイドトーン セミブレークイン DCLはオプション<br>派生タイプ 相違点:25W 型番:D 価格:94,800円 | | | |
| | アイコム | **IC-2600(D)** | 送受信機 | 89,800円 |
| | 144/430MHz FM 10W デュープレクサ内蔵 AQS内蔵・外部コントローラはオプション<br>派生タイプ 相違点:25W 型番:D 価格:99,800円 | | | |
| | アイコム | **IC-28(D)** | 送受信機 | 59,800円 |
| | 144MHz FM 10W プライオリティ ケーブル取り出し 奥行き133mm<br>派生タイプ 相違点:25W 型番:D 価格:62,800円 | | | |
| | 日本圧電気 | **PCS-5000(H)** | 送受信機 | 62,800円 |
| | 144MHz FM 10W UP/DOWN選局<br>派生タイプ 相違点:25W 型番:H 価格:65,800円 | | | |
| | アイコム | **IC-38** | 送受信機 | 63,800円 |
| | 430MHz FM 10W プライオリティ ケーブル取り出し 奥行き133mm | | | |
| | 日本無線 | **JHM-25s55DX** | 送受信機 | 98,000円 |
| | 144MHz FM 50W プリセット式16ch トーン・スケルチ レピータ | | | |
| | 日本無線 | **JHM-45s50DX** | 送受信機 | 108,000円 |
| | 430MHz FM 50W プリセット式16ch トーン・スケルチ レピータ | | | |
| | ケンウッド | **TW-4100(S)** | 送受信機 | 89,000円 |
| | 144/430MHz FM 10W 同時送受信可能 つまみ3つだけ DCLはオプション<br>派生タイプ 相違点:45W 型番:S 価格:99,800円 | | | |
| | 日本圧電気 | **PCS-5500** | 送受信機 | 62,800円 |
| | 50MHz FM 10W UP/DOWN選局 | | | |
| | アイコム | **IC-28DH** | 送受信機 | 64,800円 |
| | 144MHz FM 45W プライオリティ マイク端子はパネル面 大型放熱器 | | | |
| | アイコム | **IC-38D** | 送受信機 | 69,800円 |
| | 430MHz FM 25W プライオリティ マイク端子はパネル面 大型放熱器 | | | |
| | アルインコ電子 | **ALR-21(D)** | 送受信機 | 54,800円 |
| | 144MHz FM 10W 2VFO 2スキャン 送信時電流2.6A<br>派生タイプ 相違点:25W 型番:D 価格:57,800円 | | | |
| | アルインコ電子 | **ALR-22(D)** | 送受信機 | 59,800円 |
| | 144MHz FM 10W ALR-21の多機能タイプ<br>派生タイプ 相違点:25W 型番:D 価格:62,800円 | | | |
| | ケンウッド | **TR-851(D)** | 送受信機 | 112,800円 |
| | 430MHz SSB, CW, FM 10W オート・モード サイドトーン セミブレークイン DCLはオプション<br>派生タイプ 相違点:25W 型番:D 価格:119,800円 | | | |
| | アルインコ電子 | **ALR-72(D)** | 送受信機 | 62,800円 |
| | 430MHz FM 10W 多機能タイプ<br>派生タイプ 相違点:25W 型番:D 価格:68,800円 | | | |

W表示はすべて出力

# V/UHFモービル機は多チャネル化 1977～1986年 各機種の紹介 発売年代順

## 1977年

### 極東電子 FM144-10SXⅡ FM50-10SXⅡ

5kHzステップのナロー化FM機で，FM144は144MHz帯全体，FM50は51～54MHzをカバーしています．メイン・ダイヤルは2軸のストッパ付きで，100kHz台，10kHz台を時計の文字盤と同じイメージで設定できるようになっていました．MHz台は別スイッチ，スケルチつまみを引くと+5kHzになります．MHz選択にメイン・チャネルのポジションもあり，つまみの配置さえ覚えておけばパネル面を見ないで自在にQSYできるように工夫されていました．高周波同調は自動追従で出力は10Wです．

### 八重洲無線 FT-223

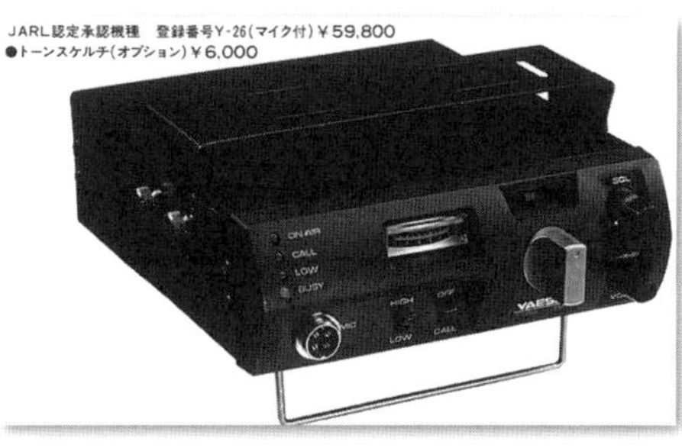


CALLチャネルを含めると23ch(実装8ch)となる10W出力の144MHz帯FM機です．

1976年初めのFMナロー化の方針を受けたナロー専用機で，トーン・スケルチ(6,000円)の組み込みが可能でした．

### トリオ(JVCケンウッド) TR-7500

ナロー専用，144MHz帯10W出力のFM機です．PLLを利用して20kHzステップ50chを実装し145MHz台をフルカバーしていますが，局発水晶を追加すると144MHz台もカバーできるようになります．固定チャネルも5ch内蔵可能となっていました．多チャネルのモービル機で水晶オプションというリグは珍しいのですが，144MHz台のFMはいずれ使われなくなるであろうという判断があったのかと思われます．チャネル・セレクタをキャンセルすることで固定チャネルを作り出していたため，これを復活させた350ch機も販売されていました．本機は保護回路が変わっています．アンテナの*SWR*が高い場合に完全に送信を止めるのではなく，弱いながらも送信ができるようになっていました．

● **TR-7500GR**(1978年)

TR-7500のマイナ・チェンジ版で144MHz帯10W出力のFM機です．20kHzステップのセレクタと+10kHzスイッチの併用で200ch，他にメモリ1chが用意されています．

モービル・コントローラTCS-75(13,800円)を使用すると手元で周波数コントロールができるだけでなく，マイクロホンやスピーカもコントローラ側の物が使えるようになっていました．

## 福山電機 Quartz-16

低価格をセールス・ポイントにした144MHz帯ナローFMの10W出力機です.

2つのCALLチャネルを含み計25ch(実装14ch)が選択できました.

低価格機でありながらACCソケットを持ち, 外付けVFOにも対応しています. 珍しい製品名ですが, Quartzというのは恐らく水晶発振式であることを指し, 16というのはナローFMの帯域幅ではないかと思われます.

## ゼネラル GR-551

当時業務用無線機を製造していたゼネラル(現富士通ゼネラル)の144MHz帯ナローFMの10W出力機で, 2つのCALLチャネルを含み計26ch(送受信共用：実装8ch)が装着できます. 内部のレイアウトにも工夫があって配線が極めて少なく, 50MHz台を直接発振させる外付けVFO(GRV-501)も用意されていました.

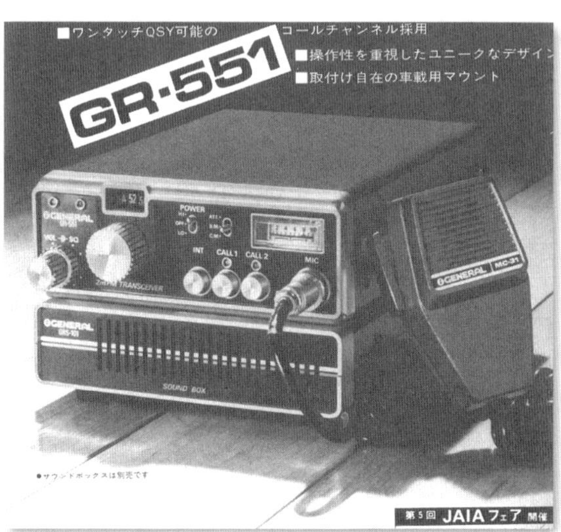


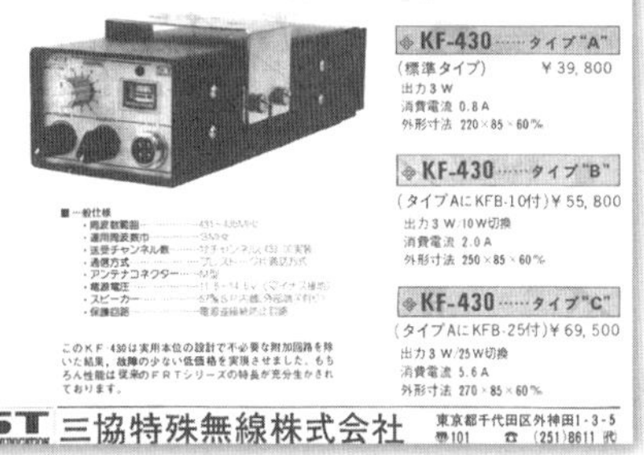


## 三協特殊無線 KF-430A KF-145

KF-430Aは従来機, KF-430のマイナ・チェンジ機です. 431～435MHzの内の3MHz幅のFM機で12ch(実装1ch), 3W出力という定格は変わりませんが, ブースタの取り付けが可能になりました. このKF-430Aの派生機としては10Wブースタ(KFB-10)を背面に取り付けたKF-430B(55,800円), 25Wブースタ(KFB-25)を背面に取り付けたKF-430C(69,500円)があります. KF-145はKF-430と同様の外装, 同様のコンセプトで作られた144MHz帯のFM10W出力機です. 1978年に30W出力のKF-145B(69,500円)を派生機に持った後, 1979年にブラック・フェイスにマイナ・チェンジされていますが, このときKF-145Bは価格据え置きで35Wにパワーアップしました.

● **KF-430D**(1978年)

1978年1月にKFシリーズ生産完了・受注製造のFRTシリーズのみ生産継続という告知が同社からあったのですが, その数カ月後には生産が再開され, その際に追加されたモデルです.

430MHz帯10W出力のFM機で, 12ch(実装1ch)となっています. 仕様, 外観はKF-430Bと同じですが, KF-430Aにパワーアンプ部を外付けした形のKF-430Bと違い, 本機はパワーアンプ部を取り外すことができません.

● **KF-51B**(1978年)

これも再生産時に追加されたモデルで, 50MHz帯10W出力のKF-51を35Wに増力したFM機です.

## 八重洲無線　FT-227

144MHz帯10WのPLL式200ch実装，ナロー専用のFM機です．メモリ・スイッチも持っています．チャネル選択ではノブの回転を光学的エンコーダで受け，周波数をLEDで表示しました．この周波数選択方法はその後各社で取り入れられました．また10W出力，ナローFM，10kHzステップ200chという仕様そのものも，以後は標準となります．

● **FT-227A**（1978年）

光学式エンコーダを利用した144MHz帯200ch連続可変機のはしり，FT-227のマイナ・チェンジ機です．メモリを4chに増やしスキャンを充実させました．10W出力，ナローFMといった特徴は変わりません．

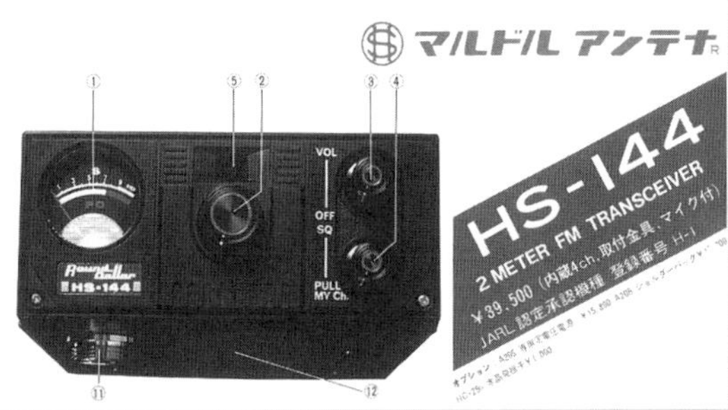


## 北辰産業　HS-144

アンテナ・メーカーの北辰産業が初めて作ったリグで，144MHz帯10W出力のFM機です．最大の特徴はその大きさで，幅は約11cm，奥行きは18cm弱と，当時の1Wハンディ機並みの大きさしかありません．24ch（実装4ch）の水晶発振式で送受信の発振子は共用できるようになっていました．

## 日本システム工業　RT-145

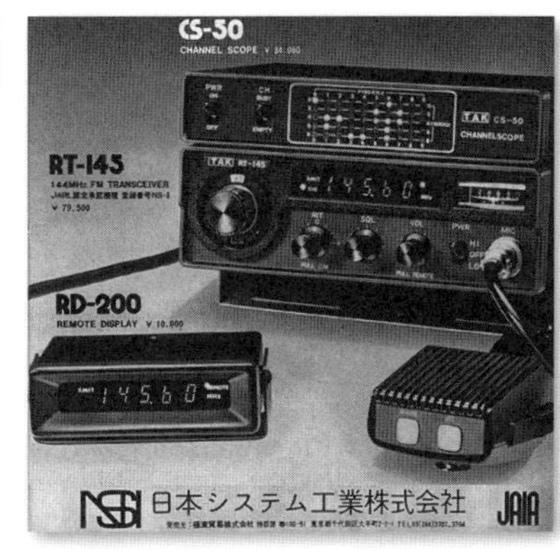


144MHz帯10WのPLL式200ch実装，ナロー専用のFM機です．9chのメモリを持ち，チャネル・スコープCS-50（34,000円）を接続すると，145MHz台すべての使用状況をLEDマトリクスで見ることができるようになっています．広告されたのが短期間であったため，本機が実際に発売されたかは不明です．

日本システム工業は米国Collins社の代理店であった極東貿易の子会社です．以後アマチュア無線機は発表していませんが，現在も輸入品を中心にエンジニアリング業務を行っています．社史には1974年11月からCollins社製アマチュア無線機を製造とあり，該当機はKWM-2Aと思われます．

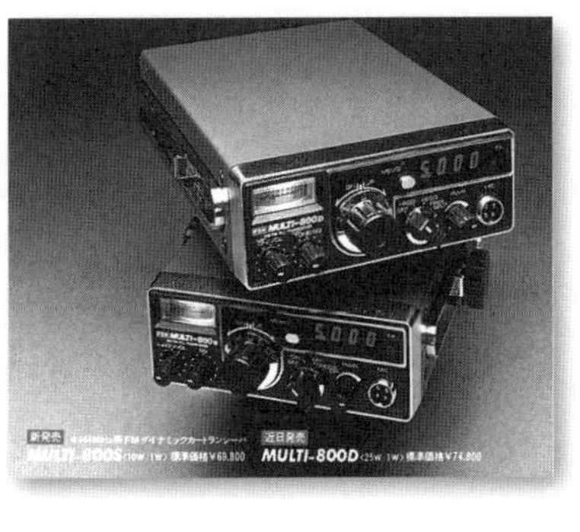

## 福山電機　MULTI-800S（D）

200ch機の先駆者，MULTI-800のマイナ・チェンジ機で，Sは10W，Dは25W出力の144MHz帯FM機です．

メイン・ノブでアップダウンを指定して10kHz単位で周波数を切り替えることなどは旧機と同じですが，100kHzごとにBEEP音が鳴るようになり，パワー・コントロールが連続式になりました．

## 福山電機 Bigear 500 Bigear 400 Bigear 200

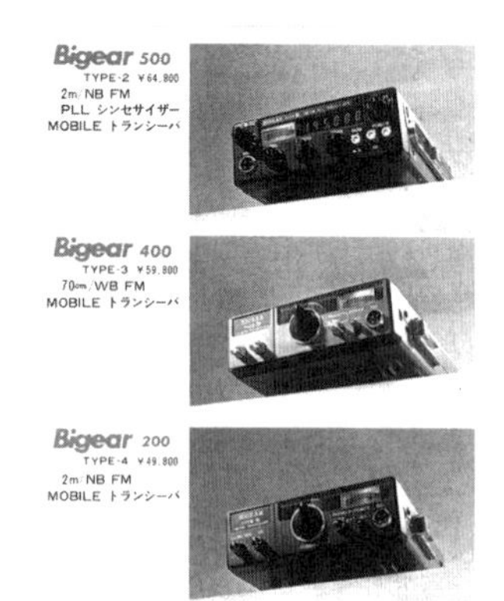


福山電機では，新しくビッグイヤー事業部を立ち上げ，Bigear 1000，Bigear 500，Bigear 400，Bigear 200の4機種を発表しました．Bigear 1000は144MHz帯のオールモード固定機，他はモービル機です．

Bigear 500は多機能型の144MHz帯10W出力ナローFM機で，大型の6桁周波数表示の各桁をスイッチで変えることでMHz台，100kHz台，10kHz台を個別に指定できるようになっているのが最大の特徴で，本機の別名はBigear TYPE-2です．

Bigear 400は430MHz帯の10W出力FM機です．FMはワイド，2つのCALLチャネルを含み25ch（実装3ch）の水晶発振式でした．本機の別名はBigear TYPE-3です．

Bigear 200は144MHz帯の廉価版10W出力ナローFM機です．2つのCALLチャネルを含み25ch（実装8ch）の水晶発振式でした．本機の別名はBigear TYPE-4です．

## 極東電子 FM2010

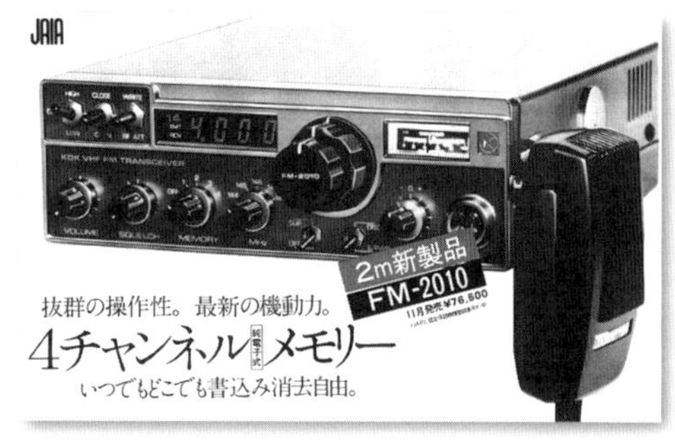


FM144-10SX IIのマイナ・チェンジ機です．感触だけで周波数セットができる時計文字盤式の2軸メイン・ノブとLED式周波数表示，144MHz帯で10W出力のFM機といった特徴は変わりませんが，標準で149MHzまでを受信できるようになりました．メモリ・スキャンは空きを探すことも，使用中を探すことも可能で，複数のクラブ・チャネルをワッチするときに便利なようになっています．

機能が増えてパネル面が手狭になったためでしょうか．前機種の6桁周波数表示LEDは4桁になり，頭の2桁14は小さな表記に変わりました．

## 日本電装 ND-1400

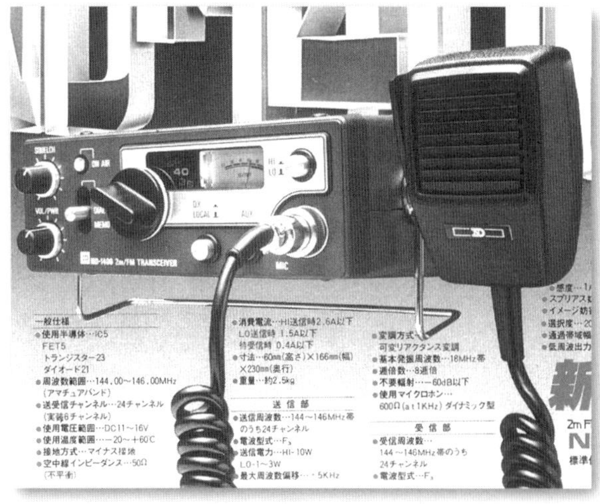


廉価版の144MHz，10W出力FM機です．上位機ND-2000はパネル面セパレートの200ch機でしたが，本機は24ch（実装6ch）の一体型，ナロー専用です．

### ● ND-4300

430MHz帯10W出力のFM機です．24ch（実装3ch）で58,000円と144MHz機並みの価格に抑えられています．

受信部は第1IFを10.7MHzに取ったダブルスーパーでIFが低めですが，RFアンプとミキサーの間に4段のヘリカルキャビティ・レゾネータを入れることで，イメージ比60dBを得ています．また8素子のクリスタルフィルタで隣接チャネルの中心周波数信号を60dB落としていました．マイク2つに対応し，モニタ回路付きです．

## 1978年

### アイコム　IC-270

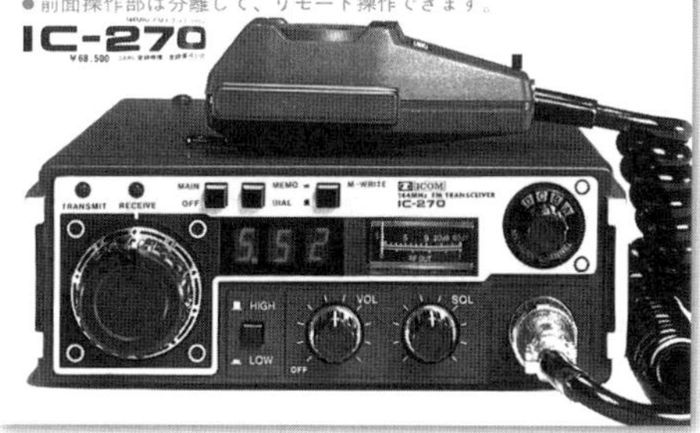


144MHz帯10W出力のPLL式200ch実装，ナロー専用のFM機です．メモリも4ch持っています．

操作部だけを本体から取り出すことが可能でした．本機は日本で最初のパワーモジュール採用機ではないかと思われます．

### 日本電業　LS-20F

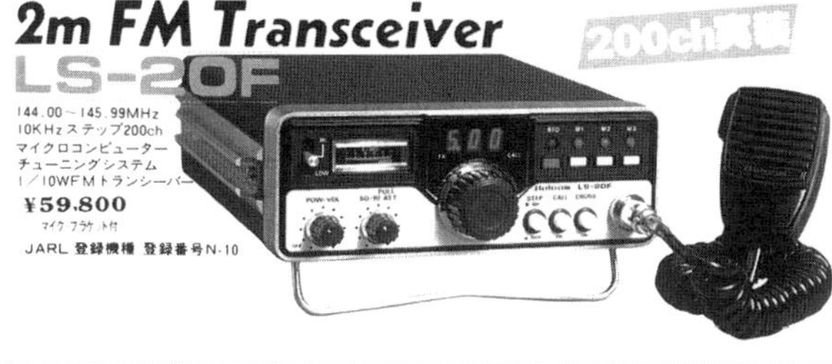


144MHz帯10WのPLL式200ch実装，ナロー専用のFM機です．メモリも3ch持っています．200ch機では10kHzおきに周波数セットがなされるので，チャネルの中間を空きチャネルと誤認してしまう場合がありますが，本機は20kHzステップにも設定できるので空きチャネルを楽に探し出すことができます．CPUを内蔵したソフトウェア・コントロール機で，外部表示器(LD-201)もオプションで発売されていました．

● **LS-205**(1979年)

144MHz帯200chFM機，LS-20Fを25W化したものです．パネル面は全体が黒に変わりましたが，つまみの配置などは変わっていません．

### 福山電機　MULTI-700S(D)

144MHz帯10W(Dは25W)出力のPLL式200ch実装，ナロー専用のFM機です．メモリも4ch持っています．メイン・ノブでは20kHzステップ100ch，＋10kHzスイッチでもう100chという形にしてチャネル外での運用を避ける工夫もしてありました．

● **MULTI-700SX(DX)**(1979年)

MULTI-700S(D)に周波数選択用のアドレス・マイクロホンを取り付けたものです．これはマイクロホンにSとCの２つのスイッチを取り付けたもので，Cを押すとコール・チャネルに移行し，Sはメイン・ダイヤル，メモリ1～4を順番に選択するようになっていました．144MHz帯10W(MULTI-700DXは25W)の200ch実装，ナロー専用のFM機といった特徴は変わりません．

### 北辰産業　HS-2400S

144MHz帯10W出力のFM機です．最大チャネル数24chは前機種HS-144と変わりませんが，実装数は10chに増えています．サイズは前機種とほぼ同じで，その小型さを活かした密閉型鉛蓄電池付きショルダ・バッグ(19,300円)も用意され，ハンディ運用が考慮されていました．

## マランツ商事 C8800

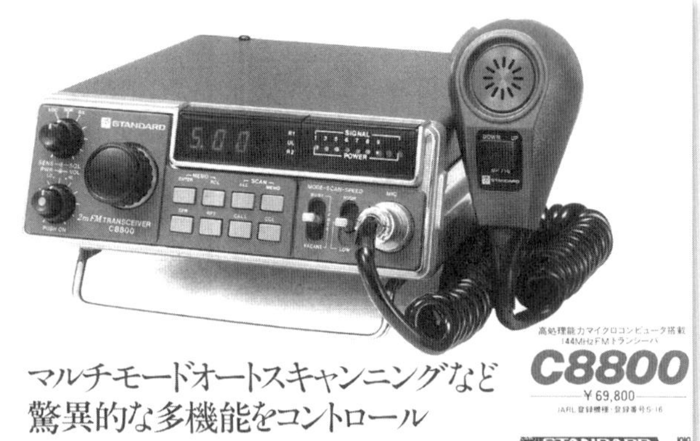


144MHz帯10W出力のPLL式200ch実装，ナロー専用のFM機です．メモリも5ch持っています．本機は20kHzステップにも設定できますが，スイッチは背面にあります．受信感度は3段切り替え，メモリはバックアップ機能付きで順番に記憶させれば順番に再現するというメモリ番号を意識しない方式になっていました．前面パネルを約15度傾けてスイッチを押しやすくしているのも本機の特徴です．

● **C7800**（1979年）

430MHz帯出力10WのワイドFM機です．C8800の姉妹機で各種特徴はそのまま引き継いでいます．430MHz帯をフルカバー，周波数ステップは40kHzと20kHzを背面のスライド・スイッチで選択することができました．

● **C8800G**（1979年）

144MHz帯出力10W出力のFM機です．前機種C8800の特徴をほぼすべて受け継いでいて，周波数ステップは5kHz，400ch機になりました．

● **C7800B**（1982年）

430MHz帯10W出力500chのFM機，C7800のマイナ・チェンジ機です．レピータ対応になり，ナロー化されました．

## 八重洲無線 CPU-2500S（2500）

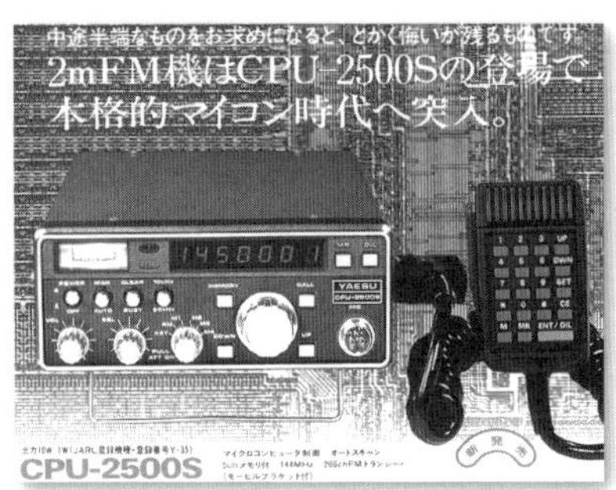


144MHz帯10W（2500は25W）出力200chのFM機です．型番からわかるとおり，本機ではCPU内蔵であることを前面に押し出しています．エンコーダやUP/DOWNでの周波数選択以外に，+3,600円でテンキー付きマイクロホンを接続すれば周波数直接入力も可能となっていました．テンキー付きマイクセットをSKまたはKと表記する場合もあるようですが，パネル面表示や取説はSもしくは2500（無印）です．受信部のフィルタはモノリシック・クリスタルフィルタとセラミックフィルタの2段構成としていました．

## 極東電子 FM-2016

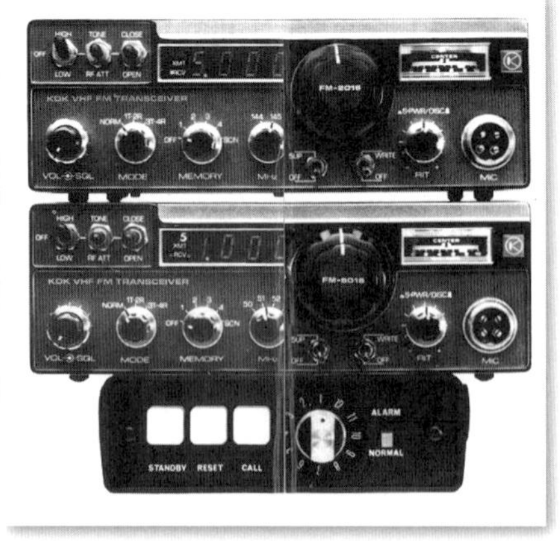


同社お得意の2ノブ同軸構造で，表示を見なくても周波数設定ができるようになっている144MHz帯10W出力のFM機です．5kHzステップ，バックアップ付きメモリといった特徴に加えて，送受信周波数を別々に設定できるようになり，メモリ・チャネルを指定しない場合，自動的にch.4に書き込むといった新機能が追加されました．

● **FM-6016**

50MHz帯10W出力のナローFM機です．FM-2016同様に2ノブ同軸構造を採用しています．

## 日本圧電気(アツデン)　PSC-2000

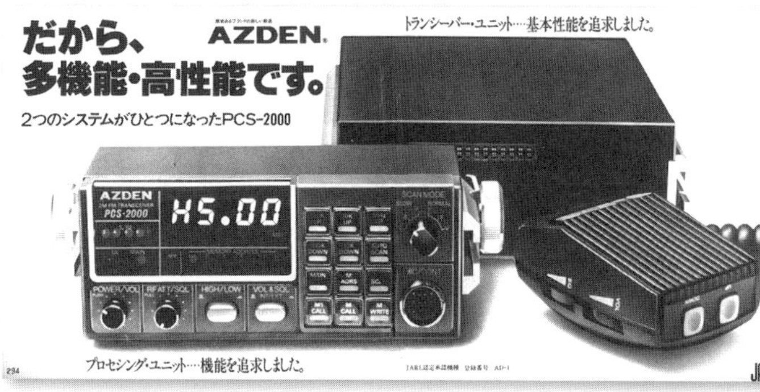


業務用音響機器メーカー，日本圧電気(現 アツデン)の最初のリグで，144MHz帯10W出力のFM機です．

マイクロプロセッサを内蔵し，スキャン速度の自動可変など，多彩な周波数コントロールを実現しました．同社ではプロセッシング・モービルと命名しています．

メイン・ノブを排した，テンキーもしくはUP/DOWNキーによる周波数選択で，前面操作部だけを外してセパレート機として使用することもできるようになっていました．

## アイコム　IC-370

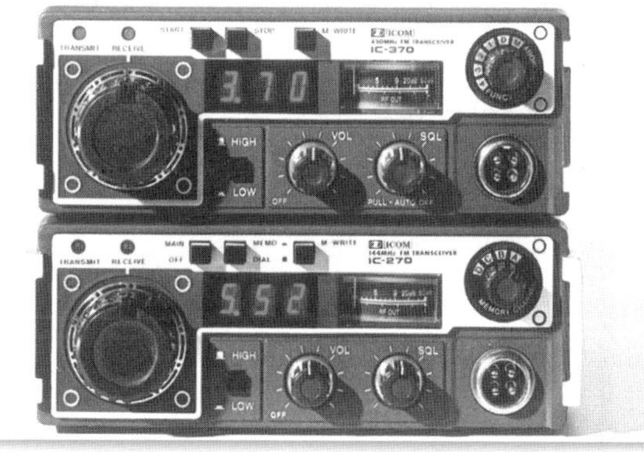


430MHz帯10W出力，432～440MHzを20kHzステップ(400ch)でカバーする，この周波数帯初の多チャネルFM機です．

任意周波数のスキャンが可能，メモリ4ch，ヘリカルキャビティ採用，前面操作部分離可能といった特徴も持っていました．当時のバンドプラン上FMの運用ができなかった434～439MHzをスキップさせるというちょっと変わった機能があり，これを止めるには内部のダイオードのリードを切断する必要がありました．

● **IC-370A**(1980年)

10W出力のFM機(ワイド)で430～440MHzを20kHzステップ(500ch)でカバーします．前機種IC-370より周波数範囲が増えました．

任意周波数で多彩なスキャンが可能，メモリ4ch，ヘリカルキャビティ採用，前面操作部分離可能といった前期種の特徴はそのまま引き継いでいます．

V/UHF帯にニューウェーブを巻き起こすフクヤマ・MULTIシリーズ

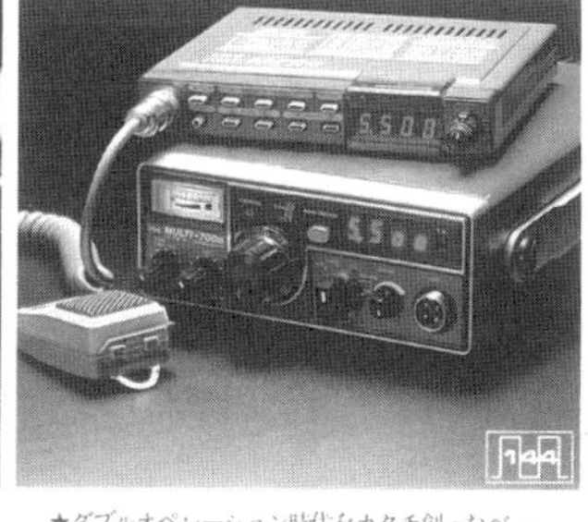

★430MHz帯を10MHz500chフルカバー、オートスキャン4ch内蔵マニア待望のUHF・PLL機ついに登場。

70cmPLL FMベーシック・トランシーバ
MULTI-400S 標準価格￥73,800
〈JARL登録機種番号FK-24〉

★ダブルオペレーション時代をカタチ創ったベーシック・トランシーバの原点、マイクロコンピュータ・オペレーションにシステムアップ。

2mPLL FMベーシック・トランシーバ
MULTI-700S <10W> 標準価格￥59,500
〈JARL登録機種番号FK-21〉
MULTI-700D <25W> ￥67,500

## 福山電機　MULTI-400S

430MHz帯全体を20kHzステップ(500ch)でカバーする10W出力の多チャネルFM機です．

発表はIC-370とほぼ同時ですが実際の発売は少々後になりました．

メイン・ノブは40kHzステップ，+20kHzスイッチ付きとなっていますが，これは当時の430MHz帯がナロー化されておらず，まだ40kHzステップだったためです．4chメモリはオート・スキャン付き，外部周波数コントローラ$\mu$-700も使用できました．

## 1979年

### 八重洲無線　FT-627A

久々に発売された50MHz帯の10W出力のナローFM機です．50MHz帯は144MHz帯と同様に1978年１月からナロー化されましたが，モービル機は極東電子のリグだけという状況で，本機はそれに続くものです．

50.99〜53.99MHzを10kHzステップでカバーすると公表されていましたが，実際は50.98MHzまで選択することが可能でした．なおFT-627(無印)は存在しません．144MHz帯のリグに型番を合わせたようです．

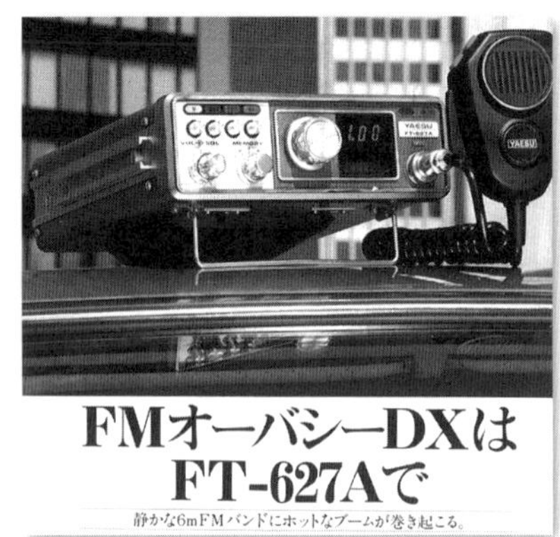


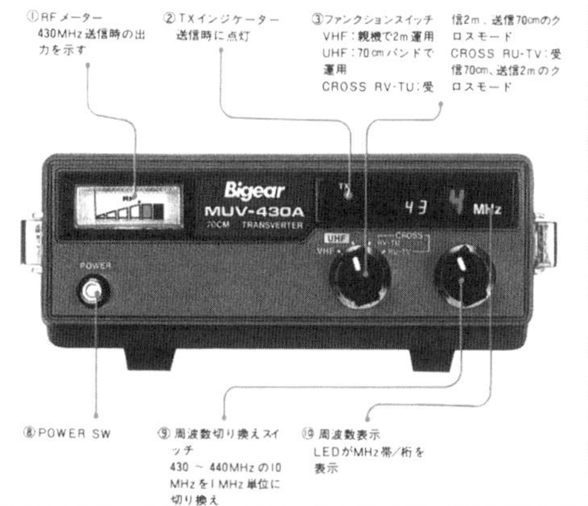


### 福山電機　Bigear MUV-430A(A4)

144MHz帯の親機で430MHz帯に出るためのトランスバータです．430MHz帯は1MHzごとにバンド分けされていて，10バンド(10MHz幅)のAタイプだけでなく4バンド(4MHz幅)のみのA4(−5,000円)も用意されていました．

送受信でバンドを分けるクロスバンドも可能です．本機はスタンバイ・ジャックにプラグを差し込まないと送信になります．

### アイコム　IC-255J(255)

144MHz帯25W出力で400chのFM機です．発売後半年ほどして10Wタイプ(255：無印)も追加されました．5kHzステップの設定と±600kHzの送受信シフト機能がありますので，海外で人気のあったIC-255A(148MHzまでの15／5kHzステップ)，もしくはIC-255E(146MHzまでの25／5kHzステップ)を国内向けにしたものと思われます．

### 日本電装　ND-2010

コンパクトな操作部と分離型の本体で構成された144MHz帯10W出力のFM機です(写真は操作部)．

周波数は100kHz台と10kHz台を各10接点スイッチで別々にセットするタイプで，バンド・スイッチと組み合わせて200chとしています．

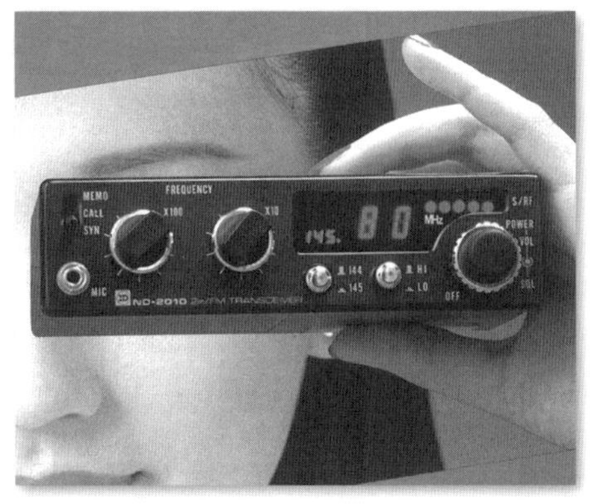

## アイコム　IC-260

144MHz帯SSB，CW，FMの10W出力機です．周波数表示は7桁あり，FM以外では100Hz台まで表示します．FM専用機よりも多いつまみはモード・スイッチとRITだけで，多機能ながら小型にまとめられ，SSBが初めてのユーザーでもすぐに使えるように配慮されていました．

● **IC-560**（1980年）

50MHz帯10W出力のSSB，CW，FM機です．パネル面や機能は姉妹機のIC-260とほぼ同じで，4MHz幅をフルカバーしていました．

## 福山電機　Bigear System 500S(D)

144MHz帯のFM機でSタイプは10W，Dタイプは25W出力です．本機はオートマチックQSYと呼ばれるシステムを搭載しています．

これはトーン・スケルチとスキャンを組み合わせたもので，バンド内で同じトーンが入っている信号をキャッチするとスキャンが停止し，そのままQSOに移れるというものです．

## 松下電器産業　RJX-230

144MHz帯10W出力のSSB，FM機です．最小ステップ100HzのデジタルVFOを内蔵し，4桁で周波数を表示しています．

受信周波数だけをずらすRX OFFSET機能やバックアップ付き6chのメモリも内蔵しています．VFO使用状態でメモリ・スキャンをして入感がなかった場合に，本機では元のVFO周波数に戻るように工夫されていました．

## 八重洲無線　FT-720U　FT-720V

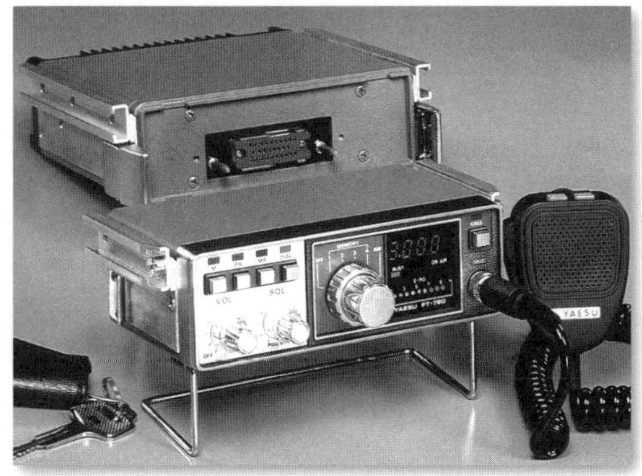


FT-720Uは430MHz帯出力10W，20kHzステップ500chのFM機（ワイド），FT-720Vは144MHz帯出力10W，10kHzステップ200chのFM機（ナロー）です．

どちらも操作部を分離することが可能です．2.5秒おきに入感を確認する優先チャネルや4桁周波数表示を持ち，S&パワー・メータは10のLEDで細かく表示しています．

両機の操作部は同じ物で、本体側には左右にレールを付けて車載時の着脱をしやすくするという工夫が採用されています．

## 福山電機　MULTI-750

144MHz帯10W出力のSSB, CW, FM機です. 最小ステップ100HzのデジタルVFOを内蔵しています. 本機の特徴はその拡張性で, 背面のACC端子経由でEXPANDER-430を接続すると144MHz帯, 430MHz帯を自由に行き来できるようになるとPRされていました.

● **EXPANDER-430**(1980年)

144MHz機のMULTI-750に430MHz帯を付加するためのものです. 汎用のトランスバータと違って本体側で完全に430MHz帯のコントロールが可能で, メイン・ダイヤル上では146MHzの次が430MHzとなるようになっています.

メーカーでは本体と本機のセットをMy ROAD7, さらに電源を加えたセットをMy BASE7と呼び, 縦に配置するためのセット・アングルもオプションで用意していました.

本機は福山電機の製品としては最後の製品ですが, Xタイプが後に別会社より発売されています.

**1980年**

## 極東電子　FM-2025J

使いやすさは優性遺伝

新製品

FM-2025J

FM-2016の後継機で144MHz帯10W出力のFM機です. 10/20kHzステップで144MHz帯をフルカバーします.

メイン・ノブは普通の光学式エンコーダになりました. 離れたところにQSYしやすいようにSPEEDスイッチも付いています.

メモリはA1～A5, B1～B5の計10chで, AとBの間で送受信を別々に割り当てることが可能, A5とB5の間をスキャンする機能も持っていました.

● **FM-6025J markII　FM-2025J markII**(1981年)

FM-6025J markIIは50MHz帯, FM-2025J markIIは144MHz帯の10W出力のFM機です. 5ch×2組のメモリを使用して多彩な運用ができるようになっています. 電源を供給しなくても数年間データを保持するバックアップ電池が新たに搭載されました.

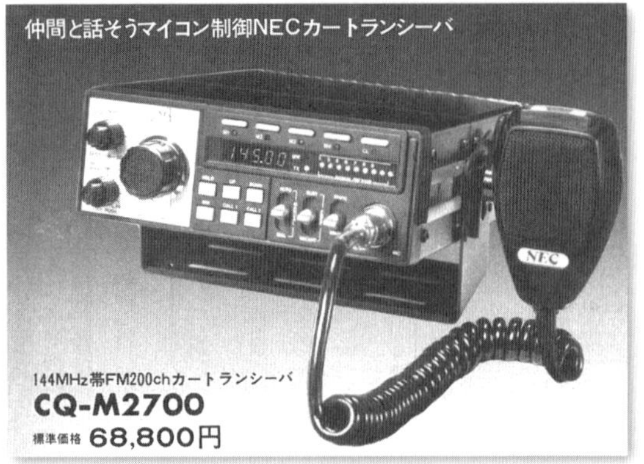


## 新日本電気　CQ-M2700

144MHz帯10W出力のFM機です. 10kHzステップ200chでバンドをフルカバーします. メモリ操作, 周波数コントロールなどのスイッチ類はワンタッチ・オペレーションのみとすることで操作性を上げ, 3段階の感度切り替えを装備しています. 新日本電気はグループ会社の再編で日本電気ホームエレクトロニクスに改組され, 本機を最後にアマチュア無線機から撤退しています.

## トリオ(JVCケンウッド) TR-8400

430MHz帯10W出力のFM機で430～440MHzを20kHzステップ(500ch)でカバーします．メモリは5ch，VFOは２系統あります．スキャンは機能を絞り，二重機能スイッチや二軸つまみをなくして操作性を向上させています．幅を15cm弱，高さを5cm強に抑え，430MHz帯機でありながら乗用車のダッシュボードへの設置も可能にしました．

● **TR-8400G**(1982年)

430MHz帯10W出力500chのFM機で，TR-8400のマイナ・チェンジ版です．ナロー化され，オプションのトーン・エンコーダ(TU-84)を組み込むとレピータ対応となります．

## トリオ(JVCケンウッド) TR-7700

144MHz帯10W出力のFM機です．VFO-Aは20kHzステップ，VFO-Bは10kHzステップとして，VFO切り替えとステップ切り替えを共通化しています．メモリは5ch，乗用車のコンソールに収まるサイズに作られていました．

## 日本圧電気(アツデン) PCS-2200

144MHz帯10W出力のFM機です．

アップ・ダウン・スイッチによる選局は前機種PCS-2000と同じですが，その配列を変えて操作性を上げています．

スイッチ表示はイルミネーション付きです．2つのメモリの間をスキャンするプログラム・メモリや，信号があると数秒受信してまたスキャンを始めるフリー・スキャン機能がありました．

## 電菱 FM-200　FM-6

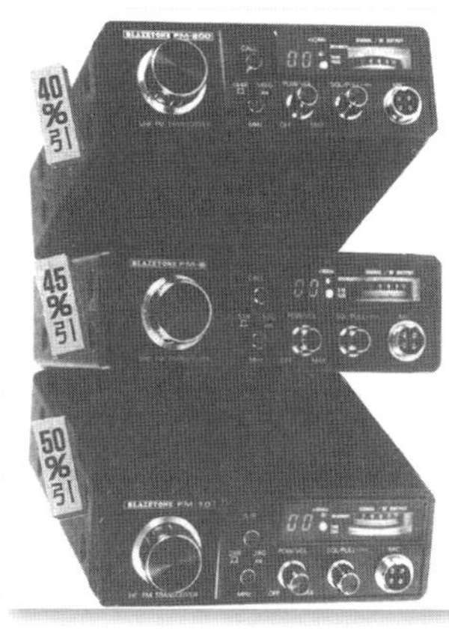


FM-200は当初，販売店のトヨムラが発売元となり，その後1982年ごろから製造元の電菱が直販した144MHz帯10W出力のFM機です．コール・チャネル付きの10kHzステップ200ch機でセルコールの接続が可能です．

FM-6は直販体制になってから発売された50MHz帯10W出力のFM機です．コール・チャネル付きの10kHzステップ機で，前期の製品は51～53MHzを200chでカバーしています．メインつまみは20kHzステップでSQ(スケルチ)つまみを引くと+10kHzになりました．後期の製品は51～54MHzにカバー範囲が広がっています．メインつまみは同じく20kHzステップでしたが，+10kHzスイッチは別に独立しました．FM-6は+5000円で144MHz帯の受信機能を付加することが可能です．

電菱のリグは28MHz帯のFM-10を含む計3機種で一連のシリーズはBLAZETONEという愛称が付けられていました．生産中止は1987年，現在は電源装置やソーラパネル・コントローラを主力としたメーカーとなり，2022年に創業55周年を迎えています．

## 1981年

### WARP WT-200

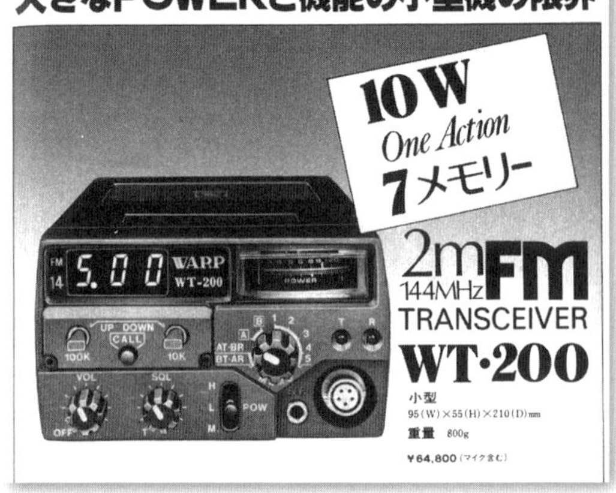


144MHz帯10W出力のFM機です．パネル面はわずか9.5×5.5cm，奥行きは21cmありますが，従来のリグとは違う置き方が可能になりました．10kHzステップ200ch機で，100kHzと10kHzの2つのUP/DOWNキーによる選局です．オプションの電池付きキャリング・ケース(WSC-12 27,500円)を使用すると肩掛けの10Wハンディ機にもなりました．

● **WT-602**

50MHz帯10W出力のFM機です．本機は姉妹機WT-200と同じサイズに小型化されています．

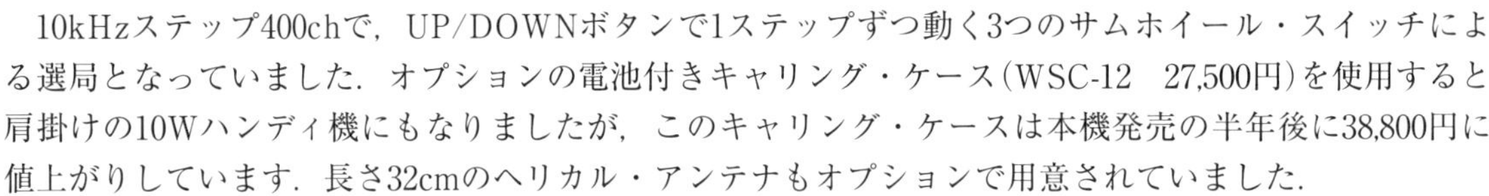

10kHzステップ400chで，UP/DOWNボタンで1ステップずつ動く3つのサムホイール・スイッチによる選局となっていました．オプションの電池付きキャリング・ケース(WSC-12 27,500円)を使用すると肩掛けの10Wハンディ機にもなりましたが，このキャリング・ケースは本機発売の半年後に38,800円に値上がりしています．長さ32cmのヘリカル・アンテナもオプションで用意されていました．

● **WT-430**(1983年)

430MHz帯10W出力のFM機です．本機も同じサイズに小型化されています．直接読み出せるメモリ3chと順番に読み出すメモリ12ch があり，さらに100kHzと10kHzをアップダウンさせるトグル・スイッチでの選局も可能です．

レピータ・アクセス用トーン，シフト幅も自由に設定できます．オプションの電池付きキャリング・ケースを使用すると肩掛けの10Wハンディ機にもなりました．本機は発表後に，トーン・スケルチがオプションの仕様からトーン・エンコーダ内蔵に変わっています．

### アイコム IC-290

144MHz帯10W出力のSSB，CW，FM機です．

VFOは3系統搭載，SSBではAGC切り替え，CWではブレークインやサイドトーンの搭載など，小型機ながら固定機と変わらない機能を持っています．

1MHzアップ用スイッチもあり，SSB－FMの各バンド間の移動が素早くなりました．

144MHz オールモード

### アイコム IC-25

144MHz帯10W出力のFM機です．10kHzステップの200chですが，チャネルの間で出てしまわないように20kHzステップにすることも可能で，4段のヘリカルキャビティとショットキーバリア・ダイオードによるDBMで受信特性を向上させています．本機は横14cm，高さ5cm，そして奥行きは18cm弱しかありませんでした．

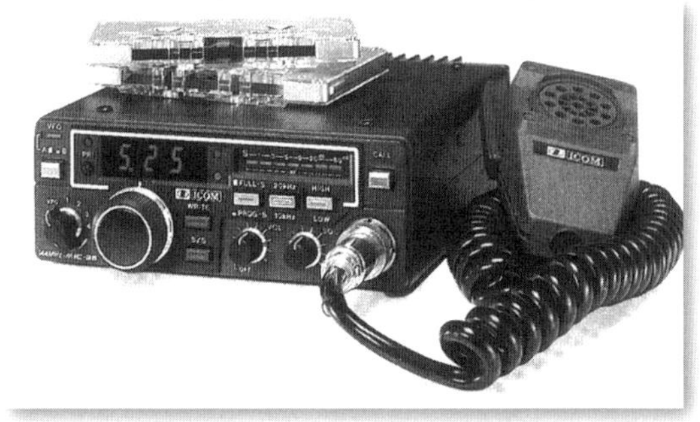

## 九十九電機　スーパースター4600

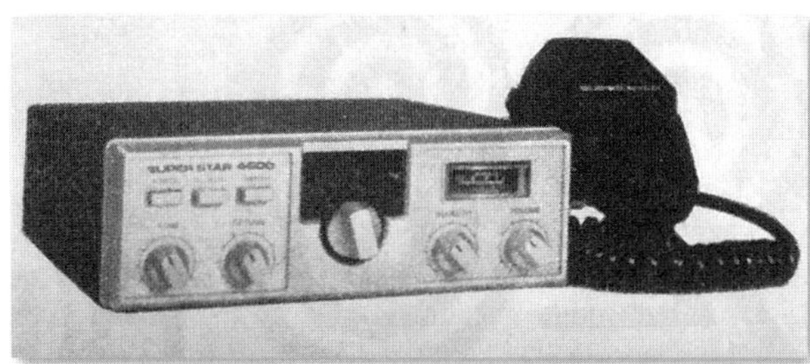

430MHz帯5W出力のFM機です．デビエーションは±5kHz．1MHz幅，25kHzステップの40ch（80ch改造可能）というスペックからすると，オセアニア地域向けのUHF-CB無線機の周波数をシフトさせたもののように思われます．登場の数カ月後には，470MHz帯FM5W機（業務用）として本機は販売されていました．

## フジヤマ・エンタープライズ・コーポレーション　MULTI-750X　EXPANDER-430X

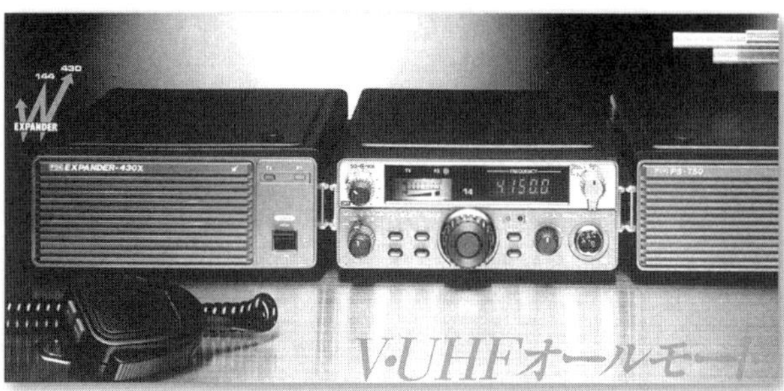


元々は福山電機の製品であり，FDKのロゴも入っていますが，発売元はフジヤマ・エンタープライズ・コーポレーションとなっています．

750Xのみでは144MHz帯10W出力のSSB，CW，FM機，EXPANDER-430Xを取り付けると430MHz帯にもシームレスに出られるようになるという仕様はそのままで，パネル面がメタリック・カラーになりました．フジヤマ・エンタープライズ・コーポレーションの製品は本機が最初で最後です．

## 日本マランツ　C5800

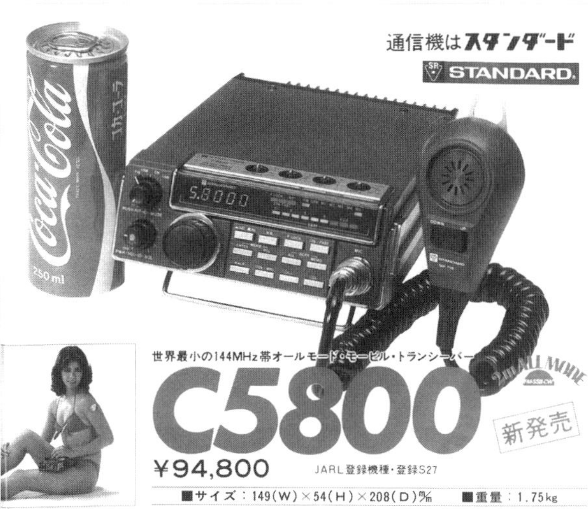


144MHz帯10W出力のSSB，CW，FM機です．小型化を前面に押し出し，つまみの削減，パネル上面へのトグル・スイッチの配置といった工夫をしています．主としてSSB用のVFO-A，FM用のVFO-B，そしてスプリットQSO時の受信用のR-VFOの3つのVFOを搭載して，ステップ変更などのモード変更に伴う操作を最小限にしています．VFOの最小ステップは10Hz，CW用のサイドトーン，ブレークインも内蔵しています．内部のコンピュータの機能が上がり，メモリもモード別になりました．

従来，日本マランツの製品はマランツ商事が発売元でしたが，このリグから発売元も日本マランツになりました．STANDARDのロゴなどはそのままです．この頃はまだカーナビという言葉がなかったのですが，本機は世界初のカーナビ，「ホンダ　エレクトロ・ジャイロケータ」（**https://www.honda.co.jp/tech/internavi/tech_system.html**）のPRにも使われました．このカーナビはブラウン管式で1982年の製品です．

## 八重洲無線 FT-230

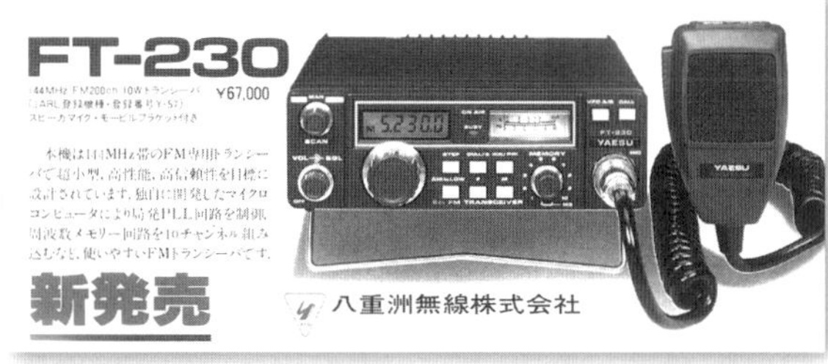


シンプル操作を目指した144MHz帯10W出力200chのFM機です．10chあるメモリ切り替えやスキャン選択をスイッチ式にして操作をわかりやすくしました．メータも針式にして読み取りを細かくしています．10Wで約2.5Aと消費電流が少なく，メモリはリチウム電池でバックアップするようになっていました．

● **FT-730R**（1982年）

430MHz帯10W出力のFM機です．姉妹機FT-230同様にコンパクトかつ分かりやすく作られています．型番のRはレピータ対応を意味しています．もちろん送受信共にナローです．

## 日本電装 ND-1500

144MHz帯10W出力200chのFM機です．本機の特徴はそのサイズで，横15cm，縦5cm，奥行き15cmと，ほとんどの車のダッシュパネルに設置できるサイズに作られています．CALLチャネル・スイッチを白，周波数表示を緑のLEDとして夜間の暗い車内でも操作しやすくしてありました．

## アイコム IC-390

430MHz帯10W出力のSSB，CW，FM機です．SSBではAGC切り替え，CWではブレークインやサイドトーンなどの機能があり，多彩なスキャンも可能です．

VFOは3系統搭載，1MHzアップ・スイッチもあり，SSB-FMバンド間の移動が素早くなりました．FMはナロー，途中からレピータ用のトーン・エンコーダが内蔵されています．

## 1982年

## 極東電子 FM-2030

144MHz帯10W出力200chのFM機です．本機の最大の特徴はメイン・ダイヤルを押すとそのダイヤルの機能が変わることで，メモリ選択・書き込みやRITのつまみにすることができます．メモリの内容をチャネル表示ではなく周波数表示にすることもできました．

本機は当初赤色LEDで周波数表示をしていましたが，途中からオレンジバックのLCDに変わりました．パネル面のTONEスイッチは送信時に1750Hzのトーンを挿入するものです．

## 日本マランツ　C7900　C8900

C7900は430MHz帯，C8900は144MHz帯の10W出力のFM機です．フロントエンドにガリウムひ素FETを採用し，チップ部品の採用で全体が小さくなったために厚さはわずか3.1cm，奥行きも14cm弱しかありません．マイク・コネクタがパネル面の角に斜めに取り付けられ，表示部が15度上を向いているのも特徴的です．C7900は発売とほぼ同時に運用が始まったレピータにも対応していますがトーン・エンコーダ(TN17)はオプションでした．両機共ナロー化されています．

● **C7900G　C8900G**(1983年)

C7900Gは430MHz帯10W出力で500ch内蔵のFM機で，C7900のマイナ・チェンジ機です．周波数表示が赤から緑に変わり，マイクロホンが薄い角型に変わり，トーン・エンコーダを内蔵しました．

C8900Gは144MHz帯10W出力で200ch内蔵のFM機で，C8900のマイナ・チェンジ機です．C7900Gと同様に周波数表示とマイクロホンが変わりました．

## 日本圧電気(アツデン)　PCS-4000　PCS-4300

PCS-4000は144MHz帯，PCS-4300は430MHz帯で10W出力のナローFM機です．

100kHz台，10kHz台をそれぞれUP/DOWNさせるスイッチによる選局は従来どおりですが，M・WRボタンを押すとメモリ16chを直接呼び出すこともでき，ニッカド電池によるバックアップ付きです．

PCS-4300は88.5Hzのトーン・エンコーダを内蔵したレピータ対応でした．

## アルインコ電子　AL-2020(D)　AL-2030(D)　AL-2040(D)

新規にアマチュア無線機に参入したアルインコ電子の最初の製品で，どれも144MHz帯10W(Dタイプは25W)出力の200chFM機です．シルバー・パネルのデザインで幅を14.8cmに抑えました．

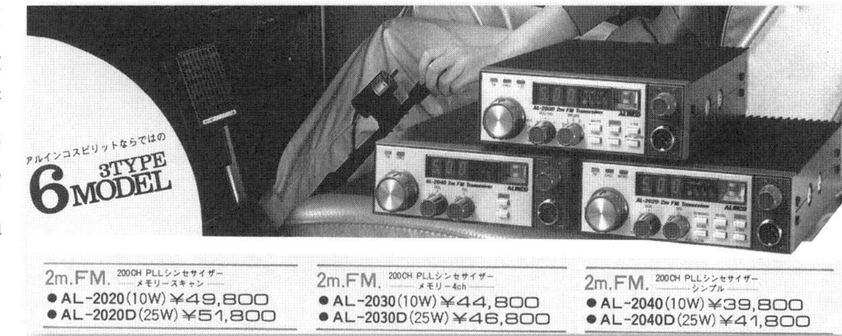


2040はベーシックタイプで，CALLチャネル・スイッチと+10kHzスイッチ，予備接点のある1MHzバンド・スイッチがパネル面に付いています．

2030はこれに4chメモリ，出力のHi/Lo切り替えなどがつき+5,000円，2020はスキャン動作もできさらに+5,000円となっていました．

## アイコム IC-35

430MHz帯10W出力のFM機です．

2つのVFOをそれぞれ10kHzステップと20kHzステップにすることで，自由に周波数設定ができる1000chと，実用的な500chを簡便に切り替えられるようになっています．

振動に強いプレス打ち抜きコイルを採用しレピータにも対応しました．また，32通りのトーン・エンコーダがオプションで用意されていました．

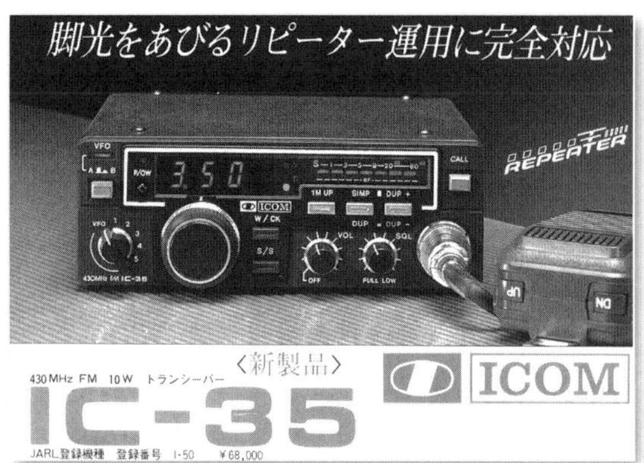


## トリオ（JVCケンウッド） TR-7900（7950）

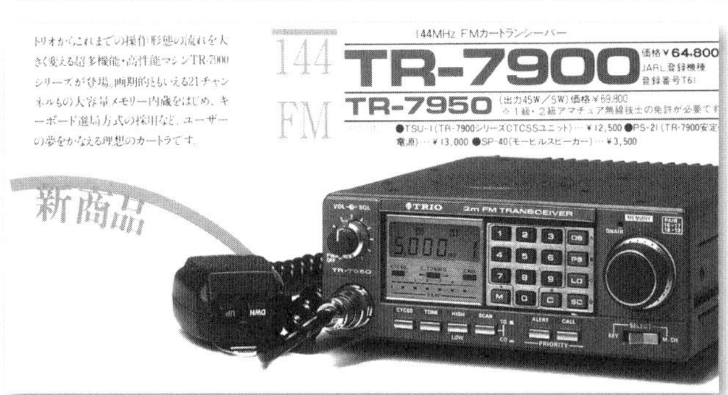


144MHz帯10W（7950は45W）出力のFM機です．21chのメモリにあらかじめ書き込みをしておき，それをメイン・ダイヤルで呼び出すというのが基本的な操作法ですが，キーボード入力，5kHzステップでのUP/DOWNキーでもコントロールが可能でした．

この時代に珍しいセンター・メータが付いています．

このTR-7950は後に10Wを超えるリグとして保証認定を受けられるようになりました．

**1983年**

## トリオ（JVCケンウッド） TM-201（D） TM-401

TM-201は144MHz帯10W出力（Dタイプは25W）のFM機です．イン・コンソール・タイプよりも一回り小さくし，取り付けの自由度を上げました．音の良い状態で聞けるように外付けのスピーカを付属させて，コンソール内にスピーカが入ってしまうことで生じる明瞭度の低下を防いでいます．信号入感時に6秒聞いたら次に行くという順次内容を聞くタイプのスキャンを新たに取り入れました．Dタイプは半年ほど遅れて発売されています．

TM-401は430MHz帯10W出力のFM機です．TM-201の特徴に加えて，プログラマブル・トーン回路を内蔵しレピータに完全対応しています．

KENWOOD
すべてが新しい。
ケンウッド・カートラ。
新商品
TM-201
TM-401

● **TM-201S　TM-401D**（1986年）

TM-201Sは144MHz帯のFM機，TM-201のハイパワー・バージョンで45W出力です．25W出力のTM-201Dと併売されています．TM-401Dは430MHz帯のFM機，TM-401のハイパワー・バージョンで25W出力です．両機のパネル面はブラックで，10Wタイプ（無印）のシルバーから変更されましたが，この時10W機にもブラック・パネルの製品が追加されました．

## トリオ(JVCケンウッド)　TW-4000(D)

TM-201，TM-401と似たデザインの144MHz帯，430MHz帯デュアルバンドで10W出力のFM機です．2バンドを内蔵したため多少サイズは大きくなりましたが，それでも2台用意するよりははるかにコンパクトに収まっています．Dタイプは25W出力，約半年後に追加発売されました．

本機には専用のデュアルバンド・モービル・アンテナMA-4000(7,000円)がオプション設定されています．アンテナ・コネクタがバンド別のためにこのアンテナにはデュープレクサが付属していました．

## 日本圧電気(アツデン)　PCS-4500

50MHz帯10W出力のFM機です．各桁をそれぞれUP/DOWNさせるスイッチによる選局は従来どおりですが，M・WRボタンを押すとメモリ16chを直接呼び出すこともできます．メモリはニッカド電池によるバックアップ付きです．サイズは縦5cm，横14cm，奥行き17cm強で，車のダッシュボードに設置できました．

## 日本マランツ　C4800

430MHz帯10W出力のSSB，CW，FM機です．ガリウムひ素FETを高周波増幅に使用し，レピータに対応しました．RIT，SSB対応スケルチ，CWのセミブレークイン，サイドトーンといった付属回路も充実させています．

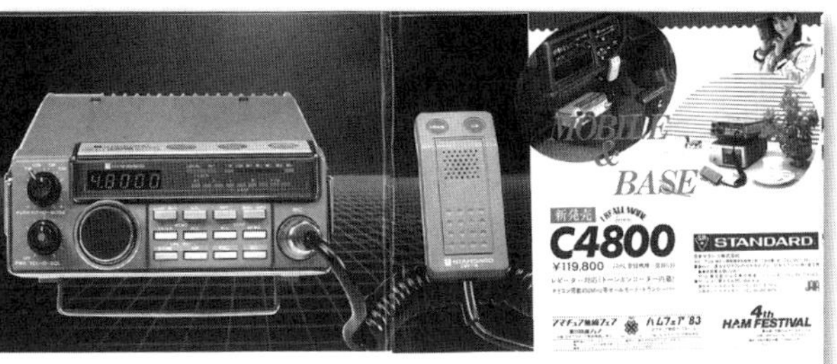


## 八重洲無線　FT-230Ⅱ　FT-730RⅡ(1984年)

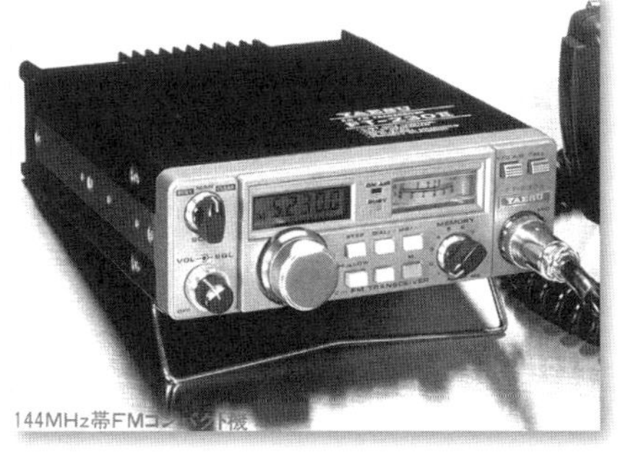


FT-230Ⅱはシンプル操作を目指した，144MHz帯10W出力200chのFM機，FT-230のマイナ・チェンジ機，FT-730RⅡは430MHz帯10W出力1000chのFM機，FT-730Rのマイナ・チェンジ機です．わかりやすい操作，針式メータ，バックアップ付きメモリといった特徴は変わりませんが，パネル面の色はシルバー・メタリック仕上げになり，触れば現示位置がわかるつまみに変わりました．

モービル・ブラケットも改良されています．730Rはレピータのアップリンクを受信するREV機能が付き，相手局がシンプレックス通信圏にいるかどうかの判断ができるようになりました．

## 極東電子 FM-6033

50MHz帯10W出力のFM機です．10kHzでバンド全体をカバーしています．FM-2030の考え方をさらに推し進め，メインの2軸つまみに機能選択と設定機能を持たせることで操作を簡単にしています．メモリは10ch，たすき掛け運用も可能です．

● **FM-2033　FM-7033**（1984年）

FM-2033は144MHz帯，FM-7033は430MHz帯の10W出力FM機です．10kHzでバンド全体をカバーし，FM-6033同様にメイン・ダイヤルに2軸つまみを使うことで操作を簡単にしています．メモリは11ch，たすき掛け運用も可能，FM-7033は37ch（通り）のトーン・エンコーダも内蔵していました．

# 1984年

## アイコム IC-27(D)　IC-37(D)

IC-27は144MHz帯200ch，IC-37は430MHz帯500chの10W出力FM機です．前機種IC-25，IC-35より高さを1cm減らしスリム化しました．

パネル面はLED表示ですが，それぞれの項目を四角い線で囲ってあり，他のリグと違うイメージを受けます．IC-27はメイン・ノブでの周波数選択以外に独立した100kHzのUP/DOWNスイッチも持っているので素早いQSYが可能です．IC-37は55chのトーン・エンコーダを内蔵していました．IC-27D（45W），IC-37D（25W）は，後から追加されたハイパワー・モデルです．

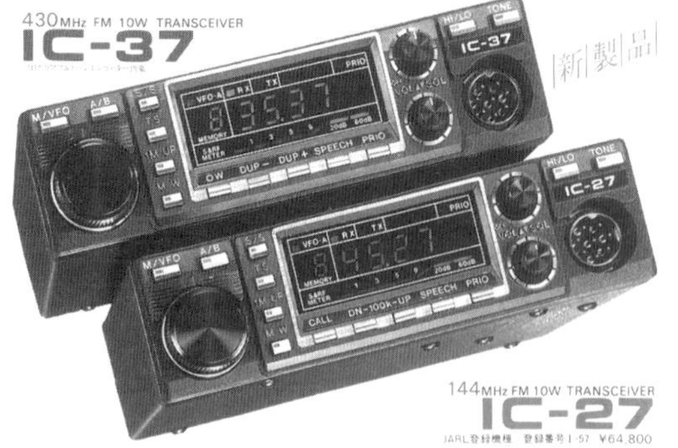


## 日本マランツ C4100　C1100

C4100は430MHz帯，C1100は144MHz帯で10W出力のFM機です．

最大の特徴は12dB SINADが−18dBμVと高感度であることです．また本機は放熱板を含む奥行きが12cmしかありません．

車内に設置する場合の自由度が格段に上がりました．

薄型ながら周波数表示のLEDは文字高1cm，比較的大きな物を採用し，イルミネーションも工夫しています．

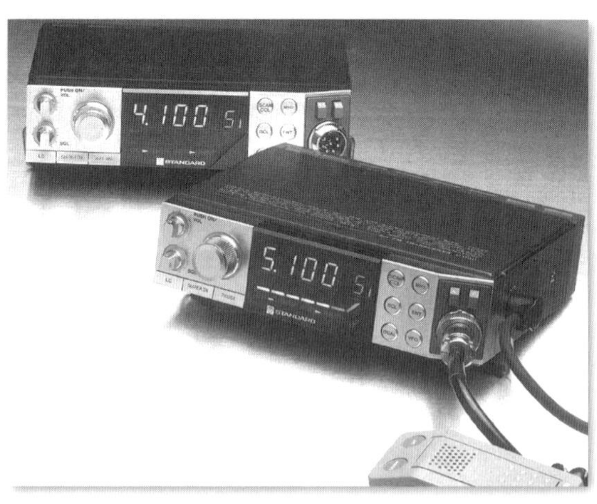

## トリオ(JVCケンウッド)　TM-211(D)　TM-411(D)

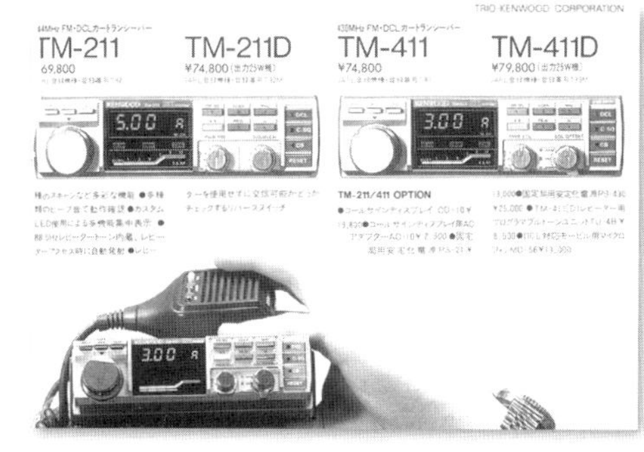


TM-211(D)は144MHz帯，TM-411(D)は430MHz帯のFM機で，無印は10W出力，Dタイプは25W出力です．

操作面だけ上下に36度首振りができるようになっていて，低い位置，高い位置にセッティングした際にも扱いやすいように工夫されています．また同軸コネクタだけでなくマイク・コネクタもケーブル付きとして前面パネルからマイク・コネクタを排し，空いたスペースにDCL関連の操作ボタンを付けました．DCLというのはディジタル式のコードスケルチとコールサイン自動送出，QSYなどの際に相手側リグの周波数をコントロールする機能などを盛り込んだもので，特定の相手方だけを受信したり，グループで一斉にQSYしたりする際に重宝するとPRされていました．TM-211，TM-411は，TS-711，TS-811，TR-2600，TR-3600といったDCL対応機と同時に発表されています．

## 八重洲無線　FT-2700R(RH)

144MHz帯，430MHz帯で10W(RHは25W)出力のFM機です．幅15cm高さ5cm奥行き17cm弱と，モノバンド機よりもコンパクトな筐体にカスタムメイドのカラーLCDを取り付けて表示部をすっきりさせ，スイッチ操作もシンプルにしています．2バンド間の同時送受信が可能，レピータ対応，内部はダイキャスト・フレームを使用しました．本機のプライオリティ機能では，2つのCALLチャネルを5秒ずつ受信するという設定も可能です．430MHz帯の周波数偏差は－5～+50℃で5ppm(約2.2kHz)以内，つまり極端な温度条件でも周波数ズレは実用範囲内となることが定格に明記されていました．

## 八重洲無線　FT-270(H)

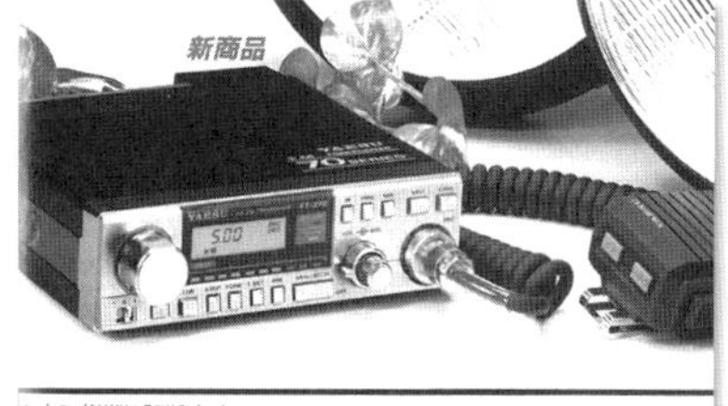


144MHz帯10W(Hは45W)出力のFM機モービル機です．ハンディ機ではありません．アルミ・ダイキャスト・フレームの採用で強度を上げています．また第1IFを高め(21.6MHz)に取ることでイメージ比が良好になっています．幅14cm，高さ4cmと小型化されています．ファンを付けて放熱効率を上げたためにハイパワー・タイプ(H)も無印も同じ奥行き16cmで，45W出力でも連続送信が可能です．

## アイコム　IC-2300(D)

144MHz帯，430MHz帯で10W出力(Dタイプは25W)のFM機です．デュープレクサを内蔵しているため，2バンドカバーのGP，ホイップと組み合わせやすくなっています．周波数ステップは20kHzが基本で，スイッチで10kHzステップに切り替えられます．

本体スイッチの機能に優劣を付け，よく使う機能を前面に出し，あまり使わない機能はF(ファンクション)キーを押してからの操作とすることで，モノバンド機並みの操作性を実現しました．

1985年

## アルインコ電子 ALR-205(D)

144MHz帯10W(Dタイプは25W)出力のFM機で，アルインコ電子の第2弾です．パネル面は一転して黒を基調としたものになり，UP/DOWNをシャトル・ダイヤルで指示して周波数を選択するタイプになりました．10kHzステップですが，スキャン時は任意の周波数ステップを設定可能です．

## 日本圧電気(アツデン) PCS-4310 PCS-4010

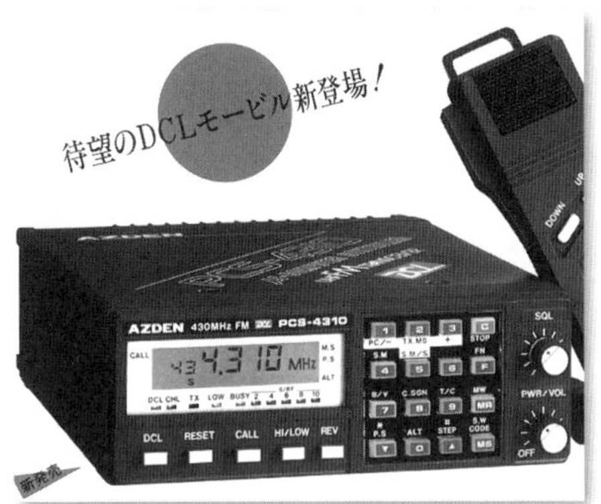


PCS-4310は430MHz帯，PCS-4010は144MHz帯のFM機で，どちらもバンド全体を10kHzステップでカバーしています．液晶表示は大きくなり，グリーンのバックライトが付きました．メモリはリチウム電池によるバックアップ付きです．

両機共にDCLを装備し，マイクロホンにもCHL(チャネルリンク：自動的に空きチャネルを探して自局，同一コード局をQSYさせる)ボタンを付けるとともに，移動に失敗した時に使えるリコール機能やリバース機能も装備しています．通常運用ではUP/DOWNもしくはテンキーによる選局となっています．

## アルインコ電子 ALR-206(D) ALR-706(D)

ALR-206は144MHz帯，ALR-706は430MHz帯のFM機で，無印は10W，Dタイプは25W出力，いずれの機種も10kHzステップでバンド全体をカバーしています．

NECと共同開発したCPUを搭載しました．マイクロホンには16のボタンを付け，UP/DOWNやテンキーによる選局，メモリ関連の操作などが手元でできるようになっています．メイン・ダイヤルは速度切り替え付きのUP/DOWN式，ブルー・バックライトのLCD表示器には7ドットのSメータも付いていました．

## 極東電子 FM-240 FM-740

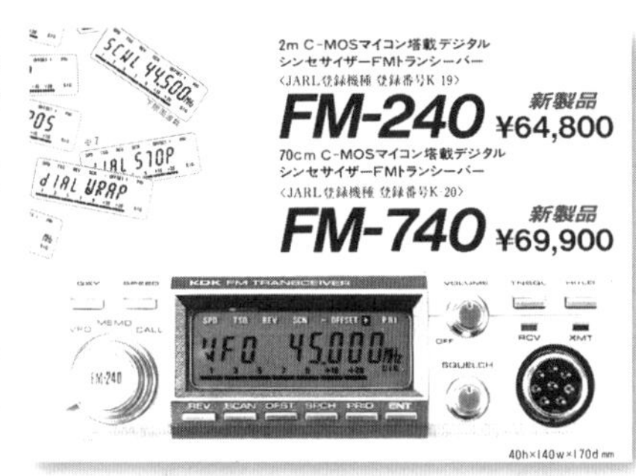


FM-240は144MHz帯，FM-740は430MHz帯の10W出力のFM機です．本機では各種設定にメニュー方式を導入し，スキャン上限や下限，スキャン・モード，トーン周波数，ダイヤル・ステップなどを英字表示を見ながら設定することを可能にしました．このために数字表示器は通常の7SEG(セグメント)の下側に斜め線が入ったタイプを使用しています．

本機はトーン・エンコーダだけでなくデコーダも内蔵しているので，トーン・スケルチを使用した運用も可能です．

未来に接近遭遇。AQS搭載ハイテックマシーン。
新・製品

## アイコム　IC-26(D)

144MHz帯10W(Dタイプは25W)出力のFM機です．チップ部品の採用で奥行きが小さくなり，上から見た形状がほぼ真四角になりました．

本機はAQSを搭載しています．これは音声帯域内でのデータ信号で各種コントロールを行うシステムで，コールサインや5桁のコードをキーとしてスケルチ動作を行わせることや，バンドプランに即した空きチャネル探し，各局一括QSY，14文字までのメッセージ・データの送信が行えます．

本機はIC-27より後に発売されています．またIC-36という機種はありません．

## 日本マランツ　C5000(D)

144MHz帯，430MHz帯，両方で10W出力(Dタイプは25W)のFM機です．それぞれのバンドの周波数表示は独立していて同時に受信することが可能です．ボリューム，スケルチ，Sメータも独立しています．メインバンドに入感があった時にサブバンド側の音量を絞る機能を持ち，アルミ・ダイキャスト・フレームを採用して放熱にも優れていました．本機はAQS搭載機です．

## 八重洲無線　FT-3700(H)

144MHz帯，430MHz帯，両方で10W出力(Hタイプは25W)のFM機です．両バンドを同時に受信することが可能で，ボリューム，スケルチ，Sメータも独立しています．

テンキー付き，夜間に色が映えるカラー蛍光ディスプレイ表示で，マイクロホンにも周波数選択用ダイヤルが付いていました．本機はAQS搭載機です．

## 八重洲無線　FT-770(H)

430MHz帯10W出力(Hタイプは25W)のFM機です．アルミ・ダイキャスト・フレームの採用で強度を上げています．S/PO表示は10連のLEDを使い読み取りを細かくしました．

幅14cm，高さ4cmと小型化されました．ファンを付けて放熱効率を上げたためにハイパワー・タイプ(H)も無印も同じ奥行き16cm強，もちろん連続送信可能です．姉妹機FT-270に合わせたのでしょうか，本機はAQS非対応でした．

## 八重洲無線　FT-3800(H)　FT-3900(H)

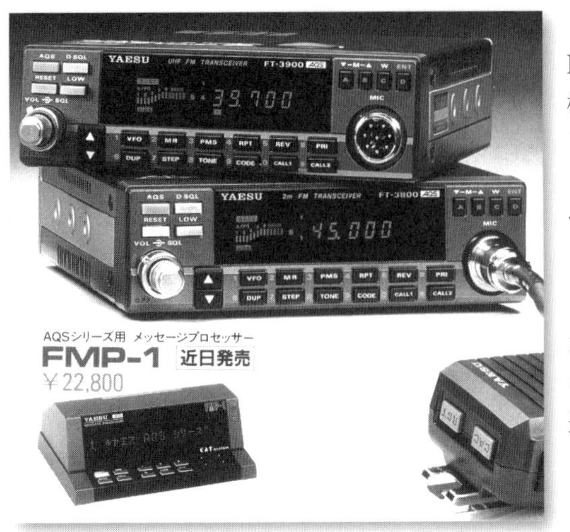


FT-3800は144MHz帯10W出力(Hタイプは45W)，FT-3900は430MHz帯10W出力(Hタイプは25W)のFM機です．カラー蛍光表示管を使用して見やすい表示にしています．

また各種ファンクション・キーをパネル下部に2列で並べることで操作性を上げ，このキーをテンキーとしても使えるように工夫しています．

マイクロホンに周波数選択用のダイヤルも付けました．両機共AQS搭載機で，メッセージ・プロセッサ(FMP-1　22,800円)を使用することでメッセージの伝送も可能でした．

**1986年**

## トリオ(JVCケンウッド)　TR-751(D)

144MHz帯SSB, CW，FMの10W(Dタイプは25W)機です．

少し前のFM機並みの大きさでSSBモービルが可能になりました．

本機にはチャネルプランのとおりにモードを切り替えるAUTOモードも用意されています．オールモードで動作するスケルチ，CWサイドトーン，セミブレークインなども搭載しています．

MU-1(DCL用モデム・ユニット5,500円)を追加することで本機はDCL対応になります．

## アイコム　IC-2600(D)

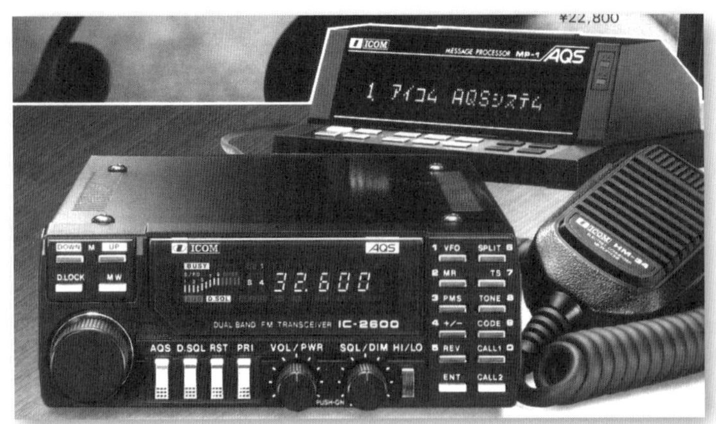


144MHz帯，430MHz帯の10W(Dタイプは25W)のFM機です．本機にバンド・スイッチはなく，MHzボタンで連続的に2バンドをカバーします．

シングル受信のシンプルなリグですが，テンキーや各種スキャンなどの必要な機能は全て備わっています．

本機はAQS搭載機です．メッセージ・プロセッサMP-1を併用することでメッセージの送受信も可能でした．

## 日本圧電気(アツデン)
## PCS-5000(H)　PCS-5500

PCS-5000は144MHz帯10W(Hタイプは25W), PCS-5500は50MHz帯10W出力のFM機です.

メモリはテンキーで簡単に選択でき，バンクA，バンクBに分かれていて，片方のバンクだけをスキャンしたり，A受信&B送信とすることなどが簡単に切り替えられるようになっていました.

## アイコム
## IC-28(D)　IC-38

IC-28は144MHz帯10W(Dタイプは25W), IC-38は430MHz帯10W出力のFM機です．一般的なカー・コンソールより一回り小さなサイズを実現しています．広視野のLCDのバックライトにはオート・ディマーも付いていて，本機はトーン・スケルチ(UT-29 6,800円)かAQSのデジタル・コード・スケルチ(UT-28 5,500円)のいずれかをオプションで追加することが可能でした．北米で販売されたIC-38Aは220MHz帯の25W機で国内向けのIC-38とは別のものです.

### ● IC-28DH　IC-38D

IC-28DHは144MHz帯45W, IC-38Dは430MHz帯25W出力のFM機です．出力増に伴い高さを1cm増やしています．前面パネルに余裕ができたためか，マイク端子は後ろからのケーブル出しからパネル面コネクタに変わり，ベースマシンと外観が異なっています.

トーン・スケルチ(UT-29 6,800円)かAQSのデジタルコード・スケルチ(UT-28 5,500円)のいずれかの基板をオプションで追加することが可能でした.

## ケンウッド(JVCケンウッド)　TW-4100(S)

144MHz帯，430MHz帯の10W(Sは45W)のFM機です．操作が複雑になりがちなデュアルバンダですが，本機は徹底的に操作を単純にし，3つのつまみと8つのボタンで操作が完結するように考えられています.

オプションのDCLモデム・ユニット(MU-1 5,500円)を装着するとDCL対応になりますが，このユニットがない場合はパネル面のDCL関連スイッチが隠れるようにも工夫されていました.

レピータのアップリンク信号を聞くことが可能で，スイッチをロック・タイプにすることで，逆シフトのレピータが出現しても対応できるように考えられています.

2バンド機でありながら，幅15cm，高さ5cmとモノバンド機並みのサイズになりました．本機は社名をトリオから変更した後の最初の製品です.

## 日本無線　JHM-25s55DX　JHM-45s50DX

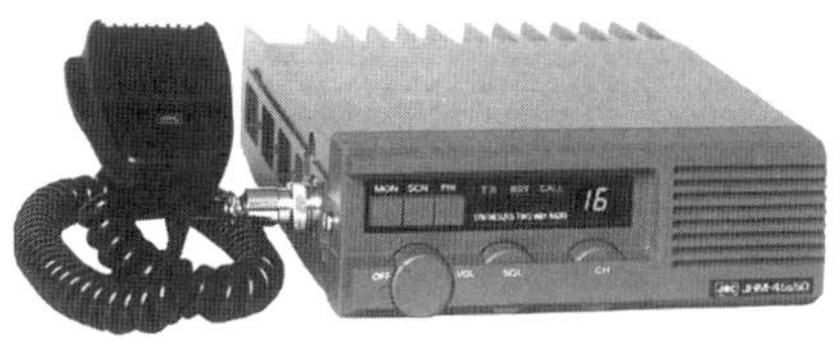

JHM-25s55DXは144MHz帯，JHM-45s50DXは430MHz帯で50W出力のFM機です．内部にシンセサイザを持っていて，16chをプリセットして選局します．大きな放熱板を持つ自然空冷のリグで，レピータ対応，トーン・スケルチ，スキャンが可能な前面スピーカ仕様の機種でした．

## アルインコ電子　ALR-21(D)

シンプル型の144MHz帯10W(21Dは25W)出力のFM機です．わかりやすい操作を目指したリグで，2つのVFOと21chのメモリを持ち，2通りのスキャンが可能です．

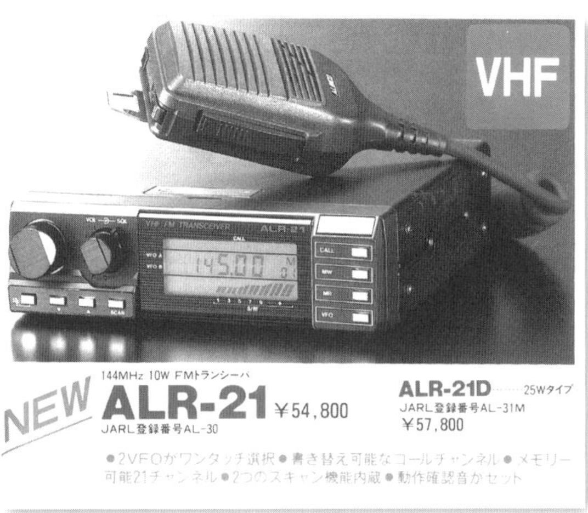

## アルインコ電子　ALR-22(D)　ALR-72(D)

ALR-22は144MHz帯，ALR-72は430MHz帯で10W(Dタイプは25W)出力のFM機です．2つのVFOを持ち，トーン・スケルチ，プライオリティ機能などを内蔵しています．送受信周波数を別に設定することができ，MHzボタンは1秒間に20MHzの速度で周波数を変えることができました．

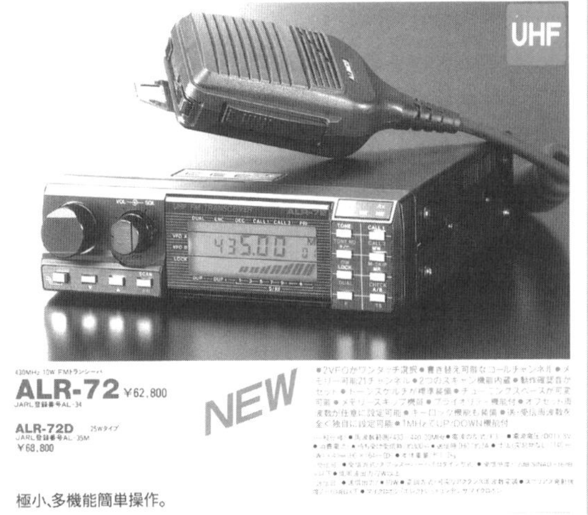


## ケンウッド(JVCケンウッド)　TR-851(D)

430MHz帯SSB，CW，FMの10W(Dタイプは25W)機で，TR-751の姉妹機にあたります．本機にもチャネルプランどおりにモードを切り替えるAUTOモードがあり，オールモードで動作するスケルチ，CWサイドトーン，セミブレークインなども搭載しています．

MU-1(DCL用モデム・ユニット 5,500円)を追加することで本機はDCL対応になるように作られていました．

## Column　DCL対AQS

1984年夏にトリオが発表したV/UHF機8機種にはDCL(Digital Channel Link).という機能が付いていました. これはデジタル・コード・スケルチ(Digital Code Squelch)とコールサイン自動送出(Automatic Transmitter Identification System )などQSYの際に相手側リグの周波数をコントロールする機能を盛り込んだもので, 特定の相手方だけを受信したり, グループで一斉にQSYしたりする際に重宝するとPRされました. 日本圧電気もDCLを採用しています.

一方, 翌1985年の夏にアイコム, 日本マランツ, 八重洲無線(50音順)が発表したのがAQS(Amateur Quinmatic System)です. これはDCL同様に音声帯域内のデータ信号で各種コントロールを行う機能で, コールサインや5桁のコード(数字)をキーとしてスケルチ動作を行わせることや, 空きチャネル探し, そこへの一括QSY, 14文字までのメッセージ・データの送信などが行え, コード・メモリやID(コールサイン)自動送出機能もありました.

さて, せっかくの一斉QSY機能ですが, そのチャネルが空いているのを検知するのはあくまでも機械です. 移動先を探す局の受信範囲外の局が送信しているタイミングだったり(隠れ端末), ブレーク・タイムだったり, モービル局が一時的に聞こえなくなった瞬間だったりすると使用している周波数に案内してしまうということがありました.

そして一番大きな問題だったのは, 互換性のないシステムが並立してしまったことでしょう. そして世の中にはどちらも搭載していないリグもあるわけですから普及を期待する方が無理でしたし, チャネルが空いているかどうかの判断にスケルチを使用していたのも実運用面では少々面倒でした.

**表11-A**はこの頃のDCL, AQS参加社のV/UHF機の状況です. 従来機とのしがらみ? による非対応機はともかく, ある時期からオプション機, 機能限定機が出てきたことが分かるかと思います. この機能はもともとパーソナル無線のグループ番号による呼び出しと周波数を意識しないサブ・チャネル移動を拡張したものでしたが, 技量を持つ人がオペレートするハムの世界には合わなかったようです.

DTMFを使ったコード・スケルチやトーン・スケルチなどの選択呼出しはその後ある程度使われるようになりましたが, 一斉QSY機能的なものはその後使われていません.

**表11-A　モービル機のAQS, DCL対応の様子**

| | メーカー | 型番 | DCL?AQS? | 周波数帯 | 非対応の理由(推定) |
|---|---|---|---|---|---|
| 1984年夏 | トリオ | TM-211(211D) | DCL | 144MHz | |
| | トリオ | TM-411(411D) | DCL | 430MHz | |
| | 日本圧電気 | PCS-4310 | DCL | 430MHz | |
| | 日本圧電気 | PCS-4010 | DCL | 144MHz | |
| 1985年夏 | アイコム | IC-26 | AQS | 144MHz | |
| | 日本マランツ | C5000(5000D) | AQS | 144/430MHz | |
| | 八重洲無線 | FT-3700(3700H) | AQS | 144/430MHz | |
| | 八重洲無線 | FT-770(770H) | 非対応 | 430MHz | 2mの姉妹機に合わせた? |
| | 八重洲無線 | FT-3800(3800H) | AQS | 144MHz | |
| | 八重洲無線 | FT-3900(3900H) | AQS | 430MHz | |
| 1986年 | トリオ | TM-201S | 非対応 | 144MHz | 10Wタイプに合わせた? |
| | トリオ | TM-401D | 非対応 | 430MHz | 10Wタイプに合わせた? |
| | トリオ | TR-751(751D) | DCL※ | 144MHz | |
| | アイコム | IC-2600(2600D) | AQS | 144/430MHz | |
| | アイコム | IC-28(28D) | 限定AQS※ | 144MHz | |
| | 日本圧電気 | PCS-5000(5000H) | 非対応 | 144MHz | 対応機は4000シリーズ |
| | アイコム | IC-38(38D) | 限定AQS※ | 430MHz | |
| | 日本マランツ | C6000(6000D) | AQS※ | 430MHz/1.2GHz | |
| | ケンウッド | TW-4100(4100S) | DCL※ | 144/430MHz | |
| | アイコム | IC-28DH | 限定AQS※ | 144MHz | |
| 1986年末 | ケンウッド | TR-851(851D) | DCL※ | 430MHz | |

DCL※　モデム・オプション　AQS※　オプション　限定AQS※　デジタル・コード・スケルチをオプションで装備できる

# 第12章 ハンディ機はスティック型へ 1977〜1986年

## 時代背景

本章では1977年から1986年のハンディ機を紹介します．この期間中にアマチュア無線局は34万局から70万局に倍増しました．若いハムを中心に，盛んに移動運用が行われていた時代でもあります．FMのナロー化，モービル機の多チャネル化で多くのハムがリグを新たに購入したようですが，それが一段落した後にバンド内をフルカバーできる最新の小型ハンディ機が欲しくなるのは当然の流れでしょう．需要がどんどん拡大していきましたから，多くのハンディ機が発売されました．

## 免許制度

免許制度の変更でハンディ機の運用に影響を与えるものはありませんでしたが，JARLのバンドプランの変更はリグに大きな変化をもたらしています．

1976年に方針が示された144MHz帯，50MHz帯のFMのナロー化では，144MHz帯のモード別運用周波数も変更となっています．呼び出し周波数(メイン・チャネル，コール・チャネル)は145.00MHzに移り，移動用呼び出し周波数が145.50MHzに新設されました．

同時に改定では145.52〜145.60MHzまでの5チャネルがモービル運用の特定周波数とされました．そして144MHz台でのFMの運用はバンドプラン上不可となりましたが，さすがにこれでは狭いということで，1979年のバンドプランの修正では144.5〜145MHzが例外的な扱いで使用できるようになります．またこの時，145.50MHzは近距離小電力移動相互通信用周波数 兼 非常通信周波数という扱いに変わりました．

430MHz帯のナロー化は1981年7月実施のバンドプランからです．この時の改定では439MHzの移動用呼び出し周波数がなくなりレピータ用の割り当てができ，ただし書きで占有周波数帯域幅16kHzが明記されました．

これらはすべて運用者(JARL)が制定した自主的な運用ルールでしたが，バンドプランは1992年に法制化されました．しかし無線設備規則における音声FM(F3E)の帯域幅の規定が変わったわけではなく，帯域幅の上限は現在(2022年)でも40kHz(430MHz帯は30kHz)のままとなっています．

## 機器の変化

機器の小型化，高性能化に伴い，ハンディ機のイメージが大きく変わりました．大きなリグを担いだ我慢しつつの移動運用から，スタイリッシュなハンディ・トーキーによる通信へと姿を変えた時代でもあります．しかもそのハンディ機はモービル機・固定機並みの機能を持つようになりましたから，爆発的と言っても良いハンディ機への需要が生まれました．

さて，1977年は不思議な年で新規のハンディ機が発売されていません．ナロー化実施の直前にあたる年ですが，これには2つの理由が考えられます．

ひとつはハンディ機の小型化，高性能化が一旦一段落したことです．50MHz帯ではIC-502，TR-1300 144MHz帯ではIC-202，TR-2200(G，GII)，430MHz帯ではTR-3200といった，当時の名機が少し前に発売されています．

もうひとつはモービル機側の事情です．FMのナロー化により買い替え需要が生じ，さらにPLLを利用した多チャネル化の波が押し寄せてきたために，モービル機は新製品ラッシュとなりました．結果的にハンディ機にまでに手が回らなかったのではないかと推察されます．

ハンディ機の多チャネル化はモービル機より2年遅れます．しかしその後はたくさんの新製品が発売されました．同じ仕様ばかりになってしまったモービル機とは対照的にさまざまなリグが誕生します．たとえばFMハンディ機の選局方式一つを取ってみても，サムホイール式(**写真12-1**)あり，ロータリー・セレクタあり，テンキーあり，アップ・ダウン(UP/DOWN)スイッチありといった具合です．

リグの小型化で弁当箱タイプのハンディ機はだんだん姿を消していきます．スティック(棒)型だけでなく，名刺サイズに近いリグも増えていきますが，さすがにここまで小型化したリグは何かしらの機能を削ったものでした．

その後1983年に一旦新製品が少なくなります．これは1982年12月にスタートしたパーソナル無線に各社が注力したためではないかと思われます．

レピータの運用が始まったのは1982年3月で，430MHz帯のハンディ機が大きく脚光を浴びることになります．どのリグも周波数シフト機能とトーン・エンコーダを搭載するようになりました．その後，レピータをアクセスするだけなら大きなパワーは要らないという考え方のQRP機も誕生しています．

本書では最大○Wと言う形で出力を表記している場合があります．“最大”を書かないリグとの差異は厳密な物ではありませんが，注意した方が良い場合もあります．本章の初めの頃には標準付属の電池による一般的な出力が公称されていたのですが，1984年ごろからオプションの高電圧ニッカド電池での出力を最大出力としてPRするようになりました．

**写真12-1　サムホイール・スイッチによる周波数選択は一時大流行した．写真はアイコムのIC-2N**

**ハンディ機はスティック型へ 1977年～1986年 機種一覧**

| 発売年 | メーカー | 型　番 | 種　別 | 価格(参考) |
|---|---|---|---|---|
| | 特　徴 | | | |
| 1978 | 福山電機 | **MULTI Palm2** | スティック | 36,000円 |
| | 144MHz　FM　1W　6ch(実装2ch)送受共用　ヘリカル・アンテナ　ナロー専用 | | | |
| | ミズホ通信 | **SB-2M** | 弁当箱 | 42,600円 |
| | 144MHz　SSB，CW　1W　50kHz幅VXO　4ch実装 | | | |
| | 井上電機製作所 | **IC-202A** | 変則 | 52,500円 |
| | 144MHz　SSB　CW　3W　200kHz幅VXO　2バンド(最大4)　LSB内蔵 | | | |
| | 井上電機製作所 | **IC-302** | 変則 | 69,800円 |
| | 430MHz　SSB　CW　3W　200kHz幅VXO　2バンド(最大4)　LSB内蔵 | | | |
| | 八重洲無線 | **FT-202** | スティック | 31,500円 |
| | 144MHz　FM　1W　6ch(実装3ch)　ヘリカル・アンテナ　ナロー専用 | | | |
| | トリオ | **TR-2300** | 弁当箱 | 46,800円 |
| | 144MHz　FM　1W　51ch(実装50ch)　他に受信専用1ch　ナロー専用 | | | |
| | アドニス電機 | **AV-100** | 板チョコ | 26,800円 |
| | 144MHz　FM　0.1W　3ch(実装1ch)　006Pにて連続送信2時間 | | | |
| | 福山電機 | **MULTI Palmsizer2** | スティック | 46,000円 |
| | 144MHz　FM　1W　55ch(実装52ch)　追加は送受共用　ヘリカル・アンテナ | | | |
| | WARP | **WMT-2000** | スティック | 37,000円 |
| | 144MHz　FM　1W　6ch(実装1ch)　ヘリカル・アンテナ　ナロー専用 | | | |
| | 福山電機 | **MULTI Palm4** | スティック | 42,000円 |
| | 430MHz　FM　1W　6ch(実装2ch)送受共用　ヘリカル・アンテナ | | | |
| | マランツ商事 | **C145G** | スティック | 39,800円 |
| | 144MHz　FM　3W　6ch(実装2ch)送受共用　ナロー専用　防滴構造 | | | |
| | AOR | **AR240** | スティック | 52,800円(ニッカド付) |
| | 144MHz　FM　1.5W　5kHzステップのサムホイール・スイッチ　各段電子同調 | | | |
| | 新日本電気 | **CQ-P2600** | 弁当箱 | 49,800円 |
| | 144MHz　SSB，CW　1W　50kHz幅VXO　4ch実装　マイク・コンプレッサ内蔵 | | | |
| 1979 | 日本電装 | **ND-1200** | 弁当箱 | 44,800円 |
| | 144MHz　FM　3W　200ch　ナロー専用 | | | |

| 発売年 | メーカー | 型番 | 種別 | 価格(参考) |
|---|---|---|---|---|
| | 特徴 | | | |
| 1979 | アドニス電機 | **AV-2000** | スティック | 31,800円 |
| | 144MHz　FM　2W　4ch(実装1ch) | | | |
| | マランツ商事 | **C432G** | スティック | 49,800円 |
| | 144MHz　FM　2W　6ch(実装2ch)送受共用　防滴構造 | | | |
| | WARP | **WMT-6000** | スティック | 39,000円 |
| | 50MHz　FM　2W　6ch(1ch実装) | | | |
| | WARP | **WMT-4000** | スティック | 42,000円 |
| | 430MHz　FM　1W　6ch(1ch実装) | | | |
| | 福山電機 | **Bigear　POCKETⅡ** | スティック | 32,000円 |
| | 144MHz　FM　2W　6ch(実装4ch)　送受共用　+20kHzスイッチ | | | |
| | WARP | **WMT-2200** | スティック | 39,000円 |
| | 144MHz　FM　2W　6ch(実装1ch)　ヘリカル・アンテナ　電池ANT込み440g | | | |
| | 新日本電気 | **CQ-P6500** | 弁当箱 | 43,800円 |
| | 50MHz　SSB, CW　1W　50kHz幅VXO　4ch実装　マイク・コンプレッサ内蔵 | | | |
| | ミズホ通信 | **SB-2X** | 弁当箱 | 41,800円 |
| | 144MHz　SSB, CW　1W　200kHz幅VXO　4ch(2ch実装) | | | |
| | トリオ | **TR-2400** | スティック | 52,000円 |
| | 144MHz　FM　1W　200ch　テンキー付き　LCD表示 | | | |
| | マランツ商事 | **C88** | 弁当箱 | 49,800円 |
| | 144MHz　FM　1W　200ch　多彩なスキャン　LCD表示 | | | |
| 1980 | 八重洲無線 | **FT-207** | スティック | 49,800円 |
| | 144MHz　FM　2.5W　200ch　LED表示　テンキー付き | | | |
| | AOR | **AR-740** | スティック | 不明 |
| | 430MHz　FM　1.5W　2000ch(5kHzステップ)　サムホイール・スイッチ | | | |
| | AOR | **AR-640** | スティック | 不明 |
| | 50MHz　FM　1.5W　800ch(5kHzステップ)　ベース・ローディング・アンテナ | | | |
| | アイコム | **IC-2N** | スティック | 36,000円 |
| | 144MHz　FM　1.5W　10kHzステップ　サムホイール・スイッチ | | | |
| | アイコム | **IC-502A** | 送受信機 | 44,800円 |
| | 50MHz　SSB　CW　3W　1MHz幅VFO　シングルスーパー | | | |
| | 日本電装 | **ND-4200** | 弁当箱 | 49,800円 |
| | 430MHz　FM　2W　200ch　1ノブ | | | |
| | AOR | **AR240A** | スティック | 49,800円 |
| | 144MHz　FM　2W　5kHzステップ　サムホイール・スイッチ　各段電子同調 | | | |
| | 日本電装 | **ND-1600** | 弁当箱 | 51,800円 |
| | 144MHz　SSB　3W　500ch(2kHzステップ) | | | |
| | 日本マランツ | **C78** | 弁当箱 | 62,800円 |
| | 430MHz　FM　1W　500ch　多彩なスキャン　LCD表示 | | | |
| | AOR | **AR740A(前期)** | スティック | 52,800円 |
| | 430MHz　FM　3W　10kHzステップ　サムホイール・スイッチ　各段電子同調 | | | |
| | 日本マランツ | **C58** | 弁当箱 | 69,800円 |
| | 144MHz　SSB, CW, FM　1W　最小100Hzステップ　LCD表示 | | | |

| 発売年 | メーカー | 型　番 | 種　別 | 価格(参考) |
|---|---|---|---|---|
| | 特　徴 | | | |
| 1981 | 八重洲無線 | FT-290 | 弁当箱 | 67,800円 |
| | 144MHz　SSB，CW，FM　2.5W　最小100Hzステップ　LCD表示 | | | |
| | 八重洲無線 | FT-690 | 弁当箱 | 65,800円 |
| | 50MHz　SSB，CW，AM，FM　2.5W　最小100Hzステップ　LCD表示　FMナロー | | | |
| | 八重洲無線 | FT-208 | スティック | 52,800円 |
| | 144MHz　FM　2.5W　200ch　LCD表示　テンキー　FMナロー　ニッカド電池付き | | | |
| | 八重洲無線 | FT-708 | スティック | 54,800円 |
| | 430MHz　FM　1W　500ch　LCD表示　テンキー　FMワイド　ニッカド電池付き | | | |
| | AOR | AR245A | スティック | 52,800円 |
| | 144MHz　FM　5W　5kHzステップ　サムホイール・スイッチ　各段電子同調 | | | |
| | アイコム | IC-3N | スティック | 38,400円 |
| | 430MHz　FM　1.5W　500ch　サムホイール・スイッチ　5MHzシフト　FMナロー | | | |
| | トリオ | TR-2500 | スティック | 42,800円 |
| | 144MHz　FM　2.5W　200ch　LCD表示　テンキー付き　プライオリティ機能 | | | |
| 1982 | 足柄ハムセンター | T-1200 | スティック | 39,500円 |
| | 144MHz　FM　4W　テンキー式 | | | |
| | ミズホ通信 | MX-2(ピコ2) | スティック | 24,000円 |
| | 144MHz　SSB，CW　200mW　50kHzVXO(2ch　実装1ch) | | | |
| | AOR | AR740A(後期) | スティック | 52,800円 |
| | 430MHz　FM　3W　送信オフセット装備　CTCSSエンコーダ内蔵可能に | | | |
| | 八重洲無線 | FT-708R | スティック | 54,800円 |
| | 430MHz　FM　2W　500ch　LCD表示　テンキー付き　レピータ対応 | | | |
| | 日本電業 | LS-200H | スティック | 58,000円 |
| | 144MHz　FM　3.5W　テンキー式　10chメモリ | | | |
| | 八重洲無線 | FT-790R | 弁当箱 | 79,800円 |
| | 144MHz　SSB，CW，FM　2.5W　最小100Hzステップ　LCD表示　レピータ対応 | | | |
| | トリオ | TR-3500 | スティック | 49,800円 |
| | 430MHz　FM　1.5W　UP/DOWN+テンキー　レピータ対応 | | | |
| | 東京ハイパワー | MICRO7 | スティック | 19,800円 |
| | 430MHz　FM　200mW　3ch(実装1ch)　6V動作　480g(電池含) | | | |
| | AOR | AR280 | スティック | 49,800円 |
| | 144MHz　FM　5W　5kHzステップ　サムホイール・スイッチ　メモリ3ch | | | |
| | 日本マランツ | C110 | スティック | 35,800円 |
| | 144MHz　FM　2.3W　サムホイール・スイッチ　Sメータ付き | | | |
| | 日本電業 | LS-20X | スティック | 29,500円 |
| | 144MHz　FM　1W　サムホイール・スイッチ　厚さ26mm | | | |
| 1983 | KENPRO | KT-100 | スティック | 34,800円 |
| | 144MHz　FM　1.5W　サムホイール・スイッチ　最大電流550mA　9V　重さ490g | | | |
| | KENPRO | KT-200 | スティック | 36,000円 |
| | 144MHz　FM　1.5W　サムホイール・スイッチ　最大電流550mA　9V　重さ490g | | | |
| | 日本マランツ | C410 | スティック | 43,800円 |
| | 430MHz　FM　最大2W　サムホイール・スイッチ　Sメータ付き　FMワイド | | | |

| 発売年 | メーカー | 型番 | 種別 | 価格(参考) |
|---|---|---|---|---|
| | 特徴 | | | |
| 1983 | 八重洲無線 | **FT-203** | スティック | 29,900円 |
| | 144MHz　FM　最大3.5W　サムホイール・スイッチ　乾電池で1.6W　メータ付 | | | |
| | アイコム | **IC-02N** | スティック | 38,500円 |
| | 144MHz　FM　最大5W　テンキー式　乾電池3.5W | | | |
| 1984 | 日本電業 | **LS-202** | スティック | 41,800円 |
| | 144MHz　SSB，FM　最大3.5W　乾電池2.5W　サムホイール+VXO　RIT | | | |
| | アイコム | **IC-03N** | スティック | 39,800円 |
| | 430MHz　FM　最大5W　テンキー式　乾電池3.5W　レピータ対応 | | | |
| | KENPRO | **KT-400** | スティック | 36,000円 |
| | 430MHz　FM　1.5W　サムホイール・スイッチ　レピータ対応 | | | |
| | ダイワインダストリ | **MT-20J** | スティック | 34,800円 |
| | 144MHz　FM　1.5W　前面にサムホイール・スイッチ　本体マイクあり | | | |
| | 八重洲無線 | **FT-209(H)** | スティック | 39,800円(無印) |
| | 144MHz　FM　3.5W(Hは5W，4,000円高)テンキー式　6～15Vで動作 | | | |
| | トリオ | **TR-2600** | スティック | 47,800円 |
| | 144MHz　FM　2.5W　200ch　LCD表示　テンキー　UP/DOWN　DCL内蔵 | | | |
| | トリオ | **TR-3600** | スティック | 52,800円 |
| | 430MHz　FM　1.5W　テンキー　UP/DOWN　レピータ対応　DCL内蔵 | | | |
| | トリオ | **TH-21** | ポケット | 29,800円 |
| | 144MHz　FM　1W　サムホイール・スイッチ　260g(電池除く) | | | |
| | トリオ | **TH-41** | ポケット | 34,800円 |
| | 430MHz　FM　1W　サムホイール・スイッチ　レピータ対応　260g(電池除く) | | | |
| | 八重洲無線 | **FT-703R** | スティック | 37,900円 |
| | 430MHz　FM　最大3W　サムホイール・スイッチ　メータ付き | | | |
| | アルインコ電子 | **ALM-201** | スティック | 34,800円 |
| | 144MHz　FM　1.5W　(最大3W)　テンキー　UP/DOWN | | | |
| | 日本電業 | **LS-702** | スティック | 48,800円 |
| | 430MHz　SSB，FM　最大3.5W　サムホイール・スイッチ+VXO　レピータ対応 | | | |
| 1985 | PUMA | **MR-27D　Type-B** | スティック | 57,800円 |
| | 144/430MHz　FM　3W　サムホイール　テンキーはDTMF用 | | | |
| | 八重洲無線 | **FT-709** | スティック | 45,800円 |
| | 430MHz　FM　最大4.5W　テンキー　メータ付き　最小電流11mA | | | |
| | 日本マランツ | **C411** | ポケット | 34,800円 |
| | 430MHz　FM　最大2W　中央部サムホイール・スイッチ　400g(単3電池含む) | | | |
| | 日本マランツ | **C111** | ポケット | 29,800円 |
| | 144MHz　FM　最大3W　中央部サムホイール・スイッチ | | | |
| | 日本マランツ | **C120** | スティック | 37,800円 |
| | 144MHz　FM　最大5W　ロータリー・エンコーダ選局　デュアル・ワッチ | | | |
| | アルインコ電子 | **ALM-202** | スティック | 38,500円 |
| | 144MHz　FM　最大5W　テンキー　UP/DOWN　バッテリ・セーブ　5mAモード | | | |
| 1986 | KENPRO | **KT-200A** | スティック | 29,800円 |
| | 144MHz　FM　最大5W　通常2W　サムホイール・スイッチ | | | |

| 発売年 | メーカー | 型番 | 種別 | 価格(参考) |
|---|---|---|---|---|
| | 特徴 | | | |
| 1986 | KENPRO | **KT-220** | スティック | 37,800円 |
| | 144MHz　FM　最大5W　テンキー　シフト併用でUP/DOWN　バッテリ・セーブ時8mA | | | |
| | 日本マランツ | **C420** | スティック | 41,800円 |
| | 430MHz　FM　最大4.5W　ロータリー・エンコーダ選局　デュアルワッチ | | | |
| | 八重洲無線 | **FT-290MKⅡ** | 弁当箱 | 68,900円 |
| | 144MHz　SSB，CW，FM　2.5W　最小25Hzステップ　LCD表示 | | | |
| | 八重洲無線 | **FT-690MKⅡ** | 弁当箱 | 66,900円 |
| | 50MHz　SSB，CW，AM，FM　2.5W　最小25Hzステップ　LCD表示 | | | |
| | 八重洲無線 | **FT-727G** | スティック | 69,800円 |
| | 144/430MHz　FM　最大5W　たすき掛け可能　LCD表示　DTMF　VOX | | | |
| | アルインコ電子 | **ALX-2** | ポケット | 29,800円 |
| | 144MHz　FM　2W(後に最大3W)　サムホイール・スイッチ　SW式メモリch　ダイヤル照明 | | | |
| | アルインコ電子 | **ALX-4** | ポケット | 34,800円 |
| | 430MHz　FM　2W　サムホイール・スイッチ　SW式メモリch　ダイヤル照明　トーン・エンコーダ内蔵 | | | |
| | 八重洲無線 | **FT-23** | スティック | 32,000円 |
| | 144MHz　FM　最大5W　ロータリー・エンコーダ選局　UP/DOWN併用 | | | |
| | 八重洲無線 | **FT-73** | スティック | 34,000円 |
| | 430MHz　FM　最大5W　ロータリー・エンコーダ選局　UP/DOWN併用 | | | |
| | KENPRO | **KT-22** | スティック | 19,800円 |
| | 144MHz　FM　最大3W　サムホイール・スイッチ | | | |
| | KENPRO | **KT-44** | スティック | 22,800円 |
| | 430MHz　FM　最大2.5W　サムホイール・スイッチ | | | |
| | アイコム | **IC-μ2** | ポケット | 31,800円 |
| | 144MHz　FM　標準1W　サムホイール・スイッチ型桁上げ付きUP/DOWN | | | |
| | アイコム | **IC-μ3** | ポケット | 34,800円 |
| | 430MHz　FM　標準1W　サムホイール・スイッチ型桁上げ付きUP/DOWN | | | |
| | ケンウッド | **TH-205** | スティック | 27,800円 |
| | 144MHz　FM　最大6W　UP/DOWN　LCD表示 | | | |
| | ケンウッド | **TH-215** | スティック | 32,800円 |
| | 144MHz　FM　最大6W　テンキー式多機能タイプ　LCD表示 | | | |

# ハンディ機はスティック型へ 1977年～1986年 各機種の紹介 発売年代順

## 1978年

### 福山電機 MULTI Palm2

6ch(実装2ch)の144MHz1W出力のFM機です．ニッカド電池10本を内蔵していながら，当時としては小型の寸法に収まっています．水晶発振子は送受信共用となっているのでチャネル追加の費用が少ないのも魅力的でした．アンテナはラバー・タイプのヘリカルホイップ，メータはありません．

### ミズホ通信 SB-2M

144.10～144.30MHzを50kHz幅のVXO 4バンドでカバーするSSB，CWハンディ機です．電池は単3電池9本，または単3ニッカド電池10本，出力は1Wpepで調整済みの基板が付くキットは，−3,000円でした．弁当箱タイプですが奥行きは19cmと小型化されています．1978年秋に本機は完成品・キット共にJARL登録機種となりました．

### 井上電機製作所 IC-202A

側面に操作部のある独特のデザインのSSB，CWハンディ機IC-202のマイナチェンジ版です．3W出力，144.0～144.4MHzを2バンドのVXOでカバーといった基本的な部分は変わりませんが，新たにLSBモード，CWモニタ(サイドトーン)が追加されています．電池は単2電池9本または専用のニッカド充電池で，充電器も電池ホルダに収まるような小型の充電式電池が用意されていました．

#### ● IC-302

IC-502，IC-202(A)の姉妹機で，ハンディ機初の430MHz帯，SSB，CW機です．出力は3W，一般的な430.0～430.2MHzだけでなく，衛星通信用の432.0～432.2MHzを内蔵し，VXO水晶を追加することで他に200kHz幅の2バンドを増やすことができます．LSBモードも持っていました．

### ● IC-502A（1980年）

50MHz帯3W出力のSSB，CW機，IC-502のマイナ・チェンジ機です．ファイン・チューニングやCWモニタを装備し充電式電池に対応しました．

## 八重洲無線　FT-202

6ch（実装3ch）の144MHz1W出力のFM機です．単3電池7本，もしくはニッカド電池8本で動作します．本体に実装周波数をメモ書きできる珍しいリグです．短縮型のヘリカル・ホイップを使い小型に仕上がっていますが，本体はアルミダイカスト・フレームとABS樹脂の組み合わせで作られていたため，ガッチリした印象を与える外観を持っていました．

## トリオ（JVCケンウッド）　TR-2300

144MHz帯1W出力のFM機です．弁当箱タイプですがその大きさは小さく，奥行きは17.5cmしかありません．本機のセレクタは1回転25chで，これと+20kHzスイッチを併用して50chとして145MHz帯を20kHzセパレーションでカバーしていました．

他に固定チャネルを2つ（うち１つは受信専用）実装可能ですが，前作の「アマチュア無線機名鑑 ～黎明期から最盛期へ～ 」第8章のコラムにも記載したように，この固定チャネルはセレクタを殺してつくりだしていたので，簡単な改造で送受信100ch，受信のみ50chにすることができました．固定チャネルがA，Bで表示されている後期型では受信のみのチャネルはなく，52ch（もしくは150ch）すべて送受信可能です．

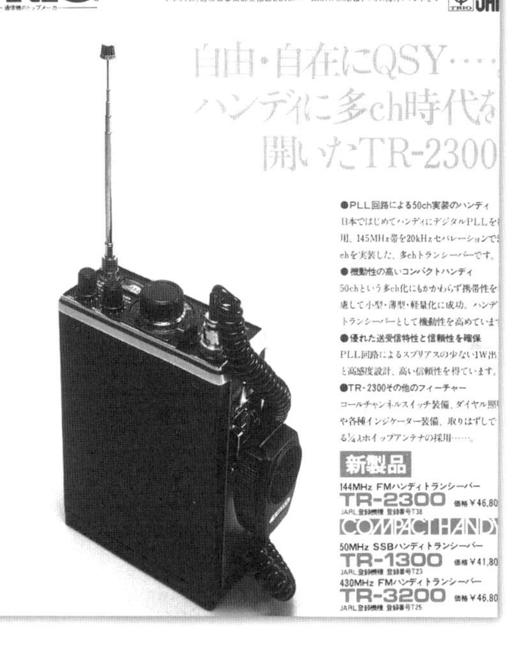


## アドニス電機　AV-100

幅7cm，厚さ2.5cmという小さく薄く作られた144MHz帯の0.1W出力FM機です．3ch（実装1ch）で電池は006P 9Vでの駆動．送信時電流は40mAしかないために，連続で2時間の送信可能（マンガン電池）と同社ではPRしていました．本機はトリオのTR-2200系の水晶発振子が使えました．

## 福山電機 MULTI Palmsizer2

MULTI Palm2に50chのシンセサイザを追加したリグです．スティック型本体の前面下部に，10接点の100kHz台スイッチ，5接点の10kHz台スイッチが付いています．本体側の6chセレクタは5ch(2ch実装)の水晶とシンセサイザの切り替えスイッチに変わりました．1W出力，144MHz帯のFM機という特徴はPalm2と同じです．なお回路の追加でベース機では4cm強だった厚みが5.5cmに増えています．

## WARP WMT-2000

重さを抑えた144MHz帯1W出力のFM機です．本体の重さは270gと極めて軽く，ヘリカルホイップ・アンテナを採用している上に4cm弱の厚さしかないため，ポケットに入れて運用することが可能です．6ch機で単3電池5本で動作します．本機は当初実装2chと広告されましたが発売時には実装1ch(145.50MHz)となりました．

● **WMT-6000**

**WMT-4000**(1979年)

どちらもWMT-2000の姉妹機でWMT-6000は50MHz帯2W出力のFM機，WMT-4000は430MHz帯1W出力のFM機です．両機ともに6ch(実装1ch)で，WMT-6000はヘリカル型アンテナが付属していました．

● **WMT-2200**(1979年)

WMT-2000を2Wに増力した144MHz帯のFM機です．本機はWMT-2000と併売されています．

## 福山電機 MULTI Palm4

MULTI Palm2の姉妹機です．

430MHz帯1W出力のFM機で，6ch(2ch実装)となっています．

430MHz帯でヘリカルホイップ・アンテナを使用しているため，アンテナ長はわずか6cmでした．

## マランツ商事 C145G

144MHz帯3W出力のFM機です．アルミ・ダイキャストで強度を取り，外側はABS樹脂，さらに防滴構造とすることでフィット感と堅牢性を両立させています．

6ch(2ch実装)，イヤホンの有無に関係なく，内蔵スピーカはON/OFFできました．

● **C432G**(1979年)

C145Gの姉妹機です．430MHz帯2W出力のFM機で，6ch(実装2ch)となっています．

C145Gと同じく防滴構造で雨天の下でも使用できました．

## AOR　AR240

サムホイール・スイッチを採用した144MHz帯1.5WのFM機です．5kHzステップ，400chでバンドをフルカバーしています．スティック型では珍しくアンテナは本体に収容できます．本機は(株)AOR（エーオーアール）最初のアマチュア無線機で，ニッカド電池8本を内部に持つ電池専用機でした．

● **AR-740　AR-640**（1980年）

AR-740は430MHz帯を5kHzステップでフルカバー，AR-640は50MHz帯を5kHzステップでフルカバーしています．どちらもサムホイール・スイッチ式，ニッカド電池内蔵型で1.5W出力です．AR-640にはベースローディング・タイプのロッドアンテナが付属します．AR-240の姉妹機ですが，両機共すぐに広告から消えており実際には発売されていない可能性があります．

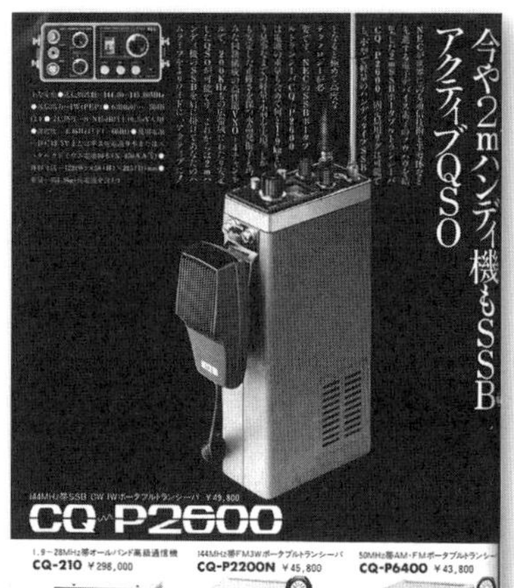


## 新日本電気　CQ-P2600

144.10～144.30MHzを50kHz幅のVXO 4バンドでカバーする，SSB，CWハンディ機です．電池は単3電池9本，または単3ニッカド電池10本，出力は1Wpepです．弁当箱タイプですが，重さは電池を含んで1.9kgと軽量化されていました．マイク・アンプにはマイク・コンプレッサ的動作をするAMC回路が内蔵されています．

● **CQ-P6500**（1979年）

CQ-P2600と同じ筐体に収めた50MHz帯の1W出力，SSB，CW機です．50.1～50.3MHzを50kHz幅VXO4バンドでカバーします．本機はロッドアンテナとヘリカルラバー・アンテナを取り替えることが可能です．マイク・アンプにはマイク・コンプレッサ的動作をするAMC回路が内蔵されていました．

**1979年**

## 日本電装　ND-1200

144MHz帯3W出力のFM機で，メモリやコール・チャネル・スイッチも持っています．

メイン・ダイヤルは一見アナログのようですが，20kHzステップのチャネル切り替えとなっていて，MHz台切り替えと+10kHzスイッチで全体をカバーしています．

電源は単2乾電池が9本でダイヤル照明だけでなく電池消費警告灯も取り付けられています．

## アドニス電機 AV-2000

AV-100をハイパワー化したものです．144MHz帯FMという基本的な部分は変わりませんが，メイン・チャネルのスイッチが付いて4ch（実装1ch）となり，2W出力になりました．

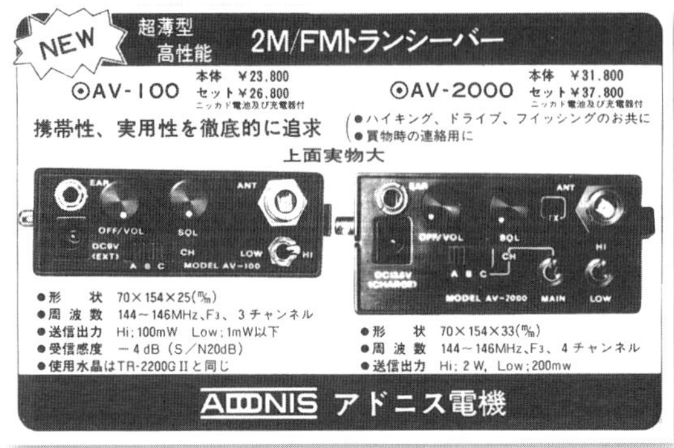


## ミズホ通信 SB-2X

144.0～144.8MHzを200kHz幅のVXO4バンドでカバーする，SSB，CWハンディ機です．電源は単3電池9本または単3ニッカド電池10本，出力は1Wpepです．奥行きは意外と小さく18cm，重さは1.6kg（本体のみ）でした．本機は標準では144.0～144.4MHzの2バンドを実装しています．

## トリオ（JVCケンウッド） TR-2400

キーボード選局の144MHz帯1W出力FM機です．スティック状の筐体の上部にはボリュームなどの操作部，前面にはテンキーとLCD表示器が配置されています．10kHzステップの200ch，メモリ10ch装備で，当時最先端のモービル機の性能がそのまま小さな筐体に収まっています．メーカーではMICRO HANDYと名付けていました．

## 福山電機 Bigear POCKETⅡ

福山電機ビッグイヤー事業部の初代ハンディ機です．144MHz帯2W出力のFM機で，6ch分の水晶を装備でき，+20kHzスイッチで20kHz周波数を上げることが可能という設計になっていました．実装は4ch（+20kHz分を含む）です．本機にはラジケータが付いていますが，これは電池残量のインジケータです．

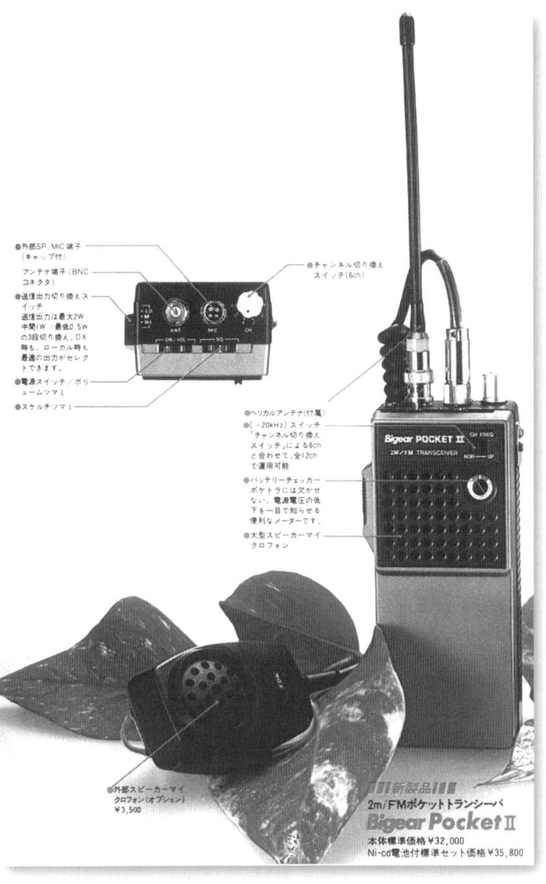

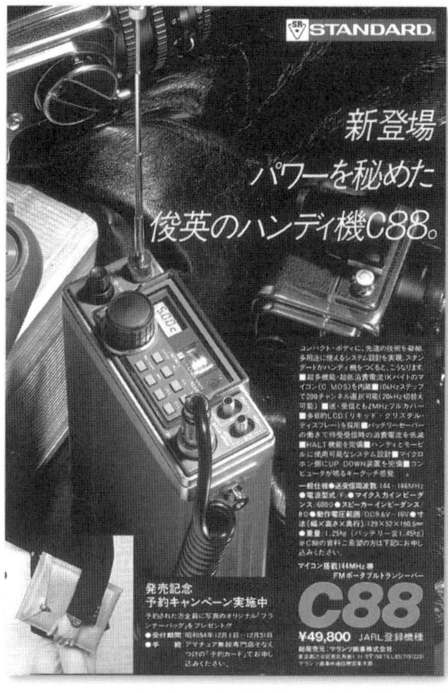


## マランツ商事　C88

弁当箱型の144MHz帯1W出力のFM機です．LCD表示を持つ10kHzステップの200ch機で，マイクにUP/DOWNスイッチを付けたり操作時にBEEP音が鳴るようにしたりしてモービル機としても使えるように考慮されています．メモリは5ch，電池込みで1.45kgまで軽量化し，消費電流も最小25mAまで削減しました．

● **C78**(1980年)

C88の姉妹機で，430MHz帯1W出力のFM機です．20kHzステップ500chでバンド全体をカバーし，各種スキャンも充実していて1MHz幅をスキャンする機能も持っています．電源は単3電池9本もしくは単3ニッカド電池10本．430MHz機ですのでFMはワイドです．

日本マランツの製品はマランツ商事が発売元でしたが，このリグから発売元も日本マランツになりました．STANDARDのロゴなどはそのままです．

**1980年**

## 八重洲無線　FT-207

キーボード選局の144MHz帯2.5W出力FM機です．

LED表示を持つ10kHzステップの200ch機でメモリは5ch装備しています．アンテナはヘリカルホイップ，電池はニッカド電池パックを使用し，スタンド型の充電器(NC-2，10,000円)も用意されていました．

## アイコム　IC-2N

144MHz帯1.5W出力のFM機です．サムホイール・スイッチを採用した200ch機で，電池部を除いた長さは11.6cm，厚さは3.5cm，アンテナや電池を含んだ重さは450gと，小型軽量に作られていました．最小で5.5Vから動作するので，電池消耗時でも通信が可能です．また電池部の取り外しがしやすく，全体に操作がわかりやすいのも本機の魅力でした．

● **IC-3N**(1981年)

430MHz帯1.5W出力のナローFM機です．サムホイール・スイッチを採用した10kHzステップ1000ch機で，大きさはIC-2Nと同じ，アンテナや電池を含んだ重さは490gと小型軽量に作られていました．本機も5.5Vから動作でき，5MHz低い周波数で送信するデュープレクス・スイッチも設けられていました．

## 日本電装 ND-4200

430MHz帯2W出力のFM機です．432〜434MHz，438〜440MHzを20kHzステップでカバーしています．50chのセレクタと+20kHzスイッチでの選局でしたが，当時の430MHz帯はまだワイド(40kHz間隔)でしたので，これで十分でした．本機は430MHz帯を2MHz幅×2に分けていますが，第11章 **表11-1**のように438〜440MHzが移動用のFM音声通信に割り当てられていたために，433MHz付近とは別にカバーするようにしたのではないかと思われます．

● **ND-1600**

144〜145MHzを500chでカバーする3W出力のSSBハンディ機です．本機の一番の特徴は2kHzステップであることで，SSBの帯域幅を考えれば分かるとおり，本機ではVXOを操作しなくても信号の有無が確認できます．NBやAGC切り替えもあり，小さめの筐体ながら単2電池9本を内蔵することが可能で，電池の消耗警告灯も付いていました．

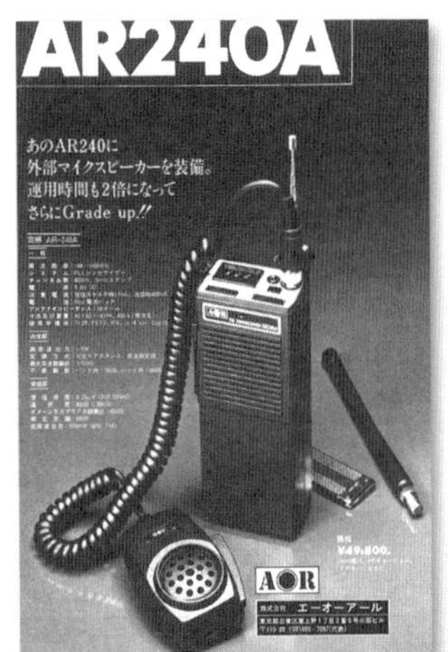


## AOR AR240A

144MHz帯1.5〜2W出力のFM機です．3桁のサムホイール・スイッチ式ですが，+5kHzスイッチを併用することで5kHzステップでの運用が可能になりました．

新たに外部スピーカ・マイクが採用されています．前機種と同じく内蔵ニッカド電池専用機ですが電池が改良されています．

● **AR245A**(1981年)

スティック型ハンディ機で初の出力5Wを実現した，144MHz帯のFM機です．

他の特徴は前機種AR240Aと同様で，付属アンテナは収納可能なロッド型，オプションでラバー・アンテナが用意されていました．

## AOR AR740A(前期型)

430MHz帯3W出力のFM機です．長さ17cm弱のスティック・タイプで10kHzステップ1000chをサムホイール・スイッチで選択できます．工場オプションでタッチ・トーン・パッド(9,000円)も用意されていました．電池は内蔵ニッカド電池パック9.6V，電流は0.8A，送信はナロー化されていましたが受信帯域は±30kHz(80dB)あり，ワイドナロー両対応となっていました．

● **AR740A(後期型)**(1982年)

430MHz帯3WのFM機，AR740Aの背面下部に5MHzオフセットのスイッチを付け，レピータ・アクセス用のCTCSSエンコーダCTS74(6,800円)を内蔵可能にしたものです．内蔵ニッカド電池式，ナロー化機，エンコーダを組み込んだものにはAR740AEという型番が付いていました．

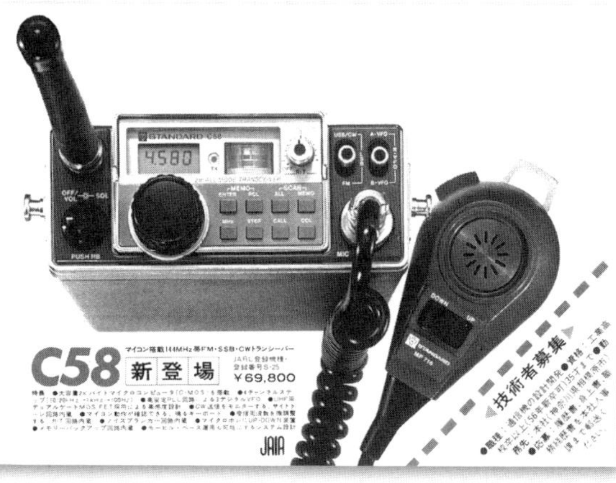


## 日本マランツ　C58

144MHz帯1W出力のSSB，CW，FM機です．周波数ステップは最小100Hzで，SSB，CWとFMで選局やスキャンなどの動作を変えています．また5chあるメモリはモードも記憶しています．

このリグはVFOを3つ持っています．VFO-A，VFO-Bはそれぞれ独立したVFOですが，VFO-Rを指定すると送信時はVFO-A，受信時はVFO-Rの周波数となります．CWはサイドトーン付きです．

1981年

## 八重洲無線　FT-290　FT-690

FT-290は144MHz帯2.5W出力のSSB，CW，FM機です．周波数ステップは最小100Hzでメモリが10chあります．外部電源使用時は13.8V，電池使用時は単2乾電池または単2型ニッカド電池8本です．ニッカドの場合は9.6V動作となりますが，本機は9Vから動作しますので支障はありません．

FT-690は50MHz帯の姉妹機で，出力など各種スペックはFT-290と同じですが，AM(出力1W)での運用が可能です．

● **FT-790R**(1982年)

430MHz帯1W出力のSSB，CW，FM機です．FT-290，FT-690の姉妹機で，別売のトーン・エンコーダ(FTE-1またはFTE-36)を内蔵すればレピータ・アクセスも可能です．リチウム電池によるメモリ・バックアップやマイク・コンプレッサも内蔵していました．

## 八重洲無線　FT-208　FT-708

FT-208は144MHz帯，FT-708は430MHz帯の，1W出力FM機です．テンキーとアップダウンで周波数を指定するスティック・タイプでバンド全体を10kHz(FT-208)，20kHz(FT-708)ステップでカバーし，LCDで周波数を表示します．メモリは10chあり待受時の電流はわずか20mA，送信時の電流も500mAに抑えられています．内蔵用ニッカド電池(10.8V)，充電器が付属していました．

● **FT-708R**(1982年)

FT-708Rは430MHz帯1W出力のFM機で，前機種FT-708をナロー化しレピータ対応にしたものです．トーン・エンコーダはオプションで，88.5HzのみのFTE-1(2,900円)と36波を選べるFTE-36(9,800円)，そして32通りのトーン・スケルチとなるFTS-32R(14,800円)を選べるようになっていました．

## トリオ(JVCケンウッド) TR-2500

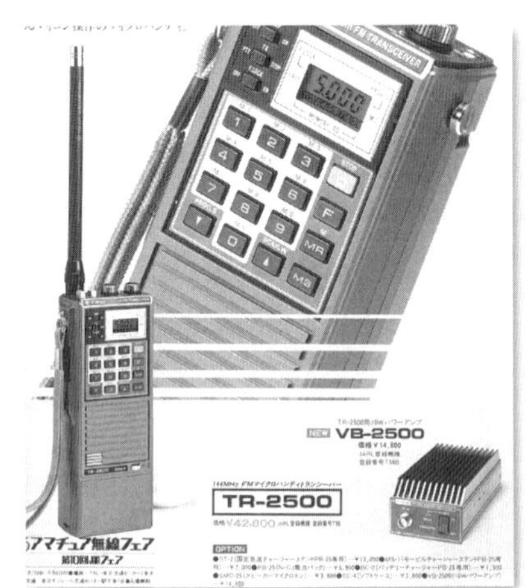


144MHz帯2.5WのFM機です．UP/DOWN選局ですが，テンキーを持ち，10kHzステップで直接周波数を入力することができます．周波数表示はLCD，テンキーや表示部は本体前面上側にあります．10chのメモリやCALLチャネル・スイッチ，受信アッテネータも装備しています．内部はフレキシブル基板を使用した3層構造でした．

● **TR-3500**(1982年)

430MHz帯1.5W出力のFM機です．姉妹機，TR-2500同様にテンキーを装備し，ダイレクト選局やUP/DOWN選局が可能です．メモリは10ch，リチウム電池によるバックアップ付きで，プライオリティ，スキャンにも対応しています．レピータ対応で，トーン・エンコーダはプログラム型(TU-35B，8,500円)とバリアブル型(TU-35A，3,200円)を選択できました．

# 1982年

## 足柄ハムセンター T-1200

ハムショップが発表し販売した144MHz帯4WのFM機です．

詳細は不明ですが，日本電業のLS-200Hの前面下部中央のスライド・スイッチ2つを埋め殺しにするとほぼ同じデザインになります．

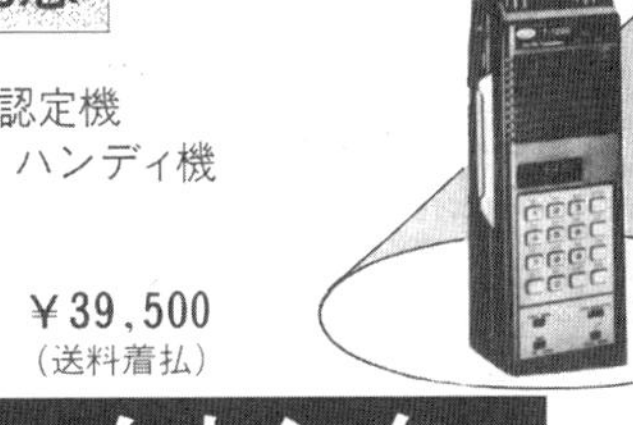


## 日本電業 LS-200H

144MHz帯3.5W出力のFM機です．テンキーによる周波数直接入力と5kHzステップでのUP/DOWN選局が可能です．上部にBNCコネクタを持ち，ヘリカル・アンテナが付属しています．

本機のテンキー入力はMHzオーダーからという決まりになっていて，下位桁を省略することが可能でした．例えば5＊と打つだけで145.000MHzがセットされます．

## ミズホ通信 MX-2(ピコ2)

144MHz帯0.2WのSSB，CW機です．VXO式で144.20～144.25MHzをカバー，他に50kHz幅で1ch増設できます．アンテナ端子はBNC，そこに取り付ける小型ヘリカル・アンテナも付属しています．

電池は単4乾電池6本を内蔵できます．キットの場合でも基板が組み立て済みなので，誰でも3時間以内で製作できるとのことでした．

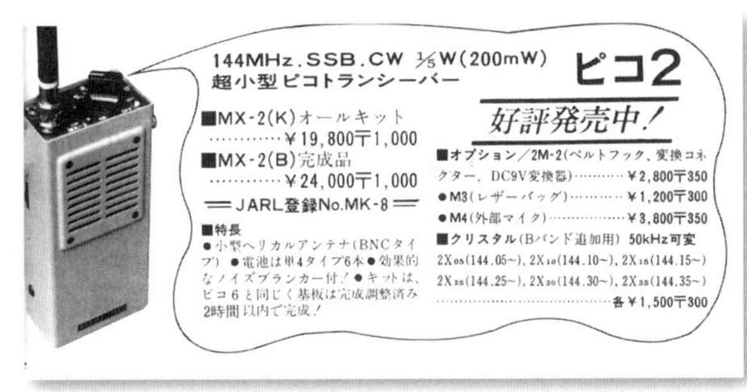

## 東京ハイパワー　MICRO7

430MHz帯200mW出力3ch（実装1ch）のFM機です．2万円を切る低価格で発売されました．3ch（実装1ch）で430～434MHzを周波数範囲としていますが，トーン・エンコーダを実装すればレピータ対応にもなりました．

## 日本マランツ　C110

144MHz帯2.3W出力のFM機です．縦16.7cm横6.5cmというサイズは他のリグと変わりませんが，厚さはわずか3.4cm，電池アンテナを含んだ重さも470gに抑えられています．ボリュームつまみをPTTの隣に持っていくことでラジケータ型Sメータを搭載，さらにこのSメータ照明を手で反射させることでサムホイール・スイッチの表示を読むことができるように工夫されていました．

● **C410**（1983年）

430MHz帯1.5W（最大2W）出力のFM機で，サムホイール・スイッチを使用した1000ch機です．姉妹機C110と同様にスリム化，軽量化が図られています．本機も照明付きラジケータ型Sメータを搭載していて，レピータ対応，88.5Hzのトーン・エンコーダも内蔵していました．

## AOR　AR280

144MHz帯5W出力のFM機です．サムホイール・スイッチによる周波数選択でありながら，3chのメモリが可能となっています．内蔵している9.6Vのニッカド電池パックは急速充電タイプに変わり，13.8Vを外部から供給して動作させることも可能になりました．

## 日本電業　LS-20X

144MHz帯1W出力のFM機で，サムホイール・スイッチを使用しています．

縦14cm，横6.9cm，そして厚さは2.6cm，ワイシャツのポケットにも入ります．

出力を絞ったために電池も小型化され，単4型ニッカド電池が使用可能で小型化軽量化に貢献しています．

電池とアンテナを含んで280g，VOX付きヘッド・セットがオプション設定されていました．

## 1983年

## KENPRO KT-100

主としてアンテナ・ローテーターを作っていたケンプロが発売した144MHz 1.5W出力のFM機です．サムホイール・スイッチによる10kHzステップで，定格電圧は9Vですが定電圧回路を内蔵し5.5Vから動作できるように作られていました．

2m FM HAND HELD TRANSCEIVER
KENDY KT-200
¥36,000

**● KT-200**

144MHz帯1.5W出力のFM機で，サムホイール・スイッチを内蔵しています．外観は前機種KT-100に似ていますが，電源スイッチ，CALLチャネル・スイッチが変わり，信号系統の基板も新規に設計し直されていました．

**● KT-400**(1984年)

430MHz帯1.5W出力のFM機です．サムホイール・スイッチを内蔵し10kHzステップでバンドをフルカバーしています．姉妹機KT-200同様に電源電圧5.5Vから動作が可能で，本機はレピータ対応です．

**● KT-200A**(1986年)

従来機KT-200をパワーアップした物で，サムホイール・スイッチ式などの特徴は変わりません．144MHz帯2W(最大5W)出力のFM機です．

## 八重洲無線 FT-203

144MHz帯2.5W(最大3.5W)出力のFM機で，サムホイール･スイッチを使用し，ラジケータ型S/POメータも内蔵しています．

単3電池6本では1.6W，10.8Vのニッカド電池パックで2.5W，12Vのニッカド電池パックで3.5W出力となります．チップ部品の採用で縦15.3cm，横6.5cm，厚さ3.4cmと小型化され，重さも450gになりました．

## アイコム IC-02N IC-03N

IC-02Nはテンキー装備，LCDによる周波数表示，S/PO表示を持った144MHz帯3.5W(最大5W)出力のFM機です．単3電池6本，標準ニッカド電池では3.5W出力ですが，高電圧ニッカド・パックを使用すると5W出力になります．防滴構造で10chのメモリを持ち，プライオリティ・チャネルの設定も可能でした．

IC-03Nは430MHz帯3.5W(最大5W)出力のFM機です．そのほかの特徴は姉妹機，IC-02Nと同じですが，本機はプログラマブル・トーン・エンコーダを内蔵しています．

両機とサムホイール・スイッチ機(IC-2N，IC-3N)はリグの性格が違うため，約4年間併売されました．

## 1984年

### 日本電業　LS-202

144MHz帯2.5W(最大3.5W)出力のSSB，FM機です．10kHzステップのサムホイール・スイッチとVXO，RITの併用でバンド全体をカバーし，FM専用機並みの大きさながらSメータ，NBも装備しています．ビルドイン型の20WリニアアンプLA-207・LU-2(23,600円)，10WリニアアンプLA-207・LU-21(23,400円)も用意されました．アンプは少々不思議な名称ですが，LA-207はビルドイン型ケース，LU-2(-21)はリニア・アンプ基板の型番です．

● **LS-702**

430MHz帯2.5W(最大3.5W)のSSB，FMハンディ機です．姉妹機LS-202同様にサムホイール・スイッチで10kHzステップを選択し，VXOで連続カバーするようになっています．Sメータ，88.5Hzのトーン・エンコーダ，RITなども内蔵し，ビルドイン型10Wリニア・アンプ，LA-207・LU-71も用意されていました．

### ダイワインダストリ　MT-20J

144MHz帯1.5W出力のFM機です．サムホイール・スイッチを内蔵し10kHzステップでバンドをフルカバーしています．操作面が窮屈にならないように，照明付きのスイッチを前面上部に配置しました．隣にはSメータも付いています．

専用ブースタとしてLA-20(16,800円)が用意されていました．LA-20からMT-20Jには同軸ケーブル経由で電源も供給されるようになっていて，本体を操作部付きスピーカ・マイクのように使うことができました．

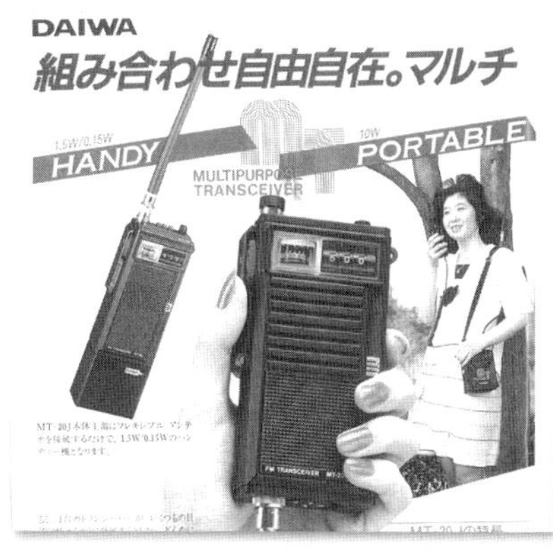


### 八重洲無線　FT-209(H)

144MHz帯のFM機です．最大3.5W出力(Hは最大5W出力)で，無印とHタイプではファイナル・トランジスタが異なります．S/POメータ付きです．

本機はテンキーを含む20のキーを前面中央に装着しその上にLCDを配置していて，キー数が多い分だけ操作が分かりやすいリグでした．

● **FT-709**(1985年)

430MHz帯最大4.5W出力のFM機です．姉妹機FT-209同様，前面中央に20個のボタンと3つのスイッチを配して操作性を考慮しています．

トーン・エンコーダ内蔵，S/POメータ付きです．パワー・セーブ・モードを利用すると消費電流を11mAまで下げられるようになっていました．

## トリオ(JVCケンウッド) TR-2600 TR-3600

TR-2600は144MHz帯2.5W出力，TR-3600は430MHz帯1.5W出力のFM機です．本体前面上部にテンキーを含む12のキーを置き，その上にLCDを配置しています．両機はDCLを内蔵し，3種類のデジタルコードをメモリすることも可能です．プライオリティ受信，各種スキャン動作にも対応しています．TR-2600は20dBアッテネータを，TR-3600は88.5Hzのトーン・エンコーダを内蔵していました．

## アルインコ電子 ALM-201

144MHz帯1.5W(最大3W)出力のFM機です．前面上部に表示器を持ち，その下にテンキーを配置しています．本機は全体に動作電圧を低めに設定していて，9.6Vのニッカド電池パックで3Wを出すことができました．本機は同社初のハンディ機です．

● **ALM-202**(1985年)

144MHz3W(最大5W)出力のFM機です．ALM-201より出力を増やし，S/POメータが付きました．車載運用時に専用DC-DCコンバータを使用することで最大出力での運用が可能です．

## トリオ(JVCケンウッド) TH-21 TH-41

世界最小のキャッチ・コピーで登場した144MHz帯(TH-21)，430MHz帯(TH-41)帯1W出力のFM機です．大きさは長さ12cm，横5.7cm，厚さ2.8cm，電池やアンテナを含んだ重さはわずか290gしかありません．CALLチャネル付きのサムホイール・スイッチを採用し，VOX付きヘッド・セットにも対応しています．本体価格は安価に抑えられていましたが，アンテナ(1,600円)やトーン・エンコーダ(5,500円)はオプションでした．

## 八重洲無線 FT-703R

430MHz帯最大3W出力のFM機です．CALLチャネル付きのサムホイール・スイッチを採用しています．広範囲の電源電圧に対応しているのも特徴で，13～5.5Vで動作します．S/POメータ付き，トーン・エンコーダも内蔵していました．

横6.5cm，厚さ3.4cmは他社の小型機とほぼ同じで，スティック型ハンディ機の使いやすいサイズとして一般化したようです．長さは電池を含んでも15.3cm，重さは500gを切りました．

1985年

## PUMA　MR-27D　Type-B

144MHz帯，430MHz帯両方で3W出力のFM機です．144MHz帯でタイプが分かれていて143.9～149MHzのType-Aと144～146MHzのType-Bがあり，国内向けはType-Bです．どちらもクロスバンドQSOに対応しています．

本体上部には3桁のサムホイール・スイッチが2つ並んでいて，それぞれ144MHz帯，430MHz帯の周波数を設定します．本体前面下にはテンキーがありますが，これはDTMF信号送出用で，海外ではフォーンパッチに利用できました．トーン・エンコーダも内蔵し前面中央のエンブレムを外すことで周波数をディップ・スイッチで設定できます．

## 日本マランツ　C411　C111

C411は430MHz帯で1.5W(最大2W)出力，C111は144MHz帯2W(最大3W)のFM機です．ボリューム，スケルチ以外の操作部を前面左側に配置したことで，片手での操作を可能とするとともに，上部パネルのスペースを小さくできるようにして小型化しました．両機ともローパワー(400mW)選択時にファイナルを通さないようにして消費電流を250mAに抑え，より実用性の高いローパワー・モードとしています．トーン・エンコーダ装備(C411)，トーン・スケルチ搭載可能．Sメータは付いていませんが，200μAの電流計を外付けする端子は用意されていました．

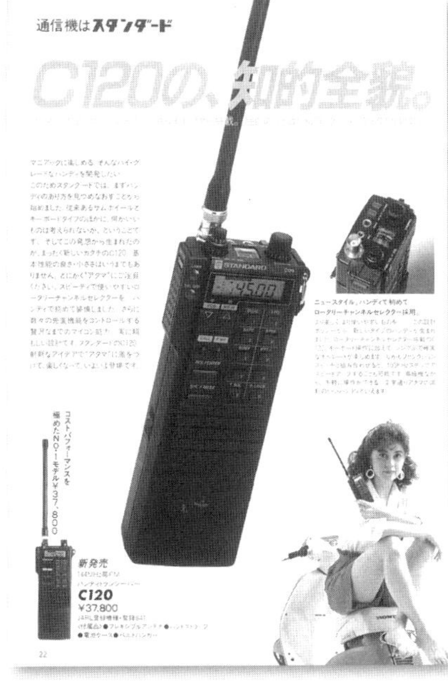


## 日本マランツ　C120

144MHz帯最大5W出力のFM機です．ロータリー・エンコーダをハンディ機で初めて採用しました．同社では後のC420発売時に「回転選局」と名付けています．メモリは20chあり，このメモリ・チャネルやコール・チャネルなどを3秒に1回受信しにいくデュアル・ワッチ(他社のプライオリティに相当)も装備していました．

● **C420**(1986年)

430MHz帯最大4.5W出力のFM機です．姉妹機C120同様ロータリー・エンコーダを採用しました．メモリは20chあり，本機もデュアル・ワッチなどを搭載しています．

## 1986年

### KENPRO KT-220

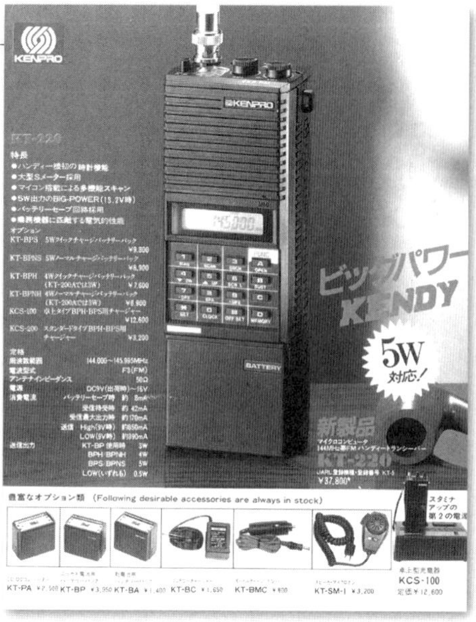

144MHz帯4W(最大5W，乾電池3W)のFM機です．キーボード，Sメータ付きの多機能機で，消費電流8mAのバッテリ・セーブ・モードも持っています．LCD表示器はわかりやすい7桁表示で，時計としても使用できるだけでなく，単に7桁の数字記憶器としても使えるようになっていました．

### 八重洲無線 FT-727G

144MHz帯，430MHz帯の2バンドで運用可能な5W出力のFM機です．折り畳み型のフレキシブル基板を使ったハンディ機が多い中で，あえて立体的に幾つも基板を配置することで小型化しました．正面中央にS/POメータ表示も持つLCDを配置し，その下に20のキーを用意することで良好な操作性を得ています．

2バンド間のたすきがけ，スキャン，プライオリティ，VOXだけでなく，バッテリ電圧表示，DTMF送出機能も備えています．トーン・エンコーダを内蔵，2バンド共用ホイップが付属していました．

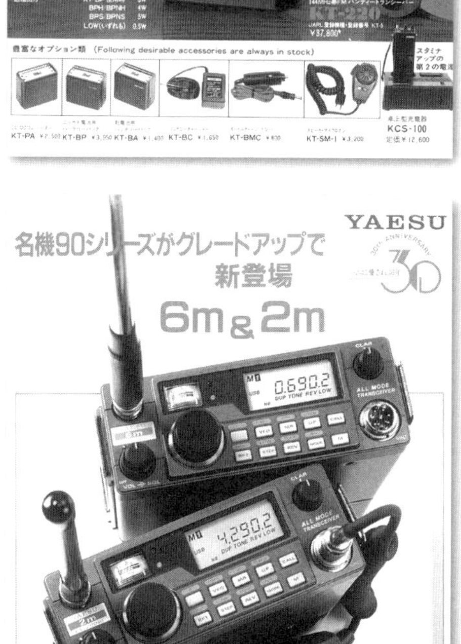


### 八重洲無線 FT-290mkII FT-690mkII

FT-290mkIIは144MHz帯のSSB，CW，FM機．FT-690mkIIは50MHz帯で2.5W出力のSSB，CW，AM，FM機です．電池ケースは本体下部に装着するクリップ・オン・タイプで，単2電池9本(またはニッカド9本)を使用することで長時間の運用ができるようになっています．この電池ケースの代わりにリニア・アンプFL-2020(FT-290mkII 17,000円)またはFL-6020(FT-690mkII 17,000円)を装備すれば，固定／モービル用の10W機になるようにも工夫されています．

FT-290mkIIはラバー，FT-690mkIIはヘリカル・アンテナ付き，両機共にセミブレークインも搭載しました．

### アルインコ電子 ALX-2 ALX-4

144MHz帯(ALX-2)，430MHz帯(ALX-4)で最大出力2WのFM機です．小型化にこだわり，小型電池使用時のサイズを高さ11.7cm，幅5.8cm，厚さ2.3cmに収めました．同社ではTALK DEMIという愛称を付けています．

サムホイール・スイッチ式ですが，CALLチャネル以外に小型のロータリー・スイッチでもう1chが設定でき，このチャネルとの間でプライオリティ動作もできます．

アンテナ端子はRCAに似たコネクタ，スケルチはスイッチ・タイプ，ダイヤル照明付きです．

ALX-4はトーン・エンコーダ内蔵，ALX-2は発売後に最大出力が3Wに修正されています．

## 八重洲無線　FT-23　FT-73

144MHz帯(FT-23)，430MHz帯(FT-73)で最大5WのFM機です．ロータリー・エンコーダを使用した選局が可能でUP/DOWNスイッチでも周波数を変えることができます．LCD画面には周波数だけでなくシフト情報，S/POなども表示されます．FT-73はトーン・エンコーダも内蔵しています．

## KENPRO　KT-22　KT-44

KT-22は144MHz帯1.5W(最大3W)，KT-44は430MHz帯1.5W(最大2.5W)のFM機です．

どちらもサムホイール・スイッチ式で，操作しやすいように上面パネルは斜めにしてあります．従来機に比べて価格が抑えられているのも本機の特徴です．

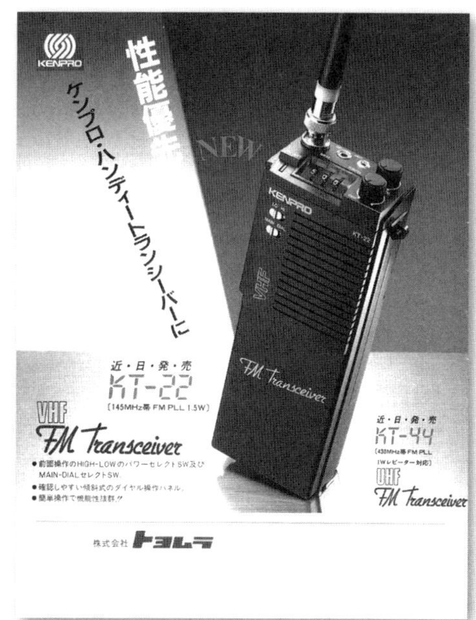

## アイコム　IC-μ2　IC-μ3

IC-μ2は144MHz帯で標準1W(最大2.6W)，IC-μ3は430MHz帯で標準1WのFMハンディ機です．

各桁ごとのUP/DOWN用のキーを用意し，これとLCDを組み合わせることで，サムホイール・スイッチを排しスキャンやメモリ動作を可能にしています．

ポケットに入れて使いやすいように操作部をすべて上面に集めたとのことです．

ケンウッド(JVCケンウッド)

## TH-205　TH-215

どちらも144MHz帯最大6WのFM機です．TH-205はUP/DOWNキーによる選局で機能を抑えることで使いやすいリグを目指しています．

TH-215はテンキー選局が可能でメモリは10chありスキャンも可能です．両機とも13.8Vを直接給電できるようになっていました．

## Column　ハンディ機のアンテナ

他の分野のリグと違いハンディ機にはアンテナがセットになっていますが，用途によっていろいろなアンテナが選ばれてきました．

もっともオーソドックスな物は$^1/_4$波長のホイップ・アンテナを持つもので，144MHz帯以下ではロッドアンテナが一般的です．144MHz帯では長さが約50cm，縮めると本体内に収容でき，移動先から運用するにはもってこいのものでした．

後に144MHz帯ではヘリカル・アンテナが多くなります．長さは15～17cmの物が多いのですが，これは恐らくリグ本体とのバランスを考えた上での長さだと思われます．リグの長さとアンテナの長さが同じぐらい，もしくはアンテナが少し長いぐらいだと一番見かけ上のバランスが取れます．ヘリカル・アンテナは柔らかく作ることができるので折れにくく，使用する際にアンテナに気を使わなくてよいという大きなメリットもありました．

430MHz帯では$^1/_4$波長のまま，折れにくいソフト・タイプのアンテナが使われるようになります．長さは17cmでちょうど良かったのです．

もっと長さのあるアンテナを装着して利得を稼ぐという考え方はなかったのでしょうか？もちろんありましたが，純正品としてはほとんど採用されていません．これはホイップで利得を稼ぐということは水平方向に電波を集中させることに他ならないからです．常に縦に持たないと性能が出ないのではハンディ機として使い勝手が良くありません．でも本当に電波をより飛ばしたいような場合に，外部マイクを使うなどの工夫をすれば利得のあるアンテナはとても有効で，アンテナ・メーカーからは何種類も高利得アンテナが発売されています．アンテナ端子でも変化はありました．50MHz帯や144MHz帯の弁当箱ハンディ機の時代は，内蔵アンテナとは別のところ，具体的には底面(背面でもある)にM型のコネクタが付いていました．切り替え器はありません．これらの周波数帯ではロスが少ないので，ロッドアンテナが畳まれている，つまり不整合状態の時は切り離されていると考えて良かったからです．

しかし430MHz帯や1.2GHz帯のハンディ機ではそうもいきません．余計な分岐があることでロスが出ることが予測されます．そこで考え出されたのがパネル面(前面)にBNC端子を付けてBNCコネクタの付いたアンテナを差すというやり方です．ここに給電線をつなぐこともできます．

ハンディ機のアンテナのインピーダンスは使用状態で変わります．大昔の弁当箱型リグの場合は大地との容量結合を想定していたようですが，スティック型になってからは手に持ち，顔を近づけた状態，すなわちボディ・エフェクトがある状態で*SWR*が最良となるようにして，それがないときに*SWR*≒2.5程度まで悪化するのを容認するという設計をしているように思われます．実際には全くボディ・エフェクトがない状態というのは考えられません．送信にはPTTスイッチを押す必要があるからです．また外付けのマイクロホンやTNCなどを接続している状態では配線で筐体アースが延長されたような形になりますから，そんなに悪い状態とはならないようです．

# 第13章 GHz帯を目指して

## 時代背景

本章では，1.2GHz以上のリグについて解説します．

1.2GHz帯は1952年（昭和27年）6月19日，つまり戦後のアマチュア無線再開時に割り当てられました．まだVHF帯の白黒テレビ放送が試験放送だった時期です．でもそのころはほとんど忘れられていたようです．当時の割り当てでは144MHz帯の上がいきなり1.2GHz帯となっていたのもその一因でしょう．

その後430MHz帯が割り当てられましたが，1977年頃の430MHz帯はまだまだガラガラでした．しかしレピータができ，144MHz帯の混雑を嫌う局もやってきたことでバンドに賑わいが出てきます．1989年制定の新バンドプランでは1991年末をもって430MHz帯のATVの運用周波数の割り当てがなくなることが決められたぐらいです．

430MHz帯の運用が盛んになると，こんどはGHzオーダーのバンドにも目が向けられるようになりますが，当初は先進的なハムの自作機による通信がされていただけでした．1982年には1.2GHz帯，2.4GHz帯（2.3GHz帯），10GHz帯などでアマチュアバンドが削減されてしまったぐらいです．

日本での1.2GHz帯最初のリグは1977年発売の富士通テンのトランスバータでしたが，これは1年ほどで生産が中止されています．1980年代初めのメーカー製の機器としては三協特殊無線のKF-1200もしくはマキ電機などのトランスバータしかありませんでしたが，少々皮肉なことにバンド幅が削減された1983年頃より各社から小型のリグが発売され，1.2GHz帯は一気に注目を集めるようになりました．

1987年頃には大手各社の1.2GHz帯のトランシーバが出揃います．このためトランスバータそのものがほとんどなくなり，翌1988年を過ぎるとGHzオーダーの本格的なトランスバータを製造するのはほぼ1社だけとなりました．

## 免許制度

GHzオーダーのバンドの上限出力は，アマチュア無線再開時には50W以下，その後いったん無制限となりましたが，昭和36年郵政省告示第199号の，「簡易な免許手続きを定める告示並びにその改正告示」により，1.2GHz帯は10W（移動する局は1W），2.4～24GHz帯では2W（1994年頃までは1W），それ以上は0.2Wとなりました（EME用を除く）．昭和36年以後は第4級アマチュア無線技士の操作範囲内に収まっていますので，1.2GHz帯より上の周波数帯では無線従事者免許資格の違いによる出力の差異はありません．

GHzオーダーでの運用の多くはFM音声通信ですが，周波数帯が広いことを利用して特殊なモードの運用も行われています．この子細は第19章をご覧ください．

## 1.2GHzの機器

1.2GHz用の機器，特にトランスバータは，当初**図13-1**のようなバラクタダイオードを使用した逓倍式で

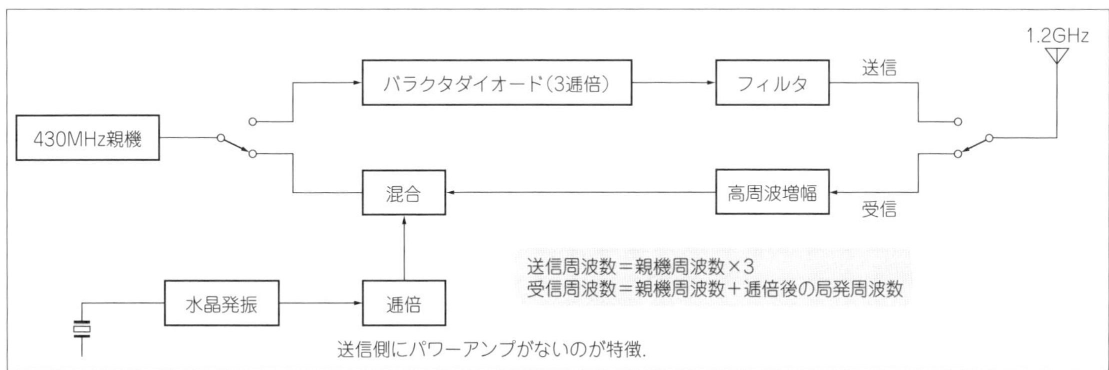


**図13-1　逓倍式トランスバータの例**

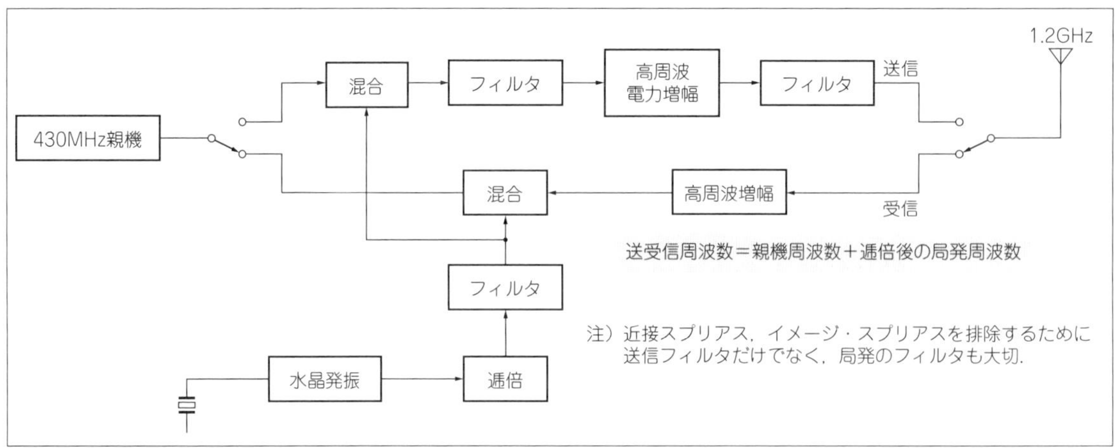


**図13-2　ヘテロダイン式トランスバータの例**

した．バラクタダイオードというのはバリキャップ，すなわち可変容量ダイオードの別名で，効率の良い逓倍をするために用いられるものです．フィルタのロスを考慮しない純粋な逓倍効率は40%程度でパッシブ回路としては極めて良好な値となります．JARLの保証認定基準では送信出力段はストレートアンプを要求していましたが，高い周波数の機器に限り，バラクタダイオードなど逓倍段が終段になる場合も出力回路のフィルタが十分な特性を有していれば保証認定するという例外規定がありました．

このバラクタダイオード式による逓倍は送信側でのみ使える手法です．受信回路は他の方式とする必要があり，普通は別に用意した局発の出力を逓倍して受信信号をコンバートする方法が取られましたが，ここで一つ問題が出ます．それは親機の送受信周波数を変えた時で，逓倍している送信側では逓倍した分だけ周波数の変化幅が大きくなりますが，受信部がヘテロダイン方式の場合は受信周波数は変化させた分しか変わらないので送受信周波数がずれてしまうのです．このためヘテロダイン方式のトランスバータが作られるようになると，どのバンドでもそれに取って代わられていきました．

ヘテロダイン式のトランスバータ(**図13-2**)にはこういった問題はありませんが，親機の周波数範囲による制約があります．たとえば144MHz帯を親機周波数とした場合には，144MHz帯のバンド幅である2MHzしか可変幅が得られないのです．このため局発(水晶制御の局部発振器)を増やしたり，430MHz帯の親機を使用するといった工夫が始まります．中にはスプリアス的に不利なのを承知で50MHz帯を利用した製品もありましたが，親機のバンド幅が広いという点では144MHz帯よりもFBでした．

後にトランスバータを必要としない単体機器が発売されると，多くのユーザーがこれを買い求めるようになります．広い1.2GHz帯を自在に使えるようになるので，これは当然の流れでしょう．

なおSSB機はほとんど発売されていません．430MHz帯以上では免許されない時代があったのも一因と思われますが，もう一つ，1.2GHzになるとドリフトやドップラ効果の影響が大きいということもあるのかもしれません．人が歩きながらオンエアするだけでも約5Hz変化してしまいます．

**GHz帯を目指して 機種一覧**

| 発売年 | メーカー | 型番 | 種別 | 価格(参考) |
|---|---|---|---|---|
| | 特徴 | | | |
| 1976 | 富士通テン | **UFC-833A** | トランスバータ | 59,500円 |
| | 430MHz入力，1.2GHz出力　送信バラクタダイオード　1W　受信はヘテロダイン　RIT付き | | | |
| 1978 | 三協特殊無線 | **KF-1200** | 送受信機 | 89,500円 |
| | 1.2GHz　1W　2MHz幅　FM　12ch(実装1ch)　1979年1月よりRIT付き | | | |
| 1979 | 川越無線 | **NOA-A1(4)，NOA-AK** | トランスバータ | 59,000円 |
| | 1.2GHzトランスバータ　144MHz入力 最大2W(出力) | | | |

| 発売年 | メーカー | 型番 | 種別 | 価格(参考) | 特徴 |
|---|---|---|---|---|---|
| 1980 | 東光電波センター | **RT-1200** | トランスバータ | 49,800円 | 1.2GHzトランスバータ　430MHz入力　バラクタダイオード式　1W |
| | マキ電機 | **UTV-1200B** | トランスバータ | 69,000円 | 1.2GHzトランスバータ　144MHz入力(50MHzあり)　1W　2MHz×4(実装1)　横長 |
| | マキ電機 | **UTV-1200BII** | トランスバータ | 59,000円 | 1.2GHzトランスバータ　144MHz入力(50MHzあり)　1W　2MHz×4バンド(実装2) |
| | マキ電機 | **UTV-2300A** | トランスバータ | 42,000円 | 2.3GHzトランスバータ　144MHz入力　1W　出力30mW　ユニットのみ |
| | マキ電機 | **UTV-2300F** | トランスバータ | 89,000円 | 2.3GHzトランスバータ　144MHz入力　1W　主体はユニット式のキット |
| 1981 | マキ電機 | **FM-2025改** | 送受信機 | 118,000円 | 極東電子FM-2025に1.2GHz 1Wトランスバータを組み込み　144MHzはFM　10W |
| | 秋川無線 | **モデル1200G-A** | トランスバータ | 59,500円 | 1.2GHzトランスバータ　50MHz入力　1294～1298MHz　1W　キャリア・コントロール |
| | 秋川無線 | **モデル1200G-B** | トランスバータ | 59,500円 | 1.2GHzトランスバータ　144MHz入力　1294.5～1296.5MHz　1W　キャリア・コントロール |
| | 川越無線 | **NOA-1200** | トランスバータ | 69,000円 | 144MHzもしくは430MHzから1.2GHzへコンバート |
| | マキ電機 | **UTV-2300B** | トランスバータ | 98,000円 | 2.3GHzトランスバータ　144MHz入力2301～2305MHz 2バンド出力　0.7W |
| | コメット | **CUP-1200** | トランスバータ | 58,800円 | 1.2GHzトランスバータ　144MHz入力　1W　2MHz×4バンド |
| 1982 | 秋川無線 | **1200G-UA** | トランスバータ | 55,000円 | 1.2GHzトランスバータ　50MHz入力　出力1W |
| | 秋川無線 | **1200G-UB** | トランスバータ | 55,000円 | 1.2GHzトランスバータ　144MHz入力　出力1W |
| | マキ電機 | **UTV-1200BIIHP** | トランスバータ | 69,000円 | 1.2GHzトランスバータ　144MHz入力(50MHzあり)　7W　2MHz×4バンド(実装2) |
| | マキ電機 | **UTV-2400B** | トランスバータ | 79,000円 | 2.4GHzトランスバータ　144MHz入力　2422～2426MHz 2バンド出力　0.7W |
| 1983 | アイコム | **IC-120** | 送受信機 | 89,800円 | 1.2GHz　FM　1W　40MHz幅を10kHzステップでカバー |
| 1984 | マキ電機 | **UTR-1230** | 送受信機 | 69,800円 | 1.2GHz　FM　1W　1270～1300MHz　10kHzステップ3000ch+VXO　レピータ対応 |
| | 三協特殊無線 | **KF-1200C** | 送受信機 | 129,500円 | 1.2GHz　FM　10W　2MHz幅　12ch(実装1ch)　RIT付き |
| 1984 | トリオ | **TR-50** | 送受信機 | 84,800円 | 1.2GHz　FM　1W　40MHz幅を10kHzステップでカバー　レピータ対応　本体アンテナ付き弁当箱型ハンディ機 |
| | アイコム | **IC-1271** | 送受信機 | 168,000円 | 1.2GHz　SSB, CW, FM　10W　40MHz幅を100Hzステップでカバー　ATVオプション |
| 1985 | マキ電機 | **UTV-120B** | トランスバータ | 35,000円 | 1.2GHzトランスバータ　出力0.8W　144MHz入力　0.1W |

| 発売年 | メーカー | 型番 | 種別 | 価格(参考) |
|---|---|---|---|---|
| | 特徴 | | | |
| 1985 | マキ電機 | **UTV-1200BII-E　前期型** | トランスバータ | 39,000円 |
| | 1.2GHzトランスバータ　出力1W　144MHz入力(50MHzあり)　2MHz×4バンド(実装2) | | | |
| | マキ電機 | **UTV-5600A** | トランスバータ | 98,000円 |
| | 5.6GHzトランスバータ　出力0.5W　144MHz入力　バラクタダイオード逓倍 | | | |
| | マキ電機 | **UTV-2400E　前期型** | トランスバータ | 53,000円 |
| | 2.4GHzトランスバータ　144MHzまたは430MHz入力　出力　0.7W | | | |
| 1986 | 日本マランツ | **C6000(S)** | 送受信機 | 139,800円 |
| | 430MHz，1.2GHz　FM　10W　2バンド同時表示，同時受信，AQSオプション | | | |
| | アイコム | **IC-12N** | 送受信機 | 56,800円 |
| | 1.2GHz　FM　1W　RIT，VXO装備　スティック型ハンディ機 | | | |
| | 八重洲無線 | **FT-2303** | 送受信機 | 49,800円 |
| | 1.2GHz　衛星バンドを除く30MHz幅　10kHzステップ　1W　最大700mA　スティック型ハンディ機 | | | |
| | 日本マランツ | **C311** | 送受信機 | 48,800円 |
| | 1.2GHz　1W　サムホイール　CALLをワンタイム・メモリとして使用可能　スティック型ハンディ機 | | | |
| 1987 | アイコム | **IC-1200** | 送受信機 | 84,800円 |
| | 1.2GHz　FM　10W　デジタルAFC装備 | | | |
| | 八重洲無線 | **FT-2311** | 送受信機 | 74,800円 |
| | 1.2GHz　FM　10W　傾斜型フロント・パネル　TCXO内蔵 | | | |
| | ケンウッド | **TM-521** | 送受信機 | 79,800円 |
| | 1.2GHz　FM　10W　GaAsFET　オートロック・チューン　TCXO内蔵 | | | |
| 1988 | ケンウッド | **TH-55** | 送受信機 | 54,800円 |
| | 1.2GHz　FM　1W　ロータリー・エンコーダ選局　ベル機能　スティック型ハンディ機 | | | |
| | マキ電機 | **UTV-10G　前期型** | トランスバータ | 89,000円 |
| | 10GHz　50mW　IFは430MHz　ヘテロダイン方式　送受別アンテナ | | | |
| | ミズホ通信 | **CX-12F(R)** | トランスバータ | 19,800円 |
| | 1.2GHz　0.1W　IFは144MHz　Rはレピータ対応(価格不明) | | | |
| | アイコム | **IC-12G** | 送受信機 | 52,800円 |
| | 1.2GHz　FM　1W　各桁UP/DOWN選局　ポケット・ビープ　スティック型ハンディ機 | | | |
| | アイコム | **IC-1201** | 送受信機 | 79700円 |
| | 1.2GHz　FM　10W　ファンクション・スイッチなし　スイッチ照明 | | | |
| | ケンウッド | **TM-531** | 送受信機 | 79,800円 |
| | 1.2GHz　FM　10W　メモリ別表示　各キー独立照明付き　別コントローラあり | | | |
| 1989 | マキ電機 | **UTV-5600B** | トランスバータ | 79,000円 |
| | 5.6GHz　0.1W　入力は430MHzまたは1.2GHz | | | |
| | アイコム | **IC-1275** | 送受信機 | 179,800円 |
| | 1.2GHz　10W　SSB，CW，FM　ATVオプション | | | |
| | 八重洲無線 | **FT-104** | 送受信機 | 54,800円 |
| | 1.2GHz　FM　1W　ロータリー選局　フルキーボード　スティック型ハンディ機 | | | |
| | マキ電機 | **UTV-2400E　中期型** | トランスバータ | 59,000円 |
| | 2.4GHz　0.7W　親機は144MHz～1.2GHzのいずれか | | | |
| | マキ電機 | **UTV-2400E03** | トランスバータ | 39,800円 |
| | 2.4GHz　0.3W　親機は144MHz～1.2GHzのいずれか | | | |

| 発売年 | メーカー | 型　番 | 種　別 | 価格(参考) |
|---|---|---|---|---|
| | 特　徴 | | | |
| 1990 | 八重洲無線 | **FT-2312** | 送受信機 | 79,700円 |
| | 1.2GHz　FM　10W　AFC　OSC1.5ppm　伝言メモリ | | | |
| | ケンウッド | **TM-541　前期型** | 送受信機 | 79,800円 |
| | 1.2GHz　FM　10W　各キー名称部照明付き　オートOFF　オート受信 | | | |
| 1991 | マキ電機 | **UTV-2400E(後期型)** | トランスバータ | 68,000円 |
| | 2.4GHz　1.5W　親機は144MHz～1.2GHzのいずれか | | | |
| | KEN無線電子 | **QTV-2400** | トランスバータ | 40,600円(基板) |
| | 2400MHz　150mW出力　144MHz入力 | | | |
| 1992 | ケンウッド | **TM-2400** | 送受信機 | 139,800円 |
| | 2.4GHz帯　FM　1W　28MHz～1.2GHz　いずれか1バンド・オプションにて対応 | | | |
| | マキ電機 | **UTV-5600BII** | トランスバータ | 79,000円 |
| | 5.6GHz　0.12W　入力は1.2GHz，出力500mW　85,000円翌年追加 | | | |
| 1993 | 西無線研究所 | **NUC-1200** | トランスバータ | 26,000円 |
| | 1.2GHz　100mW　オールモード　144MHz　入力　親機にNTS-200を想定 | | | |
| | KEN無線電子 | **QTV-1200WP** | トランスバータ | 86,000円 |
| | 1.2GHz　10W　28MHzまたは144，430MHz入力 | | | |
| 1994 | マキ電機 | **UTV-1200BII-E後期** | トランスバータ | 49,800円 |
| | 1.2GHz　144MHz入力(430MHzあり，54,000円)　3W増力タイプ | | | |
| | マキ電機 | **UTV-10G　中期型** | トランスバータ | 89,000円 |
| | 10GHz　100mW(後に150mW)　IFは1.2GHz　ヘテロダイン方式 | | | |
| | KEN無線電子 | **HVT-1210** | トランスバータ | 86,000円 |
| | 1.2GHz　10W　144MHzまたは430MHz入力 | | | |
| 1995 | ケンウッド | **TM-541　後期型** | 送受信機 | 59,800円 |
| | 1.2GHz　FM　10W　各キー名称部照明付き　ポジLCD　値下げ再発売 | | | |
| | ケンウッド | **TH-59** | 送受信機 | 43,800円 |
| | 1.2GHz　1W　電池動作0.7W　FM　9600bps入力　自動RIT　スティック型ハンディ機 | | | |
| | マキ電機 | **UTV-10G　後期型** | トランスバータ | 104,000円 |
| | 10GHz　180mW　IFは1.2GHz　ヘテロダイン方式　同軸リレー採用 | | | |
| 1997 | マキ電機 | **UTV-1200BIIP** | トランスバータ | 49,800円 |
| | 1.2GHz　3W　144MHz入力　0.25ppmオーブンのオプションあり　レピータ対応もオプション | | | |
| | マキ電機 | **UTV-2400BIIP** | トランスバータ | 69,800円 |
| | 2.4GHz　1W　入力は1.2GHzまたは430MHz　マイクロ・ストリップライン採用 | | | |
| | マキ電機 | **UTV-5600BIIP** | トランスバータ | 85,000円 |
| | 5.6GHz　0.7W　入力は1.2GHzまたは430MHz　マイクロ・ストリップライン採用 | | | |
| | マキ電機 | **UTV-24G** | トランスバータ | 120,000円 |
| | 24GHz　40mW　IFは1.2GHz　ヘテロダイン方式　同軸リレー採用 | | | |
| 1999 | マキ電機 | **UTV-47G** | トランスバータ | 130,000円 |
| | 47GHz　0.2mW　1.2GHz入力 | | | |

# GHz帯を目指して 各機種の紹介 発売年代順

## 1976年

### 富士通テン(デンソーテン) UFC-833A

日本のアマチュア無線機器初の1.2GHz帯対応機器です．親機は430MHz帯で，送信はバラクタダイオードによる3逓倍で1W出力，受信は水晶制御のコンバータ(クリコン)となっています．周波数が高いので，送受信周波数がずれた時のために±10kHz以上可変できるRITを装備しています．送信スプリアスは−45dB，イメージ受信は−50dBと抑えられており，最初の製品としては高性能な製品に仕上がっています．

送信は逓倍，受信はコンバータという回路構成のため，QSYして運用するためには，親機の送受信周波数を別々に設定するか受信コンバータか複数周波数の局部発振器を持つ必要があります．しかし残念なことに想定されていた親機も本機もそのようにはなっていませんでした．送受信周波数を別々に設定できる他社機との組み合わせであれば問題ありません．

富士通テンのアマチュア無線機は本機が最後となります．1973年から同社は当時の日本電装(今のデンソー)とトヨタ自動車の資本参加を受けていましたので，グループ内での重複を避けるためにアマチュア無線機の製造を止めた可能性があります．

## 1978年

### 三協特殊無線 KF-1200

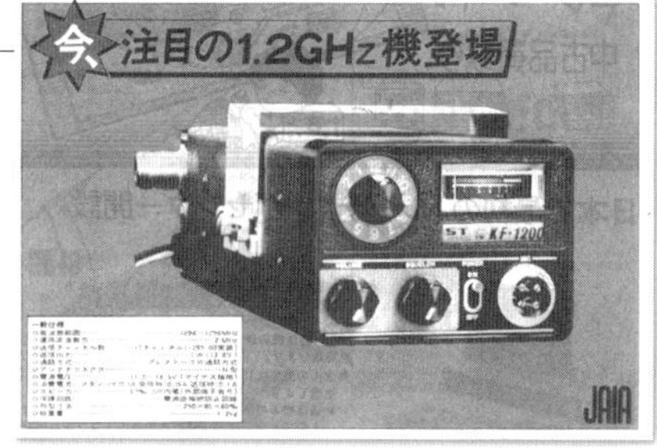


パネル面が8.5×6cm，奥行きが25cmという思いのほか小型に作られた1Wの1.2GHz帯FMトランシーバです．重さは約1.2kg，消費電流は最大1.0A，水晶制御で12chを内蔵可能です．

S/RFメータも装備したJARL保証認定機であり，他にこれと言った製品が存在しなかった1.2GHz帯でいきなり実用的かつコンパクトな車載トランシーバが発売されたため，当時は大きなインパクトがありました．実装周波数は1295.00MHz 1波，発売の翌年にはマイナ・チェンジでRITが追加されています．この時，既販売分も無償改修されました．

## 1979年

### 川越無線 NOA-A1(4) NOA-AK

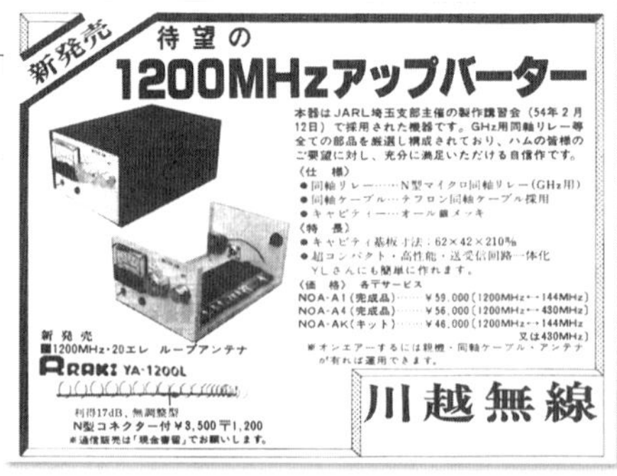


144MHz帯を親機とする「A1」，もしくは430MHz帯を親機とする「A4」で構成される1.2GHz帯トランスバータです．

キットの場合は親機周波数に関わらずNOA-AKという型番になります．430MHz親機の場合は3,000円安，144MHz帯親機のキットは46,000円，430MHz帯親機のキットは44,000円でした．

## 1980年

この性能！
この価格！　1200MHz トランスバーター

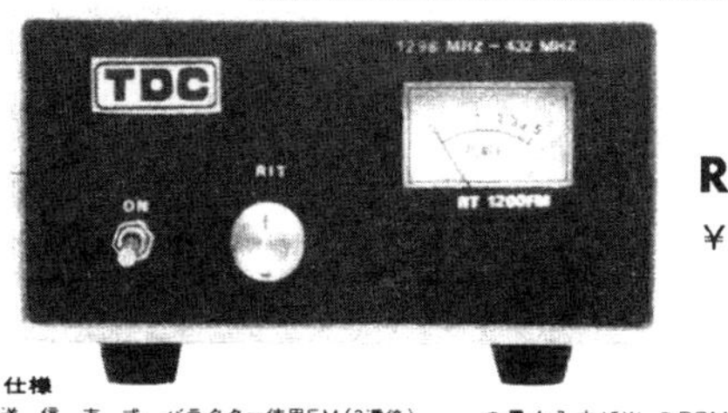


RT-1200
¥49,800

■ 仕様

| | |
|---|---|
| 送信方式 | バラクター使用FM(3逓倍) |
| 送信可能周波数 | 1290MHz～1300MHz |
| 送信出力 | 1W(3W入力時) |
| 受信方式 | DBM使用オールモード |
| 受信可能周波数 | 1215MHz～1300MHz |
| 送受切換方式 | キャリヤーコントロール方式 自動同軸リレー使用 |

●最大入力15W　●DBM使用 R&K製
●受信増幅 2段　●同軸切換スイッチ使用
●RIT内蔵　●キャリアーコントロール、オートマチック回路

### 東光電波センター　RT-1200

送信はバラクタダイオードによる3逓倍，受信は水晶制御コンバータ(クリコン)の，1.2GHz帯アップバータです．

430MHz帯の3Wを入力すると1.2GHz帯では1Wが出力されます．FM専用，親機の最大出力は15W，受信は高周波2段増幅＋ダイオードDBM(ダブル・バランスド・ミキサ)という構成です．RIT付きでした．

### マキ電機　UTV-1200B　UTV-1200BⅡ　UTV-1200BⅡHP

時代を先取りするニューマシンで1.2GHzを先取りしよう！

1200MHzオールモード トランスバータ〔144MHz←→1.2GHz〕
●UTV-1200BⅡ ●完成品￥59,000
クレジット販売あります。　50MHz 用もあります

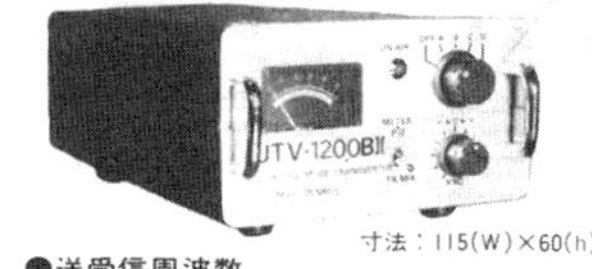


寸法：115(W)×60(h)×200(L)
●送受信周波数
1291MHz←→1299MHz(8MHzカバー)
4 ch切換方式
1293～1297用 2ch水晶実装
●出　力…1.0W以上
●受信感度…0.5μV 入力時，SN10dB以上(SSB)
●電波型式…FM, SSB, AM, CW.
●消費電力…1A

●UTV-1200BⅡオールパーツキット
¥52,000 (送信部ユニット(1W以上)、受信部ユニット、調整済 組立てに必要な全部品付．組立て時間2～3時間．組立て、調整のための解り易い製作説明書付)

順次製作を楽しまれる方へのサービスユニット

●UTV-1200BⅡ用送受信部基板
¥20,000 (送信部50mW以上．RF-2段．調整済．)

ANT切換回路，及び入出力(144MHz)を取付ければ、出力50~100mWのトランスバーターが製作出来ます。

●UTV-1200BⅡ用出力Ampユニット
¥14,000　(組立て調整済)

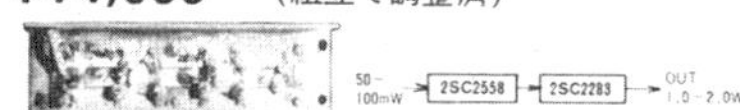


ヘテロダイン型のオールモード1.2GHzトランスバータです．3タイプとも144MHz帯入力が標準ですが，依頼すれば50MHz入力タイプに仕様変更することが可能でした．

UTV-1200Bは横型ラジケータ付きの黒パネルの製品で，出力は1W，帯域幅は2MHzです．初期の製品にはバンド切り替えはありませんでしたが，後に4ch切り替えになりました．実装は1chです．

UTV-1200BⅡは大型メータ，取っ手付きのシルバー・パネルで4ch切り替え，内2chが実装されてコストパフォーマンスが向上しています．

このUTV-1200BⅡは1982年頃に2.5Wまでパワーアップされます．さらにこれにアンプを追加して7W化したのが1982年9月発売のUTV-1200BⅡHPです．特注扱いでアマチュア無線衛星オスカー対応のレピータ専用機も作られています．型番の最後にRが付加され，周波数は1268～1270MHz，1272～1274MHzの2chで動作するものです．価格は+5,000円でした．

#### ● UTV-1200BⅡ-E　前期型(1985年)

本機はUTV-1200シリーズのトランスバータを低価格化したものです．出力は1W，レピータ対応はオプション(+6,000円)です．1991年夏には出力3.5W，その後4～5Wまで増力されています．

#### ● UTV-5600A(1985年)

5.6GHz用トランスバータで，親機周波数は144MHz帯，送信はバラクタダイオードによる逓倍方式です．1987年に430MHz親機のタイプも追加され，UTV-5600A-2(144MHz)，UTV-5600A-7(430MHz)と型番に区別がつくと共に，価格が89,000円に下がりました．

#### ● UTV-1200BⅡ-E後期型(1994年)

1985年発売の息の長いモデルのマイナ・チェンジ版です．出力は3W，価格は改定(値上げ)され，144MHz帯親機のタイプは49,800円，430MHz帯親機のものは54,800円に変わりました．

## マキ電機 UTV-2300A(F)

2300MHzトランスバーター

《UTV-2300B》 定価98,000円

UTV-2300Aはヘテロダイン方式，UTV-2300Fはバラクタダイオード式の，144MHz親機用の2.3GHz用アップバータです．2300Aは全部品キットでの発売で，受信部調整済み(38,000円)，送受信部調整済み(42,000円)で価格が分かれていました．送信側にはアンプが3段入っており，出力は30mWです．UTV-2300Fは144MHz帯の10Wを入力すると2.3GHz帯で1Wが得られます．完成品89,000円がありましたが，実際は各部の基板のバラ売りが主だったようです．全部品キット74,000円，バタクタダイオード別売のキット60,000円，ユニットのみ43,000円，ユニットのみ，バラクタダイオード別売26,000円と細かく分かれていました．

● **UTV-2300B**(1981年)　**UTV-2400B**(1982年)

UTV-2300Bは2301～2305MHzに変換する出力0.7Wの2.3GHz機で，UTV-2300Aのパワーアップ版です．また，発売の翌年にこの周波数が削減されることとなったため，2422～2426MHzに送信周波数を変更したのがUTV-2400Bです．送信周波数に対して親機の周波数が低いため，3段のインターデジタル型フィルタを挿入し，スプリアスを抑圧しています．受信部は高周波3段増幅です．

**1981年**

## マキ電機 FM-2025改

新発売 待望の1.2GHzシンセサイザー方式トランシーバー

1.2GHzモービルをどうぞ！

1200MHz. 144MHz デュアルバンドFMトランシーバー

(極東電子FM-2025改造型)　¥118,000

○送受信周波数：1.2GHz……1294.5～1299.5MHz / 144MHz……144.00～146.00MHz　10KHzステップ

○出力：1.2GHz……1.0W以上 / 144MHz……10W　※1.2GHz周波数は相談に応ず。

○電波型式：FM

○アンテナコネクタ：1.2GHz……N型 / 144MHz……M型　各バンド専用

※製造数量を限定して居りますので、御注文の方は早めに御予約下さい。

極東電子のFM-2025に1.2GHz帯のトランスバータを付加したもので，144MHz帯10W，1.2GHz帯1Wの2バンドFMトランシーバになります．回路はヘテロダイン式，親機はシンセサイザ式なので，1294.5～1299.5MHzを10kHzステップでカバーしています．本機は数量限定ですぐに売り切れてしまいました．元の型番にJがなくカバー範囲が5MHz幅であることからすると，ベース機はヨーロッパ仕様品だった可能性があります．

**1982年**

## 秋川無線 モデル1200G-A(B)

モデル1200G-A

(JARL登録機種・登録番号AK1V)

送受信周波数　50MHz↔1294MHz / 54MHz↔1298MHz

送信出力(1W)(アップバーター入力1W～5W)

受信綜合利得　15dB以上

送受信キャリヤーコントロール

(寸法 85×125×210mm)

モデル1200G-B

(JARL登録機種・登録番号AK2V)

送受信周波数　144MHz↔1294.5MHz / 146MHz↔1296.5MHz

送信出力(1W)(アップバーター入力1W～5W)

受信綜合利得　15dB以上

送受信キャリヤーコントロール

(寸法 85×125×210mm)

各¥59,500 〒1,000

Aタイプは50MHz帯入力，Bタイプは144MHz帯入力の1.2GHzトランスバータです．オールモード対応で出力は1W，JARLの登録機種でもありました．キャリア・コントロール付きとなっています．

■1.2GHzオールモード トランスバーター

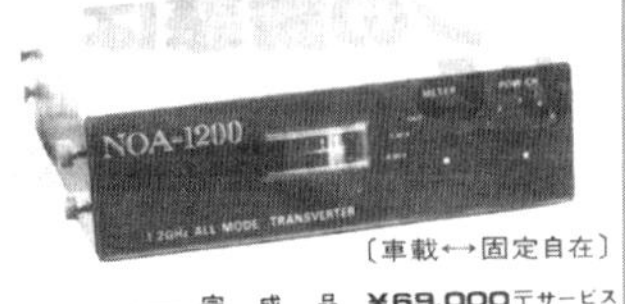


〔車載↔固定自在〕

144→1.2GHz　完成品 ¥69,000 〒サービス　半完成品キット ¥59,000 〒1,000

430→1.2GHz　完成品 ¥79,000 〒サービス

## 川越無線 NOA-1200

144MHz帯，もしくは430MHz帯入力の1.2GHzトランスバータです．オールモード動作で144MHz入力は69,000円，430MHz入力は79,000円という価格設定でした．

同社はこの頃からプリアンプ，特にアンテナ直下型プリアンプが好評となり，現在はプリアンプとLNAの製作販売をしています．

## コメット　CUP-1200

アンテナ・メーカーとして有名なコメットの1.2GHz帯　1W出力のオールモード・トランスバータです．親機は144MHz帯 10Wを直接入力できます．また送受信周波数は4バンド実装，1291～1299MHzをカバーしていました．

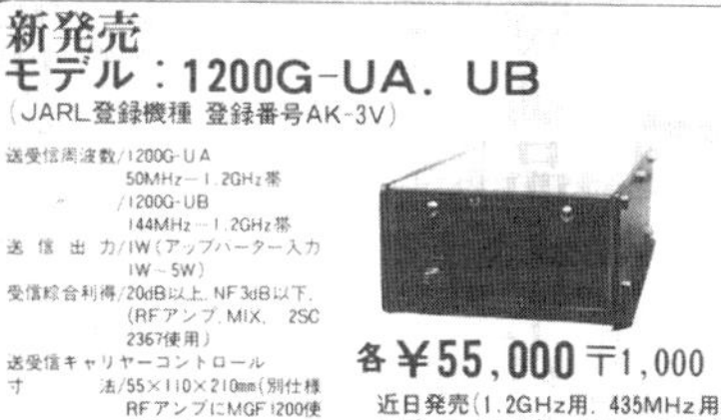


## 秋川無線　1200G-UA(UB)

UAタイプは50MHz帯入力，UBタイプは144MHz帯入力の1.2GHzトランスバータです．オールモード対応で出力は1W，JARLの登録機種となっています．本機の特徴はその受信感度で，NF<3dBとPRされていました．

## 1983年

## アイコム　IC-120

1.2GHz帯　1W出力のFMトランシーバです．完全な1筐体で1.2GHz帯をフルカバーするものとしては初の製品で，1260～1300MHzを10kHzステップでカバーしています．

バンド全体，メモリ周波数間といったスキャンが可能です．144MHz帯，430MHz帯のモービル機と同じ感覚で扱える1.2GHz機に仕上がっていましたが，回路的にはかなり慎重に手堅く作られていました．$^1/_4$波長の分布定数型アンテナ切り替えモジュールを採用したり，VCOを3つに分けて広いバンドをカバーするといった具合です．内部での切り替えでRITをVXOにすることも可能でした．本機はレピータ機能が備わっていましたが，発売時点ではまだ1.2GHzのレピータはなく，トーン・エンコーダはオプションでした．

## 1984年

## マキ電機　UTR-1230

1.2GHz帯のFMトランシーバです．10kHzステップで3000チャネルを装備し出力は1Wです．チャネル間を連続カバーできるようにVXOを内蔵し，レピータにも対応しています．マキ電機初の自社製トランシーバでしたが本機はすぐに広告から消えました．予告のみであった可能性があります．

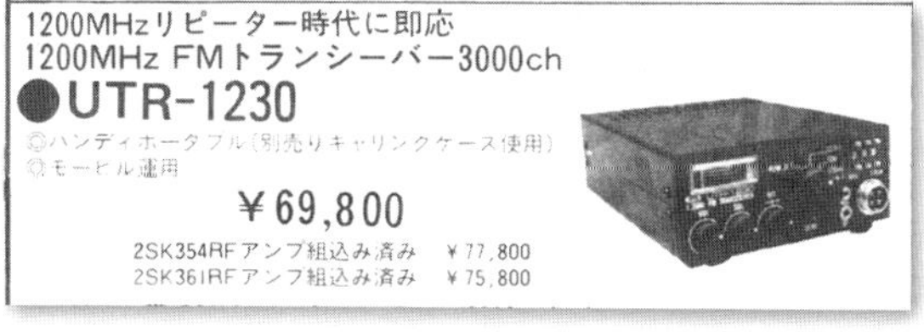


## 三協特殊無線　KF-1200C

好評だったKF-1200に10Wのパワーアンプを付加した製品です．興味深いのはパワーアンプの形状で，パワーアンプと放熱板は下に出っ張った形に取り付けられています．モービル・ブラケットで吊るされる形での取り付けを想定していたようです．

## トリオ(JVCケンウッド) TR-50

車載，ポータブル両用のFM，1Wトランシーバです．弁当箱的形状で1.2GHz帯を10kHzステップでカバーします．アンテナ端子はBNCでコード付きのコネクタが外に出ています．これに外部アンテナをつなぐも良し，本体横に固定した付属のホイップ・アンテナにつなぐも良しという設計です．このホイップは角度を変えられるので，台に置いた時や肩から吊り下げた時などに最適な角度にセッティングすることが可能で，1.2GHz帯初の内蔵電池による移動運用ができるリグでした．

## アイコム IC-1271

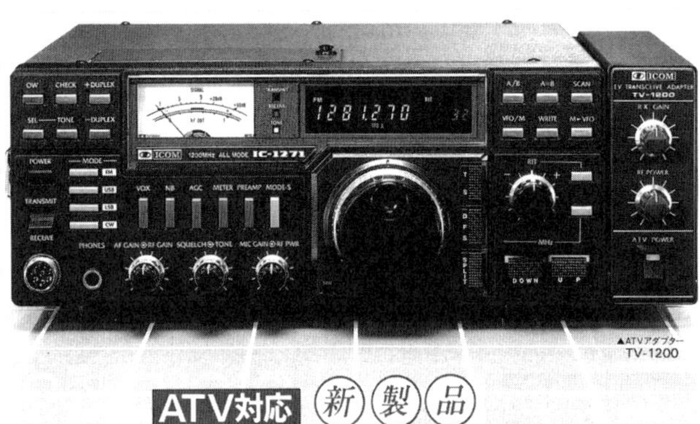


1.2GHz帯初のオールモード機です．出力は10W，レピータや衛星通信にも対応した固定機で，オプションのTV-1200(16,800円)を装着すればATV運用もできるようになっていました．100Hzステップのデジタル VFOを採用しています．

回路的には，10kHzステップの局発で1.2GHzを133.86MHz付近に変換し，ここから10.75MHzに落とす過程で100Hzステップとするようになっていました(送信時は逆)．

**1985年**

## マキ電機 UTV-120B

出力0.8W，小型のケースに収められた1.2GHzのオールモード・トランスバータです．本機は144MHz帯の小型ハンディ機を親機に使うことを想定していて，本体に接続する電池ケースや5段のコーリニア・アンテナと言ったハンディ機のようなオプションが用意されていました．入出力は共にパネル面のBNCコネクタです．ハンディ機を多機能マイクロホンに見立てて，肩掛けのトランスバータから送信するというイメージになります．

レピータのクセスにも対応しています．一方，シンプレクス(通常交信)の場合は親機の144～146MHzを1268～1270MHz(衛星通信周波数の上端)に変換するようになっていました．チャネル切り替えなどはありませんので，標準的な状態ではFMモードの呼び出し周波数1295MHzで運用することはできなかったわけです．このためでしょうか．本機は短期間で広告から姿を消しています．

## マキ電機 UTV-2400E 前期型

144MHz帯を親機として2.4GHz帯で0.7Wの出力を得るオールモード・トランスバータです．受信は高周波増幅3段＋ダイオード・ミキサで構成しています．前機種UTV-2400Bをコスト・ダウンしたもので外観などは同じですが，新たにオプションでレピータに対応(+6,000円)しました．本機は1989年5月頃に完成品59,000円，全部品キットは56,000円に価格改定されています．

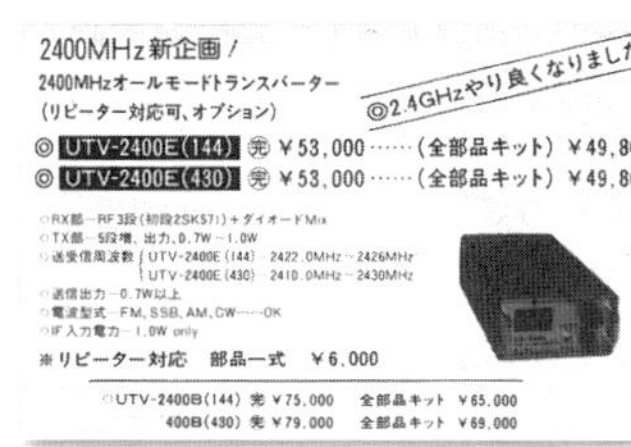


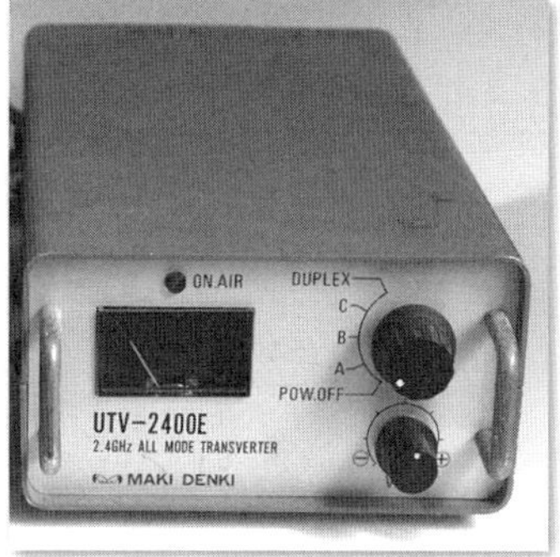


● **UTV-2400E　中期型　　UTV-2400E03**(1989年)

2.4GHz帯用トランスバータです．Eタイプは出力0.7W，ヘテロダイン型なのでオールモードに対応します．

親機周波数は144MHz，430MHz，1.2GHzのいずれかとなりますが，1.2GHzのリグと組み合わせるとほぼバンド全体，2400～2440MHzでの運用が可能になります．本機は1990年末頃から0.8Wに増力されました．

E03タイプは出力を0.3Wに抑えたタイプです．出力は4割程度に落ちますが，Eタイプより2万円安い価格設定がなされていました．

● **UTV-2400E　後期型**　(1991年)

UTV-2400Eの終段部ユニットにマイクロ・ストリップラインを採用して最大出力を1.5～1.8Wにしたタイプです．

型番はそのまま，従来機(0.8W)も併売されています．1993年，69,800円に値上げされた頃から本機の出力表記は「1W以上最大4W可」となりました．

## 1986年

### 日本マランツ　C6000(S)

1.2GHz帯，430MHz帯のFMモービル機です．固定機IC-1271に次ぐ1.2GHz帯フルカバーの10W機となります．

1.2GHz帯では移動する場合の出力は1Wまでという制限がありますが，これは移動局に10W免許を発給した上で，「移動する場合は1W以下」という制約を付ける形となっていましたので，本機は移動局として免許されます．

2バンドを完全に独立させ，1.2GHz側にはRITを装備しています．

C6000は両バンドとも10W，144,800円のC6000Sは430MHz帯が25Wとなっていました．本機はAQSコントローラを接続することが可能です．

### アイコム　IC-12N

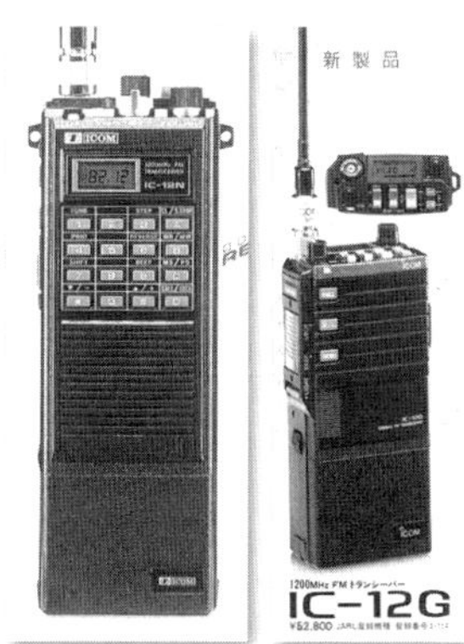


1.2GHz帯初のスティック状ハンディ機です．40MHzの広い範囲をFM，1Wでカバーしています．小型化のために送信用フィルタにはマイクロストリップラインを，受信用フィルタには同軸型誘電体フィルタを新たに開発することで性能を確保したうえで，他バンドのハンディ機とほぼ同サイズを実現しています．周波数選択はテンキーとUP/DOWN，アンテナは¾λ，10chあるメモリはレピータ運用のための情報をすべて記憶可能となっていました．

● **IC-12G**(1988年)

1.2GHz帯1W出力のFM機です．受信時にはパワーセーブが自動的に働き，消費電流を削減しています．周波数選択はMHz，100kHz，10kHz台をそれぞれUP/DOWNスイッチで選択する方式で分かりやすくなっています．トーン・スケルチを開く信号があるとアラームを鳴らすと共にSQLの表示を出すポケット・ビープ機能やタイマ付きバックライトも装備，防滴構造となっています．デジタルAFC付き，5.5Vから動作し，カー・バッテリの13.8Vを直接接続することも可能でした．

## 八重洲無線 FT-2303

10kHzステップのサムホイール・スイッチを採用した1.2GHz 1WのFMハンディ機です．もちろんレピータにも対応しています．

テンキーを内蔵しているのでDTMF信号を出すことも可能です．

本機はバンド幅に特徴があります．

カバー範囲を1270～1300MHzの30MHz幅としているのです．これは1260～1270MHzは衛星通信用なので間違ってFMでの送信はしないようにとの配慮でしょう．

待受信時の電流は45mA，1W送信時は700mAと低消費電流です．

## 日本マランツ C311

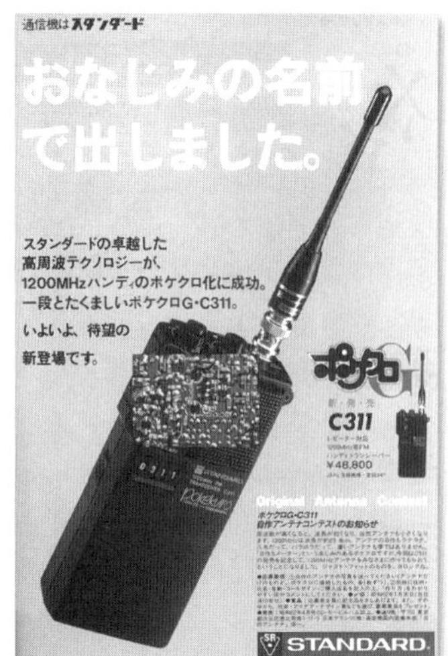


1.2GHz，1WのFMハンディ機です．もちろんレピータにも対応しています．サムホイール・スイッチを使用してはいますが，本機ではこれを一度マイクロコンピュータに読み込ませてから改めてスワロカウンタに送り込むことで，回路をシンプルにするとともに局発を1つだけにして温度に対する周波数安定度を向上させています．

ハンディ機ではどうしても小型化のためにフロントエンドの妨害特性が犠牲になってしまうのですが，本機ではメーカーが性能を公表しています．それによると，フロントエンドの選択度は−100MHzで−40dB，＋100MHzで−30dB，−200MHzで−60dB（下側）という優秀な数値でした．

# 1987年

## アイコム IC-1200

1.2GHz帯10W出力のFM機です．広視野のLCDのバックライトにはオート・ディマーが付き，周波数ズレをいったんデジタル値に置き換えて補正するAFCで1.2GHz帯特有の周波数ズレ（fズレ）に対応しました．リグ内部の発振器の精度が同じ場合，1.2GHz帯では144MHz帯の9倍，430MHz帯の3倍のfズレとなります．

シンプル カートラ

1200MHz帯FMコンパクトトランシーバー
FT-2311 ￥74,800

## 八重洲無線 FT-2311

1.2GHz帯10W出力のFM機です．FT-211，FT-711と同様のパネル面を持ち，操作性を向上させています．また1.5ppmのTCXOを内蔵して送信周波数の変動を1.8kHz以内に抑えることで，1.2GHz帯のfズレ問題に対応しました．ボタン一発でレピータに対応し，パケット通信用各種信号がマイク端子に出ていました．

## ケンウッド(JVCケンウッド)　TM-521

1.2GHz帯で10W出力のFM機です．フロントエンドはガリウムひ素FETによる2段アンプとして高感度化，3ppmのTCXOでfズレを防止しました．

相手局のｆズレに追従するためのALT(オート・ロック・チューニング)も装備しています．レピータ周波数では自動的にトーンとシフトがセットされ，より使いやすくなりました．

● **TM-531**(1988年)

1.2GHz帯の10W出力FM機です．姉妹機TM-231などと同様に表示はネガティブLCD，照明付きの10個のキーで操作が可能です．ほとんどの操作が可能な多機能マイクを標準装備，パネル型リモコンRC-20(22,000円)も利用できます．

**1988年**

## ケンウッド(JVCケンウッド)　TH-55

TH-55は1.2GHz帯の1Wハンディ機です．DTMF回路と3ppmのTCXOを搭載，同じシリーズのTH-25より2cmだけ長くなるにとどめました．

## マキ電機　UTV-10G　前期型

10GHz 50mWのヘテロダイン型アップバータです．親機は430MHz帯，10GHzで低ロスのリレーが高価だったためでしょうか，アンテナ切り替えは内蔵していません．

● **UTV-10G　中期型**(1994年)

出力100mWの10GHzトランスバータです．親機は1.2GHz，ヘテロダイン方式のためオールモードに対応します．本機は後に150mWにパワーアップしました．

この時代のマキ電機のトランスバータは同一ケースを用いているので外観が皆同じなのですが，本機のシリーズは横型ラジケータ，前面IF端子のため多少外観が異なっています．

● **UTV-10G　後期型**(1995年)

米国トランスコ(Transco)社の同軸リレーをアンテナ・スイッチに採用した10GHzトランスバータです．1.2GHz入力で出力は180mW得られます．トランスコ社は1993年にDover Electronicsを構成するDow-Key Microwave Corporationに吸収されていますので，その際の在庫整理品を利用した可能性があります．

UTV-10G　10GHzトランスバーター
出力50mW以上、ヘテロダイン方式トランスバーター　IF 430MHz帯
完成品(ANT切換リレーなし)　¥89,000

## ミズホ通信 CX-12F(R)

送信出力0.1Wの1.2GHz帯トランスバータです．親機は144MHz帯1W，±10kHzのVXOも内蔵しています．低価格でありながら綺麗な金属ケースに収められているのも本機の特徴です．FM用，送受信切り替えはキャリア・コントロールのみとなっています．

CX-12Rはレピータ対応タイプと告知されていましたが，実際に発売されたかどうかは不明です．

## アイコム IC-1201

1.2GHz帯10W出力のFM機です．トーン・エンコーダを内蔵しプライオリティ機能も持ち，ボタンも1機能1ボタンとしていて，1.2GHzであることを感じさせないリグです．フロントエンドにガリウムひ素FETを採用するなど，細かいところに配慮がされていました．

**1989年**

## マキ電機 UTV-5600B

出力100mWの5.6GHz用トランスバータで，入力は430MHzまたは1.2GHz(注文時指定)です．オールモード対応のヘテロダイン型5.6GHz機器として最初の製品でした．

(出力100mWヘテロダイン式トランスバーター)

完成品　￥79,000

## アイコム IC-1275

1.2GHz帯10W出力のオールモード機で，IC-1271の後継機です．

音声通信だけでなくデータ通信にも配慮されていて，アダプタTV-1275(23,000円)を付ければ映像と音声を同時に送るATV(A8W，旧A9)運用も可能です．

メモリは102ch，AC電源タイプも用意されていました．

## 八重洲無線 FT-104

1.2GHz帯1W出力のFM機です．単3電池使用時でも高さ126mmの小型化された筐体でありながら，ロータリー・エンコーダとテンキー入力で選局できます．周波数メモリは49ch，DTMFは15桁を10通り記憶できます．レピータへの対応はオートです．

## 1990年

### 八重洲無線　FT-2312

1.2GHz帯で10W出力のFM機です．1.5ppmの基準発振とAFCを内蔵し，1.2GHz帯特有の周波数ずれに対応しています．10個のキーと3つのダイヤルで全操作が可能なようになっており，キーの配列に変化を持たせることで扱いやすくしました．ビープ音は8音階，オプションで伝言メモリも取り付けられます．

### ケンウッド(JVCケンウッド)　TM-541 前期型

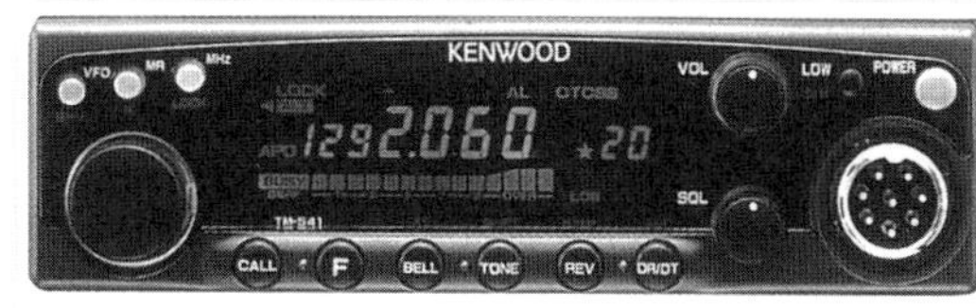


1200MHz帯FMトランシーバー
TM-541 NEW
標準価格79,800円(税別)
JARL登録機種・登録番号A045S

1.2GHz帯10W出力のFM機です．パネル面上部は円形をイメージしたスイッチ配置になっています．キーはすべて照明付きで，ファンクションキーと連動しています．オート・パワー・オフ，連続送信防止タイマなども装備されていました．

● **TM-541　後期型**(1995年)

1990年発売のリグの定価を値下げして再発売した物です．各種ページング機能を持つこと，キーにも照明があることなどは変わりませんが，前面液晶は文字が黒いポジティブ・タイプに変わりました．

## 1991年

### KEN無線電子　QTV-2400

144MHz帯を2.4GHz帯に変換する出力150mWのトランスバータ基板です．ラットレース・ミキサを採用，4ch切り替えで衛星通信Sモード用周波数(2400～2402MHz)が装備されています．EMEの受信にも最適とPRされていました．

◆トランスバーターユニット基板(調整済)　HFトランシーバーからV・UHFに出られます

| 品名 | 送受信周波数 | IF | 価格 | |
|---|---|---|---|---|
| QTV-6D | 50MHz帯 | 28MHz帯<br>(144MHzは1,500円UP) | 15,200円<br>〒300円 | 寸法 129×109mm<br>IF入力レベル 13mW以下<br>出力レベル 150～200mW<br>X'talは1chのみ実装<br>追加X'tal 1個1,600円<br>ミキサーはD・B・M(送・受単独)使用 |
| QTV-2D | 144MHz帯 | 28MHz帯<br>(50MHzは1,500円UP) | 15,200円<br>〒300円 | |
| QTV-07S | 430MHz帯 | 28又は50MHz帯<br>(指定のこと) | 19,300円<br>〒300円 | |
| QTV-2400 | ラットレースミキサー<br>2.4GHz帯 | 144MHz帯 | 40,600円<br>〒400円 | X'tal 1chのみ(2400～2402)実装<br>他に3ch実装可、寸法146×168mm<br>AO-13、SモードにVY FB、TX OUT 150mW |

トランスバーター関連ユニット基板

| | | |
|---|---|---|
| CCA-10 | QTVシリーズ用コントロール基板(親機名指定のこと)<br>(スタンバイ・ALC、メーター親機の切替回路が入っています) | 7,300円 〒300円 |
| CRR-5M(又ハN) | QTVシリーズ用RF検出回路付きANTリレー | M型 3,400円 〒300円<br>N型 3,800円 〒300円 |
| LB-6207B | パワーモジュール用基板キット<br>50～1200MHzのパワーモジュール用基板キット、トリマ、パスコン 9VREG、L・P・F付き<br>モジュールとヒートシンクは含まず ガラエポスルホール基板102×45mm | 3,100円 〒200円 |

ハイパワー50MHzトランスバーターセット(QTV-6D＋HV-40-03またはHV-100-03VHF)

| | | |
|---|---|---|
| VFC-1 | アナログ(LC)VFO安定化装置(106×80mm)ユニット基板 | 9,500円 〒300円 |

KEN無線電子

## 1992年

### ケンウッド(JVCケンウッド)　TM-2400

2.4GHz帯で1W出力のFM機です．TM-942，TM-842，TM-742シリーズと同じ筐体を採用していて，28MHz～1.2GHz帯のユニットのうちのひとつを増設することが可能です(第17章参照)．前面パネルは左から年月日，周波数，時刻となっています．単体では初の2.4GHz帯トランシーバで，1.2GHz VCOを自社開発し，HEMT，ガリウムひ素FETなどを使用しています．もちろんページング，コード・スケルチ機能といったモービル機に求められる機能も内蔵していました．

## マキ電機　UTV-5600BⅡ

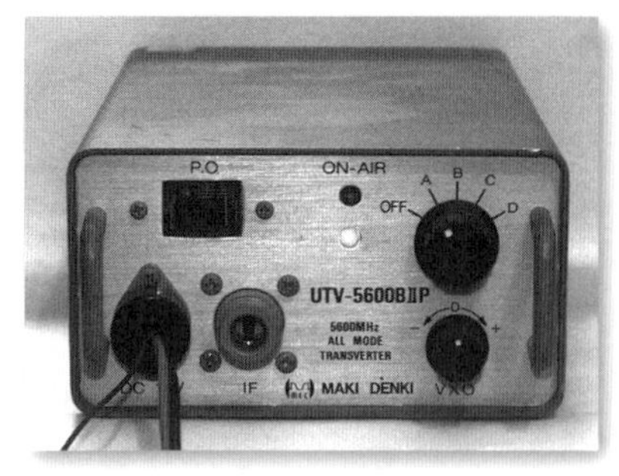


マイクロ・ストリップラインとHEMTを利用した5.6GHz出力のトランスバータで，前機種「B」とほぼ同じ外観ながら内部は大きく変わりました．1.2GHz入力，送信出力は120mW，もちろんオールモード対応です．85,000円の500mW出力タイプと430MHz親機タイプが翌年追加されました．その後ラインナップは整理され1995年頃は600mWタイプ(85,000円，430MHzもしくは1.2GHz親機)のみとなっています．

● **UTV-1200BⅡP　UTV-2400BⅡP　UTV-5600BⅡP**(1997年)

1200BⅡPは1.2GHz帯3W，2400BⅡPは2.4GHz帯1W，5600BⅡPは5.6GHz帯0.7Wのトランスバータで，430MHz帯，もしくは1.2GHz帯(1200BⅡP除く)の親機が使用できるオールモード・タイプです．従来機のマイナ・チェンジ版で，前面アンテナ端子，マイクロ・ストリップラインを採用しています．0.25ppmのオーブン入り高安定発振器(27,000円)の取り付けが可能になり，+10,000円でステンレス防水ケース入りも注文可能でした．パネル面にあるメータは出力表示です．横型ラジケータになりました．

**1993年**

## 西無線研究所　NUC-1200

144MHz入力，1.2GHz出力のオールモード・アップバータです．入力は1～3W，出力は100mW，ハンディ機，特に同社のNTS-200を接続することを想定して作られていました．

| | NTS-200+PLL | NTS-700+PLL |
|---|---|---|
| 周波数(MHz) | 144.00～145.00(PLL)<br>144.15～144.25(VXO) | 430.00～431.00(PLL)<br>430.15～430.25(VXO) |
| 送信出力 | 1W(max) | |
| 電　源 | 9V 単3×6本(外部電源DC9Vコード付) | |
| 外　形 | 65×142×57mm(PLL付) | 65×142×38mm(本体)突起部除く |

NTS-200本体¥30,500、NTS-700本体¥34,000、NPL-101(PLLユニット)¥16,000、NTC-001A(CWユニット)¥7,000、NTC-101A(マイク付CWユニット)¥8,000、NTB-001A DCアダプター(IN12V OUT 9V 1A)¥5,000
NUC-1200(NTS-200用1.2GHzアップバーターOUT 100mw)¥26,000
アップバーター外形65×21×142mm オールモード対応ですのでお手持ちの144MHz FMトランシーバーにも使用可(入力1～3W)

## KEN無線電子　QTV-1200WP

**◆トランスバーターユニット基板(調整済)** HFトランシーバーからV・UHFに出られます

| 品　名 | 送受信周波数 | IF | 価　格 | |
|---|---|---|---|---|
| "NEW" QTV-6SDG | 50MHz帯(DBM使用) | 28MHz帯(144MHzも有り 1,600円UP) | 19,500円 〒300円 | 超高感度 RX部 Ga As FET使用<br>RF・AMP SGM2006M プッシュプル ゲインコントロール付き<br>IF・AMP 2SK125 プッシュプル<br>TX IF 入力レベル 10mw以下 50Ω<br>TX 出力レベル 200mw以上 50Ω<br>QTV-6SDGのX'talは1chのみ実装<br>追加X'tel 1個 1,600円<br>寸法 129×109mm |
| "NEW" QTV-2SDG | 144MHz帯(DBM使用) | 28MHz帯(50MHzも有り 1,600円UP) | 19,500円 〒300円 | |
| "NEW" QTV-07SD | 430MHz帯(DBM使用) | 28又は50MHz帯(指定のこと) | 22,500円 〒300円 | RFAMP 3SK121 IFAMP 2SK125<br>X'tel 1chのみ実装(430～432MHz)<br>追加X'tel 1個 1,600円(4コ追加取付可)<br>寸法 129×109mm 出力150～200mW |
| "NEW" QTV-1200WP(完成品) | 1260～1300MHz | 144/430MHz帯(ワンタッチ切替) 28MHz帯(指定のこと) | 86,000円 〒着払い | ダブルコンバーション/PLL局発方式<br>RX：RF2段AMP ストリップライン<br>TX：出力10W IF入力1W(IF 28MHzは10W)<br>レピーター可(オプション) 納期20日 |
| QTV-2400 | 2.4GHz帯 ラットレースミキサー | 144MHz帯 | 43,600円 〒400円 | サテライトSモード受信に最適です<br>X,tel 1chのみ実装(2400～2402MHz)<br>他に 3ch取付可。<br>TX 出力 100～150mW<br>寸法 146×168mm<br>(水晶追加でアリセーヌSモード可 1,600円) |

**トランスバーター関連ユニット基板** (QTV-6SDG/2SDG/07SD用)

| | |
|---|---|
| CCA-20A(コントロールユニット基板) 親機を指定のこと<br>スタンバイ、ALC、パワーコントロール回路内蔵 | 8,200円 〒300円 |
| CRR-15(M又はN) アンテナリレー、20～30W迄<br>出力メーター回路付き、HVシリーズには不可。 | M型 3,400円 〒300円<br>N型 3,800円 〒300円 |
| LB-6207C パワーモジュール用基板キット(周波数指定のこと)<br>50～1200MHzのモジュールが使用出来ます、LPF、トリマ、パスコン、REGビーズ、ネジ付き<br>モジュールとヒートシンクは含まず。ガラスエポキシスルーホール基板102×45mm | 3,500円 〒200円 |

● 各トランスバーター完成品及び完成用全部品セットも有ります。

VFO-1 アナログ(LC型)VFO安定化装置 50Hzステップ(25Hz可) RIT回路付 10,700円 〒300円

KEN無線電子 〒671-15 兵庫県
TEL

144MHzもしくは430MHz帯の入力を1.2GHz帯に変換するオールモード・トランスバータです．KEN無線電子の商品としては異例なことに完成品のみでの発売でした．

回路はスプリアス的に有利なダブルコンバージョンで出力は10W，入力は2バンドをワンタッチで切り替えできます．オプションで28MHz帯を指定することも可能でした．

● **HVT-1210**(1994年)

144MHz帯もしくは430MHz帯から1.2GHz帯に変換するもので，出力は10Wのトランスバータの完成品です．

QTVシリーズのトランスバータ基板にアンテナ・リレー(CRR-15)，コントロール基板(CCA-20A)を付加し，出力メータ，送信表示LED，バンド切り替えスイッチ，RFゲイン・ボリューム，入出力コネクタを追加した製品です．

1995年

## ケンウッド(JVCケンウッド) TH-59

1.2GHz帯1W出力のFM機です．価格を低めに設定していますがトーン・スケルチを標準で装備し，ローカルとの常時ワッチをしやすくしています．

単3電池4本で移動局の上限である1W出力が可能，9600bps端子を装備しています．

オプションのキーパッド(DTP-2 2,500円)を取り付けるとDTMFに対応するとともに周波数の直接入力も可能です．本機の動作可能最低温度は−20℃でした．

TH-59

1997年

## マキ電機 UTV-24G

1.2GHz帯の親機から24GHz帯　40mWに変換するトランスバータです．

0.25ppmのオーブン入り高安定発振器付きは144,000円，55cm径の専用パラボラ・アンテナは42,000円です．

**UTV-24G(1200)** NEW　※NE32984Dを14本使用。

■出力40mW　¥120,000　POCO付¥144,000
RX部 HEMT3段 GaAsFETミキサ
TX部 HEMT7段GaAsFETミキサ
局発：水晶発振ー22.74GHz、IF:1200MHz帯
アンテナ切替：トランスコ同軸リレーまたは同等品
専用パラボラアンテナ 55cmφ　¥42,000
▼周波数超安定POCOオーブン ユニット別売
安定度0.25p.p.m. SSBモードも可能 ¥22,000

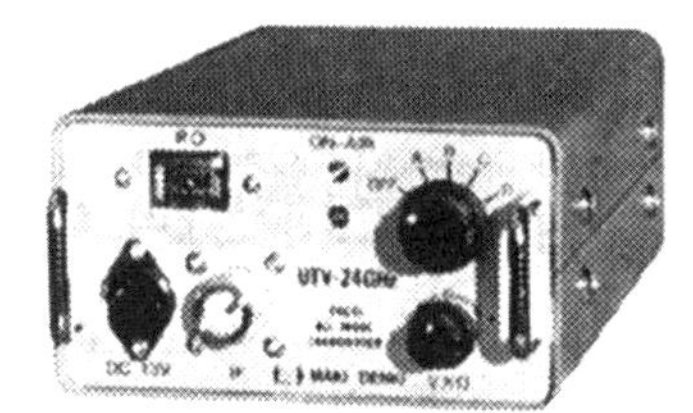


1999年

## マキ電機 UTV-47G

1.2GHzの親機を47GHzに変換するトランスバータです．出力は0.2mW，端子はSMAを採用しています．本機は受注生産での販売でした．

## Column　1295MHzの混信問題

1.2GHz帯でのFM運用が盛んになってくると一つ大きな問題が生じました．それはメイン・チャネル1295MHzに妨害が生じる地域があるということです．

これはUHF 42chのアナログTV放送の映像キャリア（645.25MHz）と音声信号（649.75MHz）が起こす現象で，２波の和が1295MHzとなることから生じる相互変調現象（混変調）でした．

ギガヘルツ・オーダーの通信機器を作ったことのあるメーカーであれば，この付近の周波数を使用する上での注意としてこの現象を知っていたはずで，1.2GHzのリグはどれも入力側のフィルタが高性能であることを謳（うた）っていましたので大きな問題にはならなかったようです．

しかし同軸ケーブルのロスを補うためにプリアンプを入れたりすると状況は一変します．フィルタを挿入するがロスが増えてNF（ノイズ・フィギア）の悪化を招きますから，性能の良さそうなプリアンプの中にはかなりフィルタの甘いものがあったのです．たとえば，650MHz付近での減衰量が20dBというフィルタを内蔵した，利得30dBプリアンプをリグとアンテナの間に挿入したとすると，UHF 42chの信号レベルは相対的に10dB高くなるわけです．

マキ電機やスワロー誘電などは組み込み用のBPF（バンドパスフィルタ）を販売していました．価格は3,000円前後，寸法は4×3cm程度，内部は2～3セクションという小型かつ安価な物で，しかも受信用．多くの方には用途はわかりにくかったかもしれませんが，周波数が離れた信号相手でしたからこれで十分な選択度を持ち，この問題を解決するにはもってこいのユニットでした．**写真13-A**は，自作の1.2GHz 50mW簡易トランスバータに組みこんだスワロー誘電のBPFユニットです．

今はTVのアナログ放送波はありませんのでこの混信は解消されています．

▶**写真13-A**
**1.2GHz 50mW簡易トランスバータに組みこんだスワロー誘電のBPFユニット**

# 第14章 ちょっと変わったモノバンド機たち

## 時代背景

本章では1977年から2000年のHF帯モノバンド機を紹介します．この時代はバブル景気，そしてバブル崩壊後の景気後退期にあたります．景気の良い時代には余裕がありますから隙間需要が生まれ，28MHz帯や50MHz帯のモノバンド機がいくつも発表されました．当初はモービル機，その後ハンディ機と形を変えていきますが，1993年頃から節目が変わります．モノバンド機は少しずつその数を減らしながら価格がどんどん下げられていったのです．

価格の頂点はケンウッドのTS-60V(S，D)，その後の製品は西無線の1機種を除けば高くても4万円前後でした．モノバンド機の動きはバブル景気のそれと大きく重なっています．

50MHz帯のモノバンド機も本章で紹介していますが，中には144MHz帯のリグとシリーズになっている物があります．これらはV/UHF機の各章で取り上げていますので，そちらも合わせてご覧ください．

## 免許制度

モノバンド機の大半が10W以下であり，CWとSSB，もしくはFM専用機がほとんどでしたから，この時代にあった操作範囲変更はほとんど影響を及ぼしていません．第4級アマチュア無線技士の操作範囲がV/UHF帯で20Wになった時も50MHz帯モノバンド機で対応したリグはアルインコ電子のDR-M06DXだけでした．

## モノバンド機の動き

AM時代からHF機の多くはマルチバンドでした．コンディションにより使用周波数を変えた方が良いHF通信ではモノバンドだと運用が辛かったこと，SSB化してからはSSBを作る部分にコストが掛かるようになり，モノバンド機とオールバンド機のコストがあまり変わらなかったことがその原因と思われますが，1970年代後半になると急にモノバンド機が登場しはじめます．

この主因としては1974年に北米の市民無線(CB)の規格が突然40チャネルに変更され，それまでの23チャネル機が行き場を失ったことが考えられます．この23チャネル機は日本国内で多数販売され，違法CB問題を作り出しましたし倒産したメーカーもありました．

しかしこのショックを乗り越えたメーカーの中には，輸出用CB機だけに頼るのではなく，その技術と部品を使ってアマチュア無線機を作り出す会社が現れたのです．このため28MHz帯のモノバンド機がいくつも発表されました．

モービル運用は144MHz帯が中心だったため混信が激しく，局数が少ないうえに足の長い28MHz帯のモービル機の需要が一定数あったのも確かですし，ヨーロッパ向けCB用FM機の回路を流用した29MHz帯FM機は，アマチュア無線専用機のほぼ半額だったので一時期人気となります．

しかし430MHz帯でのモービル運用が盛んになるにつれてこの周波数帯でのモービル運用は少しずつ減少していき，1982年頃から新規のモノバンド機はあまり発表されなくなりました．

その後，50MHz帯を中心に同時通話可能なQRP機が各社から発売されます．これらは連絡用を強く意識した製品で，ヘッドセットの使用を前提に考えられ，2台1組で販売されたリグもありました．同時通話機の出力は控えめに設定されています．

もちろん受信側に影響を与えないためですが，もう一つ，電池の持ちを気にしたという事情もあったようです．このタイプのリグの多くは単3電池動作です．充電式電池は繰り返し使用するため劣化しますが，乾電池は入れ替えがききます．電池代は掛かりますが，毎回同じ時間確実に使用できるというメリットを考えて乾電池仕様としていたのでしょう．

**ちょっと変わったモノバンド機たち 機種一覧**

| 発売年 | メーカー | 型番 | 種別 | 価格(参考) |
|---|---|---|---|---|
| | 特徴 | | | |
| 1977 | 日本電業 | **Liner-15B** | 送受信機 | 68,500円 |
| | 21MHz　SSB　10W　24ch　ファイナルを12V化　他はLiner-15と同じ | | | |
| | 日本コミュニケーション | **TR-1012** | 送受信機 | 43,500円 |
| | 28MHz　FM　10W　12ch(実装2ch) | | | |
| | ミズホ通信 | **SB-21(K)** | 送受信機 | 48,600円(キット) |
| | 21MHz　SSB　1W　VFO　単1電池9本内蔵可能　CW対応は+3,900円 | | | |
| | ミズホ通信 | **SB-21SDX** | 送受信機 | 64,000円 |
| | 21MHz　SSB，CW　1W　VFO　単1電池9本内蔵可能　コンプレッサ付き | | | |
| 1978 | 九十九電機 | **ACRON-15S** | 送受信機 | 39,800円 |
| | 21MHz　SSB　10W　21.1～21.45を5kHzステップでカバー | | | |
| | 新日本電気 | **CQ-P6400** | 弁当箱 | 43,800円 |
| | 50MHz　AM，FM　3W　送受信VFO内蔵　12ch(実装6ch)　ナロー専用 | | | |
| | 電菱(ユニコム) | **UX-502** | 送受信機 | 48,500円 |
| | 28MHz　FM　10W　80ch　28.01～28.80MHzをカバー | | | |
| | 九十九電機 | **ACRON-15SD** | 送受信機 | 46,800円 |
| | 21MHz　SSB，CW　10W　210～21.45を5kHzステップをカバー　サイドトーン | | | |
| | 松下電器産業 | **RJX-610** | 大弁当箱 | 49,800円 |
| | 50MHz　SSB，CW　5W　50.0～50.5MHzデジタル表示アナログVFO | | | |
| | 松下電器産業 | **RJX-T2** | トランスバータ | 29,800円 |
| | 144MHz　オールモード　10W　RJX-610用 | | | |
| | 松下電器産業 | **RJX-T15** | ダウンバータ | 29,800円 |
| | 21MHz　オールモード　10W　RJX-610用 | | | |
| | ミズホ通信 | **SB-21H** | 送受信機 | 58,000円(キット) |
| | 21MHz　SSB　10W　VFO　単1電池9本内蔵可能　CW対応は+3,900円　派生タイプ　相違点：完成品　型番：HDX　価格：68,000円 | | | |
| | 九十九電機 | **TS-310DX** | 送受信機 | 36,800円 |
| | 28MHz　SSB，CW，AM　10W　10kHzセパレーション80ch | | | |
| 1979 | 九十九電機 | **ACRON-10S** | 送受信機 | 39,800円 |
| | 28MHz　SSB，AM　10W　80ch | | | |
| | ミズホ通信 | **QP-7(QP-21)** | 送信機 | 3,000円 |
| | 7MHz(QP-21は21MHz)　1W　3ステージCW送信機キット | | | |
| | ミズホ通信 | **DC-7X** | 送受信機 | 18,000円(キット) |
| | 7MHz　CW　2W　ダイレクトコンバージョン | | | |
| | 電菱(ユニコム) | **UX-602** | 送受信機 | 49,800円 |
| | 50MHz　FM　10W　200ch　51.00～52.99MHzをカバー | | | |
| | 日本圧電気 | **PCS-2800** | 送受信機 | 67,500円 |
| | 28MHz　FM　10W　10kHzステップでカバー　UP/DOWN式　ナロー | | | |
| | 日本電業 | **LS-60** | 送受信機 | 59,800円 |
| | 50MHz　SSB，CW，AM　10W　50～51MHz　100ch+VXO | | | |
| | 松下電器産業 | **RJX-715** | 送受信機 | 49,800円 |
| | 21MHz　SSB，CW　10W　アナログVFO　デジタル表示 | | | |
| 1980 | 三協特殊無線 | **KF-29** | 送受信機 | 47,000円 |
| | 28MHz　FM　10W　12ch(実装1ch) | | | |

| 発売年 | メーカー | 型番 | 種別 | 価格(参考) |
|---|---|---|---|---|
| | 特徴 | | | |
| 1980 | 日本電業 | **LS-602** | 送受信機 | 78,000円 |
| | 50MHz　オールモード　10W　100Hzステップ　自動バリキャップ・チューン | | | |
| | 日本電業 | **LS-102** | 送受信機 | 77,000円 |
| | 28MHz　オールモード　10W　100Hzステップ　自動バリキャップ・チューン | | | |
| | 九十九電機 | **ハイゲン2795** | 送受信機 | 55,000円 |
| | 28MHz　SSB，AM，FM　7.5W(SSB　12W)　28.0～29.35MHz　120ch+VXO | | | |
| | 九十九電機 | **スーパースター360** | 送受信機 | 55,000円 |
| | 28MHz　オールモード　5W(SSB　12W)　28.35～29.7MHz　120ch+VXO | | | |
| 1981 | ミズホ通信 | **TRX-100B(K)** | 送受信機 | 29,800円 |
| | 7MHz　CW　1W　シングルスーパー受信　プリミクスVXO　派生タイプ　相違点：キット　型番：K　価格：24,800円 | | | |
| | 日本圧電気 | **PCS-2800Z** | 送受信機 | 67,500円 |
| | 28MHz　FM　10W　10kHzステップでカバー　UP/DOWN式　海外レピータOK | | | |
| | 九十九電機 | **スーパースター2000** | 送受信機 | 55,000円 |
| | 28MHz　オールモード　12Wpep　28.0～29.7MHz　200ch+VXO　DIV2.5kHz | | | |
| | 日本電業 | **LS-102L(X)** | 送受信機 | 79,000円 |
| | 28MHz　オールモード　10W　100Hzステップ　無印にLSB追加　派生タイプ　相違点：30W　型番：X　価格：83,800円 | | | |
| | 電菱 | **FM-10** | 送受信機 | 46,500円 |
| | 28MHz　FM　10W　10kHzステップでカバー　144MHz帯受信可能(後にオプション) | | | |
| | 明電工業 | **MD-120** | 送受信機 | 15,500円 |
| | 28MHz　AM　10W　28.0～29.54MHzを10kHzステップでカバー | | | |
| | 日本マランツ | **C900J　トークマン** | 板チョコ | 19,900円 |
| | 50MHz　FM　40mW　1ch　ヘッドセット専用　VOX切り替え | | | |
| | ミズホ通信 | **MX-6(ピコ6)** | スティック | 18,000円 |
| | 50MHz　SSB，CW　250mW　50kHzVXO(2ch　実装1ch)　派生タイプ　相違点：キット　型番：6(K)　価格：14,800円 | | | |
| 1982 | アイコム | **IC-505** | 弁当箱 | 78,500円 |
| | 50MHz　SSB，CW(FMはオプション)　10W，3W　100Hzステップ　多彩なスキャン | | | |
| | ミズホ通信 | **MX-6Z(ピコ6Z)** | スティック | 24,000円 |
| | 50MHz　SSB，CW　250mW　50kHzVXO(2ch　実装1ch)　ヘリカル・アンテナ　派生タイプ　相違点：キット　型番：6Z(K)　価格：19,800円 | | | |
| | 日本圧電気 | **PCS-4800** | 送受信機 | 62,800円 |
| | 28MHZ　FM　10W　28.0～29.7MHz送信可能　DIN寸法　レピータ対応 | | | |
| | ミズホ通信 | **MX-15(ピコ15)** | 送受信機 | 24,000円 |
| | 21MHz　SSB，CW　333mW　ハンディ機　21.20～21.25MHz　他50kHzオプション.　派生タイプ　相違点：キット　型番：15K　価格：19,800円 | | | |
| 1983 | ミズホ通信 | **MX-6S(ピコ6スーパー)** | スティック | 28,000円 |
| | 50MHz　SSB，CW　1W　50kHzVXO(2ch　実装1ch)　ヘリカル・アンテナ　派生タイプ　相違点：キット　型番：6S(K)　価格：21,800円 | | | |
| | ミズホ通信 | **MX-10Z(ピコ10)** | 送受信機 | 24,000円 |
| | 28MHz　SSB，CW　ハンディ機　50kHz幅VXO，他50kHz追加はオプション　300mW　派生タイプ　相違点：キット　型番：15K　価格：19,800円 | | | |
| | ユニコム | **UX-10M** | 送受信機 | 39,500円 |
| | 28MHz　FM　10W　200ch　レピータ対応 | | | |
| | ミズホ通信 | **MX-7S(ピコ7S)** | 送受信機 | 28,000円 |
| | 7MHz　SSB，CW　2W　25kHzVXO(2ch　実装1ch)　派生タイプ　相違点：キット　型番：S(K)　価格：24,000円 | | | |
| | ミズホ通信 | **MX-21S(ピコ21S)** | 送受信機 | 28,000円 |
| | 21MHz　SSB，CW　2W　50kHzVXO(2ch　実装1ch)　派生タイプ　相違点：キット　型番：S(K)　価格：24,000円 | | | |

| 発売年 | メーカー | 型番 | 種別 | 価格(参考) |
|---|---|---|---|---|
| | 特徴 | | | |
| 1984 | 岩田エレクトリック | **HT-03** | ポケット | 25,000円 |
| | 50MHz　FM　40mW　2ch(実装2ch)　オートバイ用ヘルメット内装着を想定 | | | |
| | ミズホ通信 | **MX-3.5S(ピコサンゴS)** | 送受信機 | 29,800円 |
| | 3.5MHz　SSB, CW　2W　50kHzVXO(2ch　実装1ch)　派生タイプ　相違点:キット　価格:26,000円 | | | |
| 1985 | ミズホ通信 | **MX-6SR(ピコ6SR)** | スティック | 28,000円 |
| | 50MHz　SSB, CW　1W　50kHzVXO(2ch　実装1ch)　ヘリカル・アンテナ　派生タイプ　相違点:キット　型番:6SR(K)　価格:24,000円 | | | |
| | 日本特殊無線 | **JAPAN-80(80II)** | 送受信機 | 38,000円? |
| | 28MHz　FM　10W　RIT付き　29MHz以上を10kHzステップでカバー　派生タイプ　相違点:発売記念　価格:18,000円 | | | |
| | ミズホ通信 | **AM-6X** | スティック | 19,800円 |
| | 50MHz　AM　0.25W　2ch　50.62MHz実装　受信はVXO　50.5～50.7MHz | | | |
| | 日本圧電気 | **PCS-5800(H)** | 送受信機 | 62,800円 |
| | 28MHZ　FM　10W　テンキー　UP/DOWN選局　28.0～29.7MHz　レピータ対応　派生タイプ　相違点:45W　型番:H　価格:69,800円 | | | |
| 1986 | ミズホ通信 | **MK-15** | 送受信機 | 19,800円 |
| | 21MHz　CW　4W　サイドトーン　セミブレークイン　講習会用はRL-21 | | | |
| | ミズホ通信 | **MX-28S(ピコ28S)** | 送受信機 | 28,000円 |
| | 28MHz　SSB, CW　2W　50kHzVXO(2ch　実装1ch)　派生タイプ　相違点:キット　型番:S(K)　価格:24,000円 | | | |
| | 日本特殊無線 | **MKH-32** | 送受信機 | 19,800円 |
| | 28MHz　FM　1W　水晶制御8ch　内4chオートスキャン　ヘリカル・アンテナ | | | |
| | 栄広商会 | **KR-502F** | 送受信機 | 29,800円 |
| | 28MHz　FM　10W　28.9～29.69MHz　10kHzステップ　100kHzオフセットあり | | | |
| 1987 | ミズホ通信 | **MX-606DS** | 送受信機 | 39,000円 |
| | 50MHz　SSB, CW　10W　100kHz幅VXO　50.2～50.3MHz実装　100台限定　派生タイプ　相違点:キット　価格:38,000円 | | | |
| | ミズホ通信 | **MX-14S(ピコ14S)** | 送受信機 | 28,000円 |
| | 14MHz　SSB, CW　2W　50kHzVXO(2ch　実装1ch)　派生タイプ　相違点:キット　型番:14S(K)　価格:24,000円 | | | |
| | 東京ハイパワー | **HT-180** | 送受信機 | 49,800円 |
| | 3.5MHz　SSB, CW　10W　PLL式100HzステップVFO　セミブレークイン　NBオプション | | | |
| | 東京ハイパワー | **HT-140** | 送受信機 | 49,800円 |
| | 7MHz　SSB, CW　10W　PLL式100HzステップVFO　セミブレークイン　NBオプション | | | |
| | 東京ハイパワー | **HT-120** | 送受信機 | 49,800円 |
| | 14MHz　SSB, CW　10W　PLL式100HzステップVFO　セミブレークイン　NBオプション | | | |
| | 東京ハイパワー | **HT-115** | 送受信機 | 49,800円 |
| | 21MHz　SSB, CW　10W　PLL式100HzステップVFO　セミブレークイン　NBオプション | | | |
| | 東京ハイパワー | **HT-110** | 送受信機 | 49,800円 |
| | 28MHz　SSB, CW　10W　PLL式100HzステップVFO　セミブレークイン　NBオプション | | | |
| | 日本マランツ | **HX600T** | ポケット | 19,900円 |
| | 50MHz　FM　150mW　3ch　同時通話用3ch　2種類あり　同時通話40mW | | | |
| | 日本圧電気 | **PCS-10** | スティック | 34,800円 |
| | 28MHz　FM　3W　23cm長ヘリカル・アンテナ付き | | | |
| | 東京ハイパワー | **HT-106** | 送受信機 | 54,800円 |
| | 50MHz　SSB, CW　10W　PLL式100HzステップVFO　セミブレークイン　50～52MHz | | | |
| 1988 | 日本圧電気 | **PCS-6500(6500H)** | 送受信機 | 52,800円 |
| | 50MHz　FM　10W　UP/DOWN選局　派生タイプ　相違点:45W　型番:H　価格:59,700円 | | | |

| 発売年 | メーカー | 型番 | 種別 | 価格(参考) |
|---|---|---|---|---|
| | 特徴 | | | |
| 1988 | 日本圧電気 | **PCS-6800(H)** | 送受信機 | 52,800円 |
| | 28MHz　FM　10W　UP/DOWN選局　派生タイプ　相違点：45W　型番：H　価格：59,700円 | | | |
| | 東京ハイパワー | **HT-10** | スティック | 16,000円(2台) |
| | 28MHz　AM　200mW　1ch　ロッドアンテナ　2台セット販売 | | | |
| 1989 | 東名電子 | **TM-101** | 送受信機 | 32,000円 |
| | 28MHz　FM　10W　28.8～29.69MHz　80ch　スーパーナロー | | | |
| | 日本圧電気 | **PCS-6** | スティック | 34,800円 |
| | 50MHz　FM　3W　ヘリカル・アンテナ付属 | | | |
| | ミズホ通信 | **MX-24S** | スティック | 29,000円 |
| | 24MHz　SSB，CW　2W　50kHzVXO(2ch　実装も2ch)　派生タイプ　相違点：キット　型番：S(K)　価格：25,000円 | | | |
| 1990 | アイコム | **IC-α6** | ポケット | 19,800円 |
| | 50MHz　FM　150mW　シンプレックス5ch+同時通話可能5ch | | | |
| | ミズホ通信 | **MX-18S** | スティック | 29,000円 |
| | 18MHz　SSB，CW　2W　50kHzVXO(2ch　実装も2ch)　派生タイプ　相違点：キット　型番：S(K)　価格：25,000円 | | | |
| | 日本マランツ | **HX600TS** | ポケット | 19,900円 |
| | 50MHz　FM　250mW　9ch　VOX内蔵　単3電池3本動作　200g | | | |
| | 東名電子 | **TM-102** | 送受信機 | 29,800円 |
| | 28MHz　FM　10W　29～29.8MHz　80ch　スーパーナロー | | | |
| | ユピテル | **50-H1** | ポケット | オープン |
| | 50MHz　FM　10mW　1ch(実装1ch)　VOX　オート・スケルチ　006P | | | |
| | 日本圧電気 | **PCS-7800(H)** | 送受信機 | 52,700円 |
| | 28MHz　FM　10W　28～29.7MHz　UP/DOWN操作　派生タイプ　相違点：50W　型番：H　価格：59,700円 | | | |
| | 日本圧電気 | **PCS-7500(H)** | 送受信機 | 52,700円 |
| | 50MHz　FM　10W　UP/DOWN操作　シンプル操作　派生タイプ　相違点：50W　型番：H　価格：59,700円 | | | |
| 1991 | 岩田エレクトリック | **HT-13** | 送受信機 | 49,000円 |
| | 50MHz　FM 40mW　ネックバンド採用　親機と同時通話　単3電池4本 | | | |
| | ユピテル | **50-H3** | ポケット | オープン |
| | 50MHz　FM　10mW　1ch(実装1ch)　VOX　オート・スケルチ　単3電池2本　ロッドアンテナ | | | |
| | ユピテル | **50-H5** | ポケット | オープン |
| | 50MHz　FM　10mW　5ch(実装5ch)　VOX　オート・スケルチ　横型 | | | |
| | ユピテル | **50-H7** | ポケット | オープン |
| | 50MHz　FM　50mW　5ch(実装5ch)　VOX　オート・スケルチ　縦型 | | | |
| | 日本圧電気 | **AZ-11** | スティック | 44,800円 |
| | 28MHz　FM　5W　12V600mAHニッカド電池　ヘリカル・アンテナ　派生タイプ　相違点：通販　型番：無印　価格：38,000円 | | | |
| | 日本圧電気 | **AZ-61** | スティック | 44,800円 |
| | 50MHz　FM　5W　12V600mAHニッカド電池　ヘリカル・アンテナ　派生タイプ　相違点：通販　型番：無印　価格：38,000円 | | | |
| | JIM／ミズホ通信 | **MX-7S(T)** | スティック | 32,000円 |
| | 7MHz　SSB，CW　2W　25kHzVXO(2ch　実装1ch)　派生タイプ　相違点：値下げ　価格：29,800円 | | | |
| | JIM／ミズホ通信 | **MX-21S(T)** | スティック | 32,000円 |
| | 21MHz　SSB，CW　2W　50kHzVXO(2ch　実装1ch)　派生タイプ　相違点：値下げ　価格：29,800円 | | | |
| | JIM／ミズホ通信 | **MX-6S(T)** | スティック | 32,000円 |
| | 50MHz　SSB，CW　1W　50kHzVXO(2ch　実装1ch)　ヘリカル・アンテナ　派生タイプ　相違点：値下げ　価格：29,800円 | | | |

| 発売年 | メーカー | 型番 | 種別 | 価格(参考) | 特徴 |
|---|---|---|---|---|---|
| 1992 | AOR | **HX100** | ポケット | 39,800円(2台) | 50MHz　FM　2台1組　同時通話　イヤホン・アンテナ，ラバー・アンテナ切り替え |
| 1992 | 東名電子 | **TM-102N** | 送受信機 | 29,800円 | 28MHz　FM　10W　29～29.8MHz　80ch　送信ナロー　受信6kHz帯域 |
| 1992 | アイコム | **IC-α6Ⅱ** | ポケット | 19,800円 | 50MHz　FM　150mW　同時通話可能　20ch |
| 1992 | アイテック電子研究所 | **TRX-601** | 送受信機 | 29,800円(キット) | 50MHz　FM　10W　51～53MHz　10kHzステップ　車載ブラケット付き |
| 1992 | アイテック電子研究所 | **ゼロ-1000-29** | スティック | 9,800円(キット) | 28MHz　FM　100mW　29.0～29.7MHz　10kHzステップ　006P |
| 1992 | アイテック電子研究所 | **ゼロ-1000-51** | スティック | 9,800円(キット) | 50MHz　FM　100mW　51.0～52MHz　10kHzステップ　006P |
| 1992 | アイテック電子研究所 | **ゼロ-1000-29ｽﾍﾟｼｬﾙ** | 送受信機 | 22,000円(キット) | 28MHz　FM　3W　29.0～29.7MHz　10kHzステップ |
| 1992 | ミズホ通信 | **P-7DX** | 送受信機 | 24,000円(キット) | 7MHz　CW　0.6W　手のひらサイズ　7.00～7.03MHzVXO　フルブレークイン |
| 1993 | ミズホ通信 | **P-21DX** | 送受信機 | 24,000円(キット) | 21MHz　CW　0.6W　手のひらサイズ　21.10～21.15MHzVXO　フルブレークイン |
| 1993 | 大栄電子(レンジャー) | **RCI-2950** | 送受信機 | 48,800円 | 28MHz　25W(SSB)　8W(AM，FM，CW)　モービル用 |
| 1993 | ケンウッド | **TS-60V(D，S)** | 送受信機 | 105,000円 | 50MHz　オールモード　10W　パネル面セパレート　TCXO　データ端子　派生タイプ　相違点：25W/50W　型番：D/S　価格：119,000円/129,000円 |
| 1994 | アルインコ電子 | **DR-M06SX** | 送受信機 | 39,800円 | 50MHz　FM　10W　奥行き115mm　シンプル操作 |
| 1994 | アルインコ電子 | **DR-M03SX** | 送受信機 | 39,800円 | 28MHz　FM　10W　奥行き115mm　シンプル操作 |
| 1994 | JIM／T-ZONE | **T-ONE** | 送受信機 | 19,800円 | 28MHz　AMは1W，FMは8W　単3バッテリ・パック外付けでハンディ・タイプの運用 |
| 1994 | 日生技研／T-ZONE | **HTR-55** | 送受信機 | 40,000円(2台) | 50MHz　FM　60mW　ヘッドセット式　同時通話可能　派生タイプ　相違点：値下げ，2台での購入　実売価格：23,800円 |
| 1994 | ミズホ通信 | **QX-21D** | 送受信機 | 26,800円(基板) | 21MHz　SSB，CW　5W　ナノ・シリーズ　オール・キット　ケース・キット1万円 |
| 1994 | ミズホ通信 | **QX-7D** | 送受信機 | 26,800円(基板) | 7MHz　SSB，CW　5W　ナノ・シリーズ　オール・キット　ケース・キット1万円 |
| 1994 | ミズホ通信 | **QX-6D** | 送受信機 | 26,800円(基板) | 50MHz　SSB，CW　5W　ナノ・シリーズ　オール・キット　ケース・キット1万円 |
| 1995 | エンペラー | **TS-5010** | 送受信機 | 59,000円～39,800円 | 28MHz　SSB，CW　25W　AM，FM　10W　HR-2510　Shogunとほぼ同一 |
| 1995 | アイコム | **IC-681** | 送受信機 | 42,800円 | 50MHz　FM　10W　9600bps端子 |
| 1995 | 西無線 | **NTS-1000** | 送受信機 | 89,000円 | 50MHz　オールモード　10W　別バンド用RF対応　トランスバータ対応　派生タイプ　相違点：値下げ，1996年5月実施　価格：84,000円 |

| 発売年 | メーカー | 型番 | 種別 | 価格(参考) |
|---|---|---|---|---|
| | 特徴 | | | |
| 1995 | アツデン | PCS-7801(H) | 送受信機 | 38,000円〒 |
| | 28MHz　FM　10W　28～29.7MHz　UP/DOWN操作　派生タイプ　相違点：50W　型番：H　価格：43,000円 | | | |
| | アツデン | PCS-7501(H) | 送受信機 | 38,000円〒 |
| | 50MHz　FM　10W　シンプルなUP/DOWN操作　派生タイプ　相違点：50W　型番：H　価格：43,000円 | | | |
| 1996 | アツデン | PCS-7801N(H) | 送受信機 | 43,000円〒 |
| | 28MHz　FM　10W　28～29.7MHz　UP/DOWN操作 10kHzステップ用フィルタ　派生タイプ　相違点：50W　型番：H　価格：48,000円 | | | |
| | アツデン | PCS-7501N(H) | 送受信機 | 43,000円〒 |
| | 50MHz　FM　10W　シンプルなUP/DOWN操作　10kHzステップ用フィルタ　派生タイプ　相違点：50W　型番：H　価格：48,000円 | | | |
| | ケイ・プランニング | KH-603 | スティック | 24,800円〒 |
| | 50MHz　FM　4W　BNCヘリカル・アンテナ　単3 6本でフルパワー | | | |
| | アルインコ電子 | DR-M06DX | 送受信機 | 39,800円 |
| | 50MHz　FM　20W　奥行き115mm　シンプル操作 | | | |
| 1997 | サーキットハウス | CF-06A | 送受信機 | 12,000円(基板キット) |
| | 50MHz　SSB　0.2W　ジェネレータ基板とトランスバータ基板の組み合わせ | | | |
| | サーキットハウス | CZ-50A | 送受信機 | 7,800円(基板キット) |
| | 50MHz　搬送波抑圧DSB　0.2W | | | |
| | テクノラボ | DXC-50 | 送受信機 | 28,500円 |
| | 50MHz　搬送波抑圧DSB，CW　1W　VXO式 | | | |
| | アイテック電子研究所 | TRX-602 | 送受信機 | 26,500円(キット) |
| | 50MHz　SSB　最大0.5W　50.15～50.25MHz　VXO　バーニア・ダイヤル | | | |
| | ケイ・プランニング | KH-603　MkⅡ | スティック | 24,800円〒 |
| | 50MHz　FM　5W　BNCヘリカル・アンテナ　単3 6本でフルパワー | | | |
| 1998 | 福島無線通信機 | SSB-50X(50X　1W) | 送受信機 | 23,000円(基板キット) |
| | 50MHz　SSB　0.2W　ジェネレータ基板とトランスバータ基板の組み合わせ　派生タイプ　相違点：1W　価格：35,000円 | | | |
| 1999 | ミズホ通信 | FX-6 | 送受信機 | 36,000円 |
| | 50MHz　SSB，CW　1W　50kHzVXO(2ch　実装1ch)　マイク別売3,800円 | | | |
| | ミズホ通信 | FX-21 | 送受信機 | 36,000円 |
| | 21MHz　SSB，CW　2W　50kHzVXO(2ch　実装1ch)　マイク別売3,800円 | | | |
| | ミズホ通信 | FX-7 | 送受信機 | 36,000円 |
| | 7MHz　SSB，CW　2W　25kHzVXO(2ch　実装1ch)　マイク別売3,800円 | | | |

注)W表示はすべて出力　〒は直販価格

# ちょっと変わったモノバンド機たち 各機種の紹介 発売年代順

## 1977年

### 日本電業 Liner15B

21MHz帯のモービル機，Liner-15のマイナ・チェンジ機です．ファイナルを24V動作の2SC1239から12V系の2SC1307に変えて，DC-DCコンバータを省きました．21.21～21.44MHzの10W出力SSB機です．

### 日本コミュニケーション TR-1012

28MHz帯10W出力のFMモービル・トランシーバです．送受信別水晶の12ch機で実装は29.0MHzと29.6MHzの2chでした．同社は当時エアバンドや150MHz帯のPLL式多チャネル受信機を作っていましたから多チャネル化のノウハウはあったはずなのですが，空いている29MHz帯ではとりあえず2chあれば大丈夫だろうと判断をしたようです．

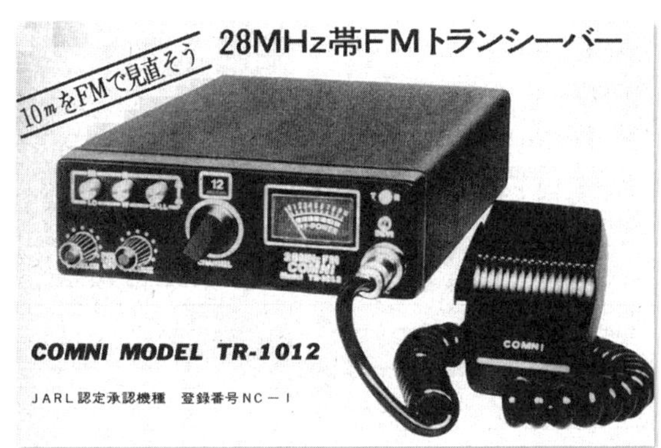


### ミズホ通信 SB-21(K) SB-21SDX

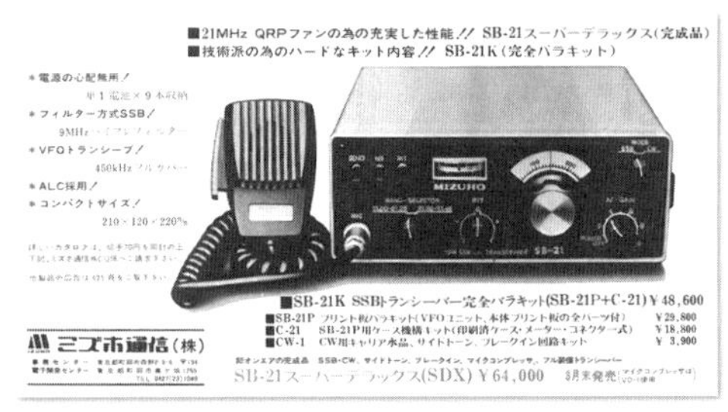


自社製の9MHz SSBジェネレータを利用した21MHz出力1WのSSBトランシーバです．キットはバラキットだったために初心者には製作が難しい部分もありましたが，単1電池9本を内蔵できるので，単体で移動運用をすることができました．周波数読み取り精度は10kHz，21MHz帯を2バンドに分けてフルカバーしています．無印は完成品，SB-21Kはキットです．どちらもCW用キャリア発振，サイドトーン，ブレークインはオプションの別基板3,900円が必要となります．

CW用基板とマイクコンプレッサを装備した完成品SB-21SDX(スーパーデラックス)，64,000円も数カ月後に追加発売されました．

● **SB-21H**(1978年)

SB-21Kにリニア・アンプを追加した21MHz帯10W出力のSSBトランシーバ・キットです．完成品SB-21HDXは１万円高い68,000円という価格設定になっていました．本機の最大の特徴は1978年秋にキット初のJARL保証認定機種となったことです．プリント基板組み立て調整済みのキットだったためと思われます．

## 1978年

### 九十九電機　ACRON-15S

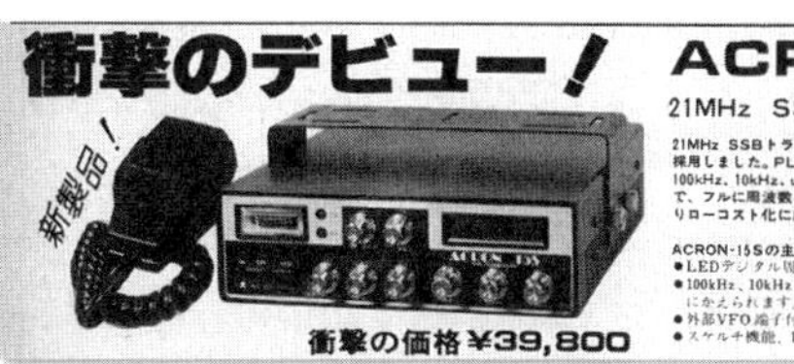


21MHzモノバンドで出力10Wのモービル用SSB機です．100kHz台，10kHz台を10進スイッチで選択します．＋5kHzスイッチがあり，さらにVXOもありますので21.1～21.45MHzを連続カバーしていました．IF周波数は7.8MHzのシングルスーパーです．アマチュア無線機ではIFを9MHz付近にするのが一般的ですが，こうすると3倍波が27MHzとなるので，SSB付きの輸出用CB機では7.8MHzがよく使われていました．本機の製造元は宮城県矢本町(現東松島市)にあった矢本日新です．

● **ACRON-15SD**(1978年)

ACRON-15Sのマイナ・チェンジ機です．周波数範囲を21MHz帯全体に広げキーイング回路とサイドトーンを装備してCWにも対応しましたが，それだけではなく，本機にはスイープ回路も追加されました．これは電子的にVXOを可変させ相手局を探す機能で，ワッチ時にVXOを操作する必要を省いています．出力は従来機と同じく10Wです．

本機は九十九電機だけでなく，アールエーケーエレクトロニクスからも発売され，リニア・アンプと組み合わせた　MC-15S(出力200Wpep)105,800円，MC-15D(出力300Wpep)121,800円も用意されました．

● **ACRON-10S**(1978年)

ACRON-15Sの28MHz版ですがCWはなくAMが発射可能です．販売店である九十九電機が矢本日新に製造を依頼した製品だと思われますが，数カ月で本機の広告は消えてしまいましたので詳細は不明です．80チャネルとされていました．IF(7.8MHz ？)の高調波の抑圧ができなかった可能性があります．

### 新日本電気　CQ-P6400

50.0～52.5MHzのVFOを内蔵し，なおかつそれとは別に12ch(6ch実装)を持つ50MHz帯3WのAM，FM機です．

一見すると送受信別VFO機に見えますが，片方はVFO，片方は固定チャネルの選択でどちらかを使用します．50MHz帯ハンディ機としては初のナロー化FM機で，電池はカートリッジ式になっていました．

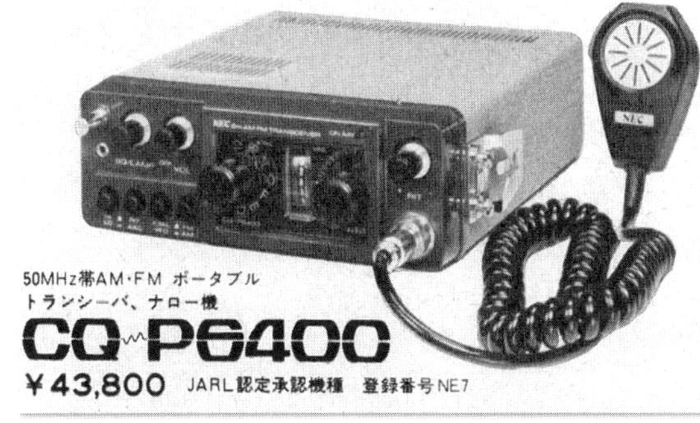


### 電菱(ユニコム)　UX-502

28.01MHzから28.80MHzまでを10kHzステップ(40チャネル×2)でカバーする出力10WのFMモービル・トランシーバです．HFのリグと言うよりもVHFのFM機のイメージでパネル面は極めてシンプルに作られたナロー化機です．バンドプラン上29.0MHzから上がFM運用周波数となったためでしょうか，約半年後に28.9～29.7MHz仕様も可能とアナウンスされるようになりました．

本機は発表当初はユニコムが販売元，数カ月後にユニコム・ブランドで電菱が製造販売元となりました．

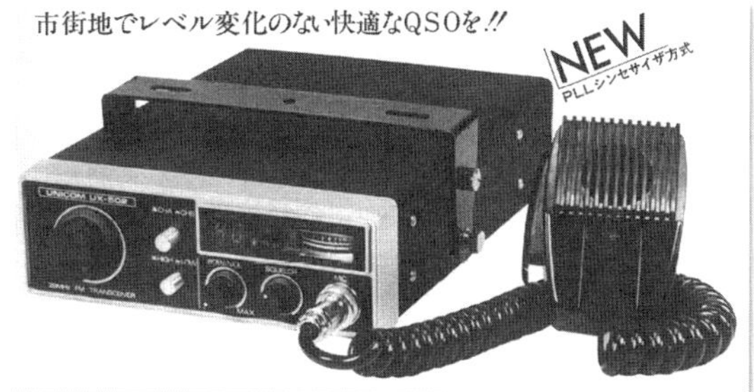

## 松下電器産業 RJX-610

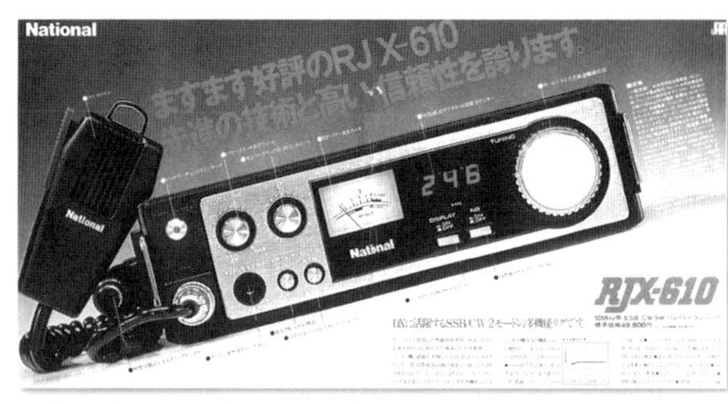


システムアップでオールマイティを狙う多機能ハンディ。

アナログVFOとカウンタ型周波数表示で50.0〜50.5MHzをカバーするSSB，CW機です．チップ部品を使用して本体基板を小型に作りつつ，単1電池を内蔵できるようにして電池での5W出力を得ています．本体が比較的横長であり，マイクロホン・コネクタがパネル左にあること，ホイップ・アンテナがすぐその横にあることから，自宅や移動先での据え置き運用を想定していたものと思われます．

本機のアクセサリにはRJX-L610(17,800円)というリニア・アンプが用意されていました．10W出力なので利得は3dB，恐らく市販された中で一番利得の少なかったリニア・アンプではないかと思われますが，もちろんこれは本体が高出力であったためです．

### ● RJX-T2　RJX-T15

50MHz帯5WのSSB，CWハンディ機RJX-610の出力を144MHz帯(T2)もしくは21MHz帯(T15)に変換するコンバータです．出力は10Wあります．RJX-610発売から約1年の間に，10Wリニア・アンプ，コンバータ，そしてアンテナ切り替え器が矢継ぎ早に発売されています．前面サイズはすべて同じで一堂に集めるとなかなかの盛観になるようにデザインを統一してありました．

## 九十九電機 TS-310DX

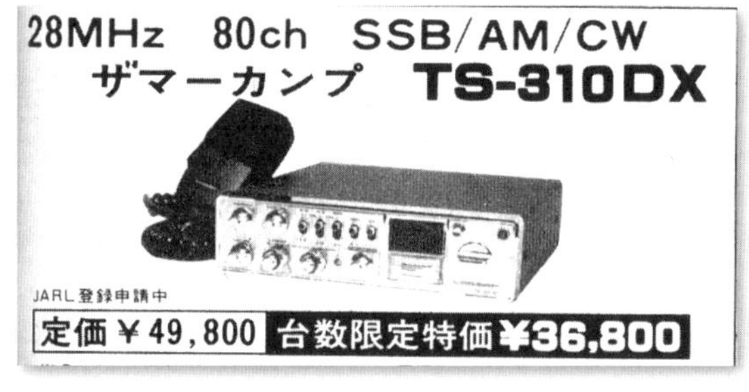


SOMMERKAMP(スイス)ブランド，千葉通信工業製造の28MHz帯SSB，AM，CW機で，SSBは12W，AMは4W出力となっています．10kHzステップ80chを装備していますがセレクタは40chで2バンドを切り替えるようになっていました．実装は28.01〜28.40MHzと28.46〜28.85MHzで間に空きがあります．

製造元の千葉通信工業は北米向けCB機の製造で事業を拡大し，一時は網走，弘前に工場を構えていましたが，本機発売の頃には各工場を順次閉鎖しています．

# 1979年

## ミズホ通信 QP-7　QP-21

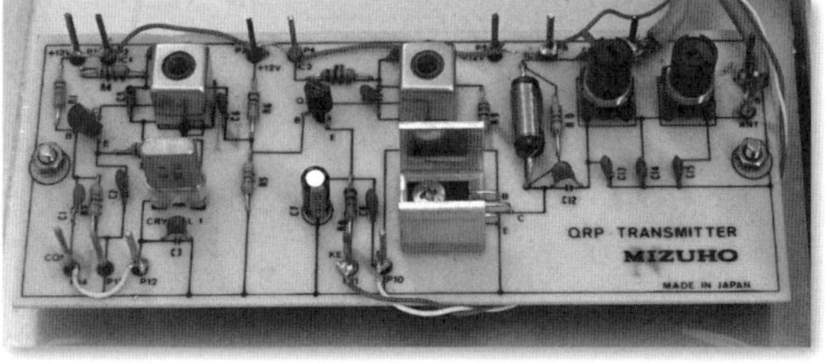


7MHz，もしくは21MHzの1W，CW送信機キットです(写真はQP-21)．

水晶発振，3ステージの基板キットで外装はありません．ドライブ段キーイングで終段がC級増幅のためキーアップ時の漏れが少ないという特徴があり，とても息の長いキットとなりました．

## ミズホ通信 DC-7X

広告上は再登場となっていましたが，同社のダイレクトコンバージョン式CWトランシーバ，DC-7Dの後継機です．7.0～7.15MHz，出力は2W，サイドトーン付きセミブレークインで，RF部が電子同調に変わっています．

## 電菱(ユニコム) UX-602

51.00～52.99MHzまでを10kHzステップでカバーする出力10WのFMモービル・トランシーバです．CALLチャネル・スイッチ付き，もちろんFMはナロー化されています．製造発売元は電菱，ブランドはユニコムです．

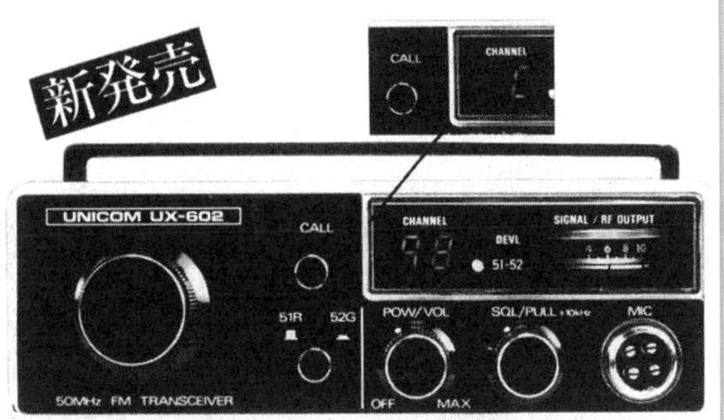


## 松下電器産業 RJX-715

21MHzモノバンドの10W，SSB，CW機です．モービルでも使いやすいように小型に作られたデジタルカウンタ式アナログVFOを搭載しています．このカウンタは表示は1kHz台までに留めていますが，100Hz台までカウントした上でkHz単位で表示をすることで表示のちらつきを抑えています．ノイズブランカ，CWサイドトーンも内蔵し，VHFのFM機並みのシンプル操作も魅力の一つでした．

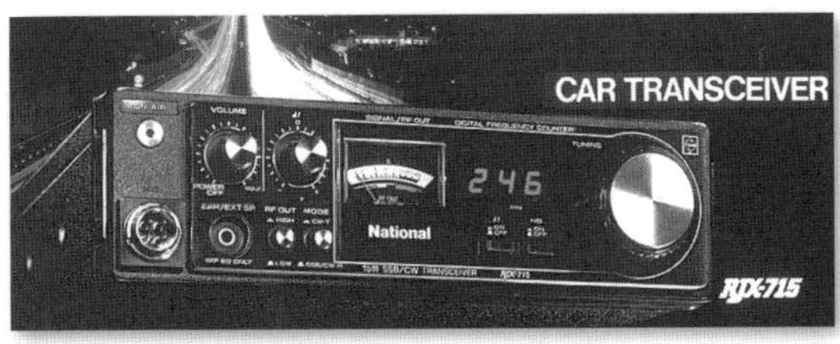


## 日本圧電気 PCS-2800

PCS-2000でアマチュア無線機に参入した日本圧電気の2機種目の製品です．28MHz帯FM10Wのモービル機で操作部と本体の分離が可能です．チャネル・ステップは10kHz，周波数偏移は±5kHzで，明瞭度を重視しつつスカートを良好にした受信フィルタが装着されていました．本機の周波数設定は，テンキー，もしくはUP/DOWNキーです．

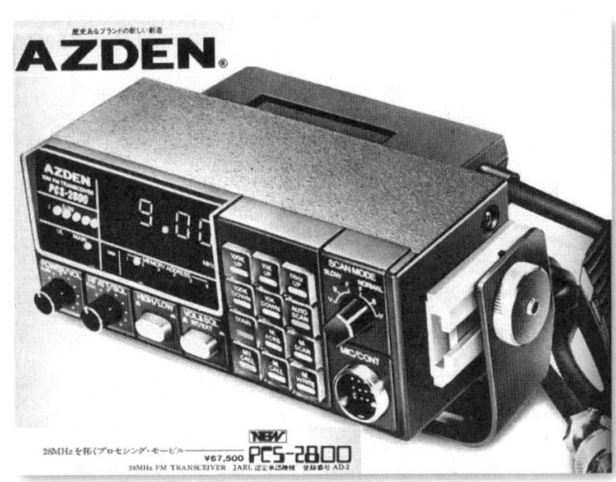


## 日本電業 LS-60

50MHz帯10W出力(AM4W)のSSB，CW，AM機です．50～51MHzを10kHzステップ＋VXOでカバーしています．

## 1980年

### 三協特殊無線 KF-29

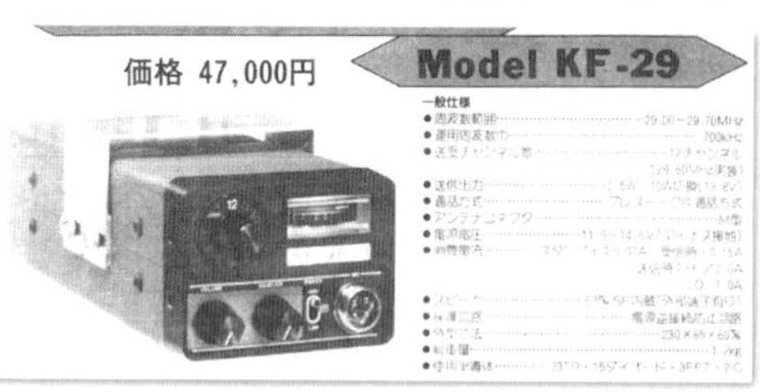


28MHz帯，12chのFMモービル機です．実装は29.6MHzのみで出力は10W，ほぼ6cm角の四角い前面パネルを持ち，奥行きは23cm，重さは1.2kgと小型軽量に作られていました．メーカーでは余分な付加機能を除いて信頼性に重点を置いた普及型トランシーバとPRしています．13.8Vを供給した10W出力の際の消費電流はわずか2Aです．

### 日本電業 LS-602

50MHz帯10W出力（AMは3.5W）のオールモード機です．バンド全体を100Hzステップでカバーしますが，モードに関係なくこれを1kHzに切り替えることが可能で，広いバンド内で信号を探しやすいようになっていました．RF回路は1MHzスイッチ連動のバリキャップ・チューニング，AMは終段前段同時変調です．

### 日本電業 LS-102

28MHz帯を100Hzステップでカバーする，オールモードの10W出力モービル機（AMは3W）です．28MHz台，29MHz台で同調回路のバリキャップ容量を変えることでバンド全体で均一な感度を得ています．メイン・ダイヤルのステップは100Hz，1kHzの2段階切り替えで，kHzオーダーを3桁表示，モービル・ブラケットも付属していました．受信信号のピークでNBが誤動作しないように，NBはパスバンド外のノイズで動作するようになっています．隣接に強い信号があると逆にNBが誤動作してしまうため，NBを止める自動キラー回路も組み込まれていました．

● **LS-102L（X）**（1981年）

LS-102LはLS-102のマイナ・チェンジ機です．新たにLSBモードが加わり，AMの出力が3.5Wになりました．LS-102Xは後に追加されたハイパワー仕様で30W（AM10W）出力83,800円ですが，広告によっては20W（AM7W）と記載されていた事例もあったようです．

### 九十九電機 ハイゲン2795

28MHz帯，SSB，AM，FMのモービル機です．10kHzステップのメイン・ダイヤルとVXOで28.0～29.35MHzをカバーしています．AM，FMの出力は7.5W，SSBの出力は12Wでスタンバイピーも内蔵していました．

## 九十九電機　スーパースター360

28MHz帯オールモードのモービル機です．CW，AM，FMの出力は5W，SSB出力は12Wでスタンバイピーを内蔵しています．輸出用CB機をベースにしているリグにしては珍しく，CWのサイドトーン，セミブレークインも付いていました．FMの周波数偏移が±2kHzと狭いのですが，これは10kHzステップ運用のヨーロッパ系FM－CB機の設定に順じた可能性があります．周波数範囲は28.35～29.7MHz，10kHzステップ＋VXOで連続カバーしています．

今、欧米では28MHzナローバンドFMが、流行しつつあります。九十九電機が自信を持ってお送りする28MHz ALL MODE機が、NEWスーパースター360です。

本体のみ特価￥55,000
グループ買い３台以上の時は１台￥49,800

●周波数範囲：28.35～29.70MHz(120ch)、指定周波数変更も可能です。(納期1.5ヶ月)　●出力：SSB…12WPEP、AM/FM/CW…5W　●FM DEVIATION：2kHz　●CW：セミブレークイン方式、サイドトーン内蔵　●SWR計付シグナルメータ、スタンバイトーン、NB内蔵、トーン切替SW、±10kHz可変 VXO及びRIT内蔵、尚、輸出仕様機もございます。お問合せ下さい。

## 1981年

## ミズホ通信　TRX-100B(K)

7MHz帯の受信機RX-100に1WのCW送信部を付けたものです．DC-7Xはダイレクトコンバージョンでしたが，本機はシングルスーパーでセミブレークイン，サイドトーンも内蔵しています．100Bは完成品，100Kは24,800円のキットで，受信基板は組み立て済みとなっていました．

■7MHz.CW.1Wスーパートランシーバー
TRX-100

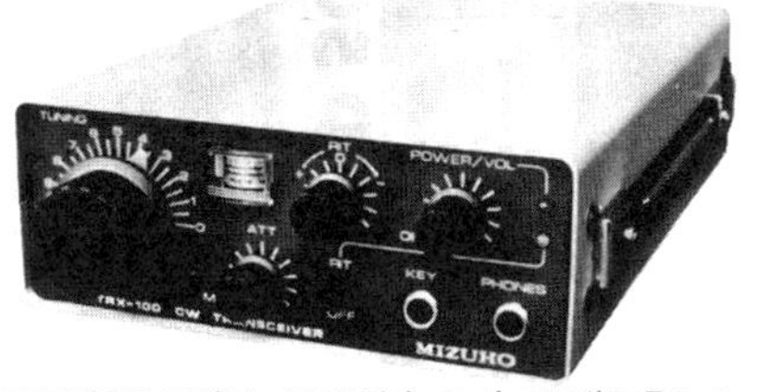


■QRPの本格派！■プリミックスVXO方式、スーパーヘテロダイン回路、フルトランシーブトランシーバー。RX基板は組立済。製作時間5時間！

■特長 ①7MHz・1WのQRPで、手軽に運用できます。②VXO方式で高安定度！③サイドトーン、セミブレークイン方式の本格派！④キットと完成品の両方を用意しました。RX部はRX-100と同じです。

●TRX-100(K)キット……￥24,800〒1,000

## 日本圧電気　PCS-2800Z

28MHz帯のFMモービル機です．10kHzステップのUP/DOWNキーによる選局で，6chのメモリも持っています．出力は10W，その際の消費電流は2.5Aと低めに抑えられています．周波数偏移は±5kHzです．

## 九十九電機　スーパースター2000

28MHz帯のSSB，CW，AM，FMすべてに対応しているモービル機です．SSB，CWは12W出力，AMは7W，FMは10Wとなっています．

メイン・ダイヤルは10kHzステップの50chスイッチ，これを4バンドに展開してVXOを併用することで28MHz帯全体をカバーしました．

本機は後にAM以外の出力をすべて10Wに揃えています．

スーパースター 2000
近日発売！

200ch,5モード・トランシーバ
28MHz，AM/FM/SSB/CW

28～29.7MHzフルカバー
(10kHzステップ50ch×4BAND＋VXO)

オールモード
AM/FM/USB/LSB/CW
出力：SSB/CW 12WPEP
AM 7.5W、FM10W
(各3段切替付)
FM DEVIATION 2.5kHz
SQ, RF GAIN, ANL, NB, TONE, POWER, 切替付

## 電菱 FM-10

28MHz帯を10kHzステップでカバーする10W出力のFM機です．144MHz帯の受信機能が組み込まれていましたが，この機能は後にオプションに変わっています．同社のFM-200と同様にとても息の長いリグとなりました．2022年現在でも同社のホームページでは本機の部品を販売しています．

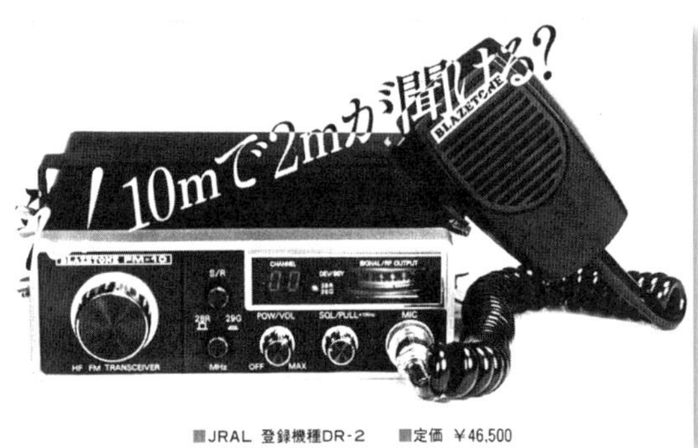


## 明電工業 MD-120

28～29.54MHzをほぼ10kHzステップでカバーする10W出力のAMモービル機です．小型であり，極めて安価であり，中抜けのある40ch×3というチャネル構成から明らかに輸出用CB機の改造品と分かるリグでしたが，JARLの保証認定対象機となっていました．

C900J

アイデアを募集します．要領は次のとおり．
【期間】昭和56年10月21日～12月20日
【方法】官製ハガキに，使用アイデアと住所/氏名/年令/職業/☎を記入し，応募してください．
【送り先】

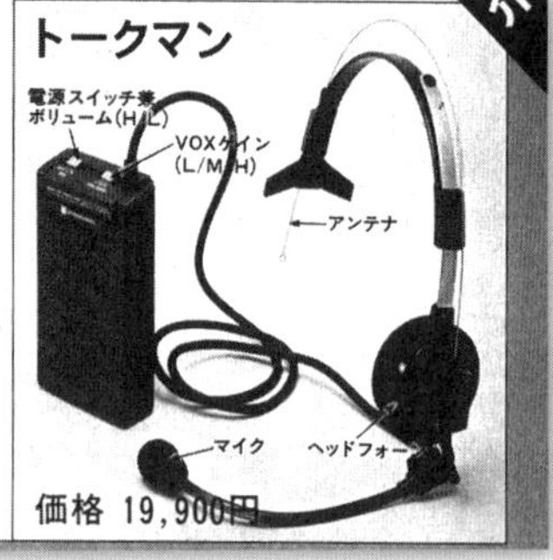


## 日本マランツ C900J トークマン

50MHz帯40mWのFM機です．アンテナ付きヘッドセットが付属しています．送受信切り替えはVOXなので，ヘッドセットをかぶって喋れば送信，それ以外は受信という使い方になります．周波数は51.5，52.5，53.5MHzのいずれか1波，到達距離は見通しが良い場合で500～800mとのことでした．

## ミズホ通信 MX-6 ピコ6

■世界最小SSB.CW.50MHz ¼Wトランシーバー
ピコトランシーバー "ピコ6"

▲上の写真の手さげのひもはオプションです！
●MX-6(K)オールキット …………………… ¥14,800(〒1,000)
●MX-6(B)完成品 …………………… ¥18,000(〒1,000)

50MHz帯¼(0.25)WのSSB，CW機です．電源は006P，SSB機としては極めて小型に作られています．50.2～50.25MHzをカバーするVXOを搭載していて，他に1ch，50kHz幅で拡張することが可能です．内蔵型ロッドアンテナが付属しています．外部アンテナ用コネクタと12V→9V変換器とイヤホンとのセットで2,800円，オプションのバンド水晶は1,500円でした．ピコシリーズでは完成品は(B)キットは(K)が末尾につきます．本機のキットは14,800円でした．

同社では発売前に50MHz帯0.25WのDSB(搬送波抑圧両側波帯)機を試作品として作成し，ハムフェアで販売しました．DSB機はSSB機との相性は良いのですが，DSB機同士では音が二重に聞こえてしまうことがあるためSSB機を開発したとのことです．

● **MX-6Z**(1982年)

50MHz帯¼WのSSB，CW機です．電源は単4電池6本で前機種MX-6より約5mmケース・サイズが伸び，MX-2と同じになりました．周波数範囲はMX-6と同じ，アンテナ端子はBNCで，ここに接続するヘリカル・ホイップが付属しています．ノイズブランカ(NB)が改良されました．キットは19,800円です．

● **MX-15**(1982年)

ミズホ通信のピコシリーズの第3弾で21MHz，1/3W(≒333mW)出力です．VXOで21.20～21.25MHzをカバーし他に50kHz幅で1ch増設することが可能です．SSB，CWの2モードでサイドトーンやブレークインはありませんが後から追加可能でした．

● **MX-6S**(1983年)

50MHz帯1W出力のSSB，CW機です．前機種MX-6Zより出力が増えましたが，同一寸法に収まっています．周波数範囲，アンテナ関連はMX-6Zと同じです．単3乾電池6本もしくは単3ニッカド電池7本で動作します．キットは21,800円と安価でしたが，Sメータ，RIT，サイドトーン，NBが一括オプション(OM-6 2,800円)扱いでした．

● **MX-10Z**(1983年)

1982年夏に発売されたMX-6Z(ピコ６)を28MHz帯にアレンジし直したものです．100台限定，50kHz幅VXOを採用，300mW出力のSSB，CW機で，MX-10ZBは完成品，MX-10ZKはキット，本機は当初「Z」を付けない型番で発表されました．

## 1982年

### アイコム　IC-505

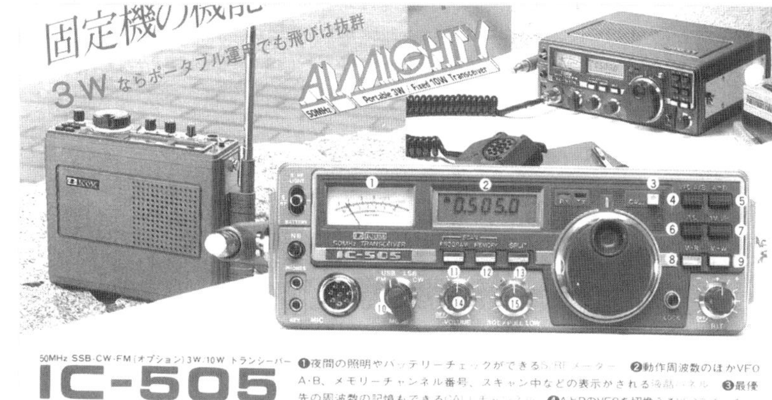


50MHz帯10WのSSB，CW機です．オプションのユニットを装着するとFMでも運用できます．100Hzステップのデジタル VFOを搭載し，サイドトーン，CWセミブレークイン，ノイズブランカも内蔵しています．

電源は外部電源以外に単2電池９本もしくは内蔵用ニッカド電池パックが使用できますが，その場合はパワーアンプを通さない3W運用とすることが推奨されていました．電池を含む重さは3.2kg，3Wでの消費電流は0.9A，10Wでは2.9Aです．

### 日本圧電気　PCS-4800

28MHz帯10WのFMモービル機です．バンド全体を10kHzステップでカバーしています．選局はUP/DOWN式，8chずつ2つのメモリを持ち，クロス・オペレーションも可能です．

前面パネル以外の突起物をなくすことで，車のコンソールに奇麗に収めることができるようにもなっていました．

1983年

## ユニコム UX-10M

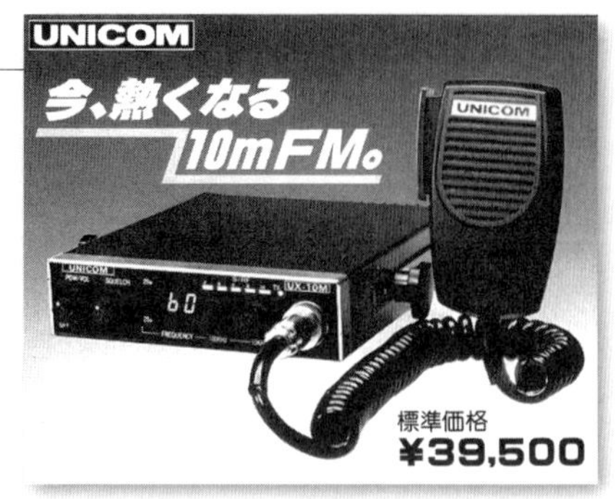


28MHz帯FM10Wのモービル機です．3×13×16cmというコンパクト・サイズでありながら，100kHz台と10kHz台を2つのロータリー・エンコーダで選択する方式でバンド全体をカバーしレピータにも対応しています．本機はユニコムが製造発売元でした．

## ミズホ通信 MX-7S MX-21S MX-3.5S

ピコシリーズのパワーアップ版で，7MHz帯(7S)，21MHz帯(21S)，3.5MHz帯(3.5S)で2W出力のSSB，CW機です．スティック状で操作部は上面にあり，単3乾電池6本，もしくはニッカド単3電池7本で動作します．

アンテナは別売で7MHz用AN-7(4,000円)，21MHz用AN-21(3,000円)，3.5MHz用AN-3.5(4,800円)という短縮ホイップ，そしてダイポール・アンテナも用意されていました．

MX-7Sは7.075～7.100MHz，MX-21Sは21.20～21.25MHz，MX-3.5Sは3.525～3.550MHzを実装し，ほかに1ch増設可能でした．従来21MHz帯のピコシリーズはMX-15でしたが，本機から型番がMX-21に変わっています．どの機種も完成品は(B)キットは(K)が末尾につきます．

7MHz ピコ7スーパー
7MHz SSB.CW 出力2W
MX-7S(K)……¥24,000 〒1,000
Sメーター、RIT付キット
MX-7S(B)……¥28,000 〒1,000
完成品
■7MHzロッドアンテナ AN-7……¥4,000 〒500
全長135cm 縮寸法26cm
■短縮ダイポール DP-A45……¥5,800 〒1,000
全長9m 7/21兼用
21MHz ピコ21スーパー
21MHz SSB.CW 出力2W
MX-21S(K)キット¥24,000
MX-21S(B)完成品¥28,000
ダイポールアンテナDP-15
…………¥3,000 〒1,000
ステンレスホイップSP-15
…………¥3,000 〒800
※ピコ15はピコ21Sに変りました!!
■21MHzロッドアンテナ AN-21……¥3,000 〒500
全長135cm 縮寸法26cm

● **MX-6SR**(1985年)

50MHz帯1W出力のSSB，CW機です．ジェネレータ部のバージョンアップが主な変更点のため，前機種のMX-6Sとの仕様的な違いはありませんが，キットのオプションはNB基板だけになり，キット価格が24,000円に変わりました．50.20～50.25MHzをVXOでカバーし，他に1ch増設が可能，全長25cmのヘリカル・アンテナが付属といった特徴は前機種と同じです．

● **MX-28S**(1986年)

ピコシリーズの28MHz帯2W，SSB，CW機です．28.50～28.55MHzをVXOでカバーし，他に1ch増設可能です．アンテナは別売で，ベース・ローディングのAN-28(4,000円)が用意されていました．

1984年

## 岩田エレクトリック HT-03

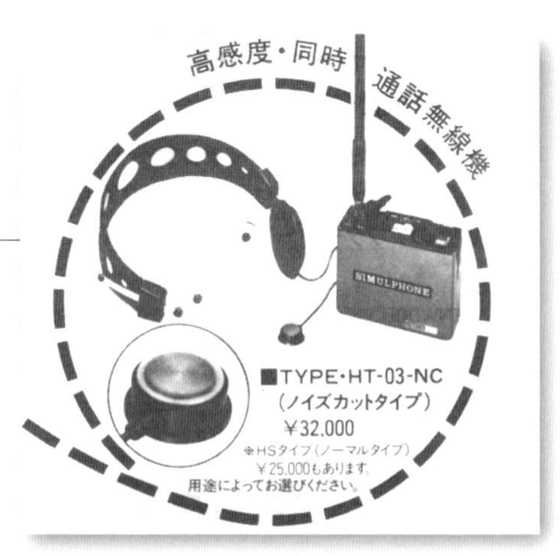


オートバイでの使用を想定した50MHz帯40mW出力のFM機です．短縮アンテナ付きの本体と片耳ヘッドホン，小型マイクで構成されています．ノイズカット・タイプ(32,000円)もありました．

1985年

## 日本特殊無線 JAPAN-80(II)

29MHz帯の10W出力FM機です．29.0～29.39MHz(LOW)と29.40～29.79MHz(DX)をスイッチ切り替えの10kHzステップで選択できます．パネルは緑色．左上のスライド・スイッチはメイン・チャネル(29.3MHz)スイッチ，レピータ・スイッチ，バンド切り替え(LOWとDX)で，なぜか元のパネル表示の上にこの表示を貼り付けている改造機的なタイプもあります．RIT付き．

定価38,000円でしたが発売時特価は18,000円でした．本機にはシルバー・パネルのJAPAN-80IIという製品もありました．

## ミズホ通信 AM-6X

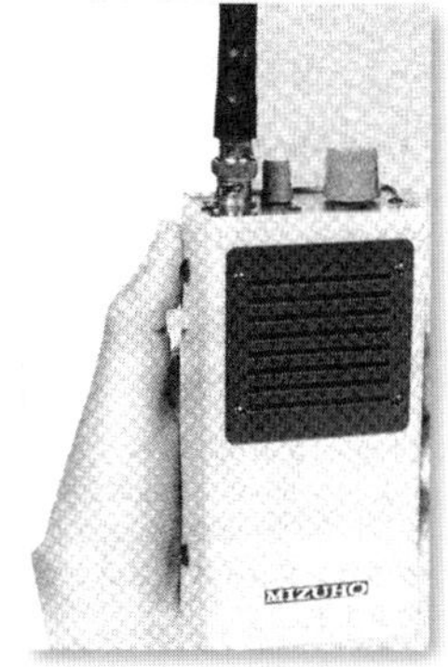


50MHz帯0.25W出力のAM機です．クリーム色の外装で上部パネル面とスピーカ・カバーを緑に塗った独特の色使いが特徴的です．送信は2ch(50.62MHzのみ実装)，受信は50.5～50.7MHz連続可変で，キャリブレーションを取って使用します．送信回路は2段構成，受信は高1中2のシングルスーパー，受信局発はVXO式，電源は単3電池4本でした．

## 日本圧電気 PSC-5800(H)

28MHz帯10W出力のFMトランシーバです．周波数選択はキーボードからのダイレクト入力かアップダウン選局のため大きなメイン・ノブはなく，整然と16個のキーが並んでいます．

優先チャネル受信，周波数ステップ切り替え，2バンク各10chのメモリをもっています．前機種PCS-4800より音質も改善されました．

1986年

## ミズホ通信 MK-15

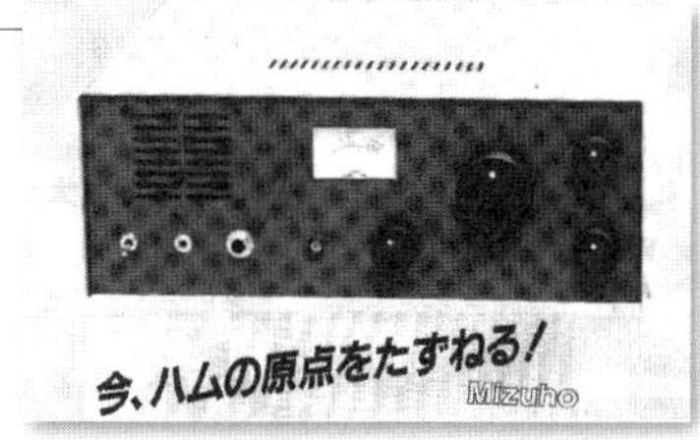


21MHz帯4W出力のCWトランシーバです．サイドトーン，セミブレークインが付いていて，VXOで21.10～21.15MHzをカバーしています．受信部はダイレクトコンバージョンですが従来のDCシリーズなどと異なりRFアンプ付きで，平衡型ミキサICでの復調という回路になりました．本機はキットのみの販売で，基板は組み立て済みながらパネル面の印刷などはありませんので，組みあがったものは自作機に近い印象を与える外観になります．

本機は当初，JARLの講習会用として作られています．その際の型番はRL-21でした．

## 日本特殊無線　MKH-32

28MHz帯1W出力のFMハンディ機です．水晶制御8ch内蔵可能で内4chでオート・スキャンが可能．実装は29.26，29.30MHzの2ch，ヘリカル・アンテナ付きです．電池は単3乾電池4本．

本機発売後，日本特殊無線は特定小電力機器の生産に移行しました．

## 栄広商会　KR-502F

28.90〜29.69MHzの10W出力FMモービル機です．レピータ用オフセット，コール・チャネル機能付き，4デジットのLEDでSやRFを表示します．

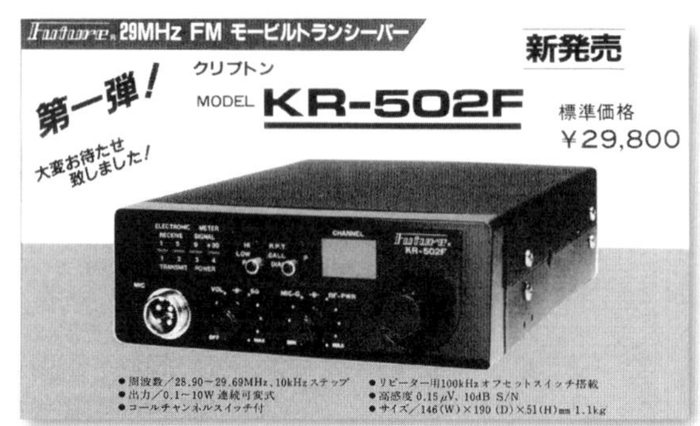


# 1987年

## ミズホ通信　MX-14S(24S, 18S)

14MHz帯2W出力(MX-14S)，24MHz帯2W出力(24S)，18MHz帯2W出力(18S)のSSB，CW対応ピコシリーズです．どちらも50kHz幅VXOを内蔵した2ch切り替え機で，MX-24S，MX-18SはVXO水晶を2個内蔵してバンドをフルカバーさせています．末尾がSもしくはSBであれば完成品，SKの場合はキットですが，MX-24SKは数カ月で販売が完了しました．キットはNBユニット(NB-2S　2,000円)がオプションとなっています．この両機発売の頃，他のピコシリーズではクリスタル引換券プレゼント・セールが行われていました．

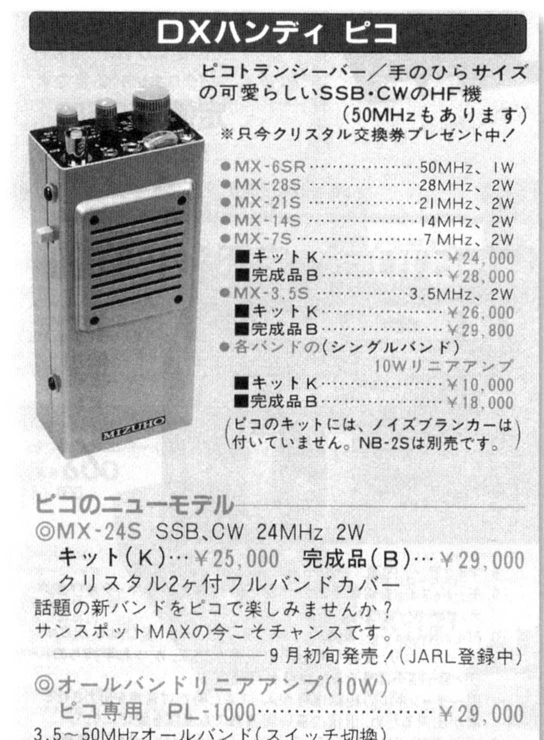


## ミズホ通信　MX-606DS

50MHz帯10W出力のSSB，CW機で，100kHz幅VXOを搭載，50.2〜50.3MHzが実装されています．MX-606Dと同仕様の完成品を7,000円安くしました．100台の限定生産品です．

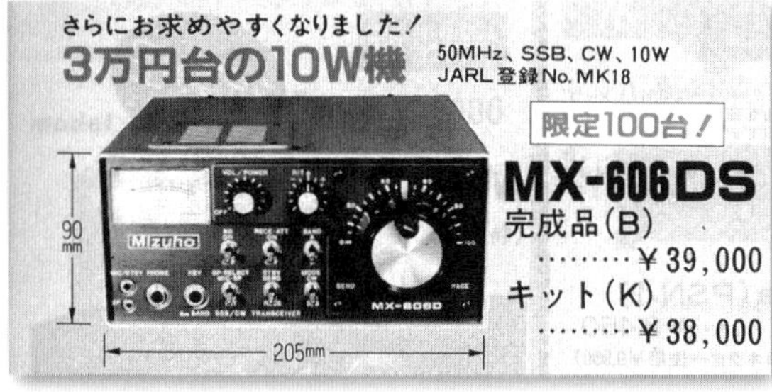

## 東京ハイパワー　HT-180　HT-140　HT-120　HT-115　HT-110

モノバンドで10W出力のSSB，CW機で，型番の末尾2桁が対応バンド(m)を示しています．大きなダイヤルを持つ100Hzステップのデジタル VFOを搭載し，LED4桁で周波数表示をしていました．CWナローフィルタやノイズブランカ，100Wリニア・アンプもオプションが用意されています．VFOは自動早送り機構付き，本体は出力20Wに改造可能，パネル面がシンプルで操作が分かりやすいのも本シリーズの特徴です．HT-110は28MHz台，29MHz台をスイッチで切り替えるようになっていたため，メイン・ダイヤル左のスイッチは4個です．他機種は3個でしたが，1988年初めからHT-140，HT-180にRF-ATTが追加されスイッチは4つに変わりました．

● **HT-106**

50～52MHzで10W出力のSSB，CW機です．HT-140など，他のモノバンド機と同様に100Hzまでの4桁LCD表示を持ち，50MHz台，51MHz台はスイッチで切り替えるようになっていました．

## 日本マランツ　HX600T ピコタンク

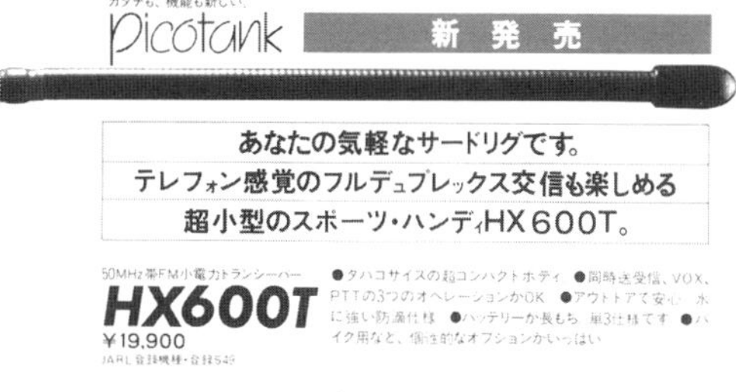


スタンダードは、選ぶ理由のある　ハンディをつくりました。

50MHz帯150mW出力のFMハンディ機でC900Jの後継機です．

高さ8cm，幅6.1cm，奥行き3.6cmと，おもちゃのトランシーバ並みのサイズで，シンプレクス3ch，デュープレクス3chを内蔵しています．ヘリカル短縮アンテナ，VOX付きで電池は単3電池を3本使用します．デュープレクス通信時はAマーク(送信53MHz帯，受信51MHz帯)の製品とBマーク(送信51MHz帯，受信53MHz帯)の製品を組み合わせることが必要で(**表**)，出力は40mWとなり感度は17dB低下します．同機同士の到達距離はシンプレクスで600m以上，デュープレクスで150m以上とのことでした．

**HX-600T送信周波数表**

| シンプレクス | | | |
|---|---|---|---|
| Ch1 | 51.5MHz | | |
| Ch2 | 52.5MHz | | |
| Ch3 | 53.5MHz | | |
| デュープレクス | | | |
| 周波数マークA | | 周波数マークB | |
| Ch1 | 53.74MHz | Ch1 | 51.64MHz |
| Ch2 | 53.77MHz | Ch2 | 51.67MHz |
| Ch3 | 53.79MHz | Ch3 | 51.69MHz |
| マークAタイプはマークBタイプの同じチャネルを受信する | | | |
| マークBタイプはマークAタイプの同じチャネルを受信する | | | |

● **HX600TS**(1990年)

HX-600Tからデュープレクス機能を省き，代わりにシンプレクスを9ch(全実装済)に増やし250mWに増力した50MHz帯FMハンディ機です．重さは200g，価格は変わりません．

## 1988年

### 日本圧電気 PCS-10

28MHz帯3W出力のFMハンディ機です．

23cmに短縮したヘリカル・アンテナとトーンエンコーダを内蔵しています．29.0～29.7MHzをカバーするサムホイール・スイッチ付きPLLを内蔵し，9.6Vのニッカド電池を内蔵するようになっていました．

### 東京ハイパワー HT-10

28MHz帯200mW出力のAM機で，28.89MHzのみを内蔵，切り替えはできません．本体内に整合器を持つロッドアンテナ内蔵，電池は006P，高さは15.5cmありますが厚さは2.2cmと薄くできています．2台1組で販売されていました．

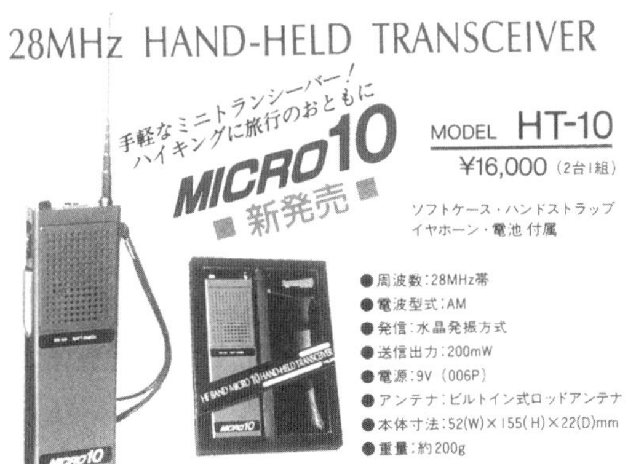


### 日本圧電気 PCS-6500(H) PCS-6800(H)

PCS-6500は50MHz帯，PCS-6800は28MHz帯の10W(Hタイプは45W)出力FM機です．

2組のUP/DOWNスイッチで周波数選択を行いますので，早送り切り替えがなく瞬時に操作しやすくなっています．

専用の透過型LCDを採用して必要な情報はディスプレイ内に集めました．

## 1989年

### 日本圧電気 PCS-6

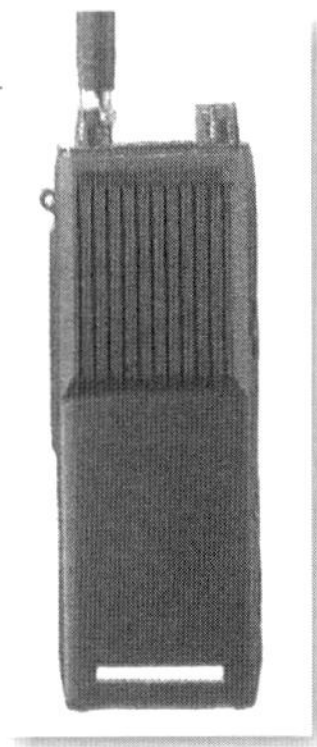

50MHz帯3W出力のFM機です．ニッカド電池パックを内蔵し，周波数選択はサムホイール・スイッチ，ヘリカル型ホイップやニッカド・バッテリなどが付属していました．

### 東名電子 TM-101

28MHz帯10W出力のFM機です．40chのセレクタとスイッチの併用で，28.80～29.68MHzが10kHzステップで選択できますが，一部飛んでいる周波数もあります．最大周波数偏移は±2.5kHz，88.5Hzのトーンエンコーダとシフト・スイッチ付きでレピータにも対応していました．

**1990年**

## アイコム IC-α6

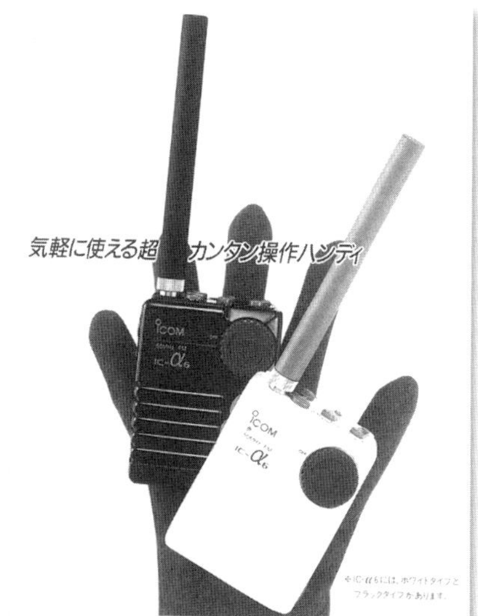


シンプレクス5ch，フルデュープレクス5chを内蔵した出力150mWの50MHz帯FM機です．75×58×30mmという防滴の小型筐体で，ヘリカル・アンテナが付属しています．

フルデュープレクス時はヘッドセット（オプション）を使用し出力は50mWになります．

CH4，CH5は内部の設定を変えてCH3の周波数を変更するようになっているので，外部切り替えスイッチは3ch分となっています．電源は単3電池3本でした．

● **IC-α6Ⅱ**（1992年）

内蔵チャネルを20chに増やした出力150mWの50MHz帯FM機です．フルデュープレクス時はオプションのヘッドセットを使用し出力は50mWになります．

## 東名電子 TM-102

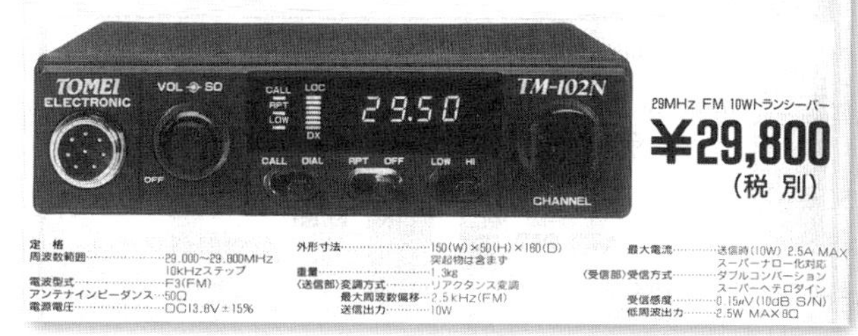


29〜29.8MHzを10kHzステップで連続カバーする10W出力のFM専用小型車載機です．

TM-101と違い本機は周波数を直接表示します．CALLチャネル・スイッチ付き，レピータに対応したスーパーナロー機でパネル表記はTM-102Nでした．

● **TM-102N**（1992年）

TM-102のマイナ・チェンジ機です．送信時の周波数偏移がスーパーナロー（±2.5kHz）からナロー（±5kHz）に変更になりました．本機はSメータがパネル左端にあります．

## ユピテル 50-H1　50-H3　50-H5　50-H7

**50-H5，50-H7の実装周波数**

| | | |
|---|---|---|
| Ch.1 | 53.4678MHz | |
| Ch.2 | 53.4839MHz | |
| Ch.3 | 53.5000MHz | 50-H1，50-H3の標準実装周波数 |
| Ch.4 | 53.5161MHz | |
| Ch.5 | 53.5322MHz | |

いずれも50MHz帯の超小型FM機です．先に発売された50-H1は，10mW出力1chのポケット型トランシーバでロッドアンテナを内蔵していました．

その後，単3電池2本動作のH3，5ch切り替え式（**表**）で外部PTTスイッチ付きのH5，H7が発売されています．H5は短縮アンテナ付きのヘッドセット，H7はヘリカル型短縮アンテナ付きのヘッドセットを採用し出力を50mWに増やしました．

両機はオートバイ同士の近距離通話を想定していたようです．本シリーズは一般のアマチュア無線機とは違うルートで販売されていました．

（写真提供：7N3UCN）

## 日本圧電気 PCS-7800(H) PCS-7500(H)

PSC-7800は28MHz帯，PSC-7500は50MHz帯のFM車載機です．

UP/DOWNスイッチによる選局で無印は10W出力，Hタイプは50W出力(+7,000円)，メーカーではシンプルな操作性をPRしていました．

## 1991年

## 岩田エレクトリック HT-13

50MHz帯40mWの同時通話式FM機です．ハンズフリーで交信できるネックバンド式マイクロホンとイヤホンが付属しています．

同時通話の場合，親機と子機に分ける必要がありますが，親機には子機周波数の受信信号を親機周波数に変換して送信する機能を持たせてあり，子機同士での交互通話も可能です．これは厳密にはレピータと同じ動作となりますが，本機はJARL保証認定機種として販売されました．

同社はその後，防犯機器のメーカーとなっています．

## 日本圧電気 AZ-11 AZ-61

28MHz帯(AZ-11)，50MHz帯(AZ-61)で最大5W出力のFMハンディです．

最小5kHzのPLLを内蔵し，どちらもバンド全体をカバーしています．

メモリは40ch，DTMFエンコーダ，コードスケルチ，プライオリティ・チャネル機能を持っていて，12Vの付属ニッカド電池もしくは外部電源で動作します．ヘリカル・アンテナが付属していて，ロッドアンテナをオプションで用意していました．

## JIM/ミズホ通信 MX-7S(T) MX-21S(T) MX-6S(T)

1991年初めに，ミズホ通信が順次ピコシリーズの生産を終了するというアナウンスを出した後に，JIM(サンテック・旧七洋無線研究所)がライセンスを受けてピコシリーズを再生産したのがこの3機種です．

MX-7Sは7MHz帯2W出力，MX-21Sは21MHz帯2W出力，MX-6Sは50MHz帯1W出力で，すべて完成品(Tタイプ)となっています．全体の塗色は黒に変わりました．7，21MHz帯のロッドアンテナやレザー・

ケース，リニア・アンプ，電源類もオプションで用意されています．CWのサイドトーン・セミブレークインはオプション(CW-2S　8,400円)でした．

1992年にはミズホ通信もMX-3.5S，MX-14S，MX-18S，MX-28Sを限定生産しています．MX-3.5Sは直販のみ，他は主としてトヨムラで販売されました．

またJIMブランド(これもトヨムラ扱い)のMX-7S，MX-21S，MX-6Sは1994年末にはVXO水晶が2波付属するようになり29,800円に価格改定されています．

| モデル名 | モード 出力 | 内蔵・VCX クリスタル | 価格 (完成品のみ) | ロッドアンテナ |
|---|---|---|---|---|
| MX-7S(T) | A1 A3J 2W | 7.075〜7.100MHz | ¥32,000 | AN-7 ¥4,80 |
| MX-21S(T) | A1 A3J 2W | 21.200〜21.250MHz | ¥32,000 | AN-2 ¥4,80 |
| MX-6S(T) | A1 A3J 1W | 50.200〜50.250MHz | ¥32,000 | |

## 1992年

### AOR HX100

50MHz帯のポケット・サイズFMトランシーバで，同時通話にも対応しています．本体のマイクだけではなく外部タイピン・マイクを使用することが可能で，アンテナもラバー・アンテナとイヤホン・アンテナを切り替えられます．

充電式単3電池など，すべて一式がセットになって2台1組で販売されていました．

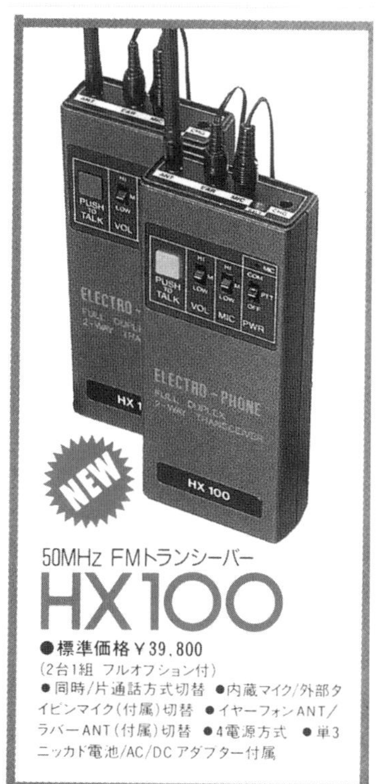


### アイテック電子研究所 TRX-601

各種キットを発売していたアイテック電子研究所の車載，固定両用の50MHz帯10W出力のFM機です．

51.00～52.99MHzを10kHzステップでカバーします．本機はキットのみですが，本体基板は組み立て調整済みで作りやすい物でした．

**● ゼロ-1000-29**
**ゼロ-1000-51**

どちらもサムホイール・スイッチ式で出力100mWのFMハンディ機です．ゼロ1000-29は29MHz台，ゼロ1000-51は51MHz台のリグです．

電源は006Pで本体基板は組み立て調整済みの，キットのみの販売でした．

**● ゼロ-1000-29スペシャル**

ゼロ-1000-29に出力3Wのパワーアンプを追加して付属回路を追加しTRX-601のケースに組み込んだ製品です．基板は組み立て調整済みでキットでの発売，アイテックでは「配線量が多い」と注意を促していました．

TRX-601 51MHzFM PLLトランシーバー

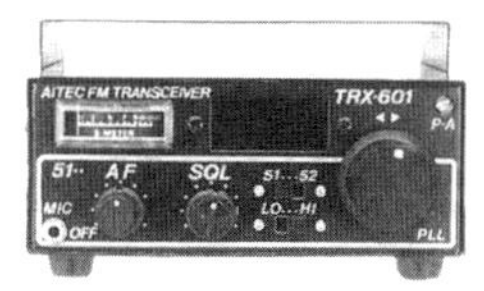


本格的な性能のトランシーバーです．ロータリーエンコーダによるチューニング、周波数のデジタル表示、アナログSメーターなど操作性は抜群です．高感度、10W機、この高性能機がキットで製作できるのです．ユニットは調整済ですから測定機が無くても安心して製作できます．各地の製作講習会で大好評です。 送受信周波数 51.00～52.99MHz　送信出力 10W(Hi)、1W(Lo)　電源電圧 DC12V

キット￥29,800 〒1,000 税￥920

ゼロ-1000-29型FMポケトラ
ゼロ-1000-51型FMポケトラ

ナント、たったの9,800円でPLL方式のポケトラが作れる！しかも高価な測定機の必要な基板ユニットは組み立て調整済みですから安心です．製作は各スイッチ類とかコネクターの配線が主体です．でも結構、細かい作業なのでやりがいがあります．初心者からOMまで楽しめる本キットは各地の製作講習会の教材としてひっぱりだこの大人気です．携帯用としてよりも、屋外アンテナを使った固定での運用が多いようです．29MHz用と51MHz用の2種類あります．
送受信周波数 29.00～29.70MHz(29型)、51.00～51.99MHz(51型)　送信出力 100mW、電源電圧 DC9V(006P) 外部電源端子、外部マイク端子付き。

キット￥9,800 〒1,000 税￥320

ゼロ-1000-29スペシャル

ゼロ-1000をベースにした、29MHz FMトランシーバーの決定版！出力3Wで海外ともQSOできる実力派．ロータリーチューニングのフイーリングは最高…！周波数はデジタル表示、本物のSメーターを装備して、使いやすさは抜群です．この高性能トランシーバーがキットで作れるのです．調整の必要な主要部分は組み立て調整済みですから安心です．でもデジタル回路や周辺の配線は多く、製作の手応えは十分にあります．電波形式 F3、送信出力 3W、送受信周波数 29.00～29.70MHz(10KHzステップ) 電源電圧 DC13.5V

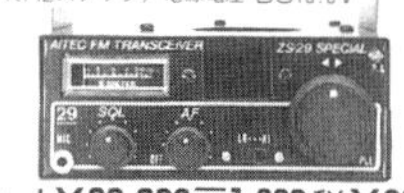


キット￥22,000〒1,000税￥690

## 1993年

### ミズホ通信 P-7DX　P-21DX

P-7DXは7MHz帯（7.00～7.03MHz），P-21DXは21MHz帯（21.1～21.15MHz）のモノバンドのCWトランシーバ・キットです．入力1W，受信はシングルスーパーで，サイドトーン，フルブレークイン，Sメータも装備しています．

原発振は30kHz幅（P-21DXは50kHz幅）のVXO，減速機構付きダイヤルを使用していました．完成品は＋7,000円です．

### 大栄電子（レンジャー） RCI-2950

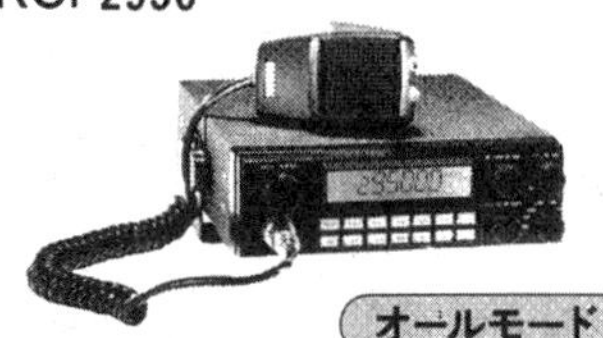


日本では大栄電子が販売しましたが，もともとは米国のレンジャー社が台湾で製造し北米で販売していたモービル機で，北米仕様のCB機と28MHz帯フルカバーのアマチュア無線機の2仕様がありました．

大栄電子の物は28MHz帯仕様で，SSBは25W，AM，CW，FMは8W出力となっています．本機のハイパワー・モデルとしてはRCI-2970（SSBは150W出力）があり，RCI-2950の後期モデルには24MHz帯，28MHz帯の2バンド機もありましたが，この両者は輸入されていないようです．

### ケンウッド TS-60V（D，S）

50MHz帯モノバンドのオールモード機で，Vタイプは10W，Dタイプは25W，Sタイプは50W出力となっています．デザインはHFオールバンド機TS-50と同一で機能もほとんど同じです．操作が複雑にならないように，AGCやIFフィルタ，パワーの切り替えなどのよく操作するメニューを集めたAモードとそれ以外のBモードにメニューを分けています．

受信は40～60MHz，当時の50MHz帯特有のTVI問題を配慮して，第2高調波は－80dBまで抑圧されていました．

## 1994年

### アルインコ電子 DR-M06SX　DR-M03SX

DR-M06SXは10W出力の50MHz帯FMモービル機，DR-M03SXは10W出力の28MHz帯FMモービル機です．

どちらも幅14cm，奥行き11.5cmに小型化，高さは4cmしかありませんから自動車のコンソールに収めることが可能です．100chのメモリや50chのトーン・エンコーダも内蔵しています．オプションでトーンスケルチの装着も可能でした．

● **DR-M06DX**（1996年）

1996年4月施行の第4級アマチュア無線技士操作範囲改定を受けて作

られた20W出力の50MHz帯FM機です.

本機には他の兄弟機にない特徴がありました. それは60MHz帯のアナログ防災無線が受信可能だったことで, 類似のリグが少なかったこともあり, 仕様の似た後継機DR-06DX(HX)はなんと2020年まで販売されています. また, 28MHz機DR-M03SXだけはDXタイプ(20W)が発売されませんでしたが, これは4アマのHF帯の操作範囲が10Wのままだったためでしょう.

## JIM／T-ZONE　T-ONE

28MHz帯のAM, FMモービル機です. 10kHzステップで1MHz幅をカバーしていますが, 28.70～28.99MHzはAM, 29.00～29.69MHzはFMに切り替わります. AMは1W, FMは8W出力で, モービル・ブラケットだけでなく, ポータブル運用のためのホイップ・アンテナ, 単3電池ホルダも付属, UT-ONE(2,800円)を組み込むとレピータ運用も可能です.

T-ZONEはトヨムラが亜土電子工業の資本参加を受けた1987年から使用していた名称で本機の発売元は(株)トヨムラでした.

## 日生技研／T-ZONE　HTR-55

50MHz帯60mWのFM機です. ヘッドセットを使用する同時通話方式で2台1組で販売され, 実売価格は23,800円(1組)でした. 製造元の日生技研は現在(2022年)も国際VHF(船舶無線)のトランシーバなどを製造しています.

## ミズホ通信　QX-21D　QX-7D　QX-6D

基板ユニットQX-21U, QX-7U, QX-6U(各26,800円)をケースに組み込んだ出力5WのSSB, CWトランシーバで, 完成基板と周辺部品のセットがキットとして発売されました.

QX-21Dは21MHz帯, QX-7Dは7MHz帯, QX-6Dは50MHz帯で, どれも4chの50kHz幅VXO回路付き, NB, フルブレークイン, サイドトーン付きです.

21MHz SSB/CWトランシーバー基板ユニット

■QX-21U ―――― ¥26,800

QX-21Uは完全調整済みの21MHz SSB/CWトランシーバーの基板ユニットで, 付属パーツを自分でそろえて組み立てれば, 好みのカタチのトランシーバーに組み立てることができる.

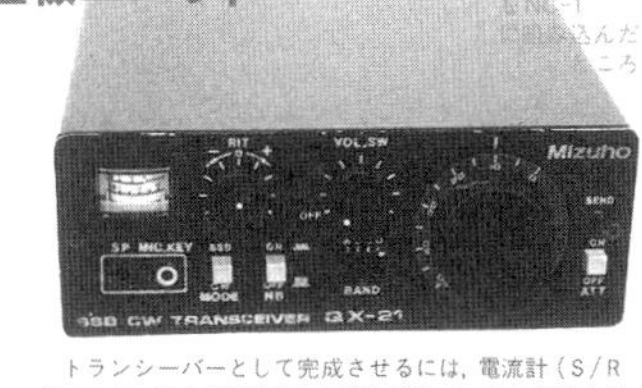


トランシーバーとして完成させるには, 電流計(S/RFメーターとして使う)DC300～350μA, BNCまたはM型コネクター, 1回路2接点スライド・スイッチ, RITボリューム, スピーカー, ケースなどを各自でそろえる必要があるが, このような機構パーツ類とミズホのケースをセットにした, ケースキットNC-1(¥10,000)を別に用意している. 上の写真はこれを組み立てた完成品. 出力は, 12V DC入力でRF出力5WとQRPp500mWの切り替えができる. 局発のVXOは50kHz×4となっており, SSBはもちろん, CWフルブレークイン可能. サイドトーン, ノイズ・ブランカー, RF ATT内蔵.
〔ミズホ通信㈱　〒194 東京都町田市高ヶ坂1635 ☎0427-23-1049〕

当初の予告広告では3バンド揃っていたのですが, 発表の翌月には基板がQX-21Uだけになりましたので, QX-7U, QX-6Uを用いるQX-7D, QX-6Dは発売されていない可能性があります.

基板を省いたケースと周辺部品のセットもケース・キットとして発売していました. NC-1(後にNL-1)10,000円です.

## 1995年

### エンペラー TS-5010

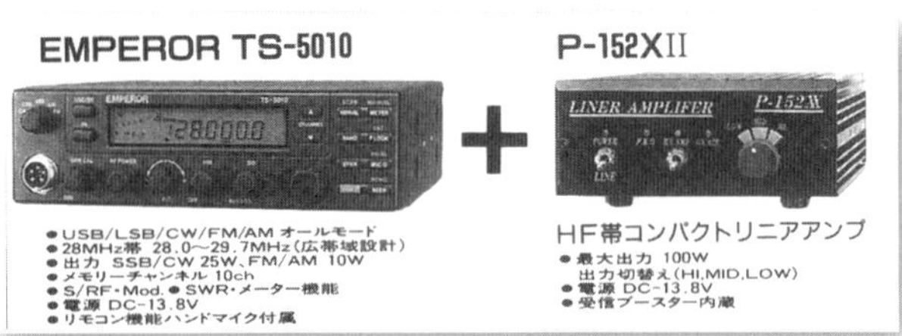


最小100HzステップのVFOを搭載したオールモードの28MHzモービル機です．もともとはSSB，CWは21W，AM，FMは10W出力のCB周波数のハイパワー機ですが，製造元が28MHzに周波数変更したバージョンも北米で流通していたので，その輸入品と思われます．発売元の小田原無線など国内の販売店ではSSB/CW25W，AM/FM10W出力，定価75,000円と明記して販売していました．

### アイコム IC-681

50MHz帯10WのFMモービル機です．50MHz帯を10kHzステップでフルカバー，シンプルな外観ながらスキャンやメモリなどが充実しています．IC-281，IC-381の豊富なオプションもそのまま使える，144，430MHz帯ユーザーが50MHz帯に下りやすいリグでした．

### 西無線 NTS-1000

50MHz帯SSB，CW，FMの10W機です．PLLとファイン・チューニングで50MHz帯全体をカバー，7段のAF-PSNを使用したアナログ式PSNでSSBを生成しているのが最大の特徴です．本体は3つに分かれており，その内のRFユニットとメイン・ユニットは合体型，コントローラ・ユニットは分離型となっています．RFユニットを交換すれば他バンドにも出られるようになっていて，納期2～3カ月の受注製造でした．

## 1996年

### アツデン PCS-7801(H)　PCS-7501(H：1995年)

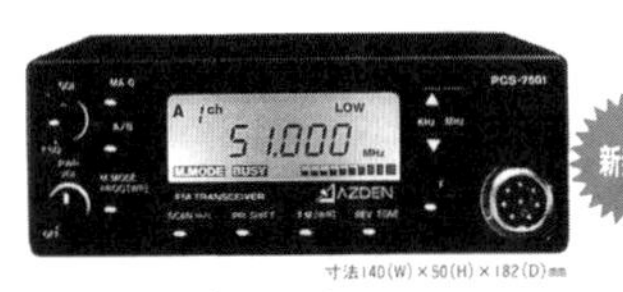


PCS-7801は28MHz帯，PCS-7501は50MHz帯で，無印は10W，Hタイプは50W出力のFMモービル機です．

前機種00シリーズとの一番の違いはトーン・エンコーダとシフト・スイッチの連動を止めたことで，

音声デジピータへのアクセスが可能になり，オプションのトーン・スケルチも使えるようになりました．

● **PCS-7801N（HN）　PCS-7501N（HN）**

前項のPCS-7801，PCS-7501に周波数偏移のナロー（±2.5kHz），ワイド（±5kHz）切り替えを付けたタイプで，前機種発売の半年後に登場しました．それぞれ専用の受信IF回路を使用しているので，ナロー，ワイドどちらでも最適な動作となります．

## ケイ・プランニング　KH-603

50MHz帯最大4W出力のFMハンディ機です．標準で付属してくるのは単3電池6本の電池ボックスで，これを使用した場合の出力は2W，オプションの単3電池8本の電池ボックスを使用した時に4Wになります．周波数はLCDによる表示で50MHz帯全体を10kHzステップでカバー，長さを16cmに抑えたヘリカル・アンテナが付属していました．

● **KH-603 MkⅡ**（1997年）

50MHz帯最大5WのFMハンディで，前機種より出力が増えました．標準で付属するのは単3電池6本の電池ボックスですが，オプションの単3電池8本の電池ボックスを使用した時に5Wになります．

周波数はLCDによる表示で50MHz帯全体を5kHzステップでカバー，長さ17cmのヘリカル・アンテナが付属，オプションで70cmのヘリカル・アンテナも用意されていました．

**1997年**

## サーキットハウス　CF-06A　CZ-50A

CF-06AはSSBジェネレータ基板とトランスバータ基板を組み合わせた50.1～50.3MHz 200mW出力のSSBモードのトランシーバ・キットです．

CZ-50AはDSB送信部とダイレクトコンバージョン受信部を組み合わせた50.1～50.25MHz 200mW出力の搬送波抑圧両側サイドバンド（DSB）方式のトランシーバ・キットです．

どちらも基板のみでケースや基板外部品は付属していません．またリニア・アンプ・キットを組み合わせることで，出力を1Wまで上げることが可能でした．

**50MHzSSBトランシーバキット CF-06A**

9MHzSSBジェネレータキット(CG-90A)とトランスバータを組み合わせた50MHz，出力200mwのシングルコンバージョンSSBトランシーバキット．高安定のVXO局発で50.1～3MHzの送受信が可能です．●キットの内容：SSBジェネレータキット+専用基板(8×6Cm)，基板上の全部品，線材，製作調整マニュアル，簡易RFプローブセット●必要測定器，テスター，HFゼネカバ受信機

価格　12,000円　送料　無料

●CF-06Aと1WリニアアンプCL-06Bのセット価格

価格　13,600円　送料　無料

**50MHzDSBトランシーバキット CZ-50A**

DSB送信部とダイレクトコンバージョン受信部の200mW出力QRPトランシーバー．送受周波数は50.1～25MHz．VXO局発と自作DBMで高安定，高性能です．調整用簡易RFプローブ付属．●キットの内容：専用基板（9×8cm），基板上の全部品，VXO/AF用VR，簡易RFプローブ部品，製作調整マニュアル●必要測定器：テスター

価格　7,800円　送料200円

●CZ-50Aと1WリニアアンプCL-06Bのセット価格

価格　9,300円　送料300円

**サーキット・ハウス**

## テクノラボ　DXC-50

50MHz帯，最大1W出力のDSB，CWトランシーバです．

VXOを利用したVCOで直接50MHz帯の送信波を発生させ，平衡変調して搬送波抑圧両側サイドバンド（DSB）信号を得ています．またこの信号を基にダイレクトコンバージョン受信をしています．セミブレークイン内蔵，本機は完成品です．

ダイレクト・コンバージョン受信，ダイレクトDSB送信の50MHzQRPトランシーバー

**●DXC-50■¥28,500**

RFテクノラボ
〒362　埼玉県上尾市大字上571-6
TEL/FAX　048-774-5078

RFテクノラボからユニークな構成の50MHzQRPトランシーバーが発売された．送信部はVCOで直接50MHz得た後に平行変調され，送信信号はダブルサイドバンドのA9（抑圧搬送波の両側波帯）でそのまま送信することで，送信回路の簡略化を図っている．実際の交信ではキャリアが抜けているため，受信側はSSBと同等に受信できる．要するにUSBとLSB波が同時に出ていることになる．出力は最大1W，スプリアス比は－60dB以下とQRP機として十分な性能を得ている．

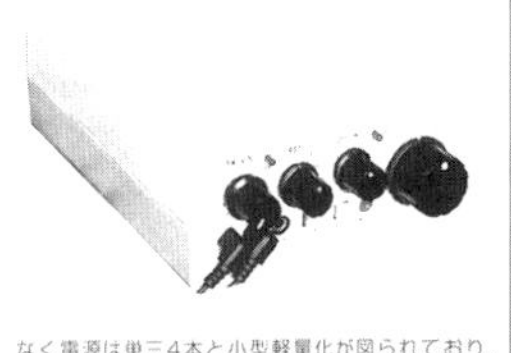

なく電源は単三4本と小型軽量化が図られており．

## アイテック電子研究所 TRX-602

送受信周波数：50.150〜50.250MHz（VXO）
送信出力：
Lo 0.2〜0.5W
オプションで
内蔵リニア可
電源電圧：
DC-12V

50MHz帯，最大0.5W出力のSSBのトランシーバ・キットです．

VXO式で50.15〜50.25MHzをカバー，バーニア・ダイヤルで同調を取ります．アナログSメータやRIT付き，バラキットですがケースも付属していました．

### 1998年

## 福島無線通信機 SSB-50X(50X 10W)

50.2〜50.25MHz, 0.2W(10Wタイプあり)のSSBトランシーバ基板です．9MHzのSSBジェネレータ基板とトランスバータ基板で構成されています．0.2Wタイプの定価は23,000円，発売記念特価は19,000円，2021年現在発売されている復刻版は27,500円です．

**50MHz・SSBトランシーバキット** **新発売**
**SSB-50X** **6月20日まで発売記念特価**
9MHzクリスタルフィルタ使用の本格派のキットです。どなたにも完成できるように再現性を最重視しました。
VXO、RIT回路付（9MHzSSBユニットキット＋変換送信ユニットキットの2枚基板）
0.2Wタイプ…………¥23,000 → 発売記念特価¥19,000〒500
10Wタイプ …………¥35,000 → 発売記念特価¥30,000〒500
9MHz SSBユニットのみ ………¥14,000 → 発売記念特価¥13,000〒500
**福島無線通信機** 〒177-0051 TEL/FAX 03-

### 1999年

## ミズホ通信 FX-6 FX-21 FX-7

FX-6は50MHz帯1W，FX-21は21MHz帯2W，FX-7は7MHz帯2WのSSB，CW機です．それぞれピコシリーズの卓上機という位置づけで，25ないしは50kHz幅VXO 2ch(実装1ch)という特徴は変わりませんが，Sメータは大型化され，水晶発振子の1つはパネル面でも挿せるようになっていました．マイク・スピーカ付きの場合，型番の後ろにMSが追加され，価格は39,800円となります．

**限定再生産 第一回生産ロットでは、ご予約に応じきれず申し訳ありません。追加準備中！**

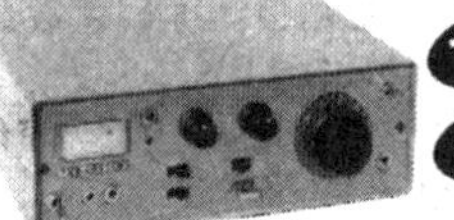

7月 **FX-6** 50MHz SSB,CW 1W ……… **¥36,000**+5%
8月 **FX-21** 21MHz SSB,CW 2W ……… **¥36,000**+5%
★☆マイクスピーカー付 MSタイプは**¥39,800**+5%

**ミズホのお知らせコーナー／ハムフェア99 8/20,21,22 パシフィコ横浜に出展します**

■ARDF(FOX)送信機
145MHz **FTX-2S ¥30,000** 少量在庫あります
■ピコのMXシリーズは在庫をご確認ください
**MX-6S、MX-21S、MX-7S ¥32,000**+5%

■CW QRPp 0.5W フルブレークイン トランシーバー
**P-21DX ¥31,000**+5%
■ラジオキット
**RX-5 ¥6,000** 税・送料¥800

## Column 親機,子機問題の難しさ

専用ICの利用でFMの受信回路が簡単になるにつれ，50MHz帯の連絡用ポケット機が各社から発売されました．

パワーを落として電池の持ちを良くし，1日中使えるようにしたものがほとんどでしたが，これらにはもうひとつ，同時通話対応という特徴もありました．無線機に慣れない人にとってPTTは扱いにくく，VOXはどうしても不自然になってしまう，だったらいっそずっと送受信できた方が便利，という考え方で同時通話が採用されたのでしょう．こうすると，相手方が長々と喋っている間に割り込むこともできますから，至急の注意を伝える時にも便利です．

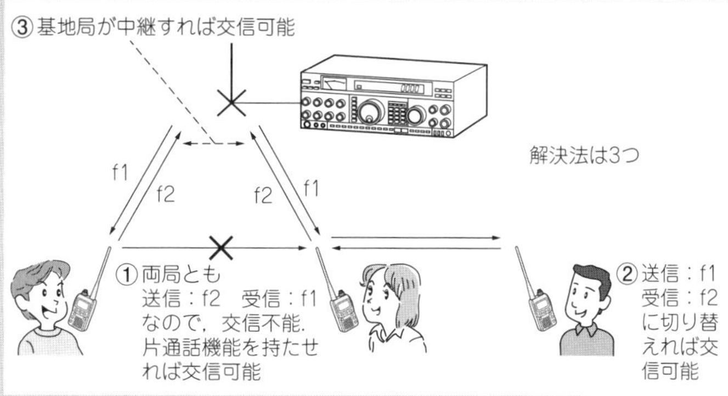


**図14-A　同時通話では子局同士の通話に工夫が必要**

しかしこの同時通話には2つの問題がありました．ひとつはハウリングの問題で，今のスマートホンであればDSPで信号を抜くところですが，当時はヘッドセットを使用することでハウリングを回避しています．もうひとつは親機，子機の問題です．

親機が送信する周波数をf1，子機が送信する周波数をf2とします．親機はf2を受信してf1を送信すれば良いし，子機はf1を受信してf2を送信すれば良いのですが，子機の受信周波数は親機の送信周波数であるf1なので別の子機の信号を受けることができないのです．

これについての一番簡単な対策は，あきらめてもらうことです．たとえば，配車のための無線であれば本部が統制を取れば子機同士の通話は必要なくなります．子機同士で雑談もできません．hi.

次の対策は子機に親機の周波数もセットする①か，子機側にf2でのシンプレクス(交互通話)機能を持たせる②の方法です．そしてもうひとつ，子機からの送信を親機がf1で再送信する③という方法もあります(**図14-A**)

無線従事者が扱う業務用の無線機では，シンプレクスモードを持っている物が結構ありました．また，鉄道無線などでは親機の再送信が多い(多かった)ように思われます．

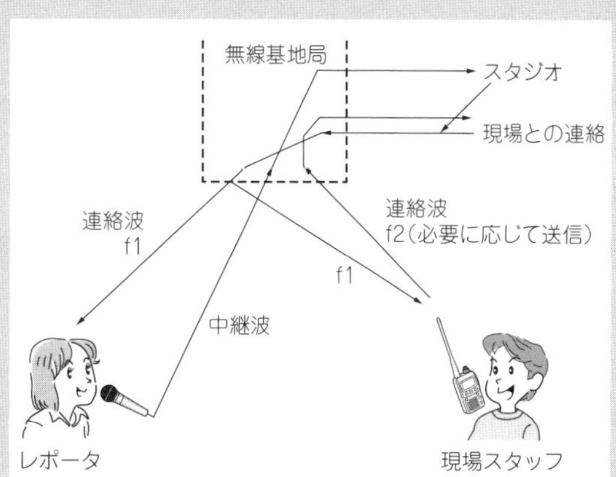


**図14-B　2波を使った半二重通信の例**(放送レポート)

放送関連の連絡無線では2波を使った交互通話を行っている場合があります．これは基地局(親機)側には同時通話機能を持たせておいて，移動機(子機)は送受信別周波数を利用する交互通話とするものです．基地局からの信号に放送音，もしくはそれに近いスタジオの音を乗せておいて，これをタイミングとして別の音質の良い片方向無線機でレポートを入れています．基地局からの放送音にはスタジオからの指示が割り込む場合もあります(**図14-B**)．

レポータは1つのイヤホンで放送音とスタジオ指示を同時に聞けるというメリットのあるやり方で，指示の内容に疑問が生じた場合は，現場は子機の送信周波数でスタジオに指示を再確認します．

# 第15章 HF機はマルチバンドへ

## 時代背景

本章では1987年(昭和62年)から2000年(平成12年)のHF多バンド機を紹介します.この時期はバブル景気の絶頂,そして崩壊期にあたります.1985年9月のプラザ合意を受けて,そこから約12カ月で1ドル231円台だったものが1ドル153円台まで円高になりますが,これによる景気の悪化を防ぐために金融緩和政策が取られます.公定歩合は5%から2.5%まで下がりました.その結果生まれたのがバブル景気です.この期間は一般的には1986年12月から1991年2月までの51カ月間とされています.1987年初めには18,000円前後だった日経平均株価は1989年12月末には38,917円を記録し,実際に市中は好景気に沸きました.

しかし,1989年の消費税(3%)導入,急遽導入された不動産融資総量規制をはじめとする金融引き締めによって後にバブル崩壊と言われる不景気が訪れます.1990年9月には日経平均は20,222円と,ピーク時のほぼ半分まで下がっています.それだけの富が瞬時に失われたわけで,この推移だけを見てもこの崩壊の凄さがわかるかと思います.

ところが1990年にはまだその実感がありませんでした.銀行の倒産が始まるまではここから5年かかりますし,有名な山一證券の破綻は1997年です.つまり,日本中が「いつかは持ち直す」と信じていたのです.このためバブルの崩壊より少し遅れたタイミングで,じわじわと購買力の低下が生じています.

## 免許制度

1987年から2000年の間にアマチュア無線関連の制度は大きく変わりました.

1989年12月には電信級,電話級が第3級アマチュア無線技士,第4級アマチュア無線技士に変わっています.第3級はそれまでの「電信のための免許」から,明確に「第4級の上の免許」と位置付けられたのでした.

次に第3級の出力上限が25Wになり,18MHz帯での運用が可能になります.1990年5月のことです.そして1991年7月の技術基準適合証明公布の後,1992年には28MHz帯の上限出力が500Wになるとともにバンドプランが法制化されます.この年の暮れには50MHz帯の上限出力も500Wになりました.

**図15-1 アマチュア無線局数の推移**
CQ ham radio 2020年9月号付録より

さらに1996年4月から各級アマチュア無線技士の取り扱える電力上限が改定されました.第2級は200W,第3級は50W,第4級はV/UHF帯で20Wまで(HFは10Wのまま)となっています.

アマチュア無線局数は1995年(**図15-1**)にピークを迎えます.アマチュア無線全体が円熟期に入ったのもこの時代の特徴です.

## 機器の変化

1980年代後半から1990年代前半のリグの特徴はとにかく豪華,この一言に尽きます.豪華さを前面に出した最初のリグはアイコムのIC-780でしょう.約70万円,ブラウン管式ディスプレイを内蔵し,情報を集中させました.ただしこのリグの開発には長い時間が掛かっていたはずで,バブル景気よりも少し前から開発が始まっていたと考えられます.

その後に発売されたTS-950SD(ケンウッド)やFT-1021X(八重洲無線),IC-970(アイコム)などは,いずれもバブル景気絶頂期の製品です.最高の価格,最高の性能を両立させています.

そして,その頂点の1機種となったのが1992年発売のTS-950SDX(ケンウッド)ではないでしょうか.IF-DSP内蔵で2波受信機能を持つこの100W機は消費電流720W,重さが23kgありました.

この頃は普及価格帯のリグでもクリスタルフィルタ

の2段重ねがオプションで用意され，付属回路は高級機との差がどんどんなくなっていった時期でもあります．多バンド化，大型化も進みます．

しかし景気の衰退と共にリグの価格帯も下がっていきます．当初は販売台数の減少をリグそのものを高級化する方向で補っていったという感もありましたが，1995年ぐらいから方向が変わっていきます．高価格帯のリグの価格は抑え気味になり，普及価格帯のリグがお買い得感を強調するようになりました．価格と出力のバランスが悪いHF帯の10W固定機がラインナップから外れはじめたのものこの時期のできごとで，事実上1機種だけに絞ったメーカーもありました．

HF機の多くは50MHz帯も装備するようになりました．当初は別のファイナル回路を用意していましたが，メーカーの努力の賜物でしょうか．すぐに1.8～54MHzを1個のファイナルで扱えるようになっていきます．1998年にはHFから430MHz帯をカバーする小型機も発売されました．

各機種の紹介の中に1発周波数管理という表現があります．これは1個の基準発振器がリグのすべての周波数を管理するもので，基準発振器の精度がそのまま送受信周波数の精度になります．周波数構成の複雑なSSB機ではDDS(Direct Digital Synthesizer)を利用しないと作ることが難しかったため，DDSが使われ始めてから普及した回路です．

当初はあまり意識されていなかったようで，高精度発振器をオプションに持つリグでもキャリア発振だけは別発振器というリグがありましたし，1発周波数管理になっているのに，精度は10ppm，高精度発振器のオプション設定はなしというリグもありました．

本書の第9章では最初の1発周波数管理機をケンウッドのTS-440としています．発売の数カ月後の広告で“初”とは書いていないものの1クリスタル方式の周波数管理を謳(うた)っていることも確認していますが，実はその1年前に発売されたTS-940も同様の構成です．本当に些細(ささい)な部分で完全な1発周波数管理を逃していますが，普通の使い方であれば1発周波数管理と考えて問題ありません．

ゲスト・オペレーターが認められるようになったのは1997年4月からですが，オペレーター2名が同時運用できるリグはV/UHF固定機のC50(日本マランツ)だけだと思われます．2000年4月からはそれまでの1.9MHz帯に加えて1.8MHz帯(1810～1825kHz)が変更申請なしで運用可能になりました．

**HF機はマルチバンドへ 機種一覧**

<table>
<tr><th rowspan="2">発売年</th><th>メーカー</th><th>型　番</th><th>種　別</th><th>価格(参考)</th></tr>
<tr><th colspan="4">特　徴</th></tr>
<tr><td rowspan="12">1987</td><td>アイコム</td><td>IC-760(S)</td><td>送受信機</td><td>348,000円</td></tr>
<tr><td colspan="4">HFゼネカバ　オールモード　100W　チューナ内蔵　派生タイプ　相違点：10W　型番：S　価格：不明</td></tr>
<tr><td>日本無線</td><td>JST-125D(S)</td><td>送受信機</td><td>198,000円</td></tr>
<tr><td colspan="4">HFゼネカバ　オールモード　100W　外付けチューナ対応　派生タイプ　相違点：10W　型番：S　価格：198,000円</td></tr>
<tr><td>八重洲無線</td><td>FT-757GXII(SXII)</td><td>送受信機</td><td>159,900円</td></tr>
<tr><td colspan="4">HFゼネカバ　オールモード　100W　WIDTH　SHIFT　モードもメモリ可能　派生タイプ　相違点：10W　型番：SXII　価格：139,900円</td></tr>
<tr><td>アイコム</td><td>IC-575</td><td>送受信機</td><td>149,800円</td></tr>
<tr><td colspan="4">28/50MHz　オールモード　10W　受信は26～56MHz　AC100Vタイプあり　派生タイプ　相違点：AC　価格：164,800円</td></tr>
<tr><td>ケンウッド</td><td>TS-680S(V，D)</td><td>送受信機</td><td>159,800円</td></tr>
<tr><td colspan="4">HFゼネカバ+50MHz　オールモード　HF100W　28MHz50W　50MHz10W　派生タイプ　相違点：10W/25W□　型番：V/D　価格：139,800円/154,000円</td></tr>
<tr><td>八重洲無線</td><td>FT-747GX(SX)</td><td>送受信機</td><td>99,800円</td></tr>
<tr><td colspan="4">HFゼネカバ　SSB，CW，AM　100W　25HzステップVFO　簡単操作　FMはオプション　派生タイプ　相違点：10W　型番：SX　価格：89,800円</td></tr>
<tr><td rowspan="6">1988</td><td>アイコム</td><td>IC-780(S)</td><td>送受信機</td><td>698,000円</td></tr>
<tr><td colspan="4">HFゼネカバ　オールモード　100W　チューナ内蔵　2波受信　スコープ　派生タイプ　相違点：10W　型番：S　価格：不明</td></tr>
<tr><td>アイコム</td><td>IC-575D(DH)</td><td>送受信機</td><td>183,000円</td></tr>
<tr><td colspan="4">28/50MHz　オールモード　50W　受信は26～56MHz　DC専用　派生タイプ　相違点：100W　型番：DH　価格：198,000円</td></tr>
<tr><td>日本無線</td><td>JST-135D(S，E)</td><td>送受信機</td><td>198,000円</td></tr>
<tr><td colspan="4">HFゼネカバ　オールモード　100W　直下型および外付けチューナ対応　派生タイプ　相違点：10W/25W　型番：S/E　価格：198,000円(両機種とも)</td></tr>
</table>

| 発売年 | メーカー | 型番 | 種別 | 価格(参考) |
|---|---|---|---|---|
| | 特徴 | | | |
| 1988 | ケンウッド | **TS-940S Limited** | 送受信機 | 399,800円 |
| | HFゼネカバ　入力250W　TCXO　ナロー・フィルタ付き　500台限定 | | | |
| | アイコム | **IC-721(S)** | 送受信機 | 109,800円 |
| | HFゼネカバ　100W　10HzステップVFO　オートTS　外部チューナ対応　派生タイプ　相違点：10W　型番：S　価格：99,800円 | | | |
| 1989 | アイコム | **IC-760PRO** | 送受信機 | 358,000円 |
| | HFゼネカバ　100W　独自のDDS採用　バンドスタッキング・レジスタ | | | |
| | 共同コミュニケーションズ | **RERA　FAX　8800** | 受信機 | 118,000円 |
| | 3～24MHzのFAX受信機　ROMで共同通信NEWS受信可能　500台限定 | | | |
| | ケンウッド | **TS-140S(V)** | 送受信機 | 134,800円 |
| | HFゼネカバ　100W　フルブレークイン　2系統のNB　派生タイプ　相違点：10W　型番：V　価格：114,800円 | | | |
| | アイコム | **IC-726(M, S)** | 送受信機 | 139,800円 |
| | HFゼネカバ+50MHz　100W　10W(50MHz)　つまみを最小に抑えた　派生タイプ　相違点：25W□/10W　型番：M/S　価格：132,800円/119,800円 | | | |
| | 八重洲無線 | **FT-1021(S, X, M)** | 送受信機 | 498,000円 |
| | HFゼネカバ　オールモード　100W　チューナ　別バンド同時受信オプション<br>派生タイプ　相違点：10W/全実装/25W　型番：S/X/M　価格：478,000円/618,000円/488,000円 | | | |
| | ケンウッド | **TS-950S Digital(S, V)** | 送受信機 | 548,000円 |
| | HFゼネカバ　オールモード　100W　チューナ　IF-DSP　2波受信　派生タイプ　相違点：DSP欠/DSP欠10W　型番：S/V　価格：428,000円/418,000円 | | | |
| 1990 | 八重洲無線 | **FT-655(M, S)** | 送受信機 | 198,800円 |
| | 24～50MHz　オールモード　50W　AC電源タイプは+25,800円～18,000円　派生タイプ　相違点：25W/10W　型番：M/S　価格：189,000円/169,800円 | | | |
| | 日本無線 | **NRD-93** | 受信機 | 1,300,000円 |
| | HFゼネカバ受信機　ラック・タイプ　プリセット300ch | | | |
| | 八重洲無線 | **FT-1011** | 送受信機 | 328,000円 |
| | HFゼネカバ　オールモード　100W　チューナ　大容量メモリ | | | |
| 1991 | ケンウッド | **TS-850S(D, V)** | 送受信機 | 269,000円 |
| | HFゼネカバ　オールモード　100W　チューナ　IF-DSPオプション　派生タイプ　相違点：25W/10W　型番：D/V　価格：259,000円/249,000円 | | | |
| | ケンウッド | **TS-450S(D, V)** | 送受信機 | 199,000円 |
| | HFゼネカバ　オールモード　100W　チューナ　派生タイプ　相違点：25W/10W　型番：D/V　価格：189,000円/179,000円 | | | |
| | ケンウッド | **TS-690S(D, V)** | 送受信機 | 199,000円 |
| | HFゼネカバ+50MHz　オールモード　100W(50MHz　50W)　チューナはオプション　派生タイプ　相違点：25W/10W　型番：D/V　価格：179,000円/159,000円 | | | |
| | 八重洲無線 | **FT-850(M, S)** | 送受信機 | 198,000円 |
| | HFゼネカバ　100W　NOTCH　オート・チューナ　派生タイプ　相違点：25W/10W　型番：M/S　価格：195,000円/185,000円 | | | |
| 1992 | 日本無線 | **JST-135HP** | 送受信機 | 295,000円 |
| | HFゼネカバ　オールモード　150W　ほぼフルオプション　金色　100台限定 | | | |
| | アイコム | **IC-723(M, S)** | 送受信機 | 119,800円 |
| | HFゼネカバ　オールモード　100W　PBT　コンプレッサ　派生タイプ　相違点：25W/10W　型番：M/S　価格：115,800円/109,800円 | | | |
| | アイコム | **IC-729(M, S)** | 送受信機 | 144,800円 |
| | HFゼネカバ+50MHz　100W　10W(50MHz)　PBT　コンプレッサ　派生タイプ　相違点：25W/10W　型番：M/S　価格：137,800円/129,000円 | | | |
| | ケンウッド | **TS-950SDX** | 送受信機 | 558,000円 |
| | HFゼネカバ　オールモード　100W　チューナ　IF-DSP　2波受信 | | | |
| | アイコム | **IC-732(M, S)** | 送受信機 | 198,000円 |
| | HFゼネカバ　オールモード　100W　クイック・スプリット　Wレジスタ　チューナ　派生タイプ　相違点：25W/10W　型番：M/S　価格：195,000円/185,000円 | | | |

| 発売年 | メーカー | 型番 | 種別 | 価格(参考) |
|---|---|---|---|---|
| | 特徴 | | | |
| 1993 | ケンウッド | TS-50S(D, V) | 送受信機 | 149,000円 |
| | HFゼネカバ　オールモード　100W　小型セパレート　チューナはオプション　派生タイプ　相違点:25W/10W　型番:D/V　価格:139,000円/129,000円 | | | |
| 1993 | 東京ハイパワー | HT-750 | スティック | 69,800円 |
| | 7/21/50MHz　SSB, CW　3W(50MHz2W)　LCD表示　単3電池8本 | | | |
| | 日本無線 | JST-245D(E, S) | 送受信機 | 330,000円 |
| | HFゼネカバ+50MHz　オールモード　100W　チューナ　派生タイプ　相違点:25W/10W　型番:E/S　価格:320,000円/310,000円 | | | |
| | 日本無線 | JST-145D(E, S) | 送受信機 | 275,000円 |
| | HFゼネカバ　オールモード　100W　MOS-FETファイナル　電子同調　派生タイプ　相違点:25W/10W　型番:E/S　価格:265,000円/255,000円 | | | |
| | 八重洲無線 | FT-840(S) | 送受信機 | 129,000円 |
| | HFゼネカバ　オールモード　100W　チューナはオプション　派生タイプ　相違点:10W　型番:S　価格:119,000円 | | | |
| | アイコム | IC-736(M, S) | 送受信機 | 238,000円 |
| | HFゼネカバ+50MHz　オールモード　100W　クイック・スプリット　チューナ　派生タイプ　相違点:25W/10W　型番:M/S　価格:228,000円/198,000円 | | | |
| 1994 | 八重洲無線 | FT-900(S) | 送受信機 | 179,000円 |
| | HFゼネカバ　オールモード　100W　小型セパレート・チューナ　派生タイプ　相違点:10W　型番:S　価格:169,000円 | | | |
| | ケンウッド | TS-690SAT | 送受信機 | 219,000円 |
| | HFゼネカバ+50MHz　オールモード　100W(50MHz　50W)　チューナ | | | |
| 1995 | ケンウッド | TS-850S　Limited | 送受信機 | 299,000円 |
| | HFゼネカバ　オールモード　100W　チューナ　IF-DSPオプション　500台限定 | | | |
| | アイコム | IC-775DXII | 送受信機 | 448,000円 |
| | HFゼネカバ　オールモード　100W　チューナ　IF-DSP　2波受信 | | | |
| | アルインコ電子 | DX-70H(S) | 送受信機 | 144,800円 |
| | HFゼネカバ+50MHz　オールモード　100W　10W(50MHz)　車載　派生タイプ　相違点:10W　型番:S　価格:124,800円 | | | |
| | アイコム | IC-706(S) | 送受信機 | 128,000円 |
| | HFゼネカバ+50/144MHz　オールモード　100W△　車載可能　派生タイプ　相違点:10W　型番:S　価格:128,000円 | | | |
| | 日本無線 | JST-245D　Limited | 送受信機 | 400,000円 |
| | HFゼネカバ+50MHz　100W　ゴールド仕様　各種フィルタ入り | | | |
| | 八重洲無線 | FT-1000MP(/S) | 送受信機 | 370,000円 |
| | HFゼネカバ　オールモード　100W　チューナ　IF-DSP　2波受信　派生タイプ　相違点:10W　型番:/S　価格:360,000円 | | | |
| | オメガ技術研究所 | PB-410ピコベース | 送受信機 | 64,800円 |
| | 7/21/28MHz　10W　50MHz　5W　SSB　A5サイズ　ミズホ通信公認 | | | |
| | 八重洲無線 | FT-1000 | 送受信機 | 500,000円 |
| | HFゼネカバ　オールモード　200W　チューナ　フィルタはフル装備 | | | |
| | ケンウッド | TS-870S(V) | 送受信機 | 328,000円 |
| | HFゼネカバ　オールモード　100W　チューナ　IF-DSP　背面突起物なし　派生タイプ　相違点:10W　型番:V　価格:328,000円 | | | |
| 1996 | 日本無線 | JST-245H(Hフル) | 送受信機 | 330,000円 |
| | HFゼネカバ+50MHz　オールモード　150W　チューナ　派生タイプ　相違点:Hフル　価格:400,000円 | | | |
| | アルインコ電子 | DX-70G(M) | 送受信機 | 149,000円 |
| | HFゼネカバ+50MHz　オールモード　100W　車載　4630kHz送受信　派生タイプ　相違点:50W　型番:M　価格:149,000円 | | | |
| | アイコム | IC-756 | 送受信機 | 258,000円 |
| | HFゼネカバ+50MHz　オールモード　100W　4.9インチLCD　DSP | | | |
| 1997 | ケンウッド | TS-570S(M, V) | 送受信機 | 189,000円 |
| | HFゼネカバ+50MHz　オールモード　100W　50MHzもチューナOK　AF-DSP　派生タイプ　相違点:50W/10W!　型番:M/V　価格:189,000円/185,000円 | | | |

| 発売年 | メーカー | 型番 | 種別 | 価格(参考) |
|---|---|---|---|---|
| | 特徴 | | | |
| 1997 | 八重洲無線 | FT-920(S) | 送受信機 | 198,000円 |
| | HFゼネカバ+50MHz オールモード 100W 50MHzもチューナOK AF-DSP 派生タイプ 相違点：10W 型番：S 価格：194,000円 | | | |
| | アイコム | IC-706MKⅡ(M, S) | 送受信機 | 138,000円 |
| | HFゼネカバ+50MHz 100W 144MHz 20W オールモード 車載可能 派生タイプ 相違点：50W#/10W■ 型番：M/S 価格：138,000円(両機種とも) | | | |
| | アイコム | IC-775DXⅡ/200 | 送受信機 | 448,000円 |
| | HFゼネカバ オールモード 200W チューナ IF-DSP 2波受信 | | | |
| | アイコム | IC-746 | 送受信機 | 198,000円 |
| | HFゼネカバ+50MHz 100W 144MHz 50W オールモード AF-DSP | | | |
| | 八重洲無線 | FT-847(M, S) | 送受信機 | 210,000円 |
| | HFゼネカバ+50MHz 100W 144/430MHz 50W オールモード DSP 派生タイプ 相違点：50W/10W■ 型番：M/S 価格：210,000円/206,000円 | | | |
| 1998 | ケンウッド | TS-570SG(MG, VG) | 送受信機 | 194,000円 |
| | HFゼネカバ+50MHz オールモード 100W CPU, ソフトウェア強化 4630kHz 派生タイプ 相違点：50W/10W！ 型番：MG/VG 価格：194,000円/190,000円 | | | |
| | オメガ技術研究所 | PB-410ピコベース | 送受信機 | 60,000円 |
| | 7/14/21/50MHz 10W SSB 1995年発売の物に追加. QRP仕様あり | | | |
| | アルインコ | DX-77J | 送受信機 | オープン |
| | HFゼネカバ オールモード 100W フロント・スピーカ 実売8万円弱 | | | |
| | アイコム | IC-706MKⅡG(GM, GS) | 送受信機 | 138,000円 |
| | HFゼネカバ+50MHz 100W 144MHz 50W 430MHz 20W オールモード 派生タイプ 相違点：50W◇/10W■ 型番：GM/GS 価格：138,000円(両機種とも) | | | |
| | スタンダード/八重洲無線 | FT-100(M, S) | 送受信機 | 148,000円 |
| | HFゼネカバ+50MHz 100W 144MHz 50W 430MHz 20W オールモード 派生タイプ 相違点：50W◇/10W■ 型番：M/S 価格：148,000円(両機種とも) | | | |
| 1999 | アイコム | IC-756PRO | 送受信機 | 348,000円 |
| | HFゼネカバ+50MHz オールモード 100W カラー液晶 DSPフィルタ | | | |
| | スタンダード/八重洲無線 | MARK-V FT-1000MP | 送受信機 | 398,000円 |
| | HFゼネカバ オールモード 200W チューナ IF-DSP VRF | | | |
| | スタンダード/八重洲無線 | FT-100D(DM, DS, DX) | 送受信機 | 148,000円 |
| | HFゼネカバ+50MHz 100W 144MHz 50W 430MHz 20W オールモード 派生タイプ 相違点：50W◇/10W■ 型番：DM/DS 価格：148,000円(両機種とも) | | | |
| 2000 | スタンダード/八重洲無線 | FT-817 | 送受信機 | 96,800円 |
| | HFゼネカバ～430MHz 5W オールモード 単3電池8本 ARTS DCS | | | |
| | スタンダード/八重洲無線 | FTV-1000 | トランスバータ | 110,000円 |
| | 50MHz 200W 28MHz入力 FT-1000MP系専用 | | | |
| | ケンウッド | TS-2000 | 送受信機 | 発売予告 |
| | HF～1.2GHz オールモード | | | |

注）W表示はすべて出力. ゼネカバはゼネラルカバレッジの略.
□は50MHz 10W
△は50MHz 50W 144MHz 10W
Hフルは, Hタイプ・フルオプションの略
■は144MHz 20W 50MHz, 430MHzがある場合も20W
◇は430MHz 20W
♯は144MHz 20W
！は50MHz 20W
100W機の28MHz帯の出力は50W. 1992年1月以降は100W可能に.

# HF機はマルチバンドへ 各機種の紹介 発売年代順

## 1987年

### アイコム IC-760(S)

フルオートマチック・アンテナ・チューナ内蔵の100W出力，HFオールモード，オールバンド機です．

電源内蔵，全体に大き目な造りの高価格帯のリグです．9MHz，455kHzの両方のIFにSSBフィルタ，CWナロー・フィルタを標準装備しIFシフト，ノッチ付き，キーヤ内蔵でフルブレークインでの運用が可能，－10℃～60℃で±100Hz以内の高安定基準発振やSSB対応のSWR計も搭載されていました．

IC-760Sは10W出力タイプでJARL登録機種(I94)ですが，価格などは不明です．

### 日本無線 JST-125D(S)

HFのオールバンド，オールモード(AM送信除く)100W(Sは10W)出力機です．MNC-325(27,800円)を接続するとPCでのコントロールが可能になり，良好なFAX受信が可能になるファクシミリ・モードを持っています．直下型アンテナ・チューナNFG-220(85,000円)もオプションで用意されていました．

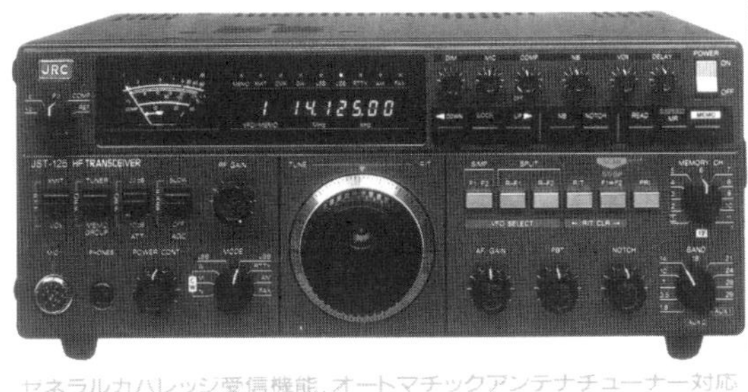


### 八重洲無線 FT-757GXII(SXII)

GXIIは100W出力，SXIIは10W出力のHF帯オールバンド，オールモード機です．

前機種FT-757GX(SX)と同様に小型軽量を実現しています．ゼネカバ受信の下限が150kHzに広がり，メモリがモードも記憶するようになりました．そして88.5Hzのトーン・エンコーダ対応(オプション)になっています．

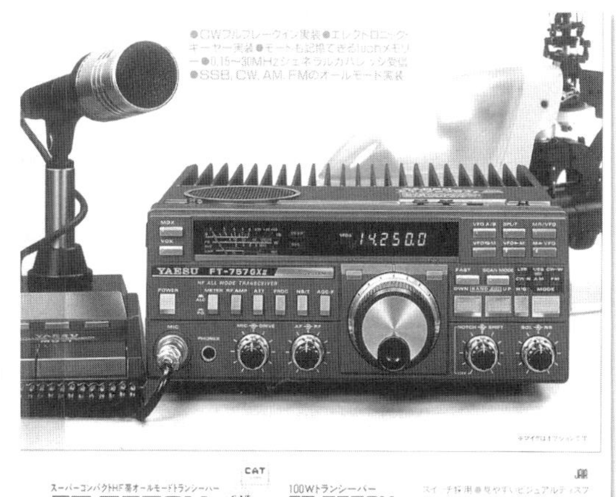

## アイコム IC-575

28MHz帯，50MHz帯で10W出力のオールモード機で，V/UHFのモノバンド固定機IC-275，IC-375と同一のデザインとなっています．26～56MHzの連続受信が可能で，パスバンド・チューニングやノッチフィルタ，2組のデジタルVFOとメモリ99chを内蔵しています．当時，この2バンドに対応するアンテナがなかったためか，バンド切り替え連動の直下型アンテナ・セレクタがオプションで用意されていました．

● **IC-575D(DH)**(1988年)

28MHz帯，50MHz帯で50W(DHは100W)出力のオールモード機で，10W機IC-575の派生モデルです．DC電源タイプのみになりました．アップコンバージョンで26～56MHzは連続受信，AMはどちらも25W出力です．DHタイプは後に追加されています．

## ケンウッド(JVCケンウッド) TS-680S(V, D)

HF帯，50MHz帯をオールモードでカバーします．Sタイプは21MHz帯までが100W，28MHz帯は50W，50MHz帯は10W，Vタイプは全バンドで10W出力です．デジタルVFOは10Hzステップ，HF帯ゼネカバ受信，1発周波数管理，フルブレークイン，ウッドペッカー対応NBなどを装備しています．仕様的に本機はTS-440からアンテナ・チューナを外したもののように思えますが，コンバージョン数など基本的な部分に差異があります．

TS-680Dは1991年になって追加された3アマ対応の25W出力機(50MHz帯は10W)です．

## 八重洲無線 FT-747GX(SX)

HF帯100W(SXは10W)出力のオールモード(FMはオプション)機です．本機の最大の特徴はその価格で，送信主要部をアルミダイキャストで覆い，外装にはABS成型樹脂ケースを採用することで100W機でも10万円を切った価格を実現しました．25Hzステップのデジタル VFO搭載，ゼネカバ受信，CWセミブレークイン等の一般的な必要装備はすべて内蔵しています．

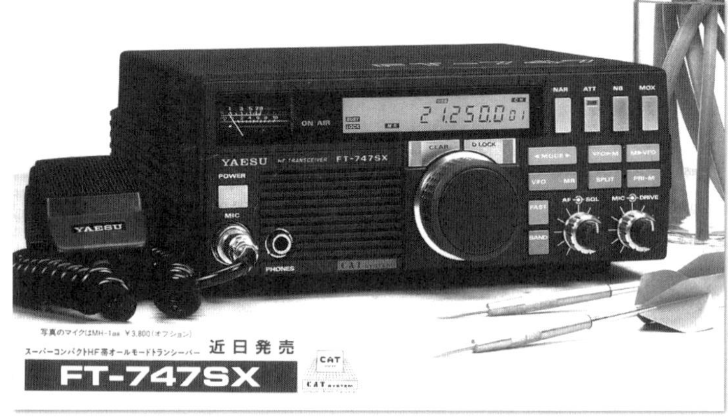

1988年

## アイコム IC-780(S)

IC-780は最高級価格帯のHF帯100W出力オールモード機です．パネル中央にブラウン管式CRTディスプレイを持ち，周波数表示やスペクトラム・スコープ表示をしています．

受信部のインターセプトポイントは23dBmとPRされ，各バンドの最終運用周波数を記憶するバンドスタッキング・レジスタや0.5ppmの基準発振器，アンテナ・チューナ，フルブレークインも付き，同一バンド&モードの２波受信も可能です．

本機はTWIN PBTも内蔵していました．これは2つのIFの中心周波数を独立して変えることで自由なPBT動作を作り出すものです．

IC-780Sは10W出力で保証認定番号も取得しています．

## 日本無線 JST-135D(S, E)

HF帯のオールモード機です．Dタイプは100W出力，Sタイプは10W出力で，25W出力のEタイプは1990年5月の第3級の操作範囲拡大を受けてその数カ月後に追加されています．各所にワンチップDDSを使用し，RF段は電子同調，受信機NRD-525とのトランシーブ動作が可能です．

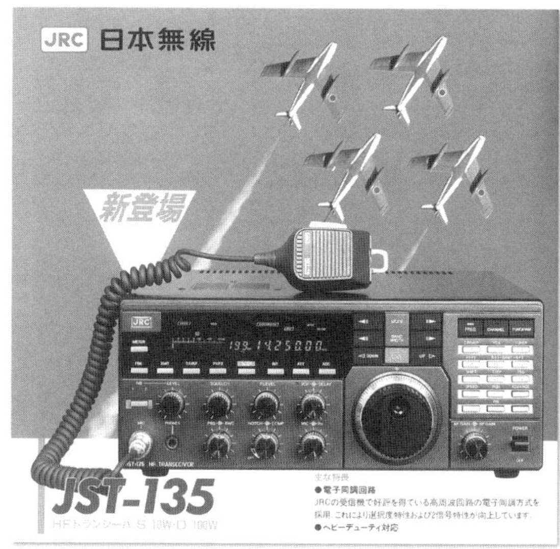


## ケンウッド(JVCケンウッド) TS-940S Limited

TS-940S(V)が高価格帯のHF機として初めて3万台を超えたことを記念したHF帯のオールモード100W機です．ベース機の各機能に加えて0.5ppmの高安定基準発振器を内蔵，2つのIFにCWフィルタを装着しました．500台限定，外部スピーカが付属しパネルの塗色も黒を基本としたものに変わっています．

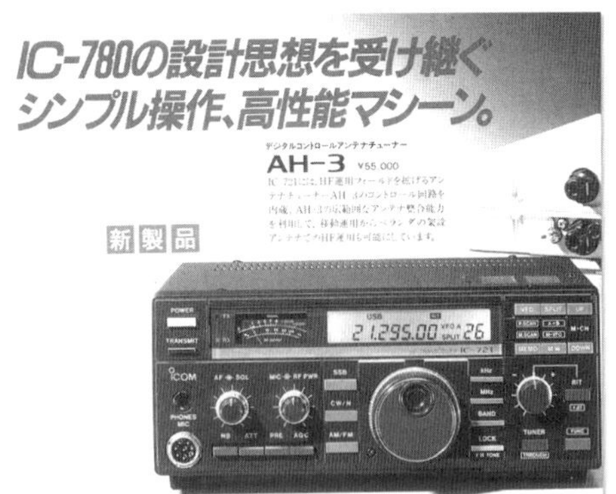


## アイコム IC-721(S)

100W機でも11万円を切る低価格で発売された，HF帯のオールモード100W(Sタイプは10W)出力機です．AMの送信とFMはオプションですが，ゼネカバ受信が可能で，10Hzステップのデジタル VFOを搭載しています．バンドチェンジ時に最終運用モード・周波数に復帰できるバンドスタッキング・レジスタ付きです．初心者でも迷わないように操作面はシンプルにしてありますが，機能は上級機種に匹敵するもので，外付けチューナのコントロールも可能でした．

1989年

## アイコム IC-760PRO

HF帯オールモード100W機，IC-760の後継機です．外観は似ていますが内部回路はいろいろと改良されています．

バンドスタッキング・レジスタを内蔵し，メモリを32chから99chに拡張，ループ内にDDSを使用したPLLの採用でロックアップを高速化しフルブレークイン動作も改善しました．

## 共同コミュニケーションズ RERA FAX 8800

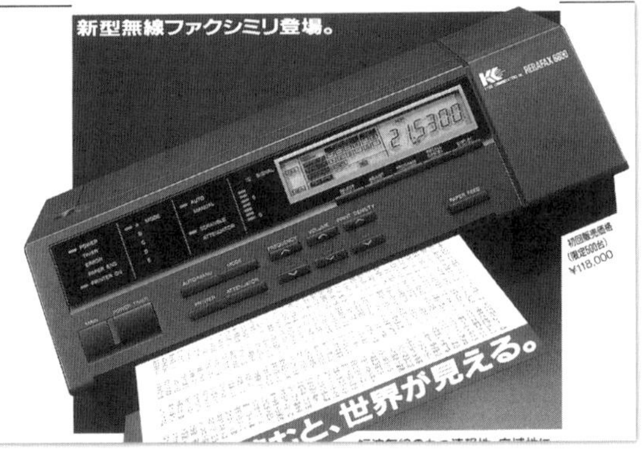


3～24MHzを受信する無線ファクシミリ受信機です．気象通報やアマチュア・ファクシミリなどは本機単体で受信でき，年会費36,000円のKRFクラブに加入すると国内外のニュースや株価情報などを受信できるようになるROMパックが提供されました．

毎日6通りの受信予約が可能で，ニュースや気象通報を受信する際は最も状態の良い周波数を自動選択します．PLLによるアップダウン式選局機能を持ち，外部受信機からの入力にも対応していました．

## ケンウッド(JVCケンウッド) TS-140S(V)

HF帯で100W(Vタイプは10W)出力のオールモード機です．低価格帯ながらゼネカバ受信，フルブレークイン，ウッドペッカー対策NB，IFシフトなどを装備しています．

本機はもともと海外向けのもので，TS-680と取扱説明書は共通でした．

## アイコム IC-726(M, S)

HF，50MHz帯のオールモード100W(Mタイプは25W，Sタイプは10W)出力機です．50MHz帯は全タイプ10Wですが，ベースとなったHF専用機IC-721と違ってAM，FMも標準実装されています．ゼネカバ受信が可能で10Hzステップのデジタル VFOを搭載し，バンドスタッキング・レジスタ付きです．操作面はシンプルにしてありますが機能は上級機種に匹敵するもので，外付けチューナのコントロールも可能でした．Mタイプは1991年に追加されました．

## 八重洲無線 FT-1021(S, X, M)

高価格帯の出力100W(Sタイプは10W)のHF帯オールモード機です．ダイナミックレンジ108dBのアップコンバージョン回路を採用し，ゼネカバ受信は0.1～30MHzをカバー，整合範囲を広く取ったメモリ付きオート・アンテナ・チューナを内蔵しています．

ファイナルの電圧を30Vと高めにすることで，良質の電波を発射すると共に連続送信も可能にしています．モードを問わない同一バンド2波受信を搭載，オプションのBPF-1を装着すると別バンドの2波受信も可能になります．

FT-1021Xはフルオプションの200W機で0.5ppmのTCXOも内蔵しています．1991年1月には25W出力のMタイプ(488,000円)も追加されました．

## ケンウッド(JVCケンウッド) TS-950S Digital(S, V)

こちらも高価格帯の出力100W(Vタイプは10W)のHF帯オールモード機です．S Digitalタイプは世界初のIF-DSP方式のアマチュア無線機で，IFをデジタル化することで，60dB以上のSSBサイドバンド・コンプレッションを実現しています．

どのタイプも0.1MHzからのゼネカバ受信やメモリ付きチューナ，各種混信除去を装備しています．2波受信は受信周波数の±500kHzで動作，IF回路をそれぞれ独立させノイズブランカも別動作として効果を高めています．

ファイナルは50V動作でヘビーデューティ設計，2波受信回路の片方をノイズ信号検出用に充てることで，特定のノイズを狙い撃ちしたノイズブランカ動作をさせることも可能になっていました．

## 1990年

### 八重洲無線 FT-655(M, S)

24〜50MHz帯50W(Sタイプは10W)出力のオールモード機です．NF 1.2dBの低雑音受信部とバリキャップ式RF同調を組み合わせて受信部の性能を高め，IF-SHIFT(SSB)，IF-WIDTH(CW)やRFスピーチプロセッサも装備しています．

内部は4枚の基板をパネル面と平行に並べたプラグイン・モジュールです．どのタイプにもAC電源付き，なしのモデルがありました．25W出力のMタイプは1990年末の追加です．

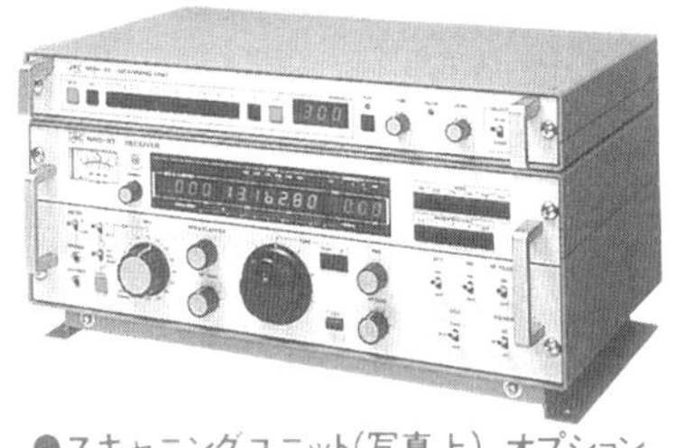

●スキャニングユニット(写真上) オプション

### 日本無線 NRD-93

アマチュア向けに発売された正真正銘の業務用HF受信機です．

1Hzステップのクラリファイア，プリセット・メモリ300波を持ち，電波監視などにも利用できるスキャニング・ユニットをオプションで用意していました．

### 八重洲無線 FT-1011

FT-1021の弟分として発売された100W出力のHFオールバンド，オールモード機です．クワッド型ダブルバランスド・ミキサ(DBM)の採用，DDS式PLLなどの主要部分は変わりませんが，受信は1波のみになりました．オーディオ段のフィルタにスイッチド・キャパシタを採用し鋭い混信除去を実現しています．

軽量化(13kg)のためにスイッチング・レギュレータによる電源が内蔵されていますが，そこからのノイズが受信性能を損なわないように各部は厳重にシールドされています．途中からはこのレギュレータを外したDC電源タイプ(−30,000円)も追加されました．

## 1991年

### ケンウッド(JVCケンウッド) TS-850S(D,V)

HF帯のオールモード機です．Sタイプは100W，Dタイプは25W，Vタイプは10W出力で，第3級アマチュア無線技士免許の操作範囲改正に当初から対応した初めてのリグとなりました．

フロントエンドにはクワッド型DBMを採用し，キーヤや，1Hzステップ1回転1kHzのファイン・チューニングなどを内蔵しています．

5つの周波数を記憶でき，一杯になると古いデータを自動的に消すクイック・メモリも装備しました．オプションのDSPユニット(DSP-100)を取り付けるとIF-DSP機に変身しフィルタの設定などを自由に変えられるようになります．

デジタルシグナルプロセッサー
DSP-100 標準価格85,000円(税別)

フィルタの構成は**表**をご覧ください．

● **TS-850S Limited**(1995年)

1995年春に，TS-820から始まるTS-800シリーズ発売20周年を記念した200台限定機TS-850S Limitedが発売されています．

ベースはTS-850S，これに500Hzフィルタ2種，TCXOなどが装備され，フロント・パネルにはTS-850S Limitedと金文字で書かれていました．

**TS-850，TS-690，TS-450のフィルタ構成**

| | 8.83MHz | | | 455kHz | | |
|---|---|---|---|---|---|---|
| 主として FM/AM | スルー | | | 12kHz | 標準実装 | |
| | 6kHz | 標準実装 | | 6kHz | 標準実装 | |
| 主として SSB | 2.4kHz | YK-88-S1※ | どれか一つ | 2.4kHz | 標準実装 | |
| | 1.8kHz | YK-88-SN1 | | | | |
| 主として CW | 500Hz | YK-88-C1 | どれか一つ* | 500Hz | YG-455-C1 | どれか一つ |
| | 270Hz | YK-88-CN1 | | 250Hz | YG-455-CN1 | |
| | | | | 500Hz | YG-455-C1☆ | |

※　8.83MHz，455kHz両方で2.4kHzを選択すると，帯域は約2.2kHzになる
*　TS-850では両方実装可能
☆　TS-450/690用の廉価版．8.83MHzのフィルタと本品は約1万円，455kHzの他のフィルタは約2万円

## ケンウッド(JVCケンウッド)　TS-450S(D，V)　TS-690S(D，V)

価格を20万円弱に抑えつつ，実戦的な性能を狙ったHF帯のオールモード機で，両機の外観は同じ，取扱説明書も共通です．

TS-450シリーズはHF帯をフルカバー，オート・チューナも内蔵しています．

一方TS-690シリーズはHF帯だけでなく50MHz帯も内蔵し，オート・チューナはオプション(AT-450 32,000円)となっています．TS-690にチューナを入れると50MHz帯付きTS-450になりますが，TS-450に50MHz帯を追加することはできません．またチューナの動作範囲は28MHz帯まででです．

CWリバース，CWピッチ・コントロール，1Hzステップのファイン・チューニング，NOTCHも装備しています．

どちらもSタイプは100W(50MHz帯は50W)，Dタイプは25W，Vタイプは10Wですが，発売年(1991年)の出荷分ではSタイプの28MHz帯が50Wに設定されているものもあります．

本シリーズは比較的低価格帯のリグですが，8.83MHzと455kHz，両方のIFにそれぞれオプション・フィルタを取り付けて独立して設定することが可能で，TS-850と同じくDSP-100にも対応していました．

● **TS-690SAT**(1994年)

TS-690Sにオート・チューナを出荷時から装着したもので1994年秋に発売されました．TS-690/TS-450シリーズの最高峰にあたります．HF～50MHz帯，100W(50MHz帯は50W)，オールモードです．

## 八重洲無線 FT-850(M, S)

世界最小のオート・アンテナ・チューナ内蔵機をキャッチ・コピーに発売された，無印は100W，Mは25W，Sは10W出力のHF帯オールモード機です．およそ24cm四方，高さは9.3cmでFT-757とほぼ同じサイズの中にチューナを内蔵，FT-757の放熱システム(DFCS)で小型化し，DDSでローノイズなVFOを実現しました．

受信範囲も0.1～30MHzに広げ，ノッチ，IF-SHIFT付き，一発周波数管理を取り入れ，オプションのTCXO-3を装着すると±2ppmまで周波数確度が上がるようになっていました．

## 1992年

## 日本無線 JST-135HP

HF帯オールバンド，オールモードの100W機，JST-135の100台限定品です．全体をゴールド仕上げにして150Wに増力し，BWC(PBT)，ECSS(片側側波帯検出型AM受信)，ノッチ・フォロー，高安定水晶，1kHzフィルタといったオプションを装着したもので，ベース機より約10万円高い値段設定となっていました．

## アイコム IC-723(M, S)

HF帯オールバンド，SSB，CWの100W(Mタイプは25W出力，Sは10W)出力機です．

安価，かつ簡単操作で評価が高かったIC-721の後継機種ですが，本機ではPBT，AF型コンプレッサが追加されています．標準ではAMは受信のみで，オプションのUI-7(FM，AM拡張ユニット)を追加するとAMの送信，FMの送受信が可能になります．

バンドごとの周波数，モードを記憶するスタッキング・レジスタ装備，外付けアンテナ・チューナのコントロールも可能です．

送信時に点灯するLEDがALC表示を兼ねていてメータはRF出力表示となりますが，これはおそらくV/UHF機並みの使いやすさを目指したためでしょう．同社ではパワーアップされた3アマを主なターゲットに考えていたようで，1992年8月にはMタイプを前面に押し出した珍しい雑誌広告が掲載されました．

### ● IC-729(M, S)

IC-723に50MHz帯(全タイプ10W出力)を追加したもので，外観，特徴も同じです．UI-7は最初から実装されていますので，オプションを追加することなくオールモードで運用することができます．

## ケンウッド(JVCケンウッド)
## TS-950SDX

最高級機TS-950S Digitalのマイナ・チェンジ機です．DSPによるIF回路をさらに進化させデジタルAFフィルタも装備した，HF帯100W出力のオールバンド，オールモード機です．

アマチュア無線用トランシーバでは初のFETファイナル(MRF150MP)を搭載し，送信波の品位を上げました．2波受信はRFアンプ以後すべて独立させ，干渉を排しています．2波をLRに分けて聞くことも可能です．もちろんゼネカバ受信やメモリ付きチューナ，各種混信除去を装備，周波数安定度・確度は0.5ppmとなりました．

ケンウッドでは本機の音質を活かすために，新たにスタンド・マイクロホンMC-90(29,800円)も発売しています．

## アイコム　IC-732(M, S)

小型機よりワンランク上の性能，操作性をもつ100W出力(Mは25W，Sは10W)のHF帯オールバンド，オールモード機です．PBT，NOTCH，AF型コンプレッサ，キーヤ，アンテナ・チューナを内蔵しています．スプリット・スイッチを押すと自動的に2つのVFOの周波数を同じにするクイック・スプリット，周波数，モードをどんどん記憶できるメモパッド，各バンドで2つの運用設定を記憶しておけるWバンドスタッキング・レジスタなどの新機能を装備していました．

### 1993年

## アイコム　TS-50S(D,V)

世界最小(当時)のHF帯オールバンド，オールモード機で，Sタイプは100W，Dタイプは25W，Vタイプは10W出力です．

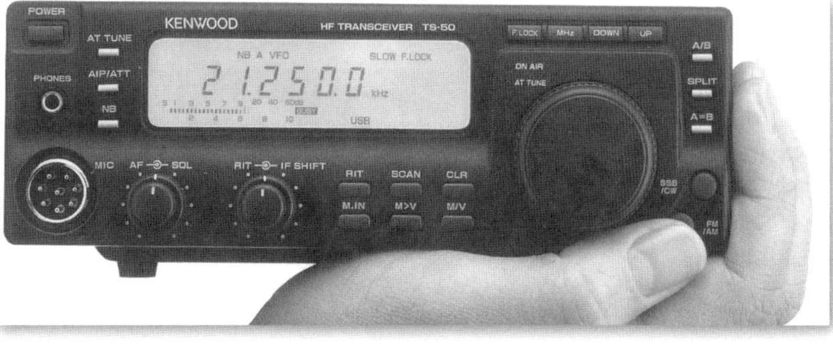


アンテナ・チューナを別売り(AT-50 39,800円)としてはいますが，TS-450のほぼ半分の体積となっています．

最小5Hzステップのファジー制御デジタルVFOを採用し，IF-SHIFTなどの付属回路も充実しています．バー型Sメータは30ドットあり，細かい読み取りが可能でした．

## 東京ハイパワー　HT-750

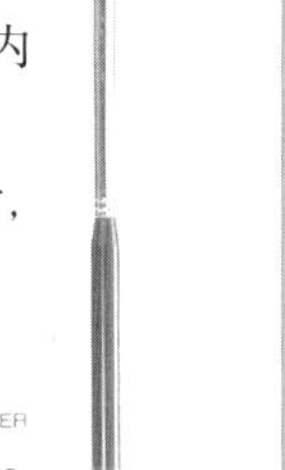


7/21/50MHz帯のSSB，CWハンディ機です．7，21MHz帯は3W出力でフルカバー，50MHz帯は2W出力で50.0～50.5MHzをカバーします．デジタルVFOを搭載し，ノイズブランカも内蔵していました．電源は単3電池8本，重さは850gです(電池含，アンテナ除く)．

長さは19cm弱で少々大き目なスティック状ハンディ機ですが，別売のロッドアンテナ，アンテナ・コイルを組み合わせると簡単にポータブル運用ができました．

## 日本無線　JST-245D(E，S)

HF～50MHz帯のオールモード機で，Dは100W(1995年まで50MHz帯は50W)，Eは25W，Sは10W出力です．ファイナルにMOS-FETによる特殊なSEPP回路を採用し，ノイズの出にくいゼロ電圧スイッチング式AC電源やアンテナ・チューナを内蔵しました．受信フロントエンドは電子同調，BWC(PBT)やトラッキング付きノッチなどの付属回路も充実させつつ，全体を幅35cm，奥行き30.5cmに収めています．

### ● JST-145D(E，S)

JST-245から50MHz帯，アンテナ・チューナ，BWCを省いた製品です．アンテナ・チューナ，BWCはオプションで追加できますが，50MHz帯は追加できません．

### ● JST-245D Limited(1995年)

日本無線創立80周年記念として発売されたJST-245Dです．HF～50MHz帯，オールモードという特徴は変わりませんが，各つまみはゴールド仕様，モニタ・ユニット，トーン・ユニット，高安定水晶，各種フィルタを実装したほぼフルオプションの200台限定機でした．予約受け付けは1995年8月から，納品は同年11月という受注生産でした．

### ● JST-245H(Hフル)(1996年)

Hタイプは HF+50MHz帯のオールモード機を150W出力にしたもので，もともと持っていた余力を利用したためか価格は100W機と同じでした．Hフルはこの JST-245Hをフルオプションにしたもので同じタイミングで発売されています．モニタ・ユニット，高安定水晶キットが装備され，9.455MHz，455kHzのフィルタがフル実装で，価格は+7万円でした．

## 八重洲無線　FT-840(S)

HF帯オールバンド，オールモード機で，無印は100W，Sタイプは10W出力です．普及価格帯の前機種FT-747GXより20,000円ほど高くなっていますが，DDSを利用したデジタルVFO，一発周波数管理，アルミ・ダイキャスト・フレーム，VFOレジスタ，CWピッチ設定，スピーチプロセッサ，大容量メモリなどを装備してより使いやすくしました．本機のFM並びに外付けチューナ(YC-10　42,000円)はオプションです．

## アイコム IC-736(M, S)

HF～50MHzのオールモード機です．外見，回路構成はIC-732に似ていますが，本機ではチップ部品が積極的に採用され，内部は全く違ったものとなっています．無印は100W(50MHz帯 50W)，Mタイプは25W，Sタイプは10W出力です．

ファイナルはMOS-FETで，当時の50MHz帯対応HF機の中ではハイパワーです．1Hzステップ・チューニング，50MHz帯でも動作するアンテナ・チューナを内蔵していました．

### 1994年

## 八重洲無線 FT-900(S)

小型ながらチューナも内蔵した，100W(Sタイプは10W)出力の固定・モービル両用のHF帯オールバンド，オールモード機です．最大の特徴はフロント・パネルがセパレートになることですが，すべてのパネルをセパレートにせず，本体側にも一部残すという方法でセパレート操作部のサイズを抑えています．周波数ステップは最小2.5Hz，IF-SHIFT，IF-NOTCH，キーヤ，CWフルブレークインなどを装備し，FMレピータにも対応しました．

1996年にコリンズのメカニカル・フィルタを装着したコリンズ・バージョンが追加されています．価格は同じでした．

### 1995年

## アイコム IC-775DXⅡ

HF帯オールバンド，オールモードの100W(AMは50W)出力機です．

最大の特徴はIF段にDSPを使用したことで，PSN変調，ノイズリダクション，AFオート・ノッチ，デジタルLPF，HPFといった新機能が搭載されています．

また，パスバンドの上下から自由に帯域を狭められるツインPBTやアンテナ2系統に対応したオート・アンテナ・チューナも内蔵しています．同一バンド同一モードの2波受信も可能，RTTYにも本格的に対応しました．

なお本機の型番の末尾ⅡはDSP採用機を意味します．海外向けにはDSPなしのモデルもありました．

● **IC-775DXⅡ/200**(1997年)

1997年秋に，IC-775は200W出力に変わりました．もともとパワーに余裕があったためでしょうか，価格は据え置かれています．

## アルインコ電子 DX-70H(S)

アルインコ電子の初のHF機です．HF〜50MHz帯のオールモード機で，HタイプはHF帯100W，50MHz帯10W，Sタイプはどちらも10Wの出力で，AMではそれぞれ4割(40W，4W)になります．

通常のSSB用フィルタだけでなく，9kHz，1kHz，500Hzのナロー・フィルタを標準で実装し，ΔIF(IF-SHIFT)や使用フィルタまで記憶する100chメモリなども装備されていて，モービル機サイズのリグながら固定機としても十分使えるように配慮されていました．本機では初期型とその後のものではつまみ類に若干の差異があります．

## アイコム IC-706(S)

HF〜144MHz帯をカバーするオールモード機です．無印タイプはHF帯100W，50MHz帯50W，144MHz帯10W(AMはその4割)出力で，Sタイプは全バンド10W(AMは4W)となっています．

これだけのバンドをカバーしながらも，縦6cm弱，横17cm弱，奥行き20cmに収まっていて，重さもわずか2.4kg(Sタイプ)，工夫すればハンディ運用も可能な大きさ，重さでした．

小型でありながらAFスピーチプロセッサ，IFシフト，キーヤを内蔵し，フルブレークイン運用もできます．受信は222MHz(アナログTV放送12chまで)をカバーし，放送波のFM音声も受信可能でした．

## 八重洲無線 FT-1000MP(/S)

HF帯オールモード，オールバンドの100W出力機(MP/Sは10W)です．変復調，ノイズリデューサ(ノイズリダクション)，狭帯域フィルタ，オート・ノッチなどをDSPで処理，同社ではこれをEnhanced DSPと呼んでいます．また類似の機能はリグの同じ軸上に配置することで操作性を向上させました．

ローノイズのスイッチング電源を内蔵したオール・イン・ワン・タイプで，VFOにはシャトル・ダイヤルも装備，AGCが分離した同一バンド別モード2波受信，従来型狭帯域フィルタによるWIDTHやNOTCH，AMの同期検波といった回路も内蔵しています．

RFスピーチプロセッサ，CWのフルブレークイン，ウェイト・コントロール付きキーヤも装備しました．

## オメガ技術研究所　PB-410ピコベース

ミズホ通信の承認によりピコ・シリーズの親機として開発された，7/21/28/50MHz帯の10W（50MHz帯は5W）出力のSSB機です．

プリミクスVFOを使用し，周波数はデジタル表示，ボディはA5サイズです．基本的には通販による直接販売でした．

なお，ポーランドのハムグループOMEGA+もHFやVHF帯の10W機を配布していますが，これは全くの別物です．

**● PB-410ピコベース　S，P，Kタイプ**（1998年）

PB-410のバリエーションモデルです．HF3バンド+50MHz帯のSSBトランシーバという基本部分はそのままで，7/14/21MHz帯10W，50MHz帯5W出力のSタイプ，7/21/28/50MHz帯5W出力のPタイプ，7/14/21/50MHz帯5W出力のKタイプが追加されました．価格はどれも同じでした．

## 八重洲無線　FT-1000

200W出力でフィルタをフル装備したHFオールバンド，オールモード機です．

基本的にはFT-1021のパワーアップ・バージョンで，輸出時の型番であるFT-1000を踏襲しました．

## ケンウッド（JVCケンウッド）　TS-870S（V）

HF帯100W出力（Vタイプは10W）のオールバンド，オールモード機です．IF-DSPの採用でデジタルフィルタ，ノイズリダクション，複数ビート対応のキャンセラなどを装備しました．パドル対話型キーヤやデジタル・レコーディングだけでなく，TS-950で初採用された帯域分割型スピーチプロセッサも内蔵しています．

派手な特徴はありませんが，受信時に動作させることが可能なチューナや，混信の隙間の信号を拾える高速リリースAGCなど実用的な機能を持ったリグでした．

### 1996年

## アルインコ電子　DX-70G（M）

●DX-70G（100Wタイプ）/¥149,000

どちらもHF+50MHz帯のオールモード小型機，DX-70のパワー変更版です．DX-70GはHF，50MHz帯共に100Wで，50MHz帯のパワーダウンが解消され，4630kHzが送受信可能になりました．

2000年に追加されたDX-70Mは全バンド50W出力機です．従来機，DX-70Hベースの50W機より50MHz帯の出力が高く，4630kHzの送受信も可能でした．

## アイコム IC-756

HF+50MHz帯100W出力の固定機です．情報を集中表示する4.9インチのLCDを搭載し，ノイズリダクションや80Hzまで狭められるオーディオ・ピーク・フィルタ，オート・ノッチなどの機能をDSPで実現しました．LCD画面にはスペクトラム・スコープ表示ができ，メモリ・チャネルやセット・モードなどの内容を一覧表示．同一バンド同一モードの2波受信が可能で，メモリ・キーヤも装備していました．

## 1997年

## ケンウッド(JVCケンウッド) TS-570S(M,V)

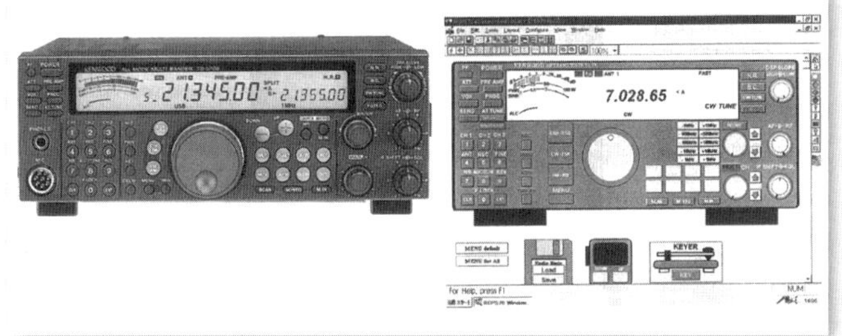


HF+50MHz帯＋オールバンド，オールモードの100W機(Sタイプ)で，Mタイプは50W，Vタイプは10W(50MHz帯は20W)出力となっています．AF-DSPを採用することで価格を抑えつつ，50Hz帯域のオーディオ・ピーク・フィルタやCWのオート・チューン，ノイズリダクションなどを装備しています．

本機はゼネラルカバレッジの範囲が広く，30kHz～60MHzをカバーしています．また，RS-232C経由でWindows 95からコントロールできるソフトウェアも配布されました．

● **TS-570SG(MG, VG)** (1998年)

TS-570シリーズの機能アップ版です．HF+50MHz帯＋オールバンド，オールモードの100W出力機(SGタイプ)で，MGタイプは50W，VGタイプは10W(50MHz帯は20W)という基本部分は変わりません．

機能アップは主にDSP部分で，各機能が強化されています．また4630kHzの送信に対応しました．

## アイコム IC-706MKII(M, S)

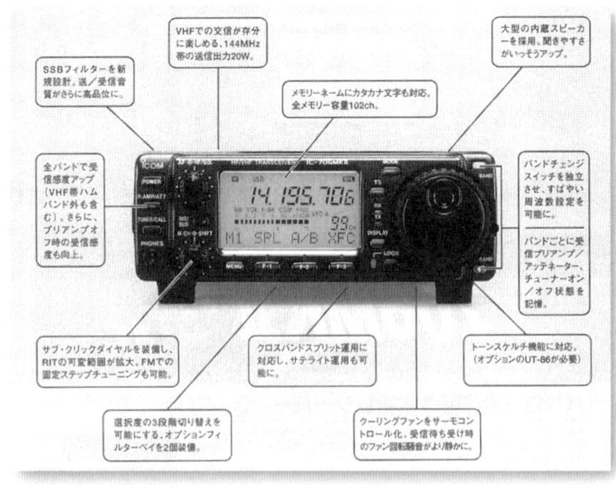


HF～144MHz帯をカバーするオールモード機で，IC-706のモデルチェンジ機です．無印タイプの出力は50MHz帯まで100W，144MHz帯20Wに増力されています．MKⅡMは50MHz帯までが50W，144MHz帯は20W．MKⅡSはHF帯が10W，VHF帯は20Wとなっています．

表示LCDのドットを前機種より細かくし，操作性を充実させました．小型機でありながらオプションのフィルタは2個装着できるようになっています．操作パネルは分離できるようになりました．

前機種同様にAFスピーチプロセッサ，IFシフト，キーヤを内蔵し，フルブレークイン運用もでき，高安定水晶やAF-DSP(いずれもオプション)に対応するなどの改良も加えられています．1Hzステップでのファイン・チューニングができるようになりました．

## 八重洲無線 FT-920(S)

HF，50MHz帯をカバーするオールモード100W出力(SタイプはHF10W，50MHz帯20W)固定機です．AF-DSPの採用で価格を抑えつつ，ノイズリデューサ，混信除去などの必要機能を搭載しました．

受信帯域のローカット，ハイカットのつまみを大きくして操作性を上げ，バーグラフ式Sメータのドット数を増やして読み取り精度を上げるといった細かい工夫もなされています．

## アイコム IC-746

HF～144MHz帯のオールモード機です．ノイズリダクション，オート・ノッチ，オーディオ・ピーク・フィルタなどの機能をAF-DSPで実現しています．全バンドで100W出力の能力を持ちますが，EME用改造を申し出ない場合，144MHz帯は50Wとなります．また，50MHz帯までのオート・チューナを内蔵しています．

大型のLCD表示を採用，4chのメモリ・キーヤ，トーン・スケルチやIFモニタといった付属回路も充実していました．

## 八重洲無線 FT-847(M, S)

HF～430MHz帯をカバーするオールモード機で，無印タイプは50MHz帯まで100W，それ以上は50W，Mタイプは全バンド50W，SタイプはHFが10W，他は20W出力となっています．

AF-DSPを内蔵し，ノイズ・リデューサ，オート・ノッチ，各種フィルタ処理が可能です．トラッキング機能など衛星通信機能も強化しています．チャネル・ステップ設定型VFOやシャトル・ダイヤルで広いバンドに対応，0.1Hzステップでの同調操作で狭いバンドでも快適な運用ができるようになっていました．

### 1998年

## アルインコ DX-77J

HF帯100Wのオールモード機です．モービル機よりも少し大きめの筐体に前面スピーカを付けて，シンプルなデスクトップ機に仕上げています．

定価のないオープン価格(実売8万円前後)，免許申請は保証認定となります．また，説明書は英文のみですが，これは本機が元々輸出用として作られているためでしょう．人口が少ない地域ではV/UHFがあまり実用的ではないためローカルラグチューにHF帯を使用していて，前面スピーカを持つシンプルなHF機に一定の需要があります．

## アイコム IC-706MKIIG(GM, GS)

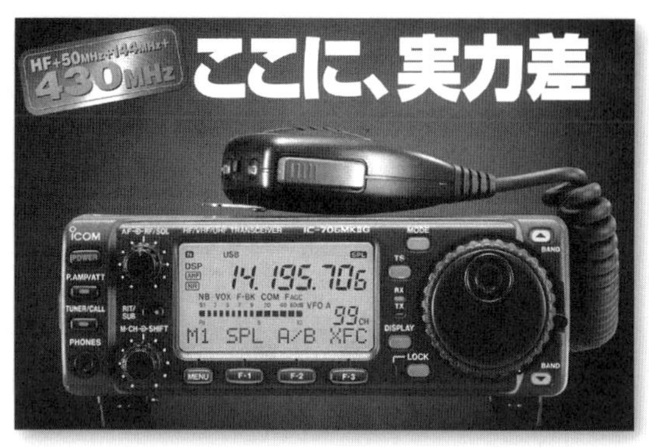


HF～430MHz帯のオールモード小型機です．Gタイプは50MHz帯までが100W，144MHz帯50W，430MHz帯20Wで，GMタイプは144MHz帯まで50W，430MHz帯は20W，GSタイプはHF帯10W，V/UHF帯は20Wです．

基本的にはIC-706MKIIの144MHz帯を増力し430MHz帯を付加したものですが，受信音質を改善すると共にキー・イルミネーションを採用しています．

## スタンダード/八重洲無線 FT-100(M, S)

HF～430MHz帯のオールモード機で，車載可能な大きさに収められています．無印は50MHz帯まで100W，144MHz帯50W，430MHz帯20W．Mタイプは144MHz帯までが50W，430MHz帯が20W，SタイプはHF帯が10W，V/UHF帯が20Wの出力です．

24ビットのAF-DSPによってフィルタやオート・ノッチ，ノイズ・リデューサ動作ができます．セレクト・ノブを使用するとFMのチャネル運用がやりやすく，CWでは複数のナロー・フィルタが内蔵可能，フルブレークイン対応でメッセージ機能付きキーヤも内蔵しています．フロント・パネルはセパレート化が可能です．1998年7月に八重洲無線株式会社は日本マランツ株式会社の通信機部門を買収，合併し，株式会社スタンダードを発足させましたが，これはそのスタンダードの最初のHF機にあたります．パネル面の表記はYAESUでした．

● **FT-100D(DM, DS, DX)** (1999年)

HF～430MHz帯のオールモード機，FT-100を半年後にマイナ・チェンジしたもので出力などの電気的仕様は変わりません．スピーカを大口径にして明瞭度を上げ，500HzのCWフィルタを標準装備にしました．限定モデルとして300Hzフィルタも装備したFT-100DXも＋3,000円で発売されましたが，外箱にXのシールが貼られている以外は外観上FT-100Dと全く変わりません．

### 1999年

## アイコム IC-756PRO

5インチのカラーTFT液晶画面を採用した，HF+50MHz帯100W出力のオールモード機です．

DSPによるデジタルIFフィルタを進化させ，IF段階での最小50Hz帯域を実現しました．各モードそれぞれ3段階の通過帯域を切り替えられますが，SSB，CW，RTTYではこの帯域を変更することができます．

RTTYのデモジュレータとデコーダを内蔵したため，外部機器なしで

RTTY信号を受信することができます．PBTの可変量は25Hzステップまで狭まり，ノッチの減衰量は70dBとなりました．

リアルタイム・スペクトラムスコープや同一バンド・モードのデュアル・ワッチだけでなくメモリ・キーヤ，ボイス・メモリも装備しています．

### スタンダード/八重洲無線　MARK-V　FT-1000MP

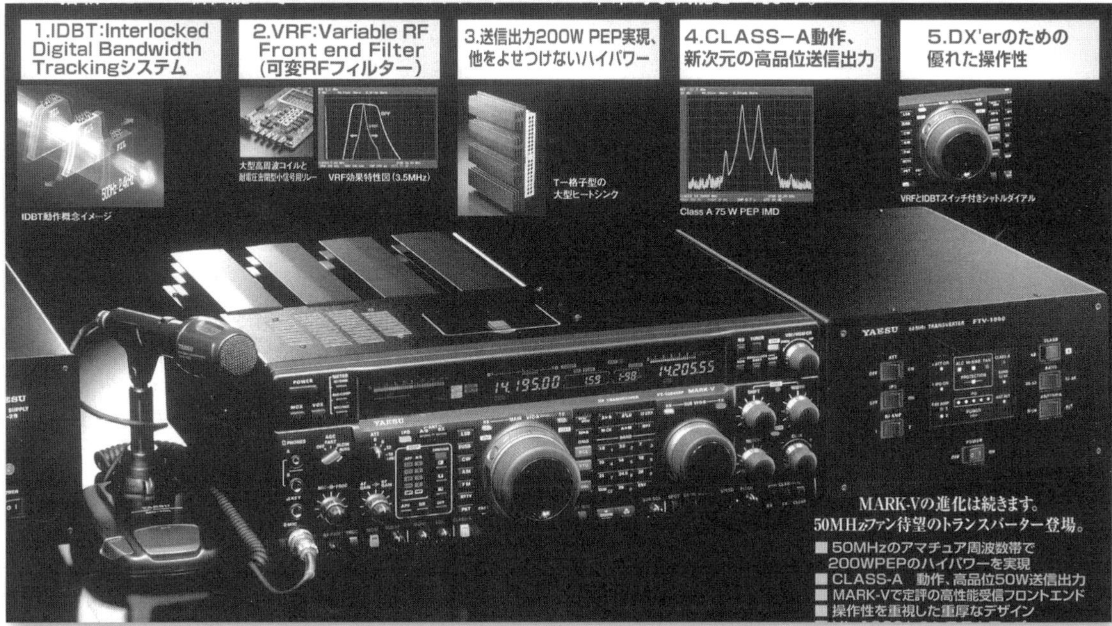


HF帯200W出力のオールモード機です．従来のEnhanced DSPを使用したFT-1000MPを増力すると共に，実用的な機能を強化したものです．

14MHz帯以下で動作するVariable RF Front end Filter(VRF)は強力なRFフィルタで，近所のハイパワー局の被り(かぶり)などを軽減するのに役立ちます．

455kHzにはコリンズ社の10ポールのメカニカル・フィルタを採用してIF-SHIFTやWIDTHの実際の効きを改善しました．ノイズリデューサの設定やオーディオ・ピーク・フィルタの帯域幅はパネル面で一目でわかるようにし，AGCを分離した本格的デュアル・レシーブを装備しています．さらにそれぞれのつまみを指1本で操作ができるようにダイヤルはラバー付きです．

本機のファイナルは30V動作のため，専用電源FP-29が付属していました．

● **FTV-1000**(2000年)

MARK-V FT-1000MP専用の50MHz帯トランスバータです．出力はなんと200W，ファイナルをA級動作にして50W出力とすることも可能でした．電源はDC30Vおよび13.8V，同社のFP-29が適合し，1台の電源でトランスバータ，親機の両方を動かせるように工夫されています．

バンド・データは親機と連動し，本機の電源ON-OFFで接続が切り替えられるようになっているのでHF/50MHzの共用アンテナをつなぐことも可能です．さらにリニア・アンプ，VL-1000を親機と共用で使うこともできるように考えられていました．

## 2000年

### スタンダード/八重洲無線 FT-817

HF～430MHz帯のオールモード5W機です．最大の特徴は電池動作ができることで，単3電池8本での運用が可能です．13.5×3.8×16.5cmと小型化され本体の重さはわずか900gしかありません．

208chのメモリを持ちキーヤを内蔵，FMラジオの受信も可能です．前後パネルにアンテナ・コネクタを持っているため，ハンディ機として運用するときはパネル面にアンテナ直付け，固定運用の場合は後ろに給電線＋外部アンテナという運用ができます．

ARTS（Automatic Range Transponder System）にも対応していました．

### ケンウッド TS-2000

HF～1.2GHz帯をカバーするリグで，2000年の終わりに発売予告されました．パネル面に厚みを持たせ，メイン・ダイヤル部分を強調する独特のデザインとなっています．

IF-DSPを採用し，IFでの処理をすべてDSP化しました．スロープ・チューンではハイカット，ローカットを自由に設定できます．ノイズリダクションにはSPAC方式（時間相関式）も用意し，CWでの効率的な動作を実現しています．

小さな筐体ながら50MHz帯までのオート・チューナを内蔵，サテライト・モードも用意しています．SSB受信中にキーダウンでCWモードに切り替わるクイックCW TX機能があり，144MHz，430MHz帯AM/FMのサブ受信も実装しました．

本機には，430MHzまでのTS-2000S（288,000円），TS-2000V（288,000円），1.2GHzも実装したTS-2000SX（348,000円），TS-2000VX（348,000円）の4機種があります．Sタイプ，SXタイプは50MHzまで100W，それ以上は50W，Vタイプ，VXタイプはHFが10W，それ以上は20W，1.2GHz帯については全タイプ10W出力です．

なお，Sタイプ，Vタイプに1.2GHzを追加する場合はサービスセンター対応となっていました．

## Column メニュー画面の登場

機能をたくさん搭載したリグは大きくて，小型のリグはなんらかの機能を絞ったものだった頃は，ある意味ユーザーにとって幸せな時代でした．機能と操作部(つまみやスイッチ)が一致していたからです．

使い込んだリグではつまみやスイッチの位置を体が覚えていて，パネル面を見ることなく必要な操作をすることができました．

その後，小型機がだんだん大型機並みの機能を持ち始めたところで，パネル面の広さの問題が生じます．アイコム IC-730や八重洲無線 FT-757(登場順)などがちょうどそのころのリグで，両機の幅は約24cm，高さも9cm強しかありません．それまでの小型機リグよりつまみを縦1列減らさないといけなくなったのです．

縦に3つのつまみは配置できますから，2軸つまみを使っていた場合は6つ分の減少となります．

そこでIC-730ではVOX関連，SWR計設定，プロセッサ設定を上蓋側にもっていきました．

FT-757ではキーヤ・スピードやキーヤ・モードの切り替えをパネル上面に，VOX関連，SWR計設定，AMキャリアは背面へ移しています．

次のIC-731ではパネル面に小型のボリューム，スイッチを取り付け，蓋をしています．カンガルー・ポケット(9章参照)です．ここには受信フィルタの切り替えまでが入っていますが，恐らくこのリグを設計した方はつまみの配置にとても悩んだのではないでしょうか．

その後，さらに小型機の機能が充実するようになると，セット・モード画面を持つリグが現れました．

最初はチャネル・ステップのようなユーザーが希望する動作を記憶しておくためのものでしたが，その後には設定内容と操作方法をカナで表示するもの(ケンウッド TH-79など)までもが出現しています．

しかしこのセット・モードは休止中にセットするものですから，実運用中に設定変更するもの，たとえばAGCの切り替えなどには不適切です．そこでその瞬間に必要と思われる操作をディスプレイに表示してボタンの機能を切り替える，メニュー画面を持つリグが現れました．**表15-A**がメニュー画面を採用したアイコム IC-706のメニュー画面表示内容です．

当初は戸惑うOMさんもいらしたようですが，しばらくすると，この状態ごとに機能が変化するという動作は広く受け入れられるようになります．

また文字を表示するためにはディスプレイはドットマトリックスとする必要があるために，ディスプレイそのものも変わりました．機能の向上に伴って，小型機だけでなく大型機でもメニュー表示を利用するようになっています．

ところで，カーナビなどのタッチパネル方式の機器もメニュー方式の一形態と言えると思われますが，アマチュア無線機とは一つだけ大きな違いがあります．

それは無線機ではタッチパネルをあまり採用せずボタン操作の余地を残していることです．例外もあるようですが，近年の小型機はタッチパネル，大型機はディスプレイ横のボタンを主にしているように思われます．

**表15-A　IC-706の4層メニュー**
MENUを押すたびにF-1～F-3の機能が変わる

| | MENU | F-1 | F-2 | F-3 |
|---|---|---|---|---|
| 通 常 | M1 | SPL | A/B | A=B |
| SPLIT運用中 | | SPL | A/B | XFC |
| 全モード | M2 | MW | M→V※ | V/M |
| 全モード | M3 | NAR | NB | MET |
| SSB/AM | M4 | VOX | COM | AGC |
| CW | | | BRK | AGC |
| RTTY | | 1/4＊ | AGC | |
| FM | | VOX | COM | TON |

MET：メータ切り替え
COM：スピーチ・コンプレッサ ON/OFF
※：メモリ・モードではMCL(メモリ消去)
＊：ダイヤル可変量1/4(1回転500Hz)

# 第16章 V/UHF固定機は多機能化

## 時代背景

本章では1987年(昭和62年)から2000年(平成12年)のV/UHF専用固定機を紹介します.

この時代はバブル景気の波が来て去っていくまでの期間にあたります.好景気の際にアマチュア無線機は多数発売されましたが,高機能化したHF機と多バンド化されたモービル機がその主力でしたので,実のところV/UHF固定機はあまり発表されていません.

その後HF機が高い周波数までをカバーするようになるとさらにV/UHF専用機は勢いを失います.しかし衛星通信やFMでのチャネル運用では間違いなく専用機の方が高い操作性をもっていました.また多バンド化して割安感を出したリグとV/UHF専用機では性能や機能にも差がありました.このためバブル崩壊の不景気期になっても,最高性能を求めるハムにV/UHF専用機は支持され続けます.

## 免許制度

1990年に第3級の出力上限が25Wになり1996年には第3級は50W,第4級はV/UHF帯で20Wまでを取り扱えるようになります.

そこで各リグにはそれに合わせた出力のタイプがその都度追加されていますが,50W(1.2GHz帯は10W)という全体の上限は変わっていないため,大きな変更なく対処がなされていたようです.

## 機器の変化

この頃のV/UHF固定機はすべて144MHz帯と430MHz帯をカバーしていて,モノバンド機はありません.モノバンド機は割高になることもありますが,衛星通信対応とするには最低2バンドが必要という理由もあったものと思われます.

衛星通信対応では同時送受信が必要なのでIF回路は送受信別々に持つ必要がありますし,送受信周波数を別々にセットできる必要があります.

この周波数コントロールの操作性はリグによって違っています.2つのVFOそれぞれを送信周波数,受信周波数に充てるというのが普通のセッティングですが,この際に,通常の運用と同じようにメイン,サブの周波数を直接設定するリグ,通常の運用とは別の衛星通信用の送信周波数,受信周波数をセッティングするリグだけでなく,いったんメイン,サブに周波数を設定した上で,さらにいったんメモリを介することで衛星ごとのセッティングを切り替えやすくするリグがありました.またいつでも周波数調整ができることが必要です.衛星のヘテロダイン方向に合わせて送受信周波数を同時に変えられればさらにFBで,FM専用機のC50(日本マランツ)以外はどのリグもこれらの機能を搭載していました.

1990年までのバブル景気の中,どんどん多機能化したV/UHF固定機ですが,景気後退期になると様相が一変します.

1991年からは3年間新機種が発売されていません.その後に発売されたものも10万円台の比較的安価な価格設定のリグか従来機種のパワー変更バージョンだけです.

特にプラスαである1.2GHzの扱いがバブル期の前後で様変わりしました.後にケンウッドのTS-2000,アイコムのIC-9100が発売されるまで,バブル崩壊後の約10年間にわたって新規に発売された1.2GHz以上の固定機や固定機用増設ユニットはありません.この事情はハンディ機でも同じで移動運用に利用できるリグは2015年発売のDJ-G7(アルインコ)までありませんでした.

一方50MHz帯は全く逆の状況となりました.1990年代にモノバンドのオールモード機は事実上1機種しか発売されていませんが,HF機のほとんどが50MHz帯もカバーするようになりました.

ユーザーの出費増の一因となる1.2GHzは敬遠され,設計の拡張で実現できる50MHz帯はお買い得感が感じられるので各リグに実装されたということかもしれません.

**V/UHF固定機は多機能化 機種一覧**

| 発売年 | メーカー | 型番 | 種別 | 価格(参考) |
|---|---|---|---|---|
| | 特徴 | | | |
| 1987 | 八重洲無線 | **FT-736(M)** | 送受信機 | 228,000円 |
| | 50MHz~1.2GHz(50MHz, 1.2GHzはオプション) オールモード 10W 衛星通信対応 AQS 派生タイプ 相違点:25W◆ 型番:M 価格:240,000円 | | | |
| 1988 | ケンウッド | **TS-790(G, S)** | 送受信機 | 239,000円 |
| | 144/430MHz/1.2GHz オールモード10W G以外は1.2GHzはオプション 衛星対応 派生タイプ 相違点:45W▽/1.2GHz付き 型番:S/G 価格:279,000円/309,000円 | | | |
| | 八重洲無線 | **FT-736X(MX)** | 送受信機 | 287,000円 |
| | 50MHz~1.2GHz(50MHzはオプション) オールモード 10W 衛星通信対応 AQS 派生タイプ 相違点:25W◆ 型番:MX 価格:299,800円 | | | |
| 1989 | アイコム | **IC-970(D)** | 送受信機 | 268,000円 |
| | 144/430MHz 10W 1.2/2.4GHzはオプション 広帯域受信オプション 派生タイプ 相違点:45W▼ 型番:D 価格:318,000円 | | | |
| 1990 | 日本マランツ | **C50(D)** | 送受信機 | 199,000円 |
| | 144/430MHz 10W 28MHz, 1.2GHz はオプション FM フル・リモコン パケット対応 派生タイプ 相違点:50W▲ 型番:D 価格:229,000円 | | | |
| | ケンウッド | **TS-790D** | 送受信機 | 269,000円 |
| | 144/430MHz/1.2GHz オールモード25W 1.2GHzはオプション 衛星対応 | | | |
| | アイコム | **IC-970M** | 送受信機 | 298,000円 |
| | 144/430MHz 25W 1.2&2.4GHzはオプション 広帯域受信はオプション 電源内蔵型+30,000円 | | | |
| 1994 | アイコム | **IC-820(M, D)** | 送受信機 | 168,000円 |
| | 144/430MHz 10W メイン/サブ別ダイヤル 1Hzステップ 派生タイプ 相違点:25W/45W▽ 型番:M/D 価格:178,000円/188,000円 | | | |
| 1996 | アイコム | **IC-820J** | 送受信機 | 168,000円 |
| | 144/430MHz 20W メイン/サブ別ダイヤル 1Hzステップ | | | |
| | アイコム | **IC-970J** | 送受信機 | 278,000円 |
| | 144/430MHz 20W 1.2&2.4GHzはオプション 広帯域受信はオプション 電源内蔵型+30,000円 | | | |
| | アイコム | **IC-821(D)** | 送受信機 | 168,000円 |
| | 144/430MHz 20W サテライト・モード トラッキング 派生タイプ 相違点:45W▽ 型番:D 価格:198,000円 | | | |
| | 八重洲無線 | **FT-736M(MX)20Wタイプ** | 送受信機 | 239,900円 |
| | 144/430MHz 20W 1.2GHz 10W(MXのみ) 衛星対応 50MHzはオプション 派生タイプ 相違点:1.2GHz付き 型番:MX 価格:299,700円 | | | |
| 1997 | ケンウッド | **TS-790V** | 送受信機 | 269,000円 |
| | 144/430MHz オールモード 20W 1.2G はオプション(10W) | | | |
| 2000 | アイコム | **IC-910(D)** | 送受信機 | 128,000円 |
| | 144/430MHz 20W 1.2GHzはオプション 衛星対応 2バンド同時受信 派生タイプ 相違点:50W 型番:D 価格:149,000円 | | | |

W表記は全て出力
◆は50MHz, 1.2GHz　10W
▼は144MHz　FMのみ45W　他は35W, 430MHz　FMのみ40W　他は30W　1.2GHz　10W(オプション)
2.4GHz　1W(オプション)
▲は430MHz　40W　28MHzまたは1.2GHz　10W(オプション)
▽は144MHz　FMのみ45W　他は35W, 430MHz　FMのみ40W　他は30W

# V/UHF固定機は多機能化<br>各機種の紹介 発売年代順

## 1987年

### 八重洲無線 FT-736(M)

FT-736は144MHz帯，430MHz帯でオールモードの10W出力機です．またFT-736Mは144MHz帯，430MHz帯でオールモードの25W出力機です．どちらも50MHz帯(10W 38,000円)，1.2GHz帯(10W，62,200円)のユニットを装着することで，50MHz～1.2GHz帯の4バンドのオールモード機となります．17,400円のATVユニットを装着するとAM-ATV運用も可能です．衛星通信のための同時送受信，レピータに対応し，AQS，1ppmの高安定基準発振器も内蔵していました．

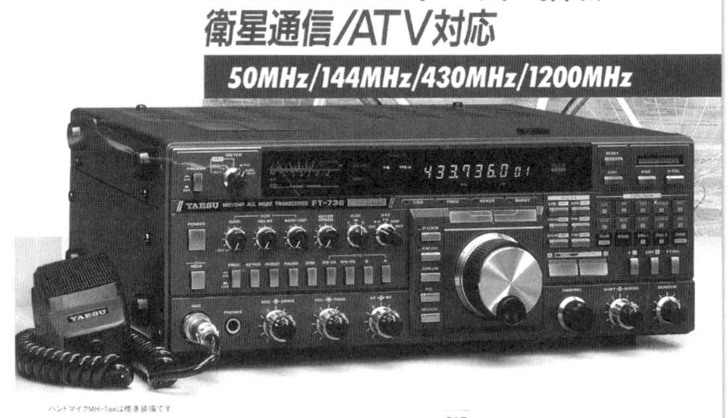


**●FT-736X(MX)**(1988年)

144MHz帯，430MHz帯のオールモード機，FT-736(M)に，1.2GHz帯のオプション・ユニットを装着したもので，Xタイプは全バンド10W出力，XMタイプは144MHz帯，430MHz帯は25W，1.2GHz帯は10Wです．X，XM共に50MHz帯の10Wユニットを装着できますので，最大で4バンドをカバーすることが可能です．衛星対応，ATV運用可能と言った特徴は変わりません．

**● FT-736M(MX)　20Wタイプ**(1996年)

1996年夏にFT-736Mに20Wタイプが追加されました．144MHz帯，430MHz帯20W出力，1.2GHz帯10W出力(MXタイプのみ実装)，50MHz帯10W出力(M，MX共にオプション)のオールモード機で，25WのMタイプの出力を変更して20W出力の証明書を添付したものでした．

## 1988年

### ケンウッド(JVCケンウッド) TS-790(G, S)

144MHz帯，430MHz帯，1.2GHz帯の3バンドをカバーするSSB，CW，FM機です．無印は10W出力，2バンド実装で1.2GHz帯はオプションです．Gタイプの出力も10Wですが3バンド共に実装されています．Sタイプは144MHz帯は45W，430MHz帯は40W出力で1.2GHz帯はオプション，SSBモードの出力はそれぞれ35W，30Wとなります．

本機の最大の特徴は任意の2バンドを同時受信できることで，周波数を同時に表示できるだけでなく，スケルチやAFボリュームも独立しています．

送受信を別バンドに割り当てることも可能で，同時送受信が可能なため衛星通信にも対応しています．さらにドップラ効果を打ち消すための衛星通信の送信周波数補正もスイッチ1つでできます．

バンドプランに連動するオート・モード付き，スピーチプロセッサ，IFシフトを内蔵し，CW用ナロー・フィルタを装着することも可能でした．

**TS-790G** 309,000円（144/430/1200MHz内蔵，出力10W）
**TS-790S** 279,000円（144/430MHz内蔵，1200MHzオプション 出力144MHz 45W，430MHz 40W）
**TS-790** 239,000円（144/430MHz内蔵，1200MHzオプション　出力10W）

左から，PS 31（電源），TS 790，SP 31（スピーカー）

● **TS-790D**（1990年）

25W出力機で，1.2GHz帯（10W）はオプションです．

● **TS-790V**（1997年）

20W出力機で，1.2GHz帯（10W）はオプションです．この際にTS-790はSタイプとVタイプのみとなりました．

**1989年**

## アイコム　IC-970(D, M)

144MHz帯，430MHz帯，1.2GHz帯（オプション）だけでなく，1991年には2.4GHz帯（オプション）にも対応し，SSB，CW，FMの各モードをカバーする固定機で，衛星通信対応，2バンド同時受信が可能です．

IC-970には型番がそのままでAC電源あり，なしのタイプがあり，その価格差は3万円です．無印の出力は10W，後に追加された970Dは45W（144MHz），40W（430MHz），これはFMの出力で，SSBの場合は各バンドとも10W低い出力となります．1991年には144MHz，430MHz共に25WのMタイプが追加されています．

オプションの1.2GHz帯ユニット（UX-97 89,800円）の出力はタイプに関わらず10W，1991年4月には日本初の2.4GHz帯1W出力のバンド・ユニット（UX-98 118,000円）も発売され，これも装着すると144MHz帯～2.4GHz帯をフルカバーできるようになります．ほかに50～905MHzをAM，FMで受信可能なレシーバ・ユニット（UX-R96 39,800円），ATVアダプタ（TV-970 27,800円）が用意されていて，これらをすべて揃えると約60万円になるリグですが，さらに高安定水晶やCWナロー・フィルタ，アンテナ直下型プリアンプなども用意されていました．

● **IC-970J**（1996年）

追加発売されたV/UHFのSSB，CW，FM20W機で，第4級の操作範囲拡大に対応した製品です．2.4GHzまでのユニットを追加できるなどの特徴は他のIC-970と変わりません．

本機発売時にJタイプとDタイプのみにラインナップが整理されています．

## 日本マランツ C50(D)

144MHz帯，430MHz帯を標準装備，1.2GHz帯もしくは28MHz帯を追加できる固定局用FMトリプルバンダーです．無印は全バンド10W，Dタイプは144MHz帯50W，430MHz帯40W出力で，実装するすべてのバンドを同時受信でき，2バンドの同時送信も可能です．

1.2GHz帯の10W出力バンド・ユニットCRF301(60,000円)，28MHz帯の10W出力バンド・ユニットCRF081(33,000円)だけでなく，28MHz帯50W出力のバンド・ユニットCRF081D(40,000円)も後に追加されていて，電源は内蔵，微弱電波を使ったフル・リモコン付きマイクを標準装備していました．

### 1994年

## アイコム IC-820(M, D)

144MHz帯，430MHz帯のSSB，CW，FM機で，無印は10W出力，Mタイプは25Wです．

Dタイプは144MHz帯FMが45W，430MHz帯FMは40W，SSB，CWは35W，30Wとなります．

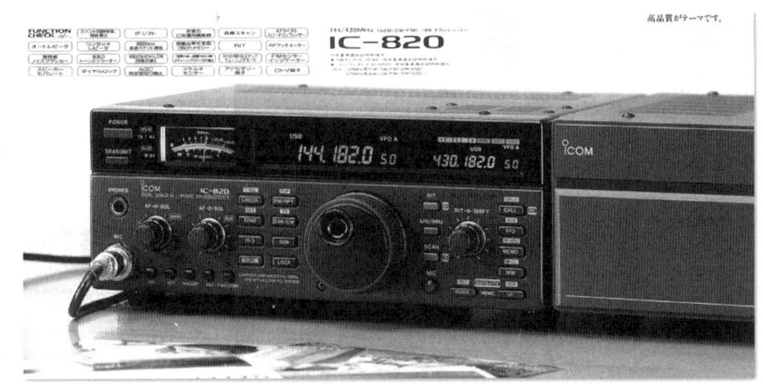


デュアルバンド・オールモード機としては世界最小とPRされています．価格は抑えめながら，3ppmのTCXOや衛星通信対応，1Hz単位のファイン・チューニングなども装備しています．AF型コンプレッサを装備，2バンド同時受信も可能でした．

● **IC-820J**(1996年)

第4級の操作範囲拡大時に追加された20W機です．この時，IC-820シリーズはハイパワーのDタイプと本機(Jタイプ)のみに整理されています．

### 1996年

## アイコム IC-821(D)

144MHz帯，430MHz帯のSSB，CW，FM機，IC-820シリーズの後継機で，無印は20W出力，Dタイプは144MHz帯45W，430MHz帯40W出力です．

本機の外観は前機種とほぼ同じですが衛星通信機能とCW機能が大幅に強化されています．

2000年

## アイコム　IC-910(D)

144MHz，430MHz帯の20W(Dタイプは50W)出力のSSB，CW，FM機です．オプションのUX-910(39,000円)を追加すると1.2GHz帯も10Wで運用できます．

大きさは小型にまとめられていますがLCD画面は大型のものを採用し，2バンド同時受信が可能でボリュームやスケルチが独立して用意されています．衛星通信機能も充実していてサテライト専用メモリ付き，IF-SHIFTやキーヤも内蔵していました．

## Column　マルチバンド機のファイナル事情

リグにファイナル(送信電力増幅の出力部)はいくつ必要でしょうか?．HF機では常に1つです．広帯域回路をうまく使うことで，どのリグも下限(1.9MHzもしくは3.5MHz)から上限(29.7MHz)までを1つのファイナルでカバーしています．HF機が50MHz帯をカバーするようになった時，当初は50MHz帯は別ファイナルでしたが，すぐにHFと同じファイナルを共用するようになりました．

しかしV/UHF機では一般的には1バンド1ファイナルです．これは周波数が高いので素子の近くに整合回路が必要となることが一番の理由だと思われます．整合回路入りの増幅器であるパワーモジュールにも広帯域のものはありません．オプションのバンド・ユニットを差し込んでバンドを増設するタイプのリグもファイナルの共用は無理なので，V/UHF多バンド機ではバンドの数だけファイナルがあるという状態が結構長く続きました．

半導体コストを別にすればファイナルの数が多くても実はそんなに困りません．切り替えは逆に少なくなりますし放熱器は共用できるからです．しかし増設ユニットでは放熱器を共用することはできませんから，増設バンドはあまりハイパワーにはできません．全体のコストでも不利なので最近は増設ユニット方式のリグは見られなくなりました．

最初にファイナルを共用したのはハンディ機です．IC-T7/S7(アイコム)，C710(日本マランツ)は2バンド，IC-T8ss(アイコム)は50MHz帯を含む3バンドを共用しています．その後、IC-706MKⅡG(アイコム)とFT-100(スタンダード／八重洲無線)が，V/UHF側に2素子内蔵のパワーFETを使用して，HF＆50MHz帯と144＆430MHz帯の2つのファイナルだけにすることで小型化を実現しています．

ところで当時のリグのハイパワー・タイプには45Wや35Wといった中途半端な出力が見られます．これはその出力のパワーモジュールがリーズナブルな価格で供給されたためです．パワーモジュールは内部の増幅段数が固定で，その利得とドライブ電力で出力が決まります．なのでモジュールの能力いっぱいに出力を取り出した場合には半端な値となりますし，回路の利得が下がる430MHz帯ではどうしても出力が低くなってしまうのです．このため，2000年頃までは144&430MHz帯の2バンド・ハイパワー機でバンドごとに出力が違うのはあたりまえとなっていました．

# 第17章 車載機はハイパワー志向へ

## 時代背景

本章では1987年(昭和62年)から2000年(平成12年)の車載機(モービル機)を紹介します.車載機はこの時代に2つの波に洗われました.1つはバブルの波,次はパケット通信の波です.

バブル景気の時代には固定機,特に高級HF機が人気となりましたが車載機も売れました.V/UHF帯のFM機が多チャネル化してちょうど10年ぐらい経っていましたし,小型化すると共にデザインも進化しましたので買い替え需要もかなりあったものと思われます.

その後バブル景気が弾けてからも車載機は発表され続けます.当時はまだこの不況が深刻だと思わなかったという事情もあろうかと思いますが,データ・パケット通信用に買ったOMさんもたくさんいたはずです.というのは,当時パケット通信用に使われていたTNC(章末Column参照)にはBBS機能やメール・ボックス機能が付いているものが多く,常時運用のために1台あると便利だったからです.

しかし1997年ごろから急に新製品が発表されなくなります.一通り普及したということがあると思われますが,携帯電話の影響で市場が縮小したのも原因でしょう.携帯電話の普及率は1997年でおおよそ人口の3割,2000年で5割です.

## 免許制度

V/UHF帯では特別な場合を除いて免許される出力の上限は50Wであり,長い間メーカー製V/UHF機の出力は10Wでしたから,V/UHF帯は無線従事者免許のランクによる操作範囲の違いはほとんどありませんでしたが,1970年代終わりごろから上級者用のハイパワー機が生産されるようになります.

その後1989年の電信級,電話級が第3級,第4級になる制度変更,1990年の第3級アマチュア無線技士の操作範囲改定によって,新たに25Wという出力区分が生まれます.このため,主なリグでは10W,25W,それ以上(最大50W)という3つの出力タイプをそろえる必要が生じました.

1996年に第3級アマチュア無線技士の操作範囲が50W,第4級アマチュア無線技士の操作範囲が20W(HF帯10W)となると,モービル機の出力はハイパワーと20Wの2種類に統合され,現在(2022年)もこの2段構成が続いています.4アマの操作範囲拡大(V/UHF帯の20W化)に伴って,25W機をメーカーが改造し証明書を添付した場合には,20W機として保証認定が受けられるという措置も取られました.

## 機器の変化

たくさんのリグが発売されましたが,もう多チャネル化も,スキャンの充実も終わっていて,実のところ機器はあまり変化していません.でもモデル・チェンジを受けるごとにリグは小さくなっていきました.またフロント・パネルのセパレート化も当たり前になりました.コード・スケルチなどの選択呼出し機能もどんどん充実していきます.

固定機との区別が明確になったためか,この時期の車載機のほとんどがFM機です.バンドも絞られていき,だんだん144MHz帯,430MHz帯のモノバンド機と,この両バンドをカバーするデュアルバンド機に収束していったように思われます.

売れ筋となったデュアルバンド機には2種類があります.ひとつは多機能化したもので,同一バンド2波受信のように,単にモノバンド機を2バンド分揃えてもできないような動作までフォローするようになりました.もうひとつは単純に2バンド対応した製品で,ひとつの受信系統が2バンドに対応する,ある意味分かりやすいシンプルなリグです.

9600bpsのパケット通信対応,APRSやナビトラ(JVCケンウッドの登録商標)によるGPS位置情報の交換に対応したものなど,従来にはなかった付加機能が付き始めたのもこの時期の特徴です.LCDによる周波数表示は周囲が黒く数字が光るネガティブ・タイプが一時流行(はや)りましたが,後に数字だけが黒いポジティブ・タイプも復活しています.

1996年に第4級アマチュア無線技士のV/UHF帯での操作範囲が20Wまでになった時は,20W機が次々に発売されましたが，期待されたほどは売れなかったようです．“特別価格”の10W機がずっと店頭を飾っていて，20W機が肩身を狭そうにしていたのを筆者は記憶しています．結局，1996年頃からは第3級でも使えるようになった50W機が標準的なリグとなりました．

ハイパワー機が主力になりはじめた1990年代終わり頃からファンを搭載して背面をコンパクトにしたデュアルバンドのリグが増えているように思われます．とはいえ，ハイパワーのモノバンド機が皆無となったわけではありません．

特に北米ではラグチュー用に根強い需要があるようで，2022年の本項執筆時点でも自然放熱で前面スピーカのDR-B185HE(アルインコ)をはじめとして，FTM-2980R，FTM-3100R(八重洲無線)，IC-2300H(アイコム)，TM-281A(JVCケンウッド：アルファベット順)といったモノバンド機が販売されています．

**車載機はハイパワー志向へ 機種一覧**

| 発売年 | メーカー | 型番 | 種別 | 価格(参考) |
|---|---|---|---|---|
| | 特徴 | | | |
| 1987 | アルインコ電子 | **ALD-24(D)** | 送受信機 | 86,800円 |
| | 144/430MHz　FM　10W　多機能タイプ　同時送受信可能　派生タイプ：25W　型番：D　価格：96,800円 | | | |
| | ケンウッド | **TM-221(S)** | 送受信機 | 54,800円 |
| | 144MHz　FM　10W　パケット通信対応　派生タイプ：45W　型番：S　価格：59,800円 | | | |
| | ケンウッド | **TM-421(S)** | 送受信機 | 57,800円 |
| | 430MHz　FM　10W　パケット通信対応　派生タイプ：35W　型番：S　価格：63,800円 | | | |
| | アイコム | **IC-900** | コントローラ | 68,400円 |
| | 28MHz～1.2GHzのユニットを操作するためのコントローラ　送受信部別売 | | | |
| | 八重洲無線 | **FT-211L(H)** | 送受信機 | 59,800円 |
| | 144MHz　FM　10W　傾斜型フロント・パネル　外部SQ出力　派生タイプ：45W　型番：H　価格：63,800円 | | | |
| | 八重洲無線 | **FT-711L(H)** | 送受信機 | 62,800円 |
| | 430MHz　FM　10W　傾斜型フロント・パネル　外部SQ出力　派生タイプ：35W　型番：H　価格：65,800円 | | | |
| | アルインコ電子 | **ALD-23(D)** | 送受信機 | 不明 |
| | 144/430MHz　FM　10W　シンプル・タイプ　派生タイプ：25W　型番：D　価格：不明 | | | |
| | アルインコ電子 | **ALR-71(D)** | 送受信機 | 57,800円 |
| | 430MHz　FM　10W　ALR-72のシンプル・タイプ　派生タイプ：25W　型番：D　価格：61,800円 | | | |
| | アルインコ電子 | **ALR-21SX(DX)** | 送受信機 | 57,800円 |
| | 144MHz　FM　10W　シンプル・タイプ　ノイズ，回り込み，音質改善　派生タイプ：25W　型番：DX　価格：60,800円 | | | |
| | アルインコ電子 | **ALR-22SX(DX)** | 送受信機 | 62,800円 |
| | 144MHz　FM　10W　多機能タイプ　ノイズ，回り込み，音質改善　派生タイプ：25W　型番：DX　価格：65,800円 | | | |
| | アルインコ電子 | **ALR-71SX(DX)** | 送受信機 | 60,800円 |
| | 430MHz　FM　10W　シンプル・タイプ　ノイズ，回り込み，音質改善　派生タイプ：25W　型番：DX　価格：64,800円 | | | |
| | アルインコ電子 | **ALR-72SX(DX)** | 送受信機 | 65,800円 |
| | 430MHz　FM　10W　多機能タイプ　ノイズ，回り込み，音質改善　派生タイプ：25W　型番：DX　価格：71,800円 | | | |
| | アルインコ電子 | **ALD-23SX(DX)** | 送受信機 | 86,800円 |
| | 144/430MHz　FM　10W　シンプル・タイプ　ノイズ，回り込み，音質改善　派生タイプ：25W　型番：DX　価格：96,800円 | | | |
| | アルインコ電子 | **ALD-24SX(DX)** | 送受信機 | 89,800円 |
| | 144/430MHz　FM　10W　多機能タイプ　ノイズ，回り込み，音質改善　派生タイプ：25W　型番：DX　価格：99,800円 | | | |
| | 日本マランツ | **C5200(D)** | 送受信機 | 99,800円 |
| | 144/430MHz　FM　10W　VRを左右にレイアウト　同時受信　派生タイプ：50W※　型番：D　価格：119,800円 | | | |
| 1987 | 八重洲無線 | **FT-212L(H)** | 送受信機 | 54,800円 |
| | 144MHz　FM　10W　8音階ビープ音　オート・ディマー　ボイス・メモリはオプション　派生タイプ：45W　型番：H　価格：59,800円 | | | |

| 発売年 | メーカー | 型番 | 種別 | 価格(参考) |
|---|---|---|---|---|
| | 特徴 | | | |
| 1987 | 八重洲無線 | **FT-712L(H)** | 送受信機 | 57,800円 |
| | 430MHz FM 10W 8音階ビープ音 オート・ディマー ボイス・メモリはオプション 派生タイプ:35W 型番:H 価格:63,800円 | | | |
| | ケンウッド | **TM-721(S)** | 送受信機 | 99,800円 |
| | 144/430MHz FM 10W 同時受信 ネガ液晶 メイン，サブ表示 派生タイプ:45W☆ 型番:S 価格:109,800円 | | | |
| 1988 | 八重洲無線 | **FT-4700(H)** | 送受信機 | 99,800円 |
| | 144/430MHz FM 10W 同時受信 サブMUTE 操作部セパレート可能 派生タイプ:50W※ 型番:H 価格:119,800円 | | | |
| | アイコム | **IC-2310(D)** | 送受信機 | 78,500円 |
| | 144/430MHz FM 10W デュープレクサ内蔵 ファンクション・スイッチなし 派生タイプ:25W 型番:D 価格:89,800円 | | | |
| | アイコム | **IC-228(D，DH)** | 送受信機 | 54700円 |
| | 144MHz FM 10W ファンクション・スイッチなし スイッチ照明 派生タイプ:25W/45W 型番:D/DH 価格:56,700円/59,700円 | | | |
| | アルインコ電子 | **DR-110SX(HX)** | 送受信機 | 52,800円 |
| | 144MHz FM 10W スイッチ照明 派生タイプ:45W 型番:HX 価格:57,800円 | | | |
| | アイコム | **IC-338(D)** | 送受信機 | 57,800円 |
| | 430MHz FM 10W ファンクション・スイッチなし スイッチ照明 派生タイプ:35W 型番:D 価格:64,700円 | | | |
| | アルインコ電子 | **DR-410SX(HX)** | 送受信機 | 55,800円 |
| | 430MHz FM 10W スイッチ照明 派生タイプ:35W 型番:HX 価格:61,800円 | | | |
| | アルインコ電子 | **DR-510SX(HX)** | 送受信機 | 79,800円 |
| | 144/430MHz FM 10W スイッチ照明 派生タイプ:45W☆ 型番:HX 価格:89,800円 | | | |
| | 日本圧電気 | **PCS-6000(H)** | 送受信機 | 52,800円 |
| | 144MHz FM 10W アップ・ダウン選局 派生タイプ:45W 型番:H 価格:59,700円 | | | |
| | ケンウッド | **TM-231(S，D)** | 送受信機 | 56,800円 |
| | 144MHz FM 10W メモリ別表示 各キー独立照明付き 別コントローラあり 派生タイプ:50W/25W 型番:S/D 価格:61,800円/60,800円 | | | |
| | ケンウッド | **TM-431(S，D)** | 送受信機 | 59,800円 |
| | 430MHz FM 10W メモリ別表示 各キー独立照明付き 別コントローラあり 派生タイプ:35W/25W 型番:S/D 価格:64,800円/63,800円 | | | |
| | ケンウッド | **TM-701(S)** | 送受信機 | 79,800円 |
| | 144/430MHz FM 10W メモリ別表示 各キー独立照明 リモート可能 派生タイプ:25W 型番:S 価格:86,800円 | | | |
| | アイコム | **IC-2500(M，D)** | 送受信機 | 129,700円 |
| | 430MHz 1.2GHz FM 10W ファンクション・スイッチなし 派生タイプ:25W●/35W● 型番:M/D 価格:133,800円/135,700円 | | | |
| | アイコム | **IC-2400(D)** | 送受信機 | 99,700円 |
| | 144/430MHz FM 10W ファンクション・スイッチなし 派生タイプ:45W☆ 型番:D 価格:109,700円 | | | |
| 1989 | アルインコ電子 | **DR-570SX(HX)** | 送受信機 | 99,800円 |
| | 144/430MHz FM 10W ABX ARA クロスバンド・フルデュープ 派生タイプ:45W☆ 型番:HX 価格:109,800円 | | | |
| | 日本圧電気 | **PCS-6300(H)** | 送受信機 | 55,800円 |
| | 430MHz FM 10W アップ・ダウン選局 派生タイプ:35W 型番:H 価格:62,700円 | | | |
| | ケンウッド | **TM-721G(GS，GD)** | 送受信機 | 99,800円 |
| | 144/430MHz FM 10W 同時受信 ネガ液晶 多機能スキャン 派生タイプ:50W☆/25W 型番:GS/GD価格:112,800円/110,800円 | | | |
| | アイコム | **IC-901(D，M)** | 送受信機 | 109,800円 |
| | 144/430MHz FM 10W コントローラ分離 28MHz~1.2GHzはオプション SSBはオプション 派生タイプ:50W☆/25W 型番:D/M 価格:119,800円/115,800円 | | | |
| 1989 | アルインコ電子 | **DR-590SX(HX)** | 送受信機 | 99,800円 |
| | 144/430MHz FM 10W 同時送受信 デジタル・スケルチ DTMF付き 派生タイプ:45W☆ 型番:HX 価格:119,800円 | | | |
| 1990 | アイコム | **IC-2320(M，D)** | 送受信機 | 79,800円 |
| | 144/430MHz FM 10W 小型 シンプル表示 2バンド同時受信 派生タイプ:45W☆/25W 型番:D/M 価格:89,800円/85,800円 | | | |

| 発売年 | メーカー | 型番 | 種別 | 価格(参考) |
|---|---|---|---|---|
| | 特徴 | | | |
| 1990 | アイコム | IC-229(DH, D) | 送受信機 | 57,800円 |
| | 144MHz　FM　10W　ファンクション・スイッチ・レス　スイッチ照明　派生タイプ：50W/25W　型番：DH/D　価格：62,800円/59,800円 | | | |
| | アイコム | IC-339(M, D) | 送受信機 | 59,800円 |
| | 430MHz　FM　10W　ファンクション・スイッチ・レス　スイッチ照明　派生タイプ：25W/35W　型番：M/D　価格：63,800円/65,800円 | | | |
| | 日本マランツ | C5600(D) | 送受信機 | 99,800円 |
| | 144/430MHz　FM　10W　VRを左右にレイアウト　マイクにディスプレイ　派生タイプ：50W※　型番：D　価格：119,800円 | | | |
| | アルインコ電子 | DR-112SX(MX, HX) | 送受信機 | 52,800円 |
| | 144MHz　FM　10W　スイッチ照明　派生タイプ：25W/45W　型番：MX/HX　価格：55,800円/57,800円 | | | |
| | アルインコ電子 | DR-412SX(MX, HX) | 送受信機 | 55,800円 |
| | 430MHz　FM　10W　スイッチ照明　派生タイプ：25W/35W　型番：MX/HX　価格：：58,800円/61,800円 | | | |
| | アルインコ電子 | DR-572SX(HX) | 送受信機 | 99,800円 |
| | 144/430MHz　FM　10W　ABX　ARA　クロスバンド・フルデュープ　派生タイプ：40W☆　型番：HX　価格：109,800円 | | | |
| | ケンウッド | TM-941(D, S) | 送受信機 | 149,800円 |
| | 144/430MHz/1.2GHz　FM　10W　当時最小のトライバンダー　派生タイプ：25W●/50W☆　型番：D/S　価格：162,800円/164,800円 | | | |
| | ケンウッド | TM-702(D) | 送受信機 | 82,800円 |
| | 144/430MHz　FM　10W　シンプル・タイプ　派生タイプ：25W　型番：D　価格：89,800円 | | | |
| | ケンウッド | TM-241(S, D)前期型 | 送受信機 | 57,800円 |
| | 144MHz　FM　10W　各キー名称部照明付き　オートOFF　オート受信　派生タイプ：50W/25W　型番：S/D　価格：62,800円/61,800円 | | | |
| | ケンウッド | TM-441(S, D)前期型 | 送受信機 | 59,800円 |
| | 430MHz　FM　10W　各キー名称部照明付き　オートOFF　オート受信　派生タイプ：35W/25W　型番：S/D　価格：65,800円/64,800円 | | | |
| | 八重洲無線 | FT-4800(M, H) | 送受信機 | 108,800円 |
| | 144/430MHz　FM　10W　同時受信　サブMUTE　操作部セパレート装備　派生タイプ：25W/50W☆　型番：M/H　価格：124,800円/128,800円 | | | |
| | アイコム | IC-2410(M, D) | 送受信機 | 99,800円 |
| | 144/430MHz　FM　10W　同一バンド&別バンド　2波同時受信　派生タイプ：25W/45W☆　型番：M/D　価格：113,800円/119,800円 | | | |
| | アルインコ電子 | DR-592SX(HX) | 送受信機 | 99,800円 |
| | 144/430MHz　FM　10W　派生タイプ：45W☆　型番：HX　価格119,800円 | | | |
| | 日本圧電気 | PCS-7000(H) | 送受信機 | 52,700円 |
| | 144MHz　FM　10W　アップ・ダウン操作　シンプル操作　派生タイプ：50W　型番：H　価格：59,700円 | | | |
| | 日本圧電気 | PCS-7300(H) | 送受信機 | 55,700円 |
| | 430MHz　FM　10W　アップ・ダウン操作　シンプル操作　派生タイプ：35W　型番：H　価格：62,700円 | | | |
| 1991年 | 八重洲無線 | FT-5800(M, H) | 送受信機 | 108,800円 |
| | 430MHz/1.2GHz　FM　10W　操作部セパレート　派生タイプ：25W●/35W●　型番：M/H　価格：124,800円/139,800円 | | | |
| | ケンウッド | TM-741(D, S) | 送受信機 | 109,800円 |
| | 144/430MHz　FM　10W　28MHz～1.2GHzの1波増設可能　派生タイプ：25W◎/50W☆　型番：D/S　価格：122,800円/124,800円 | | | |
| | ケンウッド | TM-841(D, S) | 送受信機 | 129,800円 |
| | 430MHz/1.2GHz　FM　10W　28～144MHzの1バンド増設可能　派生タイプ：25W◎/35W◎　型番：D/S　価格：134,800円/135,800円 | | | |
| | アイコム | IC-2330(M, D) | 送受信機 | 79,800円 |
| | 144/430MHz　FM　10W　低価格帯での2波表示　派生タイプ：25W/45W☆　型番：M/D　価格：85,800円/89,800円 | | | |
| | ケンウッド | TM-732(D, S) | 送受信機 | 99,800円 |
| | 144/430MHz　FM　10W　2波表示　多機能マイク　派生タイプ：25W/50W☆　型番：D/S　価格：112,800円/114,800円 | | | |
| | アルインコ電子 | DR-599SX(HX) | 送受信機 | 94,800円 |
| | 144/430MHz　FM　10W　オート・レピータ・メモリ　セパレート　派生タイプ：45W☆　型番：HX　価格：114,800円 | | | |

<table>
<tr><th rowspan="2">発売年</th><th>メーカー</th><th>型　番</th><th>種　別</th><th>価格(参考)</th></tr>
<tr><th colspan="4">特　徴</th></tr>
<tr><td rowspan="12">1992</td><td>八重洲無線</td><td>FT-2400(H)</td><td>送受信機</td><td>54,800円</td></tr>
<tr><td colspan="4">144MHz　FM　10W　頑強ボディ　蓋つきスイッチ　派生タイプ:50W　型番:H　価格:59,800円</td></tr>
<tr><td>八重洲無線</td><td>FT-4600(M, H)</td><td>送受信機</td><td>85,800円</td></tr>
<tr><td colspan="4">144/430MHz　FM　10W　同一・別バンド同時受信　派生タイプ:25W/50W☆　型番:M/H　価格:93,800円/95,800円</td></tr>
<tr><td>アルインコ電子</td><td>DR-119SX(HX)</td><td>送受信機</td><td>52,800円</td></tr>
<tr><td colspan="4">144MHz　FM　10W　チャネル・ステップ5種類切り替え　派生タイプ:50W　型番:HX　価格:57,800円</td></tr>
<tr><td>アルインコ電子</td><td>DR-419SX(HX)</td><td>送受信機</td><td>55,800円</td></tr>
<tr><td colspan="4">430MHz　FM　10W　チャネル・ステップ5種類切り替え　派生タイプ:35W　型番:HX　価格:61,800円</td></tr>
<tr><td>八重洲無線</td><td>FT-4900(M, H)</td><td>送受信機</td><td>99,800円</td></tr>
<tr><td colspan="4">144/430MHz　FM　10W　同時受信　セパレート　コード・スケルチはオプション　派生タイプ:25W/50W☆　型番:M/H　価格:105,800円/109,800円</td></tr>
<tr><td>ケンウッド</td><td>TM-942(D, S)</td><td>送受信機</td><td>149,800円</td></tr>
<tr><td colspan="4">144/430MHz/1.2GHz　FM　10W　モノバンダー3台に相当　派生タイプ:25W●/50W☆　型番:D/S　価格:162,800円/164,800円</td></tr>
<tr><td rowspan="22">1993</td><td>ケンウッド</td><td>TM-842(D, S)</td><td>送受信機</td><td>129,800円</td></tr>
<tr><td colspan="4">430MHz/1.2GHz　FM　10W　28～144MHzの1波増設可能　同時受信　派生タイプ:25W●/35W●　型番:D/S　価格:134,800円/135,800円</td></tr>
<tr><td>ケンウッド</td><td>TM-742(D, S)</td><td>送受信機</td><td>109,800円</td></tr>
<tr><td colspan="4">144/430MHz　FM　10W　28MHz～1.2GHzの1バンド増設可能　派生タイプ:25W●/50W☆　型番:D/S　価格:122,800円/124,800円</td></tr>
<tr><td>アイコム</td><td>IC-⊿100(M, D)</td><td>送受信機</td><td>149,800円</td></tr>
<tr><td colspan="4">144/430MHz/1.2GHz　FM　10W　モノバンダー3台相当　ワイヤレス・マイク　派生タイプ:25W●/50W☆　型番:M/D　価格:163,800円/165,800円</td></tr>
<tr><td>アルインコ電子</td><td>DR-M10SX(HX)</td><td>送受信機</td><td>39,800円</td></tr>
<tr><td colspan="4">144MHz　FM　10W　タイマ・スキャン装備　メモリ100ch　派生タイプ:50W　型番:HX　価格:43,800円</td></tr>
<tr><td>アルインコ電子</td><td>DR-M40SX(HX)</td><td>送受信機</td><td>42,800円</td></tr>
<tr><td colspan="4">430MHz　FM　10W　タイマ・スキャン装備　メモリ100ch　派生タイプ:35W　型番:HX　価格:48,800円</td></tr>
<tr><td>日本マランツ</td><td>C5700(D)</td><td>送受信機</td><td>99,800円</td></tr>
<tr><td colspan="4">144/430MHz　FM　10W　本体操作　リモコン・スピーカ・マイク　派生タイプ:50W※　型番:D　価格:116,800円</td></tr>
<tr><td>日本マランツ</td><td>C5710(D)</td><td>送受信機</td><td>84,800円</td></tr>
<tr><td colspan="4">144/430MHz　FM　10W　表示・操作部付きスピーカ・マイク　派生タイプ:50W※　型番:D　価格:101,800円</td></tr>
<tr><td>日本マランツ</td><td>C5720(D)</td><td>送受信機</td><td>108,000円</td></tr>
<tr><td colspan="4">144/430MHz　FM　10W　本体+表示・操作部付きスピーカ・マイク　派生タイプ:50W※　型番:D　価格:125,000円</td></tr>
<tr><td>八重洲無線</td><td>FT-215(M, H)</td><td>送受信機</td><td>57,800円</td></tr>
<tr><td colspan="4">144MHz　FM　10W　シンプル操作　ワイヤレス・リモコン・マイクはオプション　派生タイプ:25W/50W　型番:M/H　価格:61,800円/62,800円</td></tr>
<tr><td>八重洲無線</td><td>FT-715(M, H)</td><td>送受信機</td><td>59,800円</td></tr>
<tr><td colspan="4">430MHz　FM　10W　シンプル操作　ワイヤレス・リモコン・マイクはオプション　派生タイプ:25W/35W　型番:M/H　価格:64,800円/65,800円</td></tr>
<tr><td>ケンウッド</td><td>TM-455(D, S)</td><td>送受信機</td><td>119,800円</td></tr>
<tr><td colspan="4">430MHz　オールモード　10W　パネル面セパレート　TCXO　データ端子　派生タイプ:25W/35W　型番:D/S　価格:129,800円/132,800円</td></tr>
<tr><td rowspan="8">1994</td><td>日本マランツ</td><td>C1200(D)</td><td>送受信機</td><td>47,800円</td></tr>
<tr><td colspan="4">144MHz　FM　10W　本体表示なし　表示・操作部付きスピーカ・マイク　派生タイプ:50W　型番:D　価格:56,800円</td></tr>
<tr><td>日本マランツ</td><td>C4200(D)</td><td>送受信機</td><td>49,800円</td></tr>
<tr><td colspan="4">430MHz　FM　10W　本体表示なし　表示・操作部付きスピーカ・マイク　派生タイプ:40W　型番:D　価格:59,800円</td></tr>
<tr><td>アイコム</td><td>IC-2700(M, D)</td><td>送受信機</td><td>99,800円</td></tr>
<tr><td colspan="4">144/430MHz　FM　10W　バンド別メイン・ダイヤル　ワイヤレス・マイク　派生タイプ:25W/50W☆　型番:M/D　価格:111,800円/114,800円</td></tr>
<tr><td>アイコム</td><td>IC-2340(M, D)</td><td>送受信機</td><td>75,800円</td></tr>
<tr><td colspan="4">144/430MHz　FM　10W　バンド別メイン・ダイヤル　耐衝撃設計　派生タイプ:25W/45W☆　型番:M/D　価格:85,800円/89,800円</td></tr>
</table>

| 発売年 | メーカー | 型番 | 種別 | 価格(参考) |
|---|---|---|---|---|
| | 特徴 | | | |
| 1994 | アツデン | PCS-7300D(DH) | 送受信機 | 59,800円(定価) |
| | 430MHz　FM　10W　アップ・ダウン操作　9600bpsパケット対応　派生タイプ:10W/35W　型番:D/DH　価格:45,000円〒/52,000円〒 | | | |
| | ケンウッド | TM-255(D, S) | 送受信機 | 99,800円 |
| | 144MHz　オールモード　10W　パネル面セパレート　TCXO　データ端子　派生タイプ:25W/35W　型番:D/S　価格:109,800円/112,800円 | | | |
| | ケンウッド | TM-251(D, S) | 送受信機 | 57,800円 |
| | 144MHz　FM　10W　430MHz受信可能　録音機能　9600bps対応データ端子　派生タイプ:25W/50W　型番:D/S　価格:61,800円/62,800円 | | | |
| | ケンウッド | TM-451(D, S) | 送受信機 | 59,800円 |
| | 430MHz　FM　10W　144MHz受信可能　録音機能　9600bps対応データ端子　派生タイプ:25W/40W　型番:D/S　価格:64,800円/65,800円 | | | |
| | アイコム | IC-281(M, D) | 送受信機 | 57,800円 |
| | 144MHz　FM　10W　430MHz受信可能　9600bps対応データ端子　派生タイプ:25W/50W　型番:D/S　価格:59,800円/62,800円 | | | |
| | マーツコミュニケーションズ | MZ-22 | 送受信機 | 59,800円 |
| | 144MHz　FM　50W　ファンクション・スイッチ・レス　スイッチ照明　後に10W追加　派生タイプ:10W　型番同一　価格:52,800円 | | | |
| | ケンウッド | TM-733(D, S) | 送受信機 | 99,800円 |
| | 144/430MHz　FM　10W　DTSSページング標準装備　2波受信　派生タイプ:25W/50W☆　型番:D/S　価格:112,800円/114,800円 | | | |
| | ケンウッド | TM-643(S) | 送受信機 | 99,800円 |
| | 50/430MHz　10W　28MHz～1.2GHzの1波増設可能　同時受信　派生タイプ:50W☆　型番:S　価格:114,800円 | | | |
| | アイコム | IC-381(M, D) | 送受信機 | 59,800円 |
| | 430MHz　FM　10W　144MHz受信可能　9600bps対応データ端子　派生タイプ:25W/35W　型番:D/S　価格:64,800円/65,800円 | | | |
| | アイコム | IC-3700(M, D) | 送受信機 | 129,800円 |
| | 430MHz/1.2GHz　FM　10W　バンド別メイン・ダイヤル　144MHz帯受信　派生タイプ:25W●/35W●　型番:M/D　価格:134,800円/135,800円 | | | |
| | アルインコ電子 | DR-610S(H) | 送受信機 | 99,800円 |
| | 144/430MHz　FM　10W　メモリ上11chのチャネル・スコープ　派生タイプ:50W☆　型番:H　価格:114,800円 | | | |
| | アルインコ電子 | DR-150S(H) | 送受信機 | 57,800円 |
| | 144MHz　FM　10W　チャネル・スコープ　430MHz受信可能　派生タイプ:50W　型番:H　価格:62,800円 | | | |
| | 未来舎 | AR-146A(B) | 送受信機 | 38,880円 |
| | 144MHz　FM　50W　スイッチ照明　テンキー・マイク　派生タイプ:10W　型番:B　価格:不明 | | | |
| | マーツコミュニケーションズ | MZ-43 | 送受信機 | 61,800円 |
| | 430MHz　FM　35W　ファンクション・スイッチ・レス　スイッチ照明　10W同一型番　派生タイプ:10W　型番:同一　価格:54,800円 | | | |
| 1995 | ケンウッド | TM-441(S)後期型 | 送受信機 | 44,800円 |
| | 430MHz　FM　10W　各キー名称部照明付き　ポジLCD　値下げ再発売　派生タイプ:35W　型番:S　価格:49,800円 | | | |
| | ケンウッド | TM-241(S)　後期型 | 送受信機 | 44,800円 |
| | 144MHz　FM　10W　各キー名称部照明付き　ポジLCD　値下げ再発売　派生タイプ:50W　型番:S　価格:49,800円 | | | |
| | 八重洲無線 | FT-8500(S) | 送受信機 | 119,800円 |
| | 144/430MHz　50W☆　FM　各種スコープ機能　派生タイプ:10W　型番:S　価格:99,800円 | | | |
| | アルインコ電子 | DR-450S(H) | 送受信機 | 59,800円 |
| | 430MHz　FM　10W　チャネル・スコープ　144MHz受信可能　派生タイプ:40W　型番:H　価格:65,800円 | | | |
| | アイコム | IC-2000D | 送受信機 | 47,800円 |
| | 144MHz　FM　50W　大型放熱器搭載 | | | |
| | アイコム | IC-2350(D) | 送受信機 | 74,800円 |
| | 144/430MHz　FM　10W　バンド別メイン・ダイヤル　アッテネータ　派生タイプ:50W☆　型番:D　価格:84,800円 | | | |
| | ケンウッド | TM-833(S) | 送受信機 | 79,800円 |
| | 430MHz/1.2GHz　FM　10W　全バンド2波受信　デュープレクサ　派生タイプ:35W●　型番:S　価格:94,800円 | | | |

| 発売年 | メーカー | 型番 | 種別 | 価格(参考) |
|---|---|---|---|---|
| | 特徴 | | | |
| 1995 | 日本マランツ | C5900(D) | 送受信機 | 84,800円 |
| | 50/144/430MHz FM 10W 9600bps セパレート時2マイク 派生タイプ:50W★ 型番:D 価格:104,800円 | | | |
| | マーツコミュニケーションズ | BV-2210 | 送受信機 | 29,800円〒 |
| | 144MHz FM 10W | | | |
| | マーツコミュニケーションズ | BV-4310 | 送受信機 | 29,800円〒 |
| | 430MHz FM 10W | | | |
| | ケンウッド | TM-733G(GD, GS) | 送受信機 | 79,800円 |
| | 144/430MHz FM 10W 2波受信 設定フル・メモリ TM-733の価格改定品 派生タイプ:25W/50W☆ 型番:GD/GS 価格:92,800円/94,800円 | | | |
| | ケンウッド | TM-733GL(GSL) | 送受信機 | 79,800円 |
| | 144/430MHz FM 10W 2波受信 TM-733GのポジLCDタイプ 派生タイプ:50W☆ 型番:GSL 価格:94,800円 | | | |
| | 八重洲無線 | FT-8500(S)/MH39a6j | 送受信機 | 99,800円 |
| | 144/430MHz FM 50W☆ 価格を下げて多機能ハンド・マイク装備 派生タイプ:10W 型番:S 価格:79,800円 | | | |
| 1996 | アイコム | IC-2710D(2710) | 送受信機 | 92,800円 |
| | 144/430MHz FM 50W☆ カバー付きテンキー・マイク付き 派生タイプ:20W 型番:無印 価格:79,800円 | | | |
| | アルインコ電子 | DR-M50H(D) | 送受信機 | 79,800円 |
| | 144/430MHz FM 50W☆ 2波受信 大型ヒートシンク 20W後で追加 派生タイプ:20W 型番:H 価格:69,800円 | | | |
| | アイコム | IC-2350J | 送受信機 | 74,800円 |
| | 144/430MHz FM 20W バンド別メイン・ダイヤル アッテネータ | | | |
| | アイコム | IC-281J | 送受信機 | 57,800円 |
| | 144MHz FM 20W 430MHz受信可能 9600bps対応データ端子 | | | |
| | アイコム | IC-381J | 送受信機 | 59,800円 |
| | 430MHz FM 20W 144MHz受信可能 9600bps対応データ端子 | | | |
| | アイコム | IC-⊿100J | 送受信機 | 149,800円 |
| | 144/430MHz 20W 1.2GHz 10W FM モノバンダー3台相当 | | | |
| | ケンウッド | TM-261(S) | 送受信機 | 44,800円 |
| | 144MHz FM 20W メニュー式 LCDドットマトリクス表示 派生タイプ:50W 型番:S 価格:47,800円 | | | |
| | ケンウッド | TM-461(S) | 送受信機 | 46,800円 |
| | 430MHz FM 20W メニュー式 LCDドットマトリクス表示 派生タイプ:35W 型番:S 価格:49,800円 | | | |
| | ケンウッド | TM-733GV | 送受信機 | 79,800円 |
| | 144/430MHz FM 20W シンプル化 2波受信 ネガ液晶 | | | |
| | ケンウッド | TM-733GVL | 送受信機 | 79,800円 |
| | 144/430MHz FM 20W シンプル化 2波受信 ネガ液晶 | | | |
| | ケンウッド | TM-833V | 送受信機 | 79,800円 |
| | 430M 20W 1.2GHz FM 10W 全バンド2波受信 デュープレクサ | | | |
| | 日本マランツ | C5900B | 送受信機 | 89,800円 |
| | 50/144/430MHz FM 20W 9600bps セパレート時2マイク | | | |
| | 八重洲無線 | FT-8000(H) | 送受信機 | 69,800円 |
| | 144/430MHz FM 20W 2波受信 スキャンBUSY周波数記憶 派生タイプ:50W☆ 型番:H 価格:82,800円 | | | |
| | マーツコミュニケーションズ | MZ-23 | 送受信機 | 48,800円 |
| | 144MHz FM 50W イルミネーションボタン 冷却ファンはオプション 派生タイプ:20W 型番:同一 価格:46,800円 | | | |
| | マーツコミュニケーションズ | MZ-45 | 送受信機 | 53,800円 |
| | 430MHz FM 35W イルミネーションボタン 冷却ファンはオプション 派生タイプ:20W 型番:同一 価格:51,800円 | | | |

| 発売年 | メーカー | 型番 | 種別 | 価格(参考) |
|---|---|---|---|---|
| | 特徴 | | | |
| 1996 | ケンウッド | TM-V7(S) | 送受信機 | 74,800円 |
| | 144/430MHz　FM　20W　ネガポジ表示切り替え　データ専用端子　ナビトラ　派生タイプ:50W☆　型番:S　価格:87,800円 | | | |
| | ケンウッド | TM-255V | 送受信機 | 109,800円 |
| | 144MHz　20W　オールモード　パネル面セパレート　TCXO　データ端子 | | | |
| | ケンウッド | TM-455V | 送受信機 | 129,800円 |
| | 430MHz　20W　オールモード　パネル面セパレート　TCXO　データ端子 | | | |
| 1997 | アルインコ電子 | DR-M10DX | 送受信機 | 41,800円 |
| | 144MHz　FM　20W　タイマ・スキャン装備　メモリ100ch | | | |
| | アルインコ電子 | DR-M40DX | 送受信機 | 45,800円 |
| | 430MHz　FM　20W　タイマ・スキャン装備　メモリ100ch | | | |
| | アイコム | IC-207(D) | 送受信機 | 59,800円 |
| | 144/430MHz　FM　20W　シンプル・タイプ　セパレート型　派生タイプ:50W☆　型番:D　価格:69,800円 | | | |
| | 八重洲無線 | FT-8100(H) | 送受信機 | 69,800円 |
| | 144/430MHz　FM　20W　2波受信　スキャン周波数記憶　セパレート　派生タイプ:50W☆　型番:H　価格:79,800円 | | | |
| | ケンウッド | TM-942V | 送受信機 | 154,800円 |
| | 144/430MHz　20W　1.2GHz　FM　10W　モノバンダー3台に相当 | | | |
| 1998 | アルインコ | DR-610D | 送受信機 | 79,800円 |
| | 144/430MHz　FM　20W　メモリ上11chのチャネル・スコープ　セパレート | | | |
| | ケンウッド | TM-G707(S) | 送受信機 | 59,800円 |
| | 144/430MHz　FM　20W　2波受信　イージー・オペレート・モード　派生タイプ:50W☆　型番:S　価格:69,800円 | | | |
| | スタンダード/日本マランツ | C-5750 | 送受信機 | 39,900円 |
| | 144MHz　7W　430MHz　6W　FM　コントローラ・サイズ　ナビトラ対応 | | | |
| | スタンダード/八重洲 | FT-90(H) | 送受信機 | 49,900円 |
| | 144/430MHz　FM　20W　小型化　ARTS　セパレート　派生タイプ:50W☆　型番:H　価格:59,800円 | | | |
| 1999 | アイコム | IC-2800(D) | 送受信機 | 79,800円 |
| | 144/430MHz　FM　20W　2波受信　3インチ・カラー・ディスプレイ　派生タイプ:50W☆　型番:D　価格:89,800円 | | | |
| | 未来舎 | AR-447 | 送受信機 | 42,000円 |
| | 430MHz　FM　50W　スイッチ照明　テンキー・マイク | | | |
| 2000 | ケンウッド | TM-D700(S) | 送受信機 | 84,800円 |
| | 144/430MHz　FM　20W　ナビトラ対応　TNC内蔵　デジピート可能　派生タイプ:50W☆　型番:S　価格:96,800円 | | | |
| | ケンウッド | TM-V708(S) | 送受信機 | 62,800円 |
| | 144/430MHz　FM　20W　D700から各種機能を除いた製品　派生タイプ:50W☆　型番:S　価格:74,800円 | | | |
| | アルインコ | DR-135DG(HG) | 送受信機 | 39,800円 |
| | 144MHz　FM　20W　TNCユニットはオプション　派生タイプ:50W　型番:HG　価格:41,800円 | | | |
| | アルインコ | DR-435DG(HG) | 送受信機 | 42,800円 |
| | 430MHz　FM　20W　TNCユニットはオプション　派生タイプ:35W　型番:HG　価格:44,800円 | | | |

W表示はすべて出力.
☆430MHzは35W，28/50MHz，1.2GHzがある場合は10W
★50MHz　45W，430MHzは35W
※430MHzは40W
●1.2GHzは10W
◎増設バンド，1.2GHzは10W
〒通販，直販価格

# 車載機はハイパワー志向へ 各機種の紹介 発売年代順

## 1987年

### アルインコ電子 ALD-24(D)

144MHz帯，430MHz帯の10W(Dタイプは25W)出力のFM機です．ALR-72(第13章)同様にディスプレイを大型化しレピータ設定などの諸情報を一括表示しています．2つのVFOを持ち，トーン・スケルチ，プライオリティ機能などを内蔵，別バンド同時受信も可能でした．1987年5月頃にALR-24という機種広告が見られますが，これは本機の誤記です．

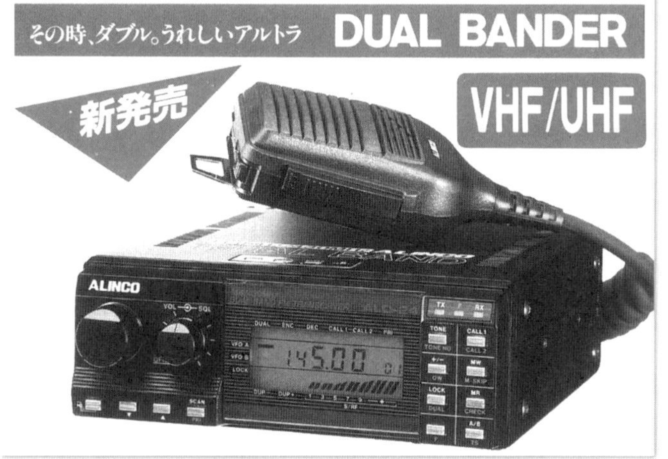


● ALD-23(D)

144MHz帯，430MHz帯の10W(Dタイプは25W)出力のFM機で，ALD-24のシンプル・タイプです．Xシリーズ発表の直前にJARL保証認定機となりましたが，すぐにXシリーズに手直しされたようで価格などは不明です．

### ケンウッド(JVCケンウッド) TM-221(S) TM-421(S)

144MHz帯(TM-221)，430MHz帯(TM-421)のFM機です．無印は10W，TM-221Sは45W，TM-421Sは35W出力となっています．上面から見て14cm四方という小型機でありながらフロントエンドには専用のシールド区画を用意し，ガリウムひ素FETを採用して高感度を得ています．マイク端子にはマイコン信号も出ていて，自動車電話型コントローラRC-10をそこに接続すると手元での表示・操作が可能でした．

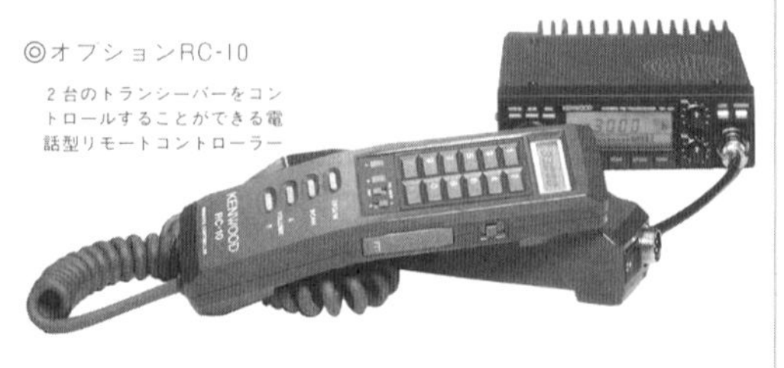

## アイコム　IC-900

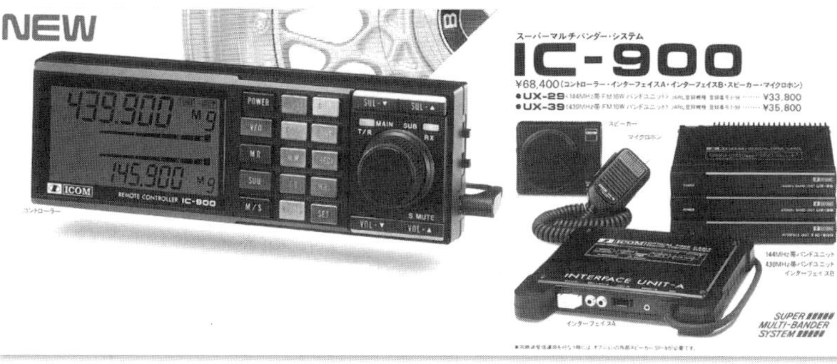


最大5バンド，28MHz～1.2GHzに対応するFM機です．コントローラ，インターフェースA，インターフェースB，そして各バンドのユニットで構成されます．コントローラは操作しやすいハンドル付近に，付属のマイクロホンとスピーカを接続するインターフェースAは座席の下，各バンド・ユニットを接続するインターフェースBはトランクに置くことで，多バンド化しても邪魔にならないという特徴があります．

配線が長くなる両インターフェース間は光ファイバによる通信となっており，理想的なモービル運用ができるようにと考えられたシステムです．

バンド・ユニットは，当初，UX-29，UX-39が発売されました．その後28MHz～1.2GHz帯を網羅するようになり，最後にUX-29DHが追加されています(**表**)．

**表　IC-900のバンド・ユニット一覧**

| 型番 | 周波数 | 出力 | 価格 |
|---|---|---|---|
| UX-19 | 28MHz帯 | 10W | 32,800円 |
| UX-59 | 50MHz帯 | 10W | 35,800円 |
| UX-29 | 144MHz帯 | 10W | 33,800円 |
| UX-29D | 144MHz帯 | 25W | 35,800円 |
| UX-29DH | 144MHz帯 | 45W | 38,800円 |
| UX-39 | 430MHz帯 | 10W | 35,800円 |
| UX-39D | 430MHz帯 | 25W | 38,800円 |
| UX-129 | 1.2GHz帯 | 10W | 59,800円 |

## 八重洲無線　FT-211L(H)　FT-711L(H)

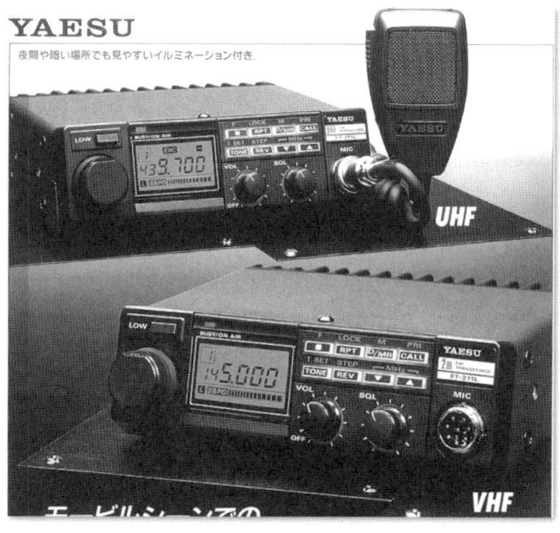


144MHz帯(FT-211)，430MHz帯(FT-711)　の10W(FT-211Hは45W，FT-711Hは35W)出力のFM機です．

操作性を上げるために周波数表示の液晶を大きくし，パネル面を15度上向きにしています．また8つのスイッチはすべて透過型の照明付きとして夜間に表示を読みやすくしています．マイク端子に各信号を出すことでデータ・パケット装置を簡単に接続できるようにもしてありました．

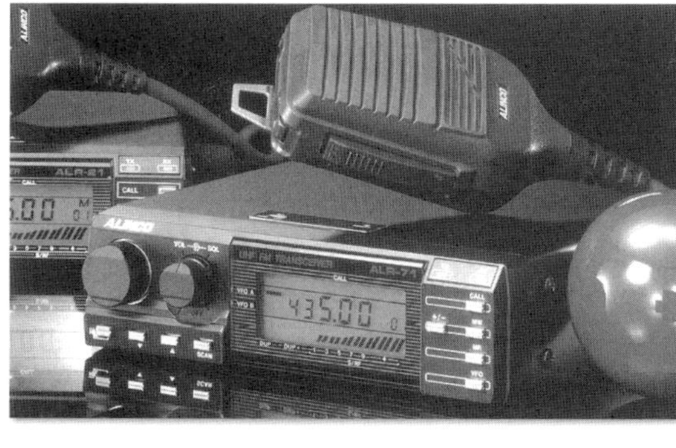


## アルインコ電子　ALR-71(D)

430MHz帯10W(Dタイプは25W)出力のFM機です．

ALR-22とALR-21の関係と同様に，本機は先に発売されているALR-72のシンプル・タイプですが，21chのメモリを持ち，88.5Hzのトーン基板を内蔵していました．

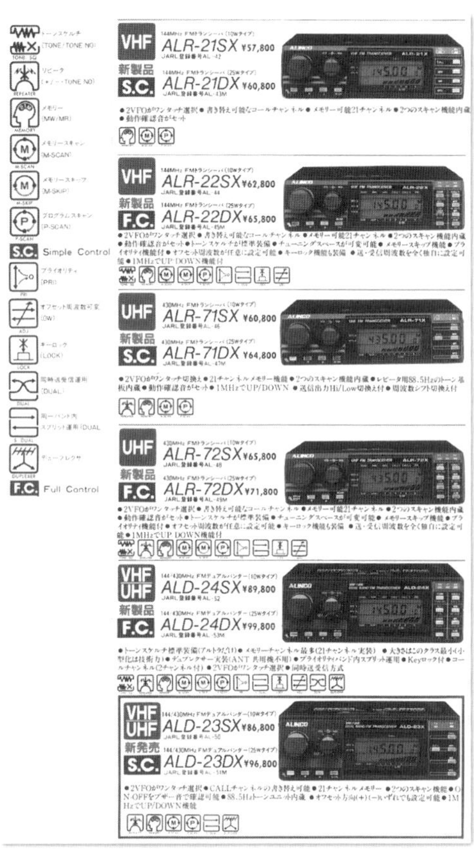


## アルインコ電子
## ALR-21SX(DX) ALR-22SX(DX) ALR-71SX(DX) ALR-72SX(DX)

ALR-21, ALR-22は144MHz帯, ALR-71, ALR-72は430MHz帯のFM機で, 末尾がSXのものは10W出力, 末尾がDXのものは25W出力のハイパワー・タイプです. ALR-21, ALR-71はシンプル・タイプ, ALR-22, ALR-72はフル装備タイプで, スキャン時のメモリ・スキップ, トーン・スケルチ, プライオリティ, 同一バンド内スプリット運用, キー・ロックなどはフル装備タイプのみに実装されています.

これらは既存機種の改良版でX仕様と名付けられています. 電源系統のノイズ対策と静電気対策, 送受信音質の改善, CPU保護の徹底, 感度アップなど, 細かい点が改良されているとのことです.

### ● ALD-23SX(DX) ALD-24SX(DX)

それぞれ144MHz帯, 430MHz帯のFM機で, 10W(DXタイプは25W)出力です. 23はシンプル・タイプ, 24は多機能タイプで, その差異はALR-21, ALR-22と同じです. ALD-24は既存機種の改良版, ALD-23は事実上の新規機種ですが, どちらにもX仕様が施されています.

## 日本マランツ C5200(D)

144MHz帯, 430MHz帯の10W(Dタイプは144MHz帯50W, 430MHz帯40W)出力のFM機です. 周波数表示だけでなく, ボリューム, スケルチも2バンド完全に独立させ, 左右にレイアウトしています. ユーザーは1台のリグであることを意識せずに2バンドを自由にワッチし, 送信する際に送信するバンドを選んで送信するという使い方が可能でした. フルデュープレクス, 2バンド別々のスキャン, 送信しないバンドのオート・ミュート, 使用しないバンドの表示OFFといった, 同時受信型2バンド機ならではの機能も充実させています.

## 八重洲無線 FT-212L(H) FT-712L(H)

144MHz帯(FT-212), 430MHz帯(FT-712)の10W(FT-212Hは45W, FT-712Hは35W)出力のFM機です. 前機種より操作の簡略化, 小型化が推し進められていて, 10W機の奥行きはわずか11cm, ハイパワー・タイプでも16cmとなりました.

オプションのボイス・メモリ(DVS-1, 11,600円)を装着すると, 本機は受信音, 送信音を計128秒記録することができるようになり, DTMFで操作することで伝言メモリ的に使用することも可能でした.

## ケンウッド(JVCケンウッド) TM-721(S)

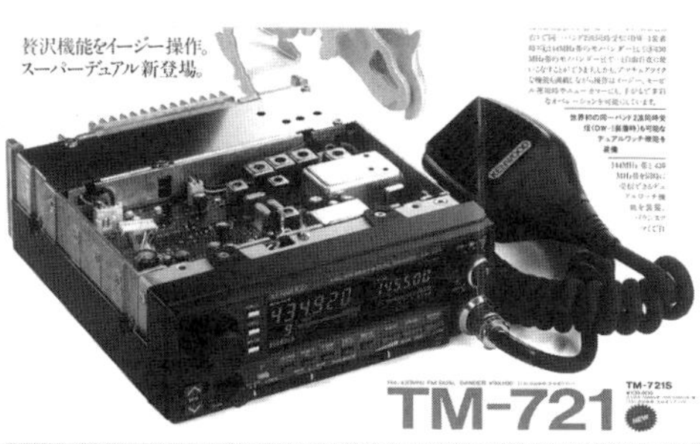


144MHz帯，430MHz帯の10W(Sタイプは45W/35W)出力のFM機です．V/UHF帯の同時受信が可能で，オプションのDW-1を組み込むとレピータの同時受信が可能になりますし，電話機型コントローラRC-10を接続すると3波を制御することもできます．

本機では表示器やエンコーダはバンドごとに用意されています．大きさを変えて明確にメイン・バンド，サブ・バンドを区別していますが，信号が入感した場合にメイン，サブを自動で入れ替える機能も搭載しました．表示には新たにネガ・タイプのLCDを採用しています．これは表示したいもの以外を黒く塗りつぶすLCDで，周囲の明るさ，見る角度に関係なく読み取りがしやすくなりました．

● **TM-721G(GS，GD)**(1989年)

144MHz帯，430MHz帯の10W(GSタイプは50W/35W，GDタイプは25W)出力のFM機です．新たに，メイン，サブで独立して動作するベル機能を搭載しました．

**1988年**

## 八重洲無線 FT-4700(H)

144MHz帯，430MHz帯で10W(Hタイプは50W/40W)出力のFM機です．VHF，UHFの周波数表示は独立していて，V/UHF帯の同時受信が可能で，バランスVRで両バンドの音量をコントロールすることができるようになっています．この時メイン側に入感があるとサブ側の音を抑えることもできます．

439MHz台では自動的にレピータ・モードに変わり，セパレート・キット(3,500円)を使用すればパネル面を分離することもできます．フロント・パネルのすべてを照らすフル・イルミネーション採用していますので，暗い車内でも操作に戸惑うことはありませんでした．

## アイコム IC-2310(D)

144MHz帯，430MHz帯で10W(Dタイプは25W)出力のFM機です．38通りのトーンが出せるトーン・エンコーダを内蔵し，トーン・スケルチ(オプション)動作時にそれを知らせるポケット・ビープや5秒に1回指定チャネルを自動受信するプライオリティ機能も持っています．

シンプル・タイプのため，周波数表示は1つですが同時送受信も可能，デュープレクサも内蔵しています．2波受信などはできませんが，その分小型かつ安価で，ボタンも1機能1ボタンに整理された使いやすいリグでした．

## アイコム IC-228(D, DH) IC-338(D)

IC-228は144MHz帯10W(Dタイプは25W，DHタイプは45W)出力のFM機です．

また，IC-338は430MHz帯10W(Dタイプは35W)出力のFM機です．

どちらもIC-2310と同様にトーン・エンコーダを内蔵し，プライオリティ機能も持ち，ボタンも1機能1ボタンとなっていました．

## アルインコ電子 DR-110SX(HX) DR-410SX(HX)

DR-110SXは144MHz帯10W(HXは45W)のFM機，DR-410SXは430MHz帯10W(HXは35W)出力のFM機です．操作ボタンを斜めに配置することで上からの照明を可能にし，5色のネガティブ・タイプのカラー液晶をメイン表示に使うことで夜間の質感を向上させています．各種スキャンとプライオリティ機能も持っています．本機はCIRFOLKブランドのモービル機第1弾，第2弾でした．

### ● DR-510SX(HX)

144MHz帯，430MHz帯で10W(HXは45W/35W)出力のFM機です．本機も操作ボタンを斜めにすることで上から照明を当てて夜間の操作性を向上させ，5色のネガティブ・タイプのカラー液晶を採用しました．各種スキャンとプライオリティ機能も持っています．本機もCIRFOLKブランドでの発売でした．

## 日本圧電気 PCS-6000(H)

144MHz帯10W(Hは45W)出力のFM機です．MHz台とkHz台の2つのアップ・ダウン・ボタンで選局をします．1キー1機能で操作しやすいシンプルなリグで，専用の透過型LCDを採用して必要な情報はディスプレイ内に集めると共に，各キーには透過照明を付けました．このシリーズは予告を含め，28MHz帯～430MHz帯までの4機種(8タイプ)が同時に発表されています．

### ● PCS-6300(H)(1989年)

430MHz帯10W(Hは35W)出力のFM機です．MHz台とkHz台の2つのアップ・ダウン・ボタンで選局をします．1キー1機能で操作しやすいシンプルなリグで，専用LCDで必要な情報をディスプレイ内に集めています．

ケンウッド（JVCケンウッド）

## TM-231（S, D）TM-431（S, D）

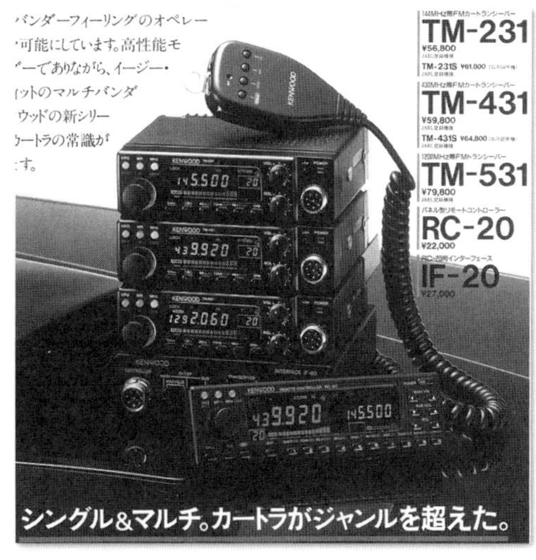


TM-231は144MHz帯，TM-431は430MHz帯のFM機で，無印は10W，Sタイプは50W（TM-431Sは35W），後に追加されたDタイプは25W出力です．

モービル時の操作性に配慮し，すべての操作を照明付きの10のキーで行えるようになっています．この各キーはわざと少し離し，手探りで場所を確認しやすくしてあります．

さらにほとんどの操作を手元で行える多機能マイクも標準装備，パネル型リモコンRC-20（22,000円）も用意しました．

ケンウッド（JVCケンウッド）

## TM-701（S）

144MHz帯，430MHz帯の10W（Sタイプは25W）出力のFM機です．

モノバンド機にバンド切り替えが付いただけのようにも見えるシンプル機で，操作の簡略化，小型化，低価格を実現しました．

表示はネガティブLCD，照明付きの10のキーで操作が可能です．ほとんどの操作が可能な多機能マイクを標準装備，パネル型リモコンRC-20（22,000円）も用意しました．

アイコム

## IC-2500（M, D）

430MHz帯，1.2GHz帯の10W（Mタイプは430MHz帯が25W，Dタイプは430MHz帯が35W）出力のFM機です．各バンド完全に独立した受信部を持ち，スピーカを別々に接続することも可能です．デジタルAFC，各種スキャンも充実しています．スイッチには突起を付け，慣れれば手探りでキーがわかるように工夫しました．

アイコム

## IC-2400（D）

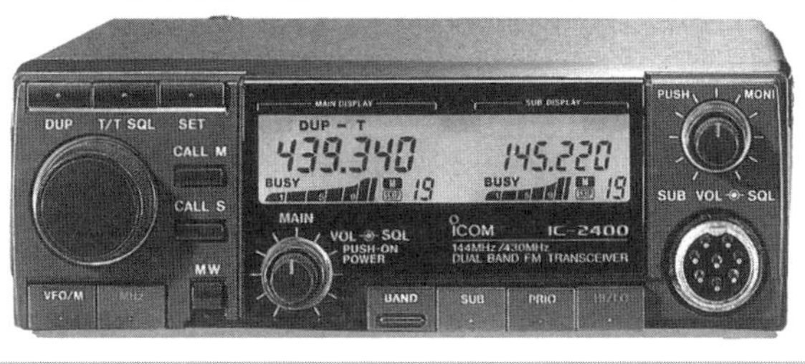


144MHz帯，430MHz帯の10W（Dタイプは45W/35W）出力のFM機です．各バンド完全に独立した受信部を持ち，スピーカを別々に接続することも可能です．各種スキャンも充実しています．この機種もスイッチには突起を付け，慣れれば手探りでキーがわかるように工夫しました．

1989年

## アルインコ電子 DR-570SX(HX)

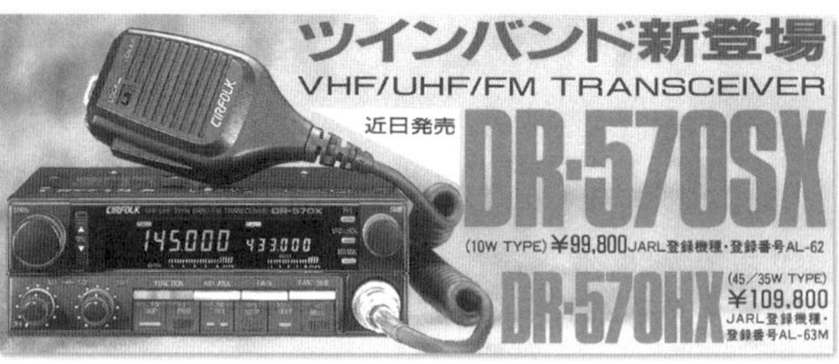


144MHz帯，430MHz帯の10W（HXは45W/35W）出力のFM機です．各バンド完全に独立した受信部を持っています．スケルチが開いた方のバンドをメインバンドに切り変えるオート・バンド・エクスチェンジ（ABX），439MHz台のみをスキャンするアクティブ・レピータ・アシスト（ARA）を装備しています．各キーでのBEEP音の音階を微妙に変えることで，どのキーを押したかが音でわかるようにもしました．

## アイコム IC-901(D, M)

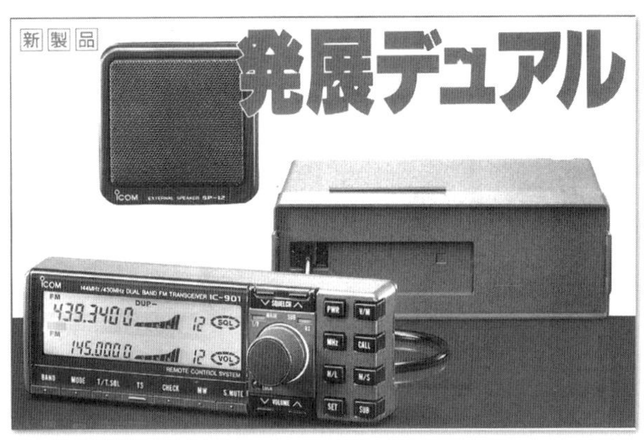


144MHz帯，430MHz帯のFM機で，無印は10W，Dタイプは50W/35W，Mタイプは25W出力です．

本体と分離型のコントローラで構成されています．このコントローラにはIC-900のバンド・ユニットを接続することができ，ユニットを3つ追加してフル装備にすると28MHz帯～1.2GHz帯にオンエアできます．

また，本体にUX-S92を装着すると144MHz帯のSSB，CW運用が可能になり，UX-R91の装着で本体の受信範囲とは別に144MHz帯，430MHz帯，中波帯，FM放送帯，エアバンドなどを受信できるようにもなります．分離型のコントローラはメイン，サブを縦に並べて表示するタイプで，UX-R91使用時は2波同時受信が可能です．10W出力のUX-S92は58,500円，25WのUX-S92Dは62,500円，UX-R91は39,800円でした．

## アルインコ電子 DR-590SX(HX)

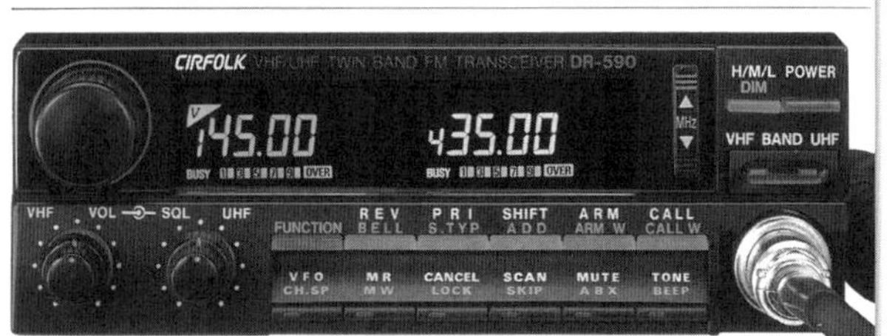


144MHz帯，430MHz帯のFM機で，SXは10W，HXタイプは45W/35W出力となっています．

2バンド同時受信，同時送受信が可能で操作部を分離することができます．DTMFコード・スケルチやページングを装備，表示や各種動作はすべて2バンド独立しています．

受信信号に含まれるDTMF信号で本機をコントロールすることができます．また多機能機にありがちな操作ミスを軽減するため，本機には直前の操作を取り消すキャンセル・キーが用意されていました．

本機はDR-570の多機能機にあたりますが，10W出力のSXタイプでは価格差はありません．HXタイプは本機の方が10,000円高くなります．

1990年

## アイコム　IC-2320(D, M)

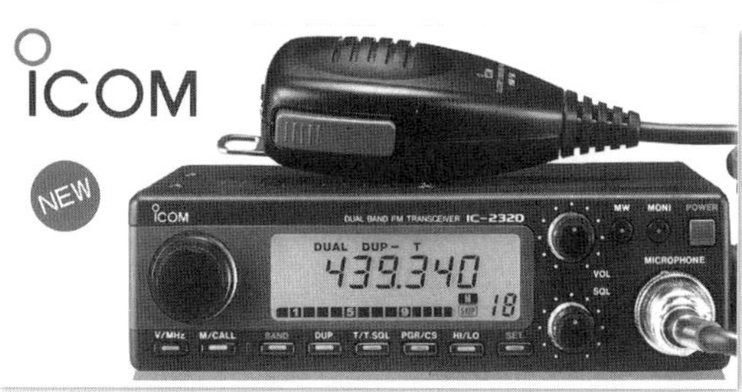


144MHz帯，430MHz帯で10W(Dは45W/35W)出力のFM機です．10W機は横14cm，縦4cm，奥行き15cmとモノバンド機並みの大きさに収まっています．セット・モードの内容を増やし，ボタンは通常運用する機能だけに留めたことでファンクション・キー操作がなくなり分かりやすくなっています．表示器は1バンド分しかありませんが，2バンドの同時受信が可能でデュープレクサも内蔵しました．

IC-2320Mは発売の約1年後に追加された25W出力機です．

## アイコム　IC-229(D, DH)　IC-339(M, D)

IC-229は144MHz帯のFM機で，無印は10W，DHは50W出力です．IC-339は430MHz帯のFM機で，無印は10W，Dは35Wです．

IC-229D，IC-339Mはいずれも25Wで第3級アマチュア無線技士の操作範囲が拡大された後に追加されました．

一番の特徴はその大きさです．横14cm，縦4cmというサイズは小さいながらも他に例がありますが，10Wタイプの奥行きは10.5cmしかありません．ハイパワー機の奥行きは15.5cm，増えた5cmは放熱板で，ファンを使うことなく長時間の安定した送信を可能にしています．

IC-2320同様にセット・モードを充実させ，ボタン操作を分かりやすくしました．高速でQSYできるMHzスイッチやプライオリティ機能，AFトーン・コントロールも内蔵しています．

## 日本マランツ　C5600(D)

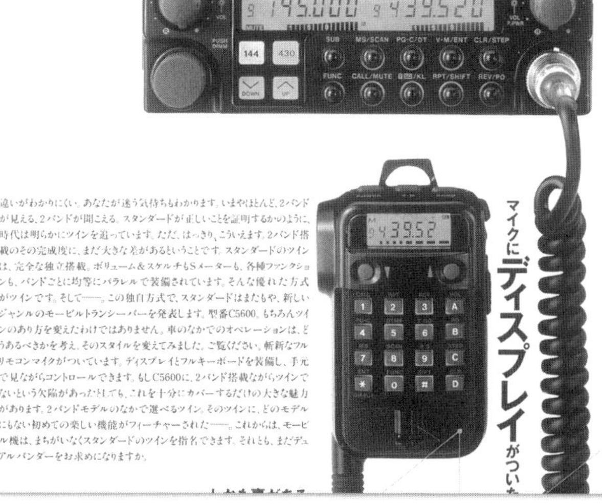


144MHz帯，430MHz帯のFM機です．無印は10W，Dタイプは50W/40W出力となっています．

2バンドを同じ大きさのLCDで表示し，別々のボリューム，スケルチでコントロールすることできます．

さらにマイクロホンにもディスプレイとカバー付きのテンキーが付き，本体を見ることなく操作することが可能にもなりました．

チューニング・ステップなどの各設定もバンドごとに可能で，サブバンドのオート・ミュート機能も付いています．

## アルインコ電子 DR-112SX(MX, HX) DR-412SX(MX, HX) DR-572SX(HX) DR-592SX(HX)

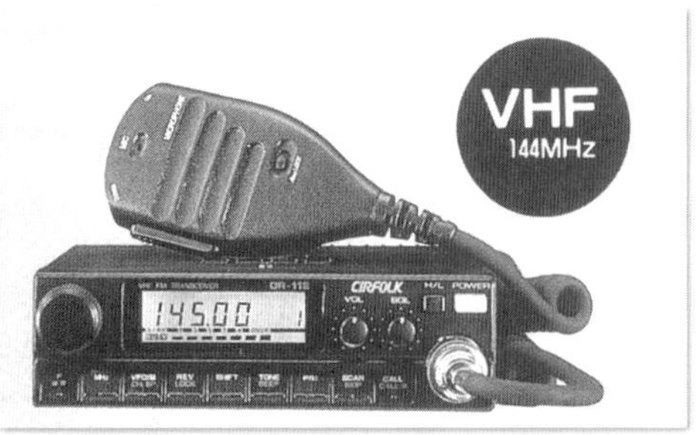


DR-112は144MHz帯，DR-412は430MHz帯のFM機で，SXは10W，MXは25W，DR-112HXは45W，DR-412HXは35W出力です．

DR-572，DR-592は144MHz帯，430MHz帯のFM機で，SXは10W，HXは45W/35W出力です．

周波数表示は白黒のポジティブLCD(数字が黒く周りが白いタイプ)になりました．他の仕様は変わりませんので，前機種，DR-110，DR-410，DR-570，DR-590の項をご覧ください．

なお，ネガティブLCD採用の前機種は本シリーズ発売後すぐに生産が完了していますが，DR-590はしばらく平行して販売されていました．

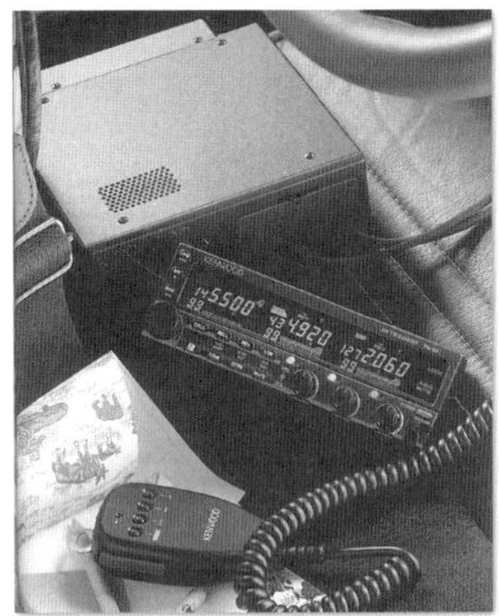

## ケンウッド(JVCケンウッド) TM-941(D, S)

144MHz帯，430MHz帯，1.2GHz帯の3バンドのFM機です．無印は10W，Dタイプは25W/25W/10W，Sタイプは50W/35W/10W出力となっています．3バンドの周波数を同時にカラー・ネガティブLCDで表示し，101chのメモリを各バンドそれぞれに用意しました．ボリューム，スケルチ，Sメータが独立していて3バンドを同時に受信することができます．しかも430MHz帯に限り2波を受信することができるのでメイン・チャネルとローカル・レピータを同時に聴くこともできます．本機は当時トライバンダとして世界最小で，セパレート・ケーブルを用意すればセパレート運用が可能でした．

## ケンウッド(JVCケンウッド) TM-702(D)

144MHz帯，430MHz帯で10W(Dタイプは25W)のFM機です．シンプル・タイプのデュアルバンダながらLCD表示に工夫をしてサブバンド側の情報も表示できるようにしました．サブ音量を自動的に下げるオート・ミュートやタイムアウト・タイマ，各種ロックなど，初心者でも使いやすいように工夫されていました．

## ケンウッド(JVCケンウッド) TM-241(S, D) TM-441(S, D) いずれも前期型

TM-241は144MHz帯，TM-441は430MHz帯のFM機で，無印は10W，Dタイプは25W，TM-241Sは50W，TM-441Sは35W出力です．

最大の特徴はそのデザインで，パネル面上部は円形をイメージしたスイッチ配置になっています．またキーはすべて照明付きで，ファンクション・キーを押したときには操作可能なキーだけが赤くなる工夫もされています．オート・パワー・オフ，連続送信防止タイマなども装備されていました．

## 八重洲無線　FT-4800(M, H)　FT-5800(M, H)

FT-4800は144MHz帯，430MHz帯のFM機で，無印は10W，Mタイプは25W，Hタイプは50W/35W出力です．

FT-5800は430MHz帯，1.2GHz帯のFM機で，1.2GHz帯はどのタイプも10Wですが，430MHz帯は無印は10W，Mタイプは25W，Hタイプは35Wです．

2バンドの周波数を同時にカラー・ネガティブLCDで表示します．ボリューム，スケルチは1つにまとめてありますが，バランス調整付きでメイン，サブ音声を別々に外部スピーカに出すこともできます．表示部は分離でき，少し長め(3m)のセパレート・ケーブルも付属しています．

表示部の明るさは自動と手動設定が選べてデュープレクサも内蔵しています．オプションのリモコン・マイク(MW-1)を使うと，赤外線によるコントロールや微弱電波によるワイヤレス送話が可能でした．

## アイコム　IC-2410(M, D)

144MHz帯，430MHz帯で10W出力(Mは25W，Dは144MHz 45W/430MHz 35W)のFM機です．

表示は2バンド分ですが，実際は2バンド受信機が2つ内蔵されているように動作するので，同一バンド内でも2波受信が可能です．表示はネガティブLCD・ポジティブLCDの両タイプがあります．

ボリュームはバンド別，裏面にDTMFボタンが付いたマイクが付属していて，ここからリグをコントロールすることも可能です．デュープレクサを内蔵していて，スケルチは3段階切り替えのオート・タイプでした．

## 日本圧電気　PCS-7000(H)　PCS-7300(H)

寸法140(W)×50(H)×182(D)mm

パケット通信対応
430MHz 10W データトランシーバー
PCS-7300D
技術基準適合証明取得機種
通販価格 ¥45,000
430MHz 35W データトランシーバー
技術基準適合証明取得機種
PCS-7300DH 通販価格 ¥52,000

PCS-7000は144MHz帯，PSC-7300は430MHz帯のFM機で，無印は10W，7000Hは50W，7300Hは35W出力です．MHz台とkHz台の2つのアップ・ダウン・ボタンで選局をします．モノバンドに徹し，1キー1機能で操作しやすいシンプルなリグにしています．本機の価格は定価と通販価格の2本立てでした．

● **PCS-7300D(DH)**(1994年)

430MHz帯で10W(Hタイプは35W)出力のFM機です．9600bps対応，前面パネルにTNC接続端子を装備しパケット通信の接続がやりやすくなっています．レピータ対応，選局はUP/DOWN式，マイクロホン付きで通販価格はDが45,000円，DHが52,000円でした．

## 1991年

ケンウッド(JVCケンウッド)

### TM-741(D,S)　TM-841(D,S)

TM-741は144MHz帯，430MHz帯，TM-841は430MHz帯，1.2GHz帯のFM機です．無印は全バンド10W出力で，Dタイプは1.2GHz帯以外が25Wになります．

TM-741Sは50W/35W，TM-841Sは35W/10Wです．この2機種の最大の特徴は，他に1バンド追加できることで，28MHz帯(UT-28 32,800円)，50MHz帯(UT-50 33,800円)，144MHz帯(UT-144 34,800円)，1.2GHz帯(UT-1200 51,800円)の各10W出力のユニットが用意されていました．パネル面はTM-941に似た，2つの周波数表示+時計となっていて，バンドを追加すると時計表示が周波数表示に変わります．ボリューム，スケルチは各バンドで独立しており，多バンド化しても操作はわかりやすくなっていました．

アイコム

### IC-2330(M, D)

144MHz帯，430MHz帯のFM機です．無印は10W，Mタイプは25W，Dタイプは45W/35W出力で，無印以外は少し遅れて発売されました．コンパクトかつ低価格帯のデュアルバンド機ですが，周波数表示を2つ持ち，ボリュームやスケルチは各バンド独立しています．オプション(UT-55)を装着するとページャやコード・スケルチにも対応できます．

変わったところではローパワーに切り替えた時に自動的に受信アッテネータが挿入されるオート・アッテネータ機能があります．また前面パネルの特定のキー1つをマイクロホンに割り当てることができるユーザー・ファンクション機能も用意されていました．

ケンウッド(JVCケンウッド)

### TM-732(D, S)

144MHz帯，430MHz帯のFM機です．無印は10W，Dタイプは25W，Sタイプは144MHz 50W/430MHz 35W出力です．高価格帯のデュアルバンド機で周波数表示を2つ持ち，ボリュームやスケルチ，Sメータなどが各バンド独立しています．パネル面は分離可能で全体が黒に統一されていて，車のダッシュボードに溶け込むデザインとなっていました．

アルインコ電子

### DR-599SX(HX)

144MHz帯，430MHz帯のFM機で，SXは10W，遅れて発表されたHXタイプは144MHz 45W/430MHz 35W出力です．高価格帯のデュアルバンド機で周波数表示を2つ持ち，ボリュームやスケルチ，Sメータなども独立しています．パネル面は分離可能(ケーブルはオプション)です．オート・レピータ・メモリを装備していて，直近に使った10のレピータをスキャンし，空いているレピータを探すことができます．サブバンド側に入感があるとメイン，サブを切り替える機能やメイン，サブを入れ替えずにサブ側の周波数変更をする機能なども用意されていました．

## 1992年

### 八重洲無線　FT-2400(H)

144Mz帯で10W(Hタイプは50W)出力のFM機です．5つのスイッチを誤操作防止のカバーで覆うことで，シンプルな外観としながらもMIL-STD-810という衝撃と振動に関する規格をクリアしました．

隣接チャネル妨害比74dBで混雑した都市部でも安定した通信ができると同社ではPRしています．メモリにはアルファベット4文字のメモを付加することができるようになっていました．

### 八重洲無線　FT-4600(M, H)

144MHz帯，430MHz帯のFM機で，無印は10W，Mタイプは25W，Hタイプは144MHz 50W/430MHz 35W出力です．バンドに関わらず2波を受信することができ，ページャ，コード・スケルチ，トーン・スケルチの3方式を2バンド独立して標準装備しています．サブバンドのミュート，ドレミ音階ビープ音などの工夫があり，TNC接続用DATA端子も持っていました．

### アルインコ電子　DR-119SX(HX)　DR-419SX(HX)

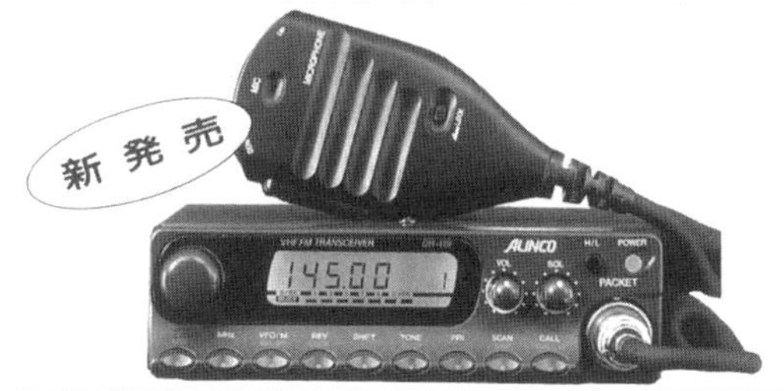


DR-119SXは144MHz帯，DR-419SXは430MHz帯で10W(119HXは50W，419HXは35W)出力のFM機です．前機種DR-112，DR-412にあった25W仕様はありません．下部に並べたスイッチ形状などを前機種とは大きく変え，丸みを帯びたデザインになっています．マイク端子がパケット通信に対応し，アップ・ダウン・スイッチ付きマイクにロック機能が付きました．

### 八重洲無線　FT-4900(M, H)

144MHz帯，430MHz帯のFM機で，無印は10W，Mタイプは25W，Hタイプは144MHz 50W/430MHz 35W出力です．

ポジティブLCDには2バンドの周波数を同時に表示できます．ボリューム，スケルチは1つにまとめてありますがバランス調整が可能で，メイン，サブ音声を別々に外部スピーカに出すこともできます．表示部は分離でき，少し長め(3m)のセパレート・ケーブルも付属しています．オプションのリモコン・マイク(MW-1)を使うと，赤外線によるコントロールや微弱電波によるワイヤレス送話が可能でした．

## ケンウッド(JVCケンウッド) TM-942(D, S) TM-842(D, S) TM-742(D, S)

3つの周波数表示とSメータが並んだパネル・デザインのFM機です．TM-942は144MHz帯，430MHz帯，1.2GHz帯の3バンドを，TM-842は430MHz帯，1.2GHz帯の２バンドを，TM-742は144MHz帯，430MHz帯の2バンドを実装していて，TM-842，TM-742はユニット1つを増設することが可能です(**表**)．無印の出力は10Wですが，Dタイプはバンド順に25W/25W/10Wとなり，Sタイプは50W/35W/10Wとなります．

● **TM-643(S)**(1994年)

50MHz帯，430MHz帯のFM機で，無印は10W，Sタイプは50W/35W出力となります．TM-842，742と同じパネル・デザインのFM機で，28MHz帯もしくは144MHz帯，1.2GHz帯のユニットを1つ増設することが可能です．ページング，コード・スケルチ機能を内蔵しています．またトーン・スケルチではトーン周波数を次々に変えることで，ワッチした交信のトーンを探索できるようにもなっていました．

● **TM-942V**(1997年)

144MHz帯，430MHz帯が20W，1.2GHz帯が10Wの追加モデルです．翌1998年初めにはこのTM-942V以外の本シリーズの販売が完了しました．ページング，コード･スケルチを内蔵しています．またトーン・スケルチではトーン周波数を次々に変えることでワッチした交信のトーン周波数を探索できるようにもなってます．着信時にベルで知らせるベル機能には着信時刻を一緒に表示する機能が加わりました．

**ケンウッドのTM-*42シリーズのオプション表**

| ユニット名 | 周波数帯 | 出力 | TM-742, 742D, 742S | TM-842, 842D,842S | TM-942, 942D,942S | TM-942V | TM-2400 | TM-643, 643S | 価格 |
|---|---|---|---|---|---|---|---|---|---|
| UT-28 | 28MHz帯 | 10W | ○ | ○ | × | × | ○ | ○ | 32,800円 |
| UT-28S | 28MHz帯 | 50W | ○(※) | ○(※) | × | × | ○(※) | ○(※) | 38,800円 |
| UT-50 | 50MHz帯 | 10W | ○ | ○ | × | × | ○ | いずれかを標準装備 | 33,800円 |
| UT-50S | 50MHz帯 | 50W | ○(※) | ○(※) | × | × | ○(※) | | 39,800円 |
| UT-144 | 144MHz帯 | 10W | いずれかを標準装備 | ○ | いずれかを標準装備 | 20Wを装備 | ○ | ○ | 34,800円 |
| UT-144D | 144MHz帯 | 25W | | ○(※) | | | ○(※) | ○(※) | 39,800円 |
| UT-144S | 144MHz帯 | 50W | | ○(※) | | | ○(※) | ○(※) | 43,800円 |
| UT-430 | 430MHz帯 | 10W | いずれかを標準装備 | いずれかを標準装備 | いずれかを標準装備 | 20Wを装備 | ○ | いずれかを標準装備 | 37,800円 |
| UT-430S | 430MHz帯 | 35W | | | | | ○(※) | | 43,800円 |
| UT-1200 | 1.2GHz帯 | 10W | ○(※) | 標準装備 | 標準装備 | 標準装備 | ○(※) | ○(※) | 51,800円 |
| 本体 | 2.4GHz帯 | 1W | × | × | × | × | 標準装備 | × | |
| 備考 | | | 追加は○印いずれか1つ | | 空きなし | 空きなし | 追加は○印いずれか1つ | | 1994年4月現在 |

10W機に※印を追加する場合はオプションのクーリング・ファンが必要
TM-741シリーズはTM-742に準じる．TM-841シリーズはTM-842に準じるが，10W機でもファンは標準で付いていた．

## 1993年

## アイコム IC-Δ100(M, D)

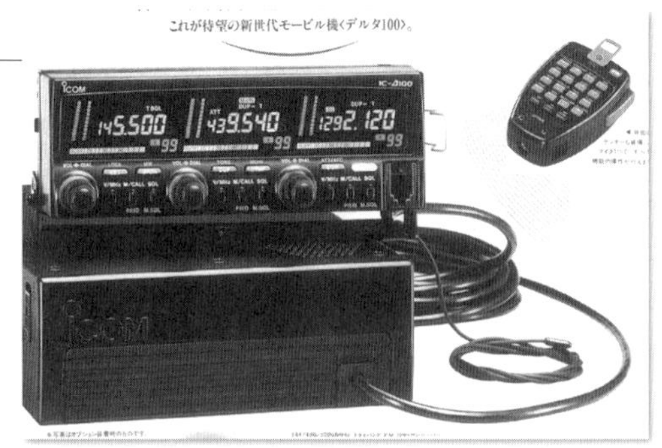


Δはデルタと読みます．144MHz帯，430MHz帯，1.2GHz帯のFM機です．10W出力ですが，Mタイプは25W/25W/10W，Dタイプは50W/35W/10Wとなっています．

アンテナ端子は周波数別となっていて，430MHz帯は3

波，144MHz帯は2波を同時に受信することが可能です．表示部をセパレートできるだけでなく，DTMF付きの多機能ワイヤレス・マイクが付属しています．各バンドに107chのメモリがありさらにこれを2系統持っていて，家族などで共用する際にメモリを分けることが可能でした．

● **IC-Δ100J**（1996年）

144MHz帯，430MHz帯，1.2GHz帯のFM機です．従来機を20W出力（1.2GHz帯は10W）にしたもので，4アマの操作範囲拡大を受けて1996年に発売されました．

## アルインコ電子　DR-M10SX(HX)　DR-M40SX(HX)

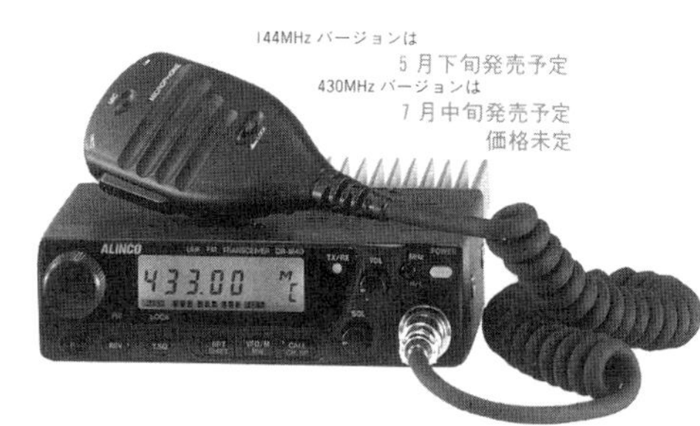


DR-M10は144MHz帯，DR-M40は430MHz帯のFM機で，SXタイプは10W，DR-M10HXは50W，DR-M40HXは35W出力です．

入感があると5秒受信して次に移るタイマ・スキャンが装備されています．ビギナーやセカンド機としての需要を想定していて，シンプルかつコストパフォーマンスに優れたリグとして開発されました．

● **DR-M10DX　DR-M40DX**（1997年）

どちらも20W出力の追加モデルです．DXタイプ発売の際にSXタイプは販売が終了しています．

## 日本マランツ　C5700(D)　C5710(D)　C5720(D)

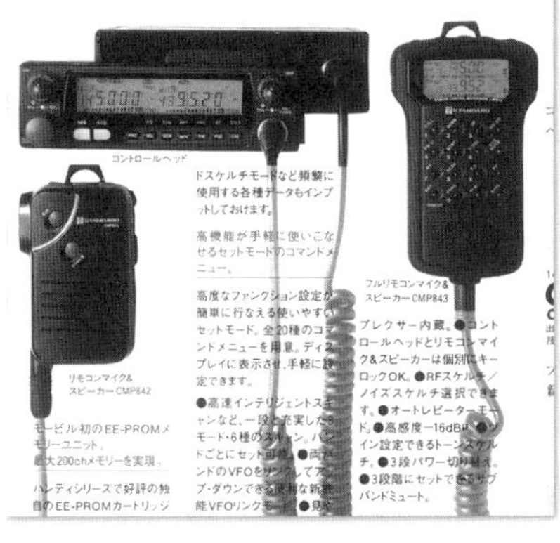


3機種とも144MHz帯，430MHz帯のFM機で，無印は10W，Dタイプは144MHz 50W/430MHz 40W出力です．

各機種の違いはその操作部にあります．従来のリグと同様に分離型の操作パネルとシンプルなリモコン付きスピーカ・マイクを組み合わせたのがC5700，パネルを廃し多機能スピーカ・マイクですべてを操作するのがC5710，操作パネルと多機能スピーカ・マイクの両方を持つのがC5720です．

本シリーズは新開発のコントロールバスを持ち，最大4つの操作部を接続することが可能で，たとえば運転席と後部座席の両方で手元の表示を見ながら操作をすることもできます．操作部にスピーカがあるので明瞭度を損なうこともありません．本体は逆さまに取り付けができるので，本体スピーカ利用時にスピーカを塞がないようにすることも可能です．±3ppmの基準発振を採用し，バンドに関係なく2波受信ができます．ノイズ・スケルチとRFスケルチの選択が可能，ページング，コード・スケルチ，トーン・スケルチも装備していました．

## 八重洲無線　FT-215(M, H)　FT-715(M,H)

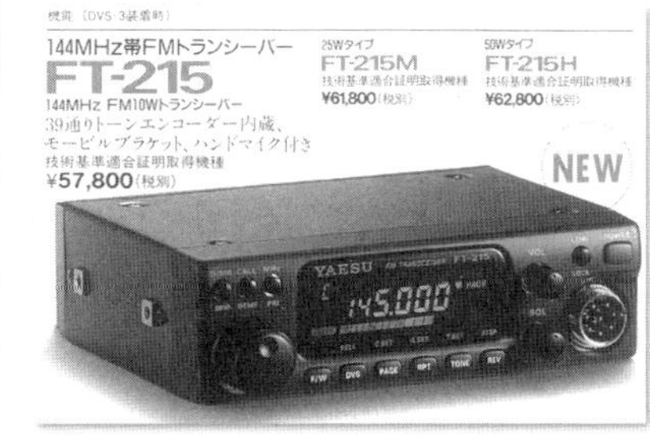


FT-215は144MHz帯，FT-715は430MHz帯のFM機で，無印は10W，Mタイプは25W，FT-215Hは50W，FT-715Hは35W出力です．

操作の簡単なモノバンド機ですが，ページャ，コード・スケルチは標準装備，メモリ・チャネルから周波数を可変でき，送信しっぱなしになることを防ぐタイムアウト機能も搭載していました．

## ケンウッド(JVCケンウッド) TM-455(D, S) TM-255(D, S)

TM-455は430MHz帯，TM-255は144MHz帯のSSB，CW，FM機で，無印は10W，Dタイプは25W，TM-455Sは40W，TM-255Sは50W出力です．前面パネルは分離できますが，一部をそのまま本体側に残すデザインで操作部を小さくしています．

5HzステップのDDS(Direct Digital Synthesizer)とTCXOの組み合わせで高精度チューニングを可能にしました．IF-SHIFT，オート・マイク・ゲイン・コントロールだけでなく，9600bps対応のデータ端子も付きました．

● **TM-255V　TM-455V**(1996年)

操作範囲の変更に対応した20W出力機です．このシリーズはハイパワー機(Sタイプ)とVタイプの2種類に変わりました．

### 1994年

## 日本マランツ C1200(D) C4200(D)

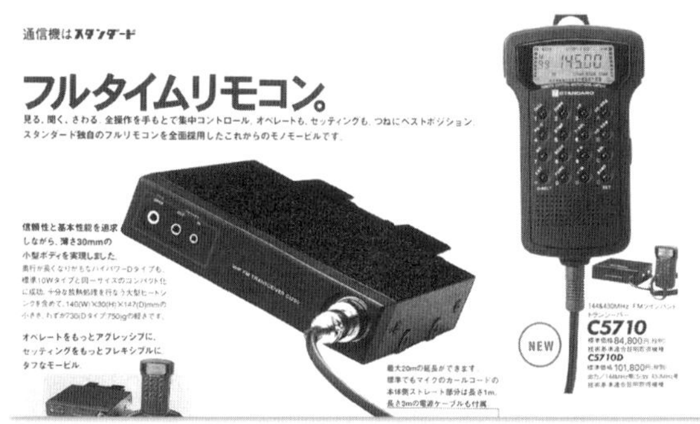


C1200は144MHz帯，C4200は430MHz帯のFM機で，無印は10W，C1200Dは50W，C4200Dは40W出力です．C5700同様にスピーカ・マイクに全操作機能を移し，手元ですべての操作ができるようにしました．車載の際，本体を座席下に置いてスピーカ・マイクだけを手元に出しておく形の運用が可能で，ケーブルは最大20mまで延長できます．RFスケルチ，DTMFメモリなども内蔵し9600bps対応のデータ端子も付いています．

C1200は430MHz帯，C4200は144MHz帯の受信ができました．

## アイコム IC-2700(M, D)

144MHz帯，430MHz帯のFM機で，無印は10W，Mタイプは25W，Dタイプは50W/35W出力です．

2つのバンドの操作を完全に左右に分けることでシングルバンド機並みの使いやすさを実現しました．バンドに関係なく2波受信も可能です．標準装備の多機能マイクロホンは赤外線式のワイヤレスでも使うことができ，オプションのマイク・スタンドを使用すれば自動的に充電されます．新機能のLOGメモリも装備，これは過去に送信した周波数を自動的に記憶するもので，シンプレクス，デュープレクス別々に3chずつ用意されました．

● **IC-3700**(M，D)

430MHz帯，1.2GHz帯のFM機で，1.2GHz帯の出力はすべて10W，430MHz帯は無印が10W，Mタイプは25W，Dタイプ35Wです．他の特徴はIC-2700と同様ですが，本機は144MHz帯の受信機能も持っていました．

## アイコム IC-2340(M, D)

144MHz帯，430MHz帯のFM機で無印は10W，Mタイプは25W，Dタイプは144MHz 45W/430MHz 35W出力です．

本機の最大の特徴は耐衝撃性，耐振動性で，オフロードでも安心とPRされています．周波数表示は縦2列，両バンドの操作は左右に分かれていて，選局つまみの上にMAIN/SUB表示を付けて分かりやすくしています．IC-2700同様，LOGメモリも装備していました．

## ケンウッド(JVCケンウッド) TM-251(D, S)　TM-451(D, S)

TM-251は144MHz帯，TM-451は430MHz帯のFM機で無印は10W，Dタイプは25W，TM-251Sは50W，TM-451Sは35W出力です．前機種TM-241，TM-441の円形をイメージしたデザインを引き継いでいますが，TM-251は430MHz帯，TM-451は144MHz帯を受信できるようになり，フルデュープレクスのクロスバンド通信が可能になりました．またページングなどで呼び出された場合に，その後の信号を最大16秒記録する留守電機能も付いています．9600bpsに使えるDATA端子付きでした．

## アイコム IC-281(M, D)　IC-381(M, D)

IC-281は144MHz帯，IC-381は430MHz帯のFM機で無印は10W，Mタイプは25W，IC-281Dは50W，IC-381Dは35W出力です．IC-281は430MHz帯，IC-381は144MHz帯を受信できるようになり，フルデュープレクスのクロスバンド通信が可能になりました．9600bpsに使えるDATA端子付きです．

● **IC-281J　IC-381J**(1996年)

IC-281Jは144MHz帯，IC-381Jは430MHz帯のFM機です．どちらも従来機を20W出力にしたもので，4アマの操作範囲拡大を受けて発売されました．

## マーツコミュニケーションズ MZ-22　MZ-43

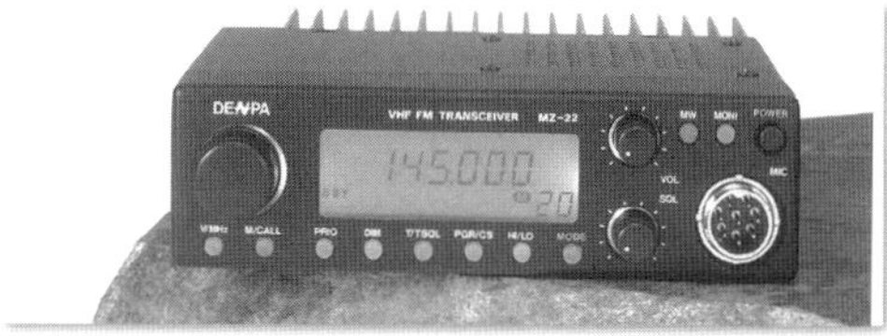


MZ-22は144MHz帯で50WのFM機です．またMZ-43は430MHz帯で35WのFM機です．

一番の特徴はハイパワー機が標準になっていることで，大きな冷却フィンを使用してファンをなくしています．

パネル面は1軸つまみとスイッチだけ．極めてシンプルでわかりやすくなっています．高速でQSYできるMHzスイッチやプライオリティ機能なども内蔵していました．両機共に7,000円安の10Wバージョンが同一型番で用意されていました．

● **BV-2210　BV-4310**(1995年)

BV-2210は144MHz帯，BV-4310は430MHz帯で10W出力のFM機です．「モービル機モノバンド国産初の低価格実現」と銘打って発売されました．写真は公開されず，本機の寸法，重量はMZ-22，MZ-43と同じでしたので，値引きによる混乱を避けるために設定した直販用の型番だった可能性があります．

## ケンウッド(JVCケンウッド) TM-733(D, S)

144MHz帯，430MHz帯のFM機で，無印は10W，Dタイプは25W，Sタイプは144MHz 50W/430MHz 35W出力です．

2バンドは完全に独立していて，その運用状態全体を6パターン記憶することができます．DTMFスケルチ，Sメータ・スケルチを装備，9600bps対応のDATA端子が前面に付きました．

● **TM-733G(GD，GS) TM-733GL(GSL)**(1995年)

144MHz帯，430MHz帯のFM機で，G，GLタイプは10W，GDタイプは25W，GS，GSLタイプは144MHz 50W/430MHz 35W出力です．

本機はTM-733の価格を下げた製品で，G，GD，GSはネガティブLCDタイプ，GL，GSLはポジティブLCDタイプです．

● **TM-733GV(GVL)**(1996年)

144MHz帯，430MHz帯のFM機です．従来機を20W出力にしたもので，1996年施行の4アマの操作範囲拡大を受けて発売されました．

TM-733GVはネガティブ表示のLCD機，TM-733GVLはポジティブ表示のLCD機です．この20W機の発売に伴い，従来機はハイパワー・タイプ(GS，GSL)だけになりました．

## アルインコ電子 DR-610S(H)

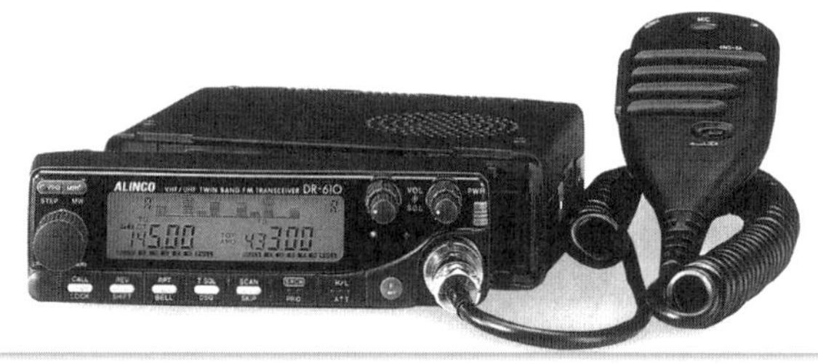


144MHz帯，430MHz帯のFM機で，Sタイプは10W出力，Hタイプは144MHz 50W/430MHz 35W出力です．周波数表示の上にチャネル・スコープ表示を持ち，最大11chの使用状態を監視することができます．周波数表示，Sメータ，ボリューム，スケルチはバンド別，パネルはセパレート可能，Sメータ・スケルチや9600bps対応データ端子も装備していました．

● **DR-610D**(1998年)

両バンド20W出力のDR-610Dが後に追加発売されています．Sタイプはこの時点で販売終了となりました．

## アルインコ電子 DR-150S(H) DR-450S(H)

DR-150Sは144MHz帯で10W(Hタイプは50W)出力，DR-450Sは430MHz帯で10W(Hタイプは40W)のFM機です．

DR-150は430MHz帯を，DR-450は144MHz帯の受信が可能で，周波数表示の上にチャネル・スコープ表示を持ち7chを監視することができます．

メモリの一時的可変機能を持ち，Sメータ・スケルチや9600bps対応データ端子も装備していました．

## 未来舎　AR-146A(B)　AR-447

AR-146Aは144MHz帯の50W(Bタイプは10W)出力，AR-447は430MHz帯で50W出力のFM機です．本体はシンプルな操作となっていますが，各種スキャンを装備，受信したDTMF信号を16桁表示できます．

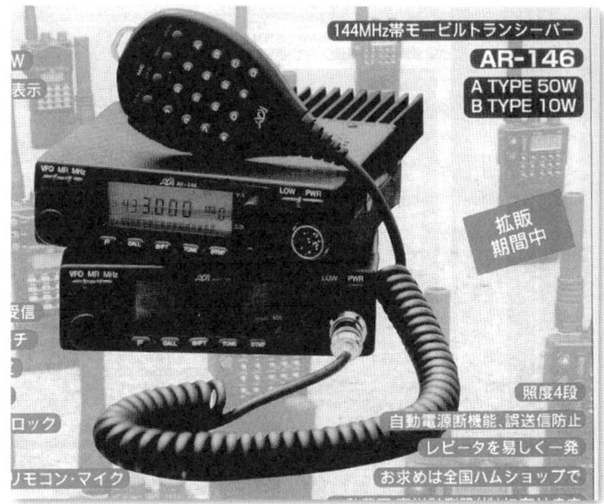


DTMFボタン付きマイクロホンが標準付属していましたが，DTMFそのもの，そしてトーン・スケルチはオプションです．

AR-146Aは1999年のAR-447発売時にAR-146に改称されています．

本機は台湾のADI　COMMUNICATION社の製造，東京都北区の未来舎が販売元でした．

**1995年**

## ケンウッド(JVCケンウッド)　TM-441(S)　TM-241(S, D)　いずれも後期型

1990年発売のリグの定価を値下げして再発売した製品です．

TM-441は430MHz帯，TM-241は144MHz帯(発売順)のFM機で，無印は10W，TM-441Sは35W，TM-241Sは50W，TM-241Dは25W出力です．

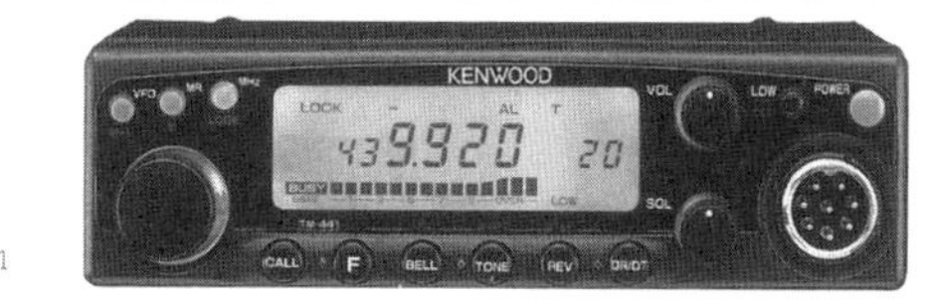

TM-441

各種ページング機能を持つこと，キーにも照明があることなどは変わりませんが，前面液晶は文字が黒いポジティブ・タイプに変わりました．

## 八重洲無線　FT-8500(S)

144MHz帯で50W，430MHz帯で35W(Sタイプはいずれも10W)出力のFM機で，ハイパワー機が標準で10W機は減力タイプという位置付けとなっています．

最大の特徴はパネル側には電源スイッチと周波数選択ツマミと周波数表示しかないことで，ボタン類はすべてマイクロホン側に移されました．同社ではこのマイクを「新感覚スマートコントローラ」と呼んでいます．

パネルは分離ができてバンドを問わない2波受信が可能，最大70波を表示するスペクトラムアナライザ機能も持っていました．

### ● FT-8500/MH39a6j

FT-8500のスマート・コントローラの代わりに多機能マイクMH39a6jをセットしたもので，ベースマシン同様に本体側にはほとんど操作部がありません．価格は20,000円下がりました．

## アイコム IC-2000D

144MHz帯50WのFM機です．大きな放熱器を上面に搭載することで強制空冷の必要をなくしたシンプル・タイプのハイパワー機で10W機はありません．各ボタンは単押し，長押しで2機能を割り当てる方式でファンクション・キーがなくなりました．

## アイコム IC-2350(D)

144MHz帯，430MHz帯のFM機で，無印は10W，Dタイプは144MHz 50W/430MHz 35Wです．

2バンドを独立して操作できるように各ツマミは左右に分かれています．従来機に比べてスキャン・スピードを倍増させ，各ボタンに単押し，長押しで2機能を割り当てる方式でファンクション・キーをなくしました．本機，そしてIC-2000Dではポジティブ LCDを採用していますが，これについて同社ではデザインとしてはネガティブ・タイプの方が良いが使用時の視認性はポジティブ・タイプが勝るとコメントしています．

● **IC-2350J**（1996年）

144MHz帯，430MHz帯のFM機で，従来機を20W出力にしたものです．1996年に4アマの操作範囲拡大を受けて発売されました．

## ケンウッド(JVCケンウッド) TM-833(S)

430MHz帯，1.2GHz帯のFM機で，出力は10Wですが，Sタイプは430MHz帯が35Wになります．

LCDはネガティブ・タイプで2波を並べて表示し，ボリューム，スケルチは独立しています．バンドを問わない2波受信，もしくはどちらかのバンドと144MHz帯の受信が可能です．

パネルはセパレート化が可能，デュープレクサ内蔵です．アップリンク周波数をチェックしてレピータを介さずに交信可能かどうかを教える，オート・タイプのシンプレックス・チェッカを搭載していました．

● **TM-833V**（1996年）

430MHz帯，1.2GHz帯のFM機です．従来機の430MHz帯を20W出力にしたもので，1996年施行の4アマの操作範囲拡大を受けて発売されました．ネガティブ表示のLCDを搭載しています．20W機の発売に伴い，従来機はハイパワー・タイプのTM-833Sだけになりました．

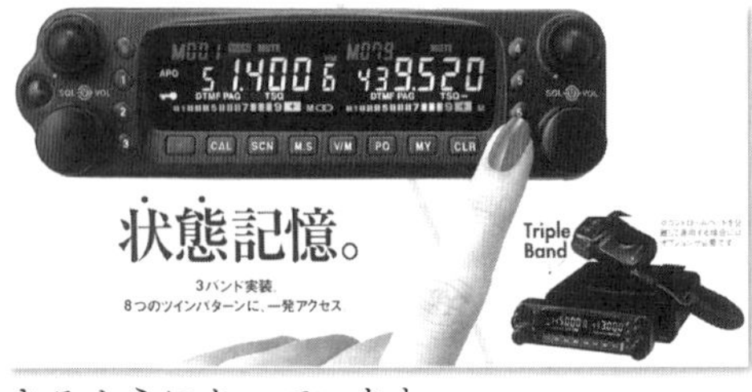


## 日本マランツ C5900(D)

50MHz帯，144MHz帯，430MHz帯のFM機です．無印は10W，Dタイプは45W/50W/35W出力となっています．

表示はネガティブのLCDで2バンド分，同一バンド2波を含め，どのバンドを表示するかのパターンを8つ記憶できるようになっています．

9600bps可能なパケット端子付き，メモリは400chありました．

● **C5900B**（1996年）

1996年の第4級操作範囲拡大を受けて追加されたC5900(D)のバリエーション機で，50MHz帯，144MHz帯，430MHz帯で20W出力のFM機です．10W機の20W化で消費電流が増えていますが，本機の送信時の電流は約6Aと少なく，車載時にもあまりバッテリに負担を掛けないようになっています．本機のLCDにはネガティブ・タイプ，ポジティブ・タイプ両方がありました．

## 1996年

### アイコム　IC-2710D(2710)

144MHz帯，430MHz帯のFM機で，Dタイプは144MHz 50W/430MHz 35W，無印は20W出力です．テンキー付きマイクロホンにカバーが付きました．受光部を追加すれば赤外線式リモコン・マイク（HM-90　14,800円）も使用可能です．パネルは2バンドを完全に左右に分けるタイプで226chのメモリを持っています．

4アマ操作範囲20W化の発表直前の発売であったためか，ハイパワー機が先に発表され，無印機の発売は3カ月ほど遅れています．

### アルインコ電子　DR-M50H(D)

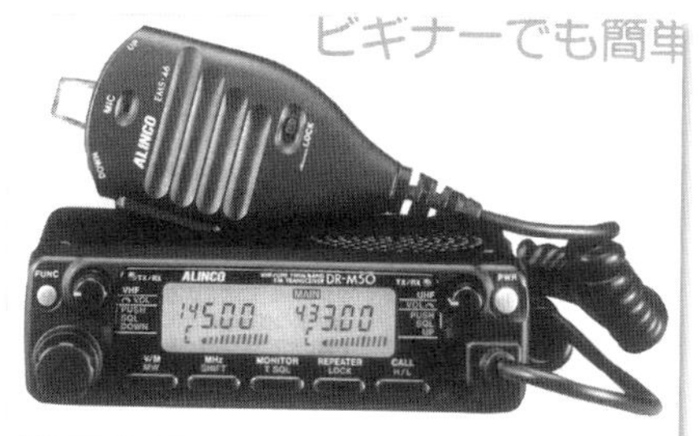


144MHz帯で50W，430MHz帯で35W（Dタイプはいずれも20W）出力のFM機です．4アマの操作範囲20W化の発表直後の発売であったためか，本機はハイパワー機が先に発売されています．表示，ボリューム，Sメータは2バンドで独立していて，バンドを問わない2波受信が可能です．オプションのトーン・スケルチ・ユニットを装着すると，トーン周波数をサーチすることも可能でした．

### ケンウッド（JVCケンウッド）　TM-261(S)　TM-461(S)

TM-261は144MHz帯，TM-461は430MHz帯 のFM機で，無印は20W，TM-261Sは50W，TM-461Sは35W出力となっています．

全体に角ばったケースですが，パネル面の表示窓カバーを変則的な形にして独特のデザインにしています．

送受信でトーン周波数を変えることが可能という変わった機能もあります．

LCDには13ドットのマトリクス・タイプを使用しているため，アルファベットの表示が読みやすくなり，セット・モードの表示やメモリの名前がわかりやすくなりました．

TM-261

TM-461

MILの振動試験と落下試験をクリアしていると同社ではPRしています．

## 八重洲無線 FT-8000(H)

144MHz帯，430MHz帯のFM機で，無印は20W，Hタイプは144MHz 50W/430MHz，35W出力です．ディスプレイの視認性に気を使い，視野角の広いLCDを採用しています．周波数表示，Sメータ，ボリューム，スケルチはバンド別になっていると共に，送信可能なメインバンド側にLEDが点くようになっています．サーチ時に入感のあったチャネルを記憶できるスマートサーチ機能，電源電圧表示機能，9600bps対応のデータ通信端子も持っていました．

## マーツコミュニケーションズ MZ-23 MZ-45

144MHz FM トランシーバ MZ-23

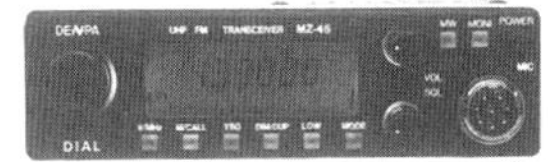


MZ-23は144MHz帯で50W，MZ-45は430MHz帯で35W出力のFM機ですが，どちらにも同じ型番で20W出力仕様があります．

前機種と同じくブランド名はDENPA，前機種MZ-22やMZ-43とつまみやスイッチの配置はほとんど変わりませんが，ディマーとプライオリティが略され，トーン・スケルチ，冷却ファン，エコー・ユニットがオプション設定されています．通販用モデルとしてMZ-23A，MZ-45A(共に29,800円)も用意されました．出力は20W，ベース機との違いは不明です．

## ケンウッド(JVCケンウッド) TM-V7(S)

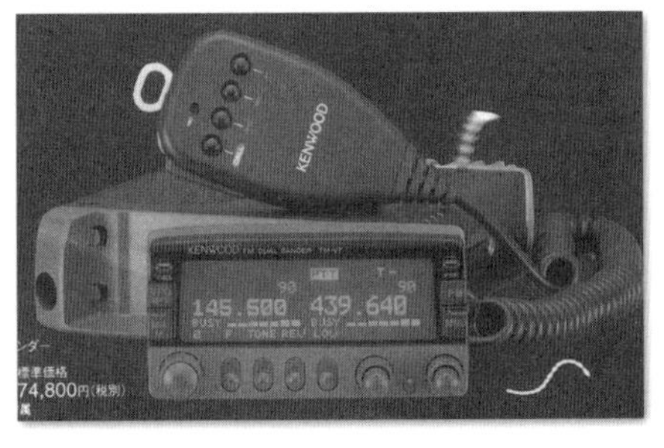


144MHz帯，430MHz帯のFM機で，無印は20W，Sタイプは144MHz 50W/430MHz 35W出力です．9600bpsに使えるデータ専用端子を持ち，上面にカバーの付いた大きな放熱器を配しています．ネガ・ポジ切り替え式のドットマトリクスLCDを使用していて，ビジュアル・スキャンで最大174chをサーチした際にもきれいに表示することができます．

リグの使用状態全体をメモリするプログラマブル・メモリ4chやトーン・スケルチ，ページングも標準装備，パネルは分離可能です．マルチ・コミュニケーション・ユニットMU-101とGPSレシーバ，そして同社製カーナビ(GPR-77)を接続することで，AX.25プロトコルで位置情報を送信し，同社のカーナビでそれを表示する，ナビトラ・システムを構築することが可能でした．

### 1997年

## アイコム IC-207(D)

144MHz帯，430MHz帯のFM機で，無印は20W，Dタイプは144MHz 50W/430MHz 35W出力です．パネルは分離可能，9600bpsに使えるデータ専用端子と50波に増やしたトーン・スケルチを持っています．本機は2波受信をしないため周波数表示を大きくでき，使いやすく低価格のリグに仕上がっています．

## 八重洲無線　FT-8100(H)

144MHz帯，430MHz帯のFM機で，無印は20W，Hタイプは144MHz 50W/430MHz 35W出力です．

バンドを問わない2波受信が可能で，表示，ボリューム，スケルチも独立しています．電圧低下の警告表示や信号がある周波数だけを記憶するサーチ機能などを持っていて，9600bps対応のデータ端子も付いています．

パネルはセパレート化が可能で，通信速度を38.4kbpsに上げることで追従性を改善しました．

### 1998年

## ケンウッド(JVCケンウッド)　TM-G707(S)

144MHz帯，430MHz帯のFM機で，無印は20W，Sタイプは144MHz 50W，430MHz 35W出力です．

パネルは分離可能です．2波受信をしないことで操作は簡単になり周波数表示も大きくなりました．価格も抑えられています．全部で180chのメモリができますが，その内3chはパネル面のスイッチで簡単に登録・選択ができるようになっています．9600bpsに使えるデータ専用端子を持ちトーン・スケルチ，スピーカ・マイクを標準装備としました．

## スタンダード／日本マランツ　C5750

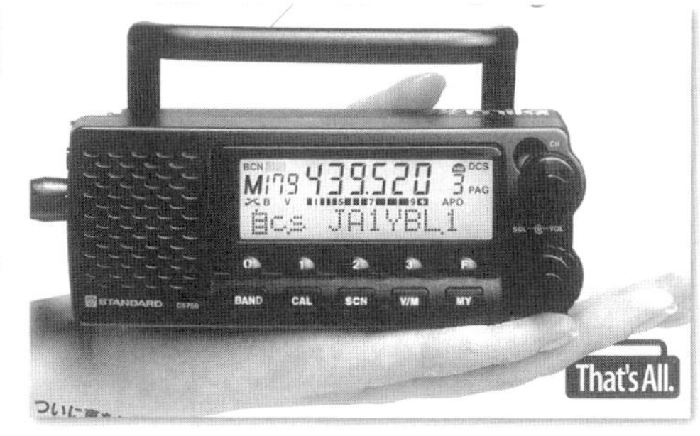


1998年夏に八重洲無線が日本マランツの通信機部門と商標を買収してから初の製品で，日本マランツの製造，統合会社の株式会社スタンダードから発売された，144 MHz帯7W，430MHz帯6W出力のFM機です．

一般のモービル機の分離型パネルを少々厚くしたような本体をスタンドで立てて使用するようになっています．前後5chをチェックできるバンドスコープを持ち，メモリは180ch，カタカナ8文字のメモリ名をつけることが可能です．オプションのGPSレシーバを接続するとナビトラになり，メッセージ付きのデータを送受信できるようになっていました．

## スタンダード/八重洲無線　FT-90(H)

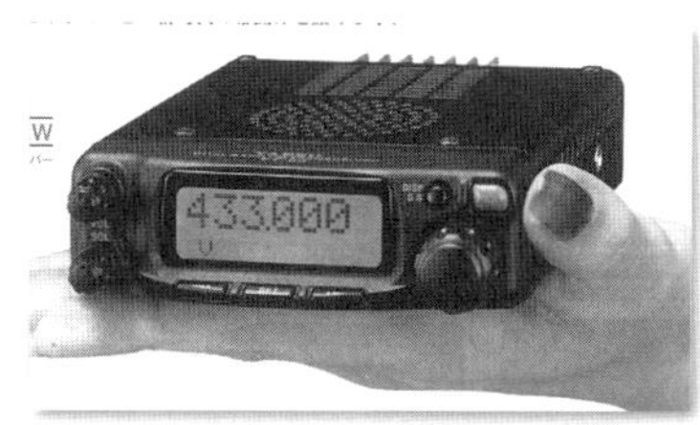

144MHz帯，430MHz帯のFM機で，無印は20W，Hタイプは50W/35W出力です．基本に立ち返ってシンプルにしたうえでの小型化で，ファンを使わずに幅10cm，奥行き14cm弱を実現しました．本体とマイクにカスタム・キーを設定することでパネル面のキーを減らし操作性を向上させています．メモリは186ch，カタカナ7文字のメモリ名をつけることが可能です．操作パネルのセパレート化もできるようになっていました．本機は(株)スタンダードの製品ですがYAESUブランドでの発売でした．

## 1999年

### アイコム IC-2800(D)

144MHz帯，430MHz帯のFM機で，無印は20W，Dタイプは144MHz 50W，430MHz 35W出力です．3インチのカラーTFT液晶を搭載し，POPアートを含む4つの表示パターンを選べるようになっています．9600bps対応のデータ端子，50波のトーン・スケルチ，バンド・スコープを持ち，操作スイッチはバンド別に左右に配置，映像モニターとしても使えるようになっていました．

## 2000年

### ケンウッド(JVCケンウッド) TM-D700(S)

144MHz帯，430MHz帯のFM機で，無印は20W，Sタイプは144MHz 50W，430MHz 35W出力です．TNCを内蔵し，パソコンと直接つないで1200bps/9600bpsでのデータ・パケット通信が可能です．

VC-H1(69,800円)と組み合わせてFMモードによるSSTV画像通信も可能，またGPS受信機TGP-10(39,800円)を接続すればAX.25で位置情報を交換し合うナビトラ運用もできますが，GPSがなくても本体だけで他局の情報をモニターすることができます．DXクラスター受信や2バンド同時受信が可能で，操作部は本体よりも大きくセパレート運用機として作られていました．

#### ● TM-V708(S)

144MHz帯，430MHz帯のFM機で，無印は20W，Sタイプは144MHz 50W/430MHz 35W出力です．TM-D700と同一の筐体ですが本機は音声通信用です．

バンドを問わない同時受信が可能で，操作部は本体よりも大きくセパレート運用機として作られていました．

### アルインコ DR-135DG(HG) DR-435DG(HG)

DR-135は144MHz帯，DR-435は430MHz帯のFM機で，DGはいずれも20W，DR-135HGは50W，DR-435HGは35W出力です．

表示はシンプルですが数字が大きくなったために周波数は読みやすくなりました．厚さ4cmと薄型で，オプションのTNCユニットを装着すれば1200bps/9600bpsでのデータ・パケット通信が可能です．トーン・スケルチ，101種類のDCS(デジタルコード・スケルチ)を内蔵していました．

## Column　パケット通信とリグの設計

1980年代に一気に盛んになった通信方式に，データ・パケット通信がありました．商用のX.25プロトコルを基にアメリカのTAPRとARRLが共同で開発したAX.25という規格が使われ，マイクとスピーカの代わりにモデムを接続する事でHF帯は300bps，V/UHF帯では1200bpsの通信が可能になるというものです．パーソナル・コンピュータが一般化するのとほぼ同じ頃に普及した文字を主とした通信方式です．

当時はこの通信をするために，無線機，コンピュータ以外にTerminal Node Controller（TNC）と呼ばれる，プロトコル管理とモデムを一体化した機器が用いられてましたが，無線機に付属機器をつなぐという点において，これはある意味画期的なものでした．それまでも先進的なハムはSSTVやRTTYなどで付属機器をつなぐということをおこなっていましたが，これらはあくまでも一部の局だけが運用する特殊なモードでした．しかしパケット通信は一般のハムに一気に広まり，特に430MHz帯ではニューカマーを含む多くの局がこのパケット通信を楽しみはじめたのです．リグのマイク端子にTNCの出力をつなぎ，TNCの入力部にリグのスピーカ出力をつなぐ，TNCがリグのPTTをショートできるようにする，そしてPCをRS-232CでTNCに接続してターミナルソフトを走らせればセッティングは完了します（**図A**）．

しかし実際のところ，当初のリグはパケット通信に対応したものではありませんでしたのでトラブルも生じました．一番多かったのはPTTが落ちない，つまり送信できないというトラブルだったと思われます．マイクロホンなら接点スイッチですがTNCはトランジスタ・スイッチになるので，完全にPTTラインをアースに落としきらなかったのがその原因でした．

次に多かったのが不適切なマイク・ゲインによる過変調ですが，マイク側にアンプが入っているタイプのリグでは逆にTNCの出力不足も発生しました．

ISHというソフトウェアを使ったプログラムのやりとりや，電子掲示板内容の転送が始まると今度はリグの発熱問題が出ました．短時間の受信と長時間の送信という作業がずっと続く運用はリグの想定を超えていたためです．

G3RUH方式による9600bps通信が始まるとさらに問題が生じました．この方式ではFM変調回路に直接信号を注入するのですが，発振回路によってはうまく動作しなかったのです．

他にもパワーセーブやプライオリティで受信信号が頭欠けする，ディエンファシスのカーブが合っていなくて復調したFSK信号の2値にレベル差が出るなどの問題もありました．

リグが開発されたときには考慮されていない想定外の使い方ですから，細かいトラブルが生じるのもやむを得ませんでしたが，当時はあの無線機がいい！，この無線機がいい！と，パケット通信とリグの相性の話がいろいろと飛び交っていたものです．

リグに9600bps用端子が付きだす頃には相性問題は一段落します．リグがパケット通信を意識して設計されるようになったのが一番の理由ですが，タイミング的には有線電話回線を利用したパソコン通信が盛んになり，無線でのパケット通信が下火になったのもその一因でしょう．

その後の携帯電話，スマホでの通信もこのパケット通信技術が用いられています．無線でのデータ・パケット通信が始まったころは，高校生が「今月はパケ代が」などという会話をするとは夢にも思いもしませんでした．パケ代と言う言葉もすでに死語になりつつありますが….



**図A　TNCと無線機，PCの接続**

# 第18章 ハンディ機はどんどん小さく

## 時代背景

本章では1987年(昭和62年)から2000年(平成12年)の144MHz帯以上のハンディ機を紹介します. 1.2GHz帯のモノバンド・ハンディ機は13章に記載しています. またHFや50MHz帯のハンディ機はどちらかというと固定機の小型版的な使い方が多かったので別章としました. 第14章もしくは第15章をご覧ください.

1994年までは多くのハンディ機が発売されました. 好景気時代に, セカンド・リグ, サード・リグとしてハンディ機を購入するハムが多かったこと, 新規開局の場合, 最初はV/UHF帯からの局が多かったためでしょう. この頃は無線雑誌でも「HF帯に降りる」という表現が抵抗なく普通に使われていました.

ハンディ機人気にはもう一つ理由がありました. それはスキーなどのレジャー連絡用の需要があったことで, 1990年代終わり頃はスキー場などでの運用(無免許も?)が多々見られました. スキー人口のピークは1993年, スノボも含んだピークも1998年ですが, 実際は1991年からはほぼ横ばいとなっていましたから, この方面のハンディ機需要も1991年ぐらいにピークがあったものと思われます.

新製品としての効果を狙ったのでしょうか, 1992年頃からはあまり前機種と変わらない新製品も散見されるようになります. 広告上の“新発売”の表示期間も長くなっていて, 15か月後にもまだ「新発売」と表示したリグもありましたし, モノバンド・ハンディ機が同時期に各バンド5種類ずつ存在した社もありました. その後各社は少しづつ製品の種類を絞っていきます.

## 免許制度

V/UHF帯のハンディ機は出力が小さく, 法制度による電波型式の制限も事実上ありませんでしたから, 無線従事者資格に関係なく使える製品ばかりでした. このため, 免許制度の変化による影響は全くといってよいほど受けていません.

一つ影響があったとすれば「技適制度」の開始です. 1991年7月にアマチュア無線機に適用することが公布された技術基準適合証明制度によって, 無線機の免許取得, 特に無線局免許状の記載事項に変更が生じない場合の手続きが簡略化されました. ハンディ機は小型化が進み, 改造されることが稀(まれ)になっていましたから, そのほとんどがこの制度を利用したものと思われます.

## 機器の変化

チップ部品の採用などの技術進歩があったためにハンディ機はどんどん高機能化, 小型化されます. 出力は最大5Wという機種が多かったのですが, テンキー搭載はあたりまえ, 多チャネルのメモリも装備するようになりました. いまでは欠かせないものとなっているロータリー・エンコーダによる選局が普及したのは1980年代終わりです. どのリグも2年程度のスパンでモデル・チェンジし, 販売店にはいつも多くのハンディ機が並んでいました.

1990年ごろから今度は高機能化も始まります. 2バンド機は以前からありましたが, それが同時受信可能になり, 同一バンドでも2波受信可能な製品が現れます. 逆にC401(日本マランツ)のように機能を絞ることで徹底的に小型化したリグも発表されました. モノバンド, 出力は230mW, 遠距離通信はレピータを使えば良い, 連絡用のリグという位置付けです. スキー場や冬山での使用を考慮して低温での動作を重視した機種が現れたのもこの頃からです.

充電式電池と乾電池での出力を分けることでハイパワーと簡便な乾電池動作を両立させたリグも発売されました. ちなみに最小は八重洲無線のVX-1で, 単3電池1本で動作しました. **写真18-1**のように乾電池アダプタに昇圧回路を忍ばせ, これを実現しています.

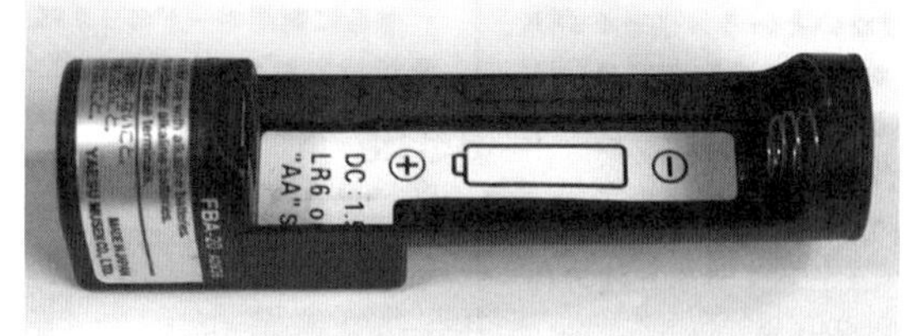

**写真18-1　VX-1の昇圧回路入り単3電池ボックス**
外寸は充電式電池と同じ

1990年代後半になると急に新しいリグは発表されなくなります．携帯電話の普及など理由はいろいろ考えられますが，アクティブなハムに一通り行き渡ったという事情も大きかったのではないでしょうか．アマチュア無線局数は減少に転じていますから新規の需要も減ってしまっていました．

ところで1990年代にはもう一つ微妙な変化がありました．それはオプションの同梱化です．以前は本体を購入したらアンテナの有無を確認し，充電式電池と充電器とソフト・ケースを追加で購入という手間がかかり，買い忘れてハム・ショップに複数回足を運ぶということもあったのですが，この頃からは一式セットで販売されることが多くなりました．

選択呼び出し，選択スケルチ用機能としては，これまでは300Hz以下の音を重畳するトーン・エンコーダ，それを受けるトーン・デコーダを使ったトーン・スケルチ(CTCSS)だけがありました．しかし1990年頃からは送信信号の頭に3～7桁のDTMF信号を付加できるようになり，グループ呼び出しや個別呼び出しができるページング(またはページャ)，スケルチの解放ができるDSQ(コード・スケルチ，DTSS＝デュアル・トーン・スケルチ・システム，DTMFスケルチ　いずれも同じもの)を搭載するリグがでてきました．後に音声より低い周波数を利用した134.3bpsの呼び出し用データ信号を連続重畳するDCS(デジタルコード・スケルチ，デジタル・スケルチ．いずれも同じもの)も装備されるようになります．動作は基本的にメーカー各社間で互換性がありますが，名称はかなりばらついています．

**ハンディ機はどんどん小さく 機種一覧**

| 発売年 | メーカー | 型番 | 種別 | 価格(参考) |
|---|---|---|---|---|
| | 特徴 | | | |
| 1987 | ケンウッド | TH-405 | スティック | 29,800円 |
| | 430MHz　FM　最大5W　アップ/ダウン選局　LCD表示 | | | |
| | ケンウッド | TH-415 | スティック | 34,800円 |
| | 430MHz　FM　最大5W　テンキー式多機能タイプ　LCD表示 | | | |
| | 日本マランツ | C500 | スティック | 59,800円 |
| | 144/430MHz　最大5W，標準 2.5W(144)　2W(430)　FM　ロータリー選局 | | | |
| | ケンウッド | TH-25 | スティック | 32,000円 |
| | 144MHz　FM　最大5W　ロータリー選局　ベル機能 | | | |
| | ケンウッド | TH-45 | スティック | 34,000円 |
| | 430MHz　FM　最大5W　ロータリー選局　ベル機能 | | | |
| | 八重洲無線 | FT-790mkⅡ | 弁当箱 | 79,800円 |
| | 430MHz　SSB，CW，FM　2.5W　最小25Hzステップ　LCD表示 | | | |
| 1988 | アイコム | IC-3G | スティック | 34,800円 |
| | 430MHz　FM　最大6W　各桁アップ/ダウン選局　ポケット・ビープ　5.5Vから動作 | | | |
| | アイコム | IC-23 | スティック | 59,800円 |
| | 144/430MHz　FM　最大5.5W(144MHz)　5W(430MHz)　ロータリー選局 | | | |
| | アイコム | IC-2G | スティック | 32,800円 |
| | 144MHz　FM　最大7W　各桁アップ/ダウン選局　ポケット・ビープ　5.5Vから動作 | | | |
| | アルインコ電子 | DJ-100SX | スティック | 29,800円 |
| | 144MHz　FM　最大6.5W　アップ/ダウン選局　5.5Vから動作　単3電池では1W | | | |
| | 日本マランツ | C150 | スティック | 33,800円 |
| | 144MHz　FM　最大5W　単3電池6本で2.5W | | | |
| | アルインコ電子 | DJ-500SX | スティック | 54,800円 |
| | 144/430MHz　FM　最大6.5W(144)　5.5W(430)　各桁アップ/ダウン選局 | | | |
| | 日本マランツ | C412 | ポケット | 33,800円 |
| | 430MHz　FM　最大5W　ロータリー選局　テンキーはオプション | | | |

※ロータリー選局：ロータリー・エンコーダによるダイヤル式選局

| 発売年 | メーカー | 型番 | 種別 | 価格(参考) |
|---|---|---|---|---|
| | 特徴 | | | |
| 1988 | ケンウッド | **TH-25(DTMF付き)** | スティック | 37,800円 |
| | 144MHz　FM　最大5W　ロータリー選局　ベル機能　DTMF付き | | | |
| | ケンウッド | **TH-45(DTMF付き)** | スティック | 39,800円 |
| | 430MHz　FM　最大5W　ロータリー選局　ベル機能　DTMF付き | | | |
| | 日本マランツ | **C450** | スティック | 36,800円 |
| | 430MHz　FM　最大5W　単3電池6本で2W | | | |
| | 八重洲無線 | **FT-204** | スティック | 37,800円 |
| | 144MHz　FM　最大6W　ロータリー選局　テンキー　細型　DTMF付き | | | |
| | 日本マランツ | **C112** | ポケット | 31,800円 |
| | 144MHz　FM　最大5W　ロータリー選局　テンキーはオプション | | | |
| 1989 | 八重洲無線 | **FT-704** | スティック | 39,800円 |
| | 430MHz　FM　最大6W　ロータリー選局　テンキー　細型　DTMF付き | | | |
| | 八重洲無線 | **FT-728** | スティック | 62,800円 |
| | 144/430MHz　FM　最大6W　ロータリー選局　パワーセーブ8mA | | | |
| | アイコム | **IC-2S** | スティック | 34,500円 |
| | 144MHz　FM　最大5W　ロータリー選局　細型　DTMF-SQはオプション | | | |
| | アイコム | **IC-3S** | スティック | 36,800円 |
| | 430MHz　FM　最大5W　ロータリー選局　細型　DTMF-SQはオプション | | | |
| | ケンウッド | **TH-75** | スティック | 59,800円 |
| | 144/430MHz　FM　最大5W　ロータリー選局　DTMF　同時ワッチ可能 | | | |
| | アイコム | **IC-2ST** | スティック | 39,800円 |
| | 144MHz　FM　最大5W　ロータリー選局　フル・キーボード | | | |
| | アイコム | **IC-3ST** | スティック | 42,800円 |
| | 430MHz　FM　最大5W　ロータリー選局　フル・キーボード | | | |
| | 日本マランツ | **C520** | スティック | 61,800円 |
| | 144/430MHz　FM　最大5W　ロータリー選局　フル・キーボード | | | |
| | アイコム | **IC-24** | スティック | 59,800円 |
| | 144/430MHz　FM　最大5W　ロータリー選局　DTMF　同時ワッチ可能 | | | |
| | アルインコ電子 | **DJ-160SX** | スティック | 37,800円 |
| | 144MHz　FM　最大5W　3WAY選局　デジタル・スケルチ | | | |
| | アルインコ電子 | **DJ-460SX** | スティック | 39,800円 |
| | 430MHz　FM　最大5W　3WAY選局　デジタル・スケルチ | | | |
| | アルインコ電子 | **DJ-560SX** | スティック | 64,800円 |
| | 144/430MHz　FM　最大5W　3WAY選局　デジタル・スケルチ | | | |
| 1990 | ケンウッド | **TH-25G** | スティック | 33,800円 |
| | 144MHz　FM　最大5W　ロータリー選局　リモコン・マイク対応　13.8V動作可能 | | | |
| | ケンウッド | **TH-45G** | スティック | 35,800円 |
| | 430MHz　FM　最大5W　ロータリー選局　リモコン・マイク対応　13.8V動作可能 | | | |
| | アルインコ電子 | **DJ-120SX** | スティック | 29,800円 |
| | 144MHz　FM　最大6.5W　アップ/ダウン選局　単3電池6本で3W | | | |
| | ケンウッド | **TH-77** | スティック | 62,800円 |
| | 144/430MHz　最大FM　5W　2バンド独立　フル・キーボード　13.8V可能 | | | |

| 発売年 | メーカー | 型番 | 種別 | 価格(参考) |
|---|---|---|---|---|
| | 特徴 | | | |
| 1990 | ケンウッド | **TH-F27** | スティック | 39,800円 |
| | 144MHz　FM　外部電源13.8Vで5W　内蔵電池で2.5W　フル・キーボード | | | |
| | ケンウッド | **TH-K27** | スティック | 37,800円 |
| | 144MHz　FM　外部電源13.8Vで5W　内蔵電池で2.5W | | | |
| | ケンウッド | **TH-F47** | スティック | 41,800円 |
| | 430MHz　FM　外部電源13.8Vで5W　内蔵電池で2.5W　フル・キーボード | | | |
| | ケンウッド | **TH-K47** | スティック | 39,800円 |
| | 430MHz　FM　外部電源13.8Vで5W　内蔵電池で2.5W | | | |
| | アイコム | **IC-W2** | スティック | 62,800円 |
| | 144/430MHz　FM　最大5W　ロータリー選局　フル・キーボード | | | |
| | アルインコ電子 | **DJ-562SX** | スティック | 64,800円 |
| | 144/430MHz　FM　最大5W　3WAY選局　デジタル・スケルチ | | | |
| | アルインコ電子 | **DJ-162SX** | スティック | 37,800円 |
| | 144MHz　FM　最大5W　3WAY選局　デジタル・スケルチ | | | |
| | アルインコ電子 | **DJ-462SX** | スティック | 39,800円 |
| | 430MHz　FM　最大5W　3WAY選局　デジタル・スケルチ | | | |
| | 八重洲無線 | **FT-24** | スティック | 37,800円 |
| | 144MHz　FM　最大5W　ロータリー選局　コード・スケルチ　13.8V可能 | | | |
| | 八重洲無線 | **FT-74** | スティック | 39,800円 |
| | 430MHz　FM　最大5W　ロータリー選局　コード・スケルチ　13.8V可能 | | | |
| | 日本マランツ | **C460** | スティック | 39,800円 |
| | 430MHz　FM　最大5W　ロータリー選局　フル・キーボード　薄い　13.8V可能 | | | |
| 1991 | 日本マランツ | **C160** | スティック | 37,800円 |
| | 144MHz　FM　最大5W　ロータリー選局　フル・キーボード　薄い　13.8V可能 | | | |
| | アルインコ電子 | **DJ-F1** | スティック | 36,800円 |
| | 144MHz　FM　最大5W　ロータリー選局　多機能タイプ　13.8V可能 | | | |
| | アルインコ電子 | **DJ-F4** | スティック | 38,800円 |
| | 430MHz　FM　最大5W　ロータリー選局　多機能タイプ　13.8V可能 | | | |
| | アルインコ電子 | **DJ-K1** | スティック | 33,800円 |
| | 144MHz　FM　最大5W　ロータリー選局　13.8V可能 | | | |
| | アルインコ電子 | **DJ-K4** | スティック | 35,800円 |
| | 430MHz　FM　最大5W　ロータリー選局　13.8V可能 | | | |
| | アルインコ電子 | **DJ-S1** | スティック | 33,800円 |
| | 144MHz　FM　最大5W　ロータリー選局　13.8V可能　筐体3色から選択 | | | |
| | アルインコ電子 | **DJ-S4** | スティック | 35,800円 |
| | 430MHz　FM　最大5W　ロータリー選局　13.8V可能　筐体3色から選択 | | | |
| | アイコム | **IC-2SR** | スティック | 52,800円 |
| | 144MHz　FM　最大5W　ロータリー選局　細型　広帯域受信　2波表示 | | | |
| | アイコム | **IC-3SR** | スティック | 54,800円 |
| | 430MHz　FM　最大5W　ロータリー選局　細型　広帯域受信　2波表示 | | | |
| | アイコム | **IC-P2T** | スティック | 39,800円 |
| | 144MHz　FM　最大5W　ロータリー選局　ユーザーの能力に応じた機能選択 | | | |

| 発売年 | メーカー | 型番 | 種別 | 価格(参考) |
|---|---|---|---|---|
| | 特徴 | | | |
| 1991 | アイコム | **IC-P3T** | スティック | 43,800円 |
| | 430MHz　FM　最大5W　ロータリー選局　ユーザーの能力に応じた機能選択 | | | |
| | アルインコ電子 | **DJ-F5** | スティック | 59,800円 |
| | 144/430MHz　FM　最大5W　ロータリー選局　2波受信　減電圧モード | | | |
| | 八重洲無線 | **FT-205** | スティック | 39,800円 |
| | 144MHz　FM　最大5W　ロータリー選局　13.8V可能　セット・モード | | | |
| | 八重洲無線 | **FT-705** | スティック | 41,800円 |
| | 430MHz　FM　最大5W　ロータリー選局　13.8V可能　セット・モード | | | |
| | アイコム | **IC-X2** | スティック | 74,800円 |
| | 430MHz　最大5W　1.2GHz 1W FM　同一バンド2波 | | | |
| | アイコム | **IC-P2** | スティック | 37,800円 |
| | 144MHz　FM　最大5W　ロータリー選局　LCD表示時計 | | | |
| | アイコム | **IC-P3** | スティック | 39,800円 |
| | 430MHz　FM　最大5W　ロータリー選局　LCD表示時計 | | | |
| 1992 | 日本マランツ | **C481** | スティック | 41,800円 |
| | 430MHz　FM　最大5W　ロータリー選局　カバー付きテンキー　単3電池4本1.2W | | | |
| | 日本マランツ | **C181** | スティック | 39,800円 |
| | 144MHz　FM　最大5W　ロータリー選局　カバー付きテンキー　単3電池4本1.2W | | | |
| | ケンウッド | **TH-F28** | スティック | 39,800円 |
| | 144MHz　FM　430MHz受信　外部電源13.8Vで5W　電池で2.5W　フル・キーボード | | | |
| | ケンウッド | **TH-F48** | スティック | 41,800円 |
| | 430MHz　FM　144MHz受信　外部電源13.8Vで5W　電池で2W　フル・キーボード | | | |
| | ケンウッド | **TH-78** | スティック | 63,800円 |
| | 144/430MHz　FM　外部電源13.8Vで5W　電池で2W　同一バンド2波受信 | | | |
| | 八重洲無線 | **FT-729** | スティック | 63,800円 |
| | 144/430MHz　FM　最大5W　送信パワー・セーブ　同一バンド2波受信 | | | |
| | ケンウッド | **TH-K28** | スティック | 37,800円 |
| | 144MHz　FM　外部電源13.8Vで5W　内蔵電池で2.5W　シンプル操作 | | | |
| | ケンウッド | **TH-K48** | スティック | 39,800円 |
| | 430MHz　FM　外部電源13.8Vで5W　内蔵電池で2W　シンプル操作 | | | |
| | 日本マランツ | **C620** | スティック | 74,800円 |
| | 430MHz/1.2GHz　FM　最大5W(430)　1W(1.2G)　2バンド独立操作 | | | |
| | 日本マランツ | **C550** | スティック | 62,800円 |
| | 144/430MHz　FM　最大5W　フル・キーボード　インスタント・イニシャル | | | |
| | 日本マランツ | **C401** | ポケット | 24,800円 |
| | 430MHz　FM　230mW　ロータリー選局　130g　単3電池2本 | | | |
| | アイコム | **IC-2i** | スティック | 36,800円 |
| | 144MHz　FM　最大5W　ロータリー選局　時計　ファジー・パワー・セーブ | | | |
| | アイコム | **IC-3i** | スティック | 38,800円 |
| | 430MHz　FM　最大5W　ロータリー選局　時計　ファジー・パワー・セーブ | | | |
| | アイコム | **IC-W21** | スティック | 59,800円 |
| | 144/430MHz　FM　最大5W　マイク付きニッカド使用で携帯電話型通話はオプション | | | |

| 発売年 | メーカー | 型番 | 種別 | 価格(参考) |
|---|---|---|---|---|
| | 特徴 | | | |
| 1992 | 八重洲無線 | **FT-305** | スティック | 39,800円 |
| | 144MHz　FM　最大5W　ロータリー選局　13.8V可能　2VFO　41chメモリ | | | |
| | 八重洲無線 | **FT-805** | スティック | 41,800円 |
| | 430MHz　FM　最大5W　ロータリー選局　13.8V可能　2VFO　41chメモリ | | | |
| | アイコム | **IC-W21T** | スティック | 63,800円 |
| | 144/430MHz　FM　最大5W　テンキー　携帯電話型通話オプション | | | |
| | 日本圧電気 | **AZ-21** | スティック | 44,800円 |
| | 144MHz　FM　5W　12V600mAhニッカド付属 | | | |
| | ケンウッド | **HRC-7** | ガラケー | 29,800円 |
| | 144/430MHz　FM　100mW　TM-942などをレピータ化可能　発売せず | | | |
| 1993 | 西無線研究所 | **NTS-200** | スティック | 29,612円 |
| | 144MHz　SSB　1W　VXO式　144.15～144.25MHz　単3電池6本 | | | |
| | 西無線研究所 | **NTS-700** | スティック | 33,010円 |
| | 430MHz　SSB　1W　VXO式　431.15～431.25MHz　単3電池6本 | | | |
| | ケンウッド | **TH-7** | ガラケー | 29,800円 |
| | 144/430MHz　FM　100mW　TM-942などに接続すると外部マイク，スピーカ | | | |
| | アイコム | **IC-Δ1(デルタワン)** | スティック | 89,800円 |
| | 144/430MHz　最大5W　1.2GHz 1W FM　3バンド独立表示　独立ボリューム，スケルチ | | | |
| | アイコム | **IC-X21T** | ポケット | 75,800円 |
| | 430MHz　最大5W　1.2GHz　1W　FM　144MHz受信可能　テンキー | | | |
| | アルインコ電子 | **DJ-K18** | ポケット | 27,800円 |
| | 144MHz　FM　最大5W　シンプル操作 | | | |
| | アルインコ電子 | **DJ-K48** | ポケット | 29,800円 |
| | 430MHz　FM　最大5W　シンプル操作 | | | |
| | アルインコ電子 | **DJ-G40** | スティック | 41,800円 |
| | 430MHz　FM　最大5W　80chメモリ　チャネル・スコープ装備　テンキー　144MHz受信可能 | | | |
| | アルインコ電子 | **DJ-Z40** | スティック | 39,800円 |
| | 430MHz　FM　最大5W　80chメモリ　チャネル・スコープ装備　シンプル・タイプ　144MHz受信可能 | | | |
| | 日本マランツ | **C170** | スティック | 41,800円 |
| | 144MHz　最大5W　430MHz　50mW　FM　テンキー　単3電池 2本で20mW | | | |
| | 日本マランツ | **C470** | スティック | 43,800円 |
| | 430MHz　最大5W　144MHz　50mW　FM　テンキー　単3電池 2本で20mW | | | |
| | アイコム | **IC-T21** | スティック | 39,800円 |
| | 144MHz　FM　最大6W　テンキー　430MHz受信可能　2バンド同時通話 | | | |
| | アイコム | **IC-T31** | スティック | 41,800円 |
| | 430MHz　FM　最大6W　テンキー　144MHz受信可能　2バンド同時通話 | | | |
| | アルインコ電子 | **DJ-G10** | スティック | 39,800円 |
| | 144MHz　FM　最大5W　80chメモリ　チャネル・スコープ装備　テンキー　430MHz受信可能 | | | |
| | アルインコ電子 | **DJ-Z10** | スティック | 37,800円 |
| | 144MHz　FM　最大5W　80chメモリ　チャネル・スコープ装備　シンプル・タイプ　430MHz受信可能 | | | |
| | 八重洲無線 | **FT-11(11ND)** | ポケット | 34,900円 |
| | 144MHz　FM　最大5W　MOS-FETモジュール　文字伝送 | | | |

| 発売年 | メーカー | 型番 | 種別 | 価格(参考) |
|---|---|---|---|---|
| | 特徴 | | | |
| 1993 | 八重洲無線 | **FT-41(ND)** | ポケット | 36,900円 |
| | 430MHz　FM　最大3.5W　MOS-FETモジュール　文字伝送 | | | |
| | ケンウッド | **TH-22** | スティック | 31,800円 |
| | 144MHz　FM　最大5W　MOS-FETモジュール　9キーによる簡単操作 | | | |
| | ケンウッド | **TH-42** | スティック | 33,800円 |
| | 430MHz　FM　最大5W　MOS-FETモジュール　9キーによる簡単操作 | | | |
| | アイコム | **IC-S21** | スティック | 33,800円 |
| | 144MHz　FM　最大6W　チャネル表示　単3電池4本動作　高速スキャン | | | |
| | アイコム | **IC-S31** | スティック | 35,800円 |
| | 430MHz　FM　最大6W　チャネル表示　単3電池4本動作　高速スキャン | | | |
| 1994 | ミズホ通信 | **MX-2F** | スティック | 38,800円 |
| | 144MHz　SSB, CW　1W　フルブレークイン　サイドトーン | | | |
| | アイコム | **IC-3J** | ポケット | 27,800円 |
| | 430MHz　FM　700mW　トーン・スケルチ装備 | | | |
| | 日本マランツ | **C115** | ポケット | 38,800円 |
| | 144MHz　最大5W　430MHz　20mW　FM　4.8V600mAhニッカド搭載 | | | |
| | 日本マランツ | **C415** | ポケット | 39,800円 |
| | 430MHz　最大5W　144MHz　20mW　FM　4.8V600mAhニッカド搭載 | | | |
| | 東野電気 | **PR-1300** | スティック | 59,800円 |
| | 430MHz　FM　100mW　100kHz～1.3GHzの受信機に送信機能を付けた製品 | | | |
| | 日本マランツ | **C101** | ポケット | 23,800円 |
| | 144MHz　FM　230mW　ロータリー選局　130g　単3電池2本動作 | | | |
| | ケンウッド | **TH-79** | スティック | 63,800円 |
| | 144/430MHz　FM　外部電源13.8Vで5W　電池で4.5W　ドットマトリクス | | | |
| | 未来舎 | **AT-200** | スティック | 27,500円 |
| | 144MHz　FM　最大5W　2周波数の交互受信　DTMF　CTCSS | | | |
| | 未来舎 | **AT-48** | スティック | 27,500円 |
| | 430MHz　FM　最大5W　2周波数の交互受信　受信DTMF16桁表示機能 | | | |
| | 日本マランツ | **C560** | スティック | 64,800円 |
| | 144/430MHz　FM　最大5W　1.2GHz　35mW　1.2GHz以外2波受信 | | | |
| | 八重洲無線 | **FT-51ND** | スティック | 63,900円 |
| | 144/430MHz　FM　最大5W　スペクトラム・スコープ　マルチ・ディスプレイ | | | |
| | アイコム | **IC-Z1** | スティック | 63,800円 |
| | 144/430MHz　FM　最大5W　バンド別ダイヤル　表示部が外れてマイクに | | | |
| | 未来舎 | **AT-400** | スティック | 33,500円 |
| | 430MHz　FM　最大5W　2周波数の交互受信　DTMF　CTCSS | | | |
| | 未来舎 | **AT-18** | スティック | 27,500円 |
| | 144MHz　FM　最大5W　2周波数の交互受信　受信DTMF16桁表示機能 | | | |
| 1995 | アルインコ電子 | **DJ-F52** | スティック | 59,800円 |
| | 144/430MHz　FM　最大5W　各バンド専用設計受信部　ローパワーPTT | | | |
| | アイコム | **IC-W31(SS)** | スティック | 59,800円 |
| | 144/430MHz　FM　最大5W　バンド別ダイヤル | | | |

| 発売年 | メーカー | 型番 | 種別 | 価格(参考) |
|---|---|---|---|---|
| | 特徴 | | | |
| 1995 | 日本マランツ | **C501** | ポケット | 29,800円 |
| | 144/430MHz　280mW　FM　160g　単3電池2本で45時間運用(送信1割) | | | |
| | アイコム | **IC-T22** | スティック | 34,800円 |
| | 144MHz　FM　最大5W　DC6V標準　電池動作可能　13.5V可　テンキー | | | |
| | アイコム | **IC-T32** | スティック | 36,800円 |
| | 430MHz　FM　最大5W　DC6V標準　電池動作可能　13.5V可　テンキー | | | |
| | アイコム | **IC-S22** | スティック | 31,800円 |
| | 144MHz　FM　最大5W　DC6V標準　電池動作可能　13.5V可 | | | |
| | アイコム | **IC-S32** | スティック | 33,800円 |
| | 430MHz　FM　最大5W　DC6V標準　電池動作可能　13.5V可 | | | |
| | アルインコ電子 | **DJ-G5** | スティック | 62,800円 |
| | 144/430MHz　FM　最大5W　チャネル・スコープ　サブバンドPTT | | | |
| | 日本マランツ | **C601** | ポケット | 31,800円 |
| | 430MHz　280mW　1.2GHz　100mW　FM　160g　単3電池2本で40時間運用 | | | |
| | 八重洲無線 | **FT-10** | ポケット | 25,900円 |
| | 144MHz　FM　最大5W　簡単操作　テンキーはオプション　頑強ボディ | | | |
| | 八重洲無線 | **FT-40** | ポケット | 27,800円 |
| | 430MHz　FM　最大5W　簡単操作　テンキーはオプション　頑強ボディ | | | |
| | ケンウッド | **TH-89** | スティック | 64,800円 |
| | 430MHz　最大5W　1.2GHz　1W　144MHz受信可能　テンキー　2波受信 | | | |
| | アルインコ電子 | **DJ-S41** | ポケット | オープン(2万円弱) |
| | 430MHz　FM　420mW　アンテナ一体型 | | | |
| | アイコム | **IC-T7** | ポケット | 45,800円 |
| | 144MHz　最大4W　430MHz　最大3W　FM　トーン・スケルチ　テンキー | | | |
| 1996 | 八重洲無線 | **FT-50N** | ポケット | 46,000円 |
| | 144/430MHz　FM　5W　簡単操作　テンキーはオプション | | | |
| | 東野電気 | **PR-1300A** | スティック | 59,800円 |
| | 430MHz　FM　100mW　100kHz～1.3GHzの受信機に送信機能を付けた製品 | | | |
| | 日本マランツ | **C701** | ポケット | 39,800円 |
| | 144/430MHz　280mW　12GHz　100mW　FM　160g　単3電池2本動作 | | | |
| | ケンウッド | **TH-K7** | ポケット | 29,800円 |
| | 144/430MHz　300mW　FM　160g　単3電池 2本　FM放送受信 | | | |
| | アイコム | **IC-T7ss** | ポケット | 47,000円 |
| | 144MHz　最大4W　430MHz　最大3W　FM　T7の電池・充電器付き | | | |
| | アイコム | **IC-S7ss** | ポケット | 45,000円 |
| | 144MHz　最大4W　430MHz　最大3W　FM　電池・充電器付き　シンプル・タイプ | | | |
| | 日本マランツ | **C510** | ポケット | 37,800円 |
| | 144/430MHz　FM　1W　210g　単3電池3本で動作 | | | |
| 1997 | アイコム | **IC-W31NSS** | スティック | 63,800円 |
| | 144/430MHz　FM　5W　入れ替え式バンド別ダイヤル　電池充電器付き | | | |
| | アルインコ | **DJ-C1** | ポケット | 29,800円 |
| | 144MHz　FM　300mW　厚さ約1cm　重さ75g　500mAhリチウム蓄電池 | | | |

| 発売年 | メーカー | 型番 | 種別 | 価格(参考) |
|---|---|---|---|---|
| | 特徴 | | | |
| 1997 | アルインコ | DJ-C4 | ポケット | 29,800円 |
| | 430MHz FM 300mW 厚さ約1cm 重さ75g 500mAhリチウム蓄電池 | | | |
| | 東野電気 | TT-143 | ポケット | 44,800円 |
| | 144MHz 30mW 430MHz 50mW FM 受信は108～470MHz | | | |
| | 未来舎 | AT-600 | スティック | 48,000円 |
| | 144/430MHz FM 最大5W 1kHzステップ DTMF CTCSS | | | |
| | ユピテル | CT-H43 | ポケット | オープン |
| | 430MHz FM 500mW 5kHzステップ 4.5V動作 | | | |
| | 八重洲無線 | VX-1 | ポケット | 34,800円 |
| | 144/430MHz FM 最大1W TV音声 AMラジオ 単3電池1本(0.1W) | | | |
| | ケンウッド | TH-G71 SET | スティック | 44,800円 |
| | 144/430MHz FM 最大5W ニッカド，単3電池フォルダなどのセット | | | |
| | 日本マランツ | C710 | ポケット | 41,800円 |
| | 144/430MHz 1W 1.2GHz 280mW FM 単3電池3本で動作 | | | |
| | アイコム | IC-8ss | ポケット | 49,800円 |
| | 50/144/430MHz FM 最大5W FMラジオ付き | | | |
| 1998 | アイコム | IC-Q7 | ポケット | 28,800円 |
| | 144MHz 350mW 430MHz 300mW FM 広帯域受信 単3電池2本で動作 | | | |
| | アルインコ | DJ-190J | スティック | 27,800円 |
| | 144MHz FM 最大5W 簡単操作 厚さ27mm | | | |
| | アルインコ | DJ-C5 | ポケット | 31,800円 |
| | 144MHz 350mW 430MHz 300mW FM 広帯域受信 厚さ14.6mm スピーカ付き | | | |
| | アイコム | IC-S7Dss | ポケット | 45,000円 |
| | 144MHz/430MHz FM 最大6W シンプル・タイプ バッテリ，単3電池フォルダ付き | | | |
| | アイコム | IC-T7Dss | ポケット | 47,000円 |
| | 144MHz/430MHz FM 最大6W S7のテンキー，バッテリ，単3電池フォルダ付き | | | |
| | ケンウッド | TH-D7 | スティック | 64,800円 |
| | 144MHz/430MHz FM 最大5W GPSナビトラ TNC付き | | | |
| 1999 | アイコム | IC-T81ss | スティック | 59,800円 |
| | 50/144/430MHz 最大5W 1.2GHz 1W FM RIT FMラジオ付き | | | |
| | スタンダード/八重洲 | VX-5 | ポケット | 49,800円 |
| | 50/144/430MHz FM 5W AM，FMラジオ TV音声受信 | | | |
| | アルインコ | DJ-V5 | ポケット | 44,800円 |
| | 144/430MHz FM 最大5W FMラジオ フルセット 単3電池のみ39,800円 | | | |
| 2000 | 西無線研究所 | NTS-210 | スティック | 58,800円 |
| | 144MHz SSB 1W PLL式 1MHz幅 5kHzステップ+FINE アンテナ別 | | | |
| | アルインコ | DJ-193J | ポケット | 29,800円 |
| | 144MHz FM 5W 9.6V 700mAhニッカド標準装備 | | | |
| | アルインコ | DJ-493J | ポケット | 29,800円 |
| | 430MHz FM 最大5W 9.6V 700mAhニッカド標準装備 | | | |
| | 西無線研究所 | NTS-710 | スティック | 64,200円 |
| | 430MHz SSB 1W PLL式 1MHz幅 5kHzステップ+FINE アンテナ別 | | | |

# ハンディ機はどんどん小さく 各機種の紹介 発売年代順

## 1987年

### ケンウッド(JVCケンウッド) TH-405　TH-415

どちらも430MHz帯最大5W出力のFM機で，TH-405はレピータ用トーン・エンコーダ内蔵のシンプル・タイプ，TH-415はトーンスケルチにも対応したトーン・エンコーダ内蔵のキーボード付き多機能タイプです．最大電圧16Vとなっているのでカー・バッテリからの13.8Vを直接接続することが可能で，ノイズ・フィルタ付きシガーライター・ソケット用コードもオプションで用意されていました．

### 日本マランツ C500

144MHz帯，430MHz帯の最大5W出力のFM機です．

ハイパワー・バッテリ・パック，もしくは13.8Vの外部電源を使用すると5Wで，9V動作では2.5W(144MHz帯)，2W(430MHz帯)となります．

単3電池6本でも9V動作が可能です．ロータリー・エンコーダ式選局でハンディ機初の同時送受信対応でした．

### ケンウッド(JVCケンウッド) TH-25　TH-45

TH-25は144MHz帯，TH-45は430MHz帯で最大5W出力のFM機です．本体の高さは8.2cmまで小さくなり，電池を装着した状態でも手のひらサイズになりました．

上面のパネルにはVFO，メモリの切り替えスイッチとMHzステップのスイッチを配置し，タイマ付きバックライトやロータリー・エンコーダの採用と相まって操作をしやすくしてあります．TH-45ではハンディ初のオート・レピータ・オフセットも装備しました．さらにキャリア，もしくはトーン・スケルチ入りキャリア(基板はオプション)で呼び出しを受けた際にスケルチやボリュームの設定に関係なくベルが鳴る機能もあり，簡易なポケベルとしても使用可能でした．

● **TH-25(DTMF付き)　TH-45(DTMF付き)** (1988年)

TH-25並びにTH-45にDTMF対応のキーパッドを付けてDTMF信号の送信を可能にしたものです．取扱説明書ではレピータの遠隔操作を例に挙げていました．

## 八重洲無線 FT-790mkII

430MHz帯2.5W出力のSSB，CW，FM機です．FT-690，FT-290シリーズのUHFタイプで，他の機種に合わせてmkIIとしていますが無印は存在しません．

スティック型ハンディ機とは全く違う昔ながらのハンディの造りであり，移動先でじっくりと腰を据えた運用を主に想定していたようです．

ラジゲータ型アナログ・メータが付き，25HzステップのVFOを2つ持ち，モードも記録するメモリやオールモード・スケルチ，CWセミブレークイン，88.5Hzのトーン・エンコーダも内蔵しています．10Wブースタやモービル・ブラケットもオプションで用意されました．

## 1988年

## アイコム IC-3G IC-2G

IC-3Gは430MHz帯最大6W，IC-2Gは144MHz帯最大7WのFM機です．

出力が大きいことが最大の特徴で，乾電池でも4Wの出力が得られます．受信時にはパワーセーブが自動的に働き，消費電流を削減しています．周波数選択はMHz，100kHz，10kHz台をそれぞれUP/DOWNスイッチで選択する方式で，分かりやすくなっています．

トーン・スケルチを開く信号があるとアラームを鳴らすと共にSQLの表示を出すポケット・ビープ機能やタイマ付きバックライトも装備，防滴構造となっています．5.5Vから動作し，カー・バッテリの13.8Vを直接接続することも可能でした．

## アイコム IC-23

144MHz帯，430MHz帯の最大5.5W（430MHz帯は5W）出力のFM機です．

フルデュープレクスが可能で，レピータ・トーンの有無なども記憶できるメモリやトーン・スケルチ（オプション）が開いた時にそれを伝えるポケット・ビープ機能を装備，周波数選択はロータリー・エンコーダとテンキーの両方が使える盛りだくさんなリグです．

バッテリなどのオプション類はIC-2N系，IC-02N系に合わせてあるので，追加で購入した場合の負担が少ないのも魅力の一つでした．

## アルインコ電子　DJ-100SX

144MHz帯で最大6.5W出力のFM機です．アルインコの新ブランド，CIRFOLKの文字が本体に書かれていて，従来のALで始まる型番のものとは違うシリーズとなっています．

周波数選択は10kHzステップのUP/DOWN式，早送りは他のキーを併用します．単3電池4本では1W，カー・バッテリ運用ではオプションのDC-DCコンバータ(EDH-10A)を利用します．スケルチは固定で，つまみはボリューム・コントロールしかありません．PRポイントは「手にとってもやさしい」でした．

## アルインコ電子　DJ-500SX

144MHz帯，430MHz帯で最大6.5W(430MHzは5.5W)出力のFM機です．アルインコの新ブランド，CIRFOLKの第2弾です．

選局はテンキーまたはUP/DOWN式，スケルチは固定でDTMFを装備しています．FOXハンティングに便利なアッテネータも内蔵し，オプションのトーン・スケルチはエンコード，デコードで違う周波数を設定できるようになっていました．

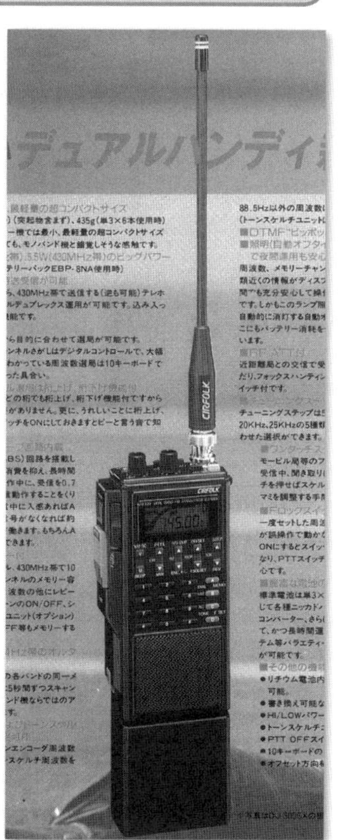


## 日本マランツ　C150　C450

144MHz帯(C150)，430MHz帯(C450)で最大5W出力のFM機です．単3電池6本用電池ケース(2.5Wまたは2W出力)と単3電池4本用電池ケース(1Wまたは0.8W出力)が付属しているので，近距離通信やワッチ中心のときなどに電池の消費を減らすことができます．ロータリー・エンコーダとテンキーで選局しますが，不用意にテンキーを触っても大丈夫なように周波数ロック機能があり，ロータリー・エンコーダ以外を固定するロックも用意されています．また3秒に1回，他の周波数を確認するデュアル・ワッチ(他社のプライオリティ)機能も装備しています．DTMF(オプション：CTD-150)によるページングも可能でした．

## 日本マランツ　C412　C112

C412は430MHz帯，C112は144MHz帯で最大5W出力のFM機です．単3電池6本を内蔵した状態での長さは11cm，厚さは3cm強，薄型電池を用いた時の厚さはなんと25.5mmしかありません．メーカーでは世界最小サイズとPRしていました．上面に選局用ロータリーエンコーダとボリュームを配置し，スイッチ4つと周波数表示を前面に配置した，複雑な操作のないシンプル・タイプです．

別売のキーパッド(CKP-412　2,980円)を取り付けるとフルキーボードのハンディ機に変身し，さらにオプションのDTMFユニット(CTD-412)を取り付けることでページングやコード・スケルチ動作もできるようになっていました．

## 1989年

### 八重洲無線 FT-204 FT-704

FT-204は144MHz帯で最大6W，FT-704は430MHz帯で最大6WのFM機です．レピータの遠隔操作，他局の呼び出しに使えるDTMFエンコーダ・デコーダ，超高速オート・パワーセーブを装備しています．

メモリは49chのフルキーボード・タイプです．各キーを押した時の音を計2オクターブの音階に対応させるドレミ音階ビープで，操作されたキーがわかるようにしていました．

### アイコム IC-2S IC-3S

IC-2Sは144MHz帯，IC-3Sは430MHz帯で最大5W出力のFM機です．動作には2モードがあり，シンプル・オペレーションの場合はロータリー・エンコーダ式のシンプル・トランシーバとなります．マルチファンクション・オペレーションの場合は，トーン・スケルチの周波数設定やプログラム・スキャンの範囲設定，BEEPやBUSY表示のON/OFF，オート・パワーセーブ動作の変更などを設定できるようになっていました．

### 八重洲無線 FT-728

144MHz帯，430MHz帯で最大6WのFM機です．2バンド同時表示のLCDディスプレイを持ち，トーン・スケルチやDTMFエンコーダも内蔵しています．ドレミ音階ビープを採用しハンディ機初の2バンド同時受信も可能にしました．

本機ではパワーセーブ時に受信時間を30mSまで短くすることが可能で，セーブ中の消費電流は最小8mAしかありません．逆にパケット通信のように受信の立ち上がりが重視される場合にはパワーセーブを無効にすることもできました．

### ケンウッド(JVCケンウッド) TH-75

144MHz帯，430MHz帯で最大5W出力のFM機です．

2バンド同時表示のLCDディスプレイを持ち，同時受信が可能です．

周波数選択やスケルチ，さらにスキャン関係も独立していて，あたかも受信装置が2つあるかのような動作が可能になっています．

フルデュープレクス対応，パケット通信用にスケルチの高速モードも用意していました．

## アイコム　IC-2ST　IC-3ST

IC-2STは144MHz帯，IC-3STは430MHz帯で最大5W出力のFM機です．IC-2S/IC-3Sにフルキーボードを装着し，多機能化しました．本機は充電式の7.2V，300mAhのニッカド電池を内蔵していますが，さらに本体下部に乾電池ケース(BP-86 1,700円)を取り付けることが可能です．

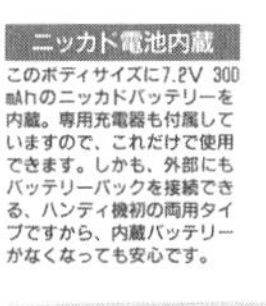


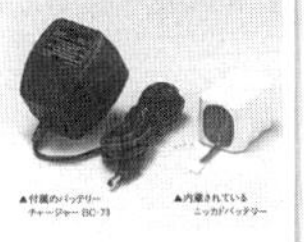

オプションのUT-49を取り付けることでDTMFによるページャ，コード・スケルチ機能が加わります．

## 日本マランツ　C520

144MHz帯，430MHz帯で最大5W出力のFM機です．2バンドを同じ大きさで表示するLCDディスプレイを持ち，同時受信が可能，別々に音声を外部に出力することもできます．DTMF送信，ページング，コード・スケルチも標準装備です．バンド別にデュアル・ワッチ(他社のプライオリティ)動作が可能で，同時に4波を監視することができるようになっていました．

## アイコム　IC-24

144MHz帯，430MHz帯で最大5W出力のFM機です．

IC-2ST，IC-3STシリーズの2バンド機で小型化を推し進めた上でフルキーボードを搭載しています．

DTMF送信が可能で，4つのメモリも用意しました．

2バンドは同時受信が可能，各バンド41chのメモリを装備，パワーセーブ動作などの切り替えも可能です．

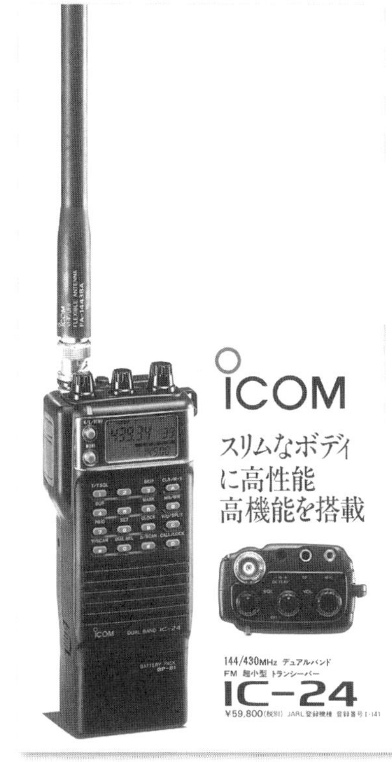


## アルインコ電子　DJ-160SX　DJ-460SX

DJ-160SXは144MHz帯，DJ-460SXは430MHz帯で最大5W出力のFM機です．DTMFによるコード・スケルチ，ページングに対応しています．トーン・スケルチはオプションです．

選局はロータリーエンコーダとテンキーの両方式，プライオリティ機能も持ち，カー・バッテリから の直接動作も可能でした．

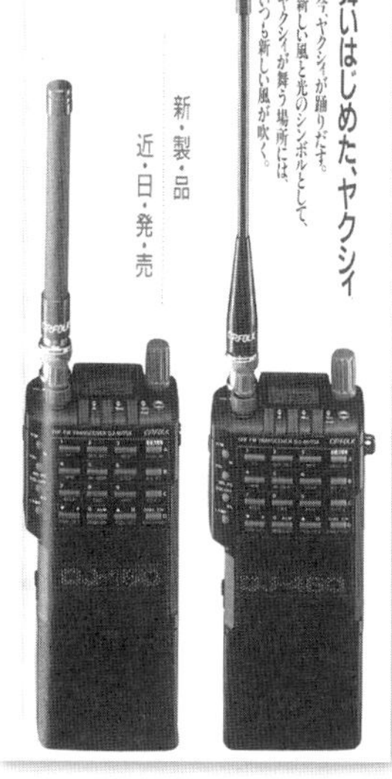


● **DJ-162SX　DJ-462SX**(1990年)

DJ-160SX，DJ-460SXのマイナ・チェンジ機です．基本的な差異はなく，途中から取説も共通になっています．160/460と違い162SX，462SXにはベルト・クリップが付属しています．

## アルインコ電子 DJ-560SX

144MHz帯，430MHz帯で最大5W出力のFM機です．2バンドを独立して表示し，同時受信，別々の音声出力も可能です．

DTMFによるコード・スケルチとページング，トーン・スケルチのいずれにも対応，選局はロータリー・エンコーダとテンキー，10kHz，100kHz，1MHz UP/DOWNの3方式，プライオリティ機能も持ち，カー・バッテリからの直接動作も可能でした．

● **DJ-562SX**（1990年）

本機は前機種，DJ-560SXとほぼ同等のリグで，DJ-562発売後は取扱説明書も共通になっています．

バンド外のPLLロック範囲とつまみ，スイッチの色の使い方，そしてスピーカ・カバーに違いがあり，スピーカ・カバーにDJ-560と書かれていたらDJ-560，全体が黒で統一されていたらDJ-562です．

## 1990年

### ケンウッド（JVCケンウッド） TH-25G TH-45G

144MHz帯（TH-25G），430MHz帯（TH-45G）最大5W出力のFM機です．前機種TH-25，TH-45の各機能に加え，リモコン付きスピーカ・マイク（SMC-33）に対応しDC13.8V端子が付きました．TH-45Gは出力を20mWにできます．

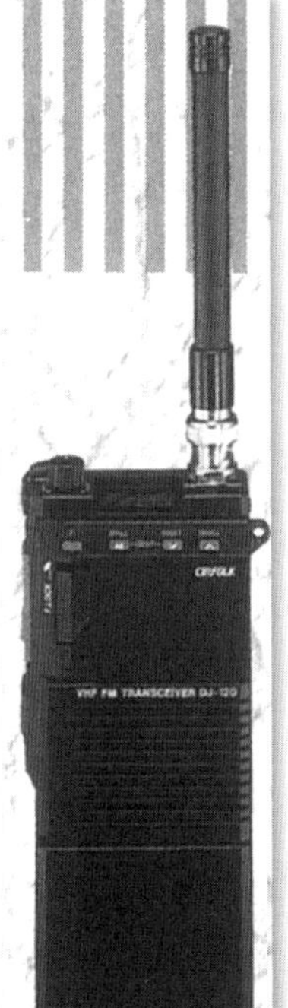

### アルインコ電子 DJ-120SX

144MHz帯で最大6.5W出力のFM機です．周波数選択は10kHzステップのUP/DOWN式，早送りは他のキーを併用します．

単3電池6本では3W，直接カー・バッテリ運用も可能です．操作部はDJ-100SXに類似していてスケルチは固定，つまみはボリューム・コントロールだけに絞り込まれていました．

### ケンウッド（JVCケンウッド） TH-77

144MHz帯，430MHz帯で最大5W出力のFM機です．41chのメモリを各バンドに用意し，ボリューム，スケルチ，Sメータが独立していて2バンドを同時に受信することができます．

特に430MHz帯では2波を受信することができるのでメイン・チャネルとローカル・レピータを同時に聞くことができました．もちろん表示は2つ独立，使用頻度の高いキーを独立させる工夫もされていました．

## ケンウッド(JVCケンウッド) TH-F27　TH-K27　TH-F47　TH-K47

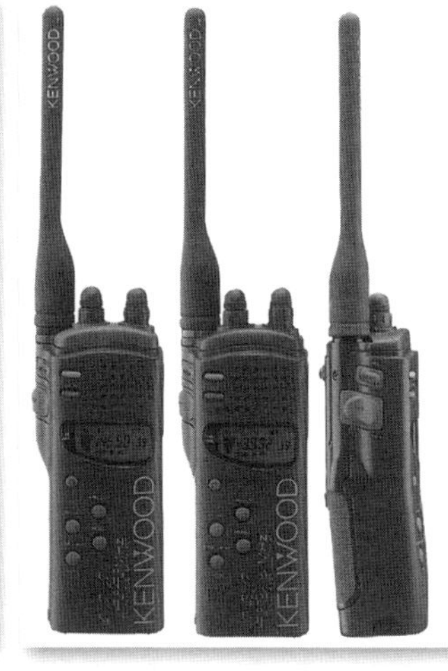


“27”は144MHz帯，“47”は430MHz帯で最大5W出力のFM機です．Fはフルキーボードを採用し，メモリは41ch，多彩なスキャンを選択することができる多機能タイプです．Kはシンプル・タイプで，本体前面の7つの専用キーと上面のつまみで操作を行うようになっています．シンプル・タイプと言ってもコール・スキャン(プライオリティ)，レピータ・アップリンク・チェック(リバース)，オート・パワー・オフといった機能は持っていました．

このシリーズの最大の特徴は，本体背面下部を多少削ったようなケース形状をしていることです．本体を5度傾けるとちょうど手のひらにフィットするという工夫で，ケンウッドではこれをΔ(デルタ)5デザインと名付けていました．

## アイコム IC-W2

144MHz帯，430MHz帯で最大5W出力のFM機です．フルキーボードを搭載していますが使用頻度の高いスイッチを独立させ操作性を向上させています．

DTMF送信が可能で，スキップ付きのメモリ・スキャンなど，スキャンも充実させました．周波数も2バンド表示で同時受信が可能，ボディに凸凹を付けて握りやすくし，防滴構造も取り入れました．

● **IC-X2**　(1991年)

IC-W2と同一デザインの430MHz帯で最大5W，1.2GHz帯1W出力のFM機です．同一バンド2波受信が可能でした．

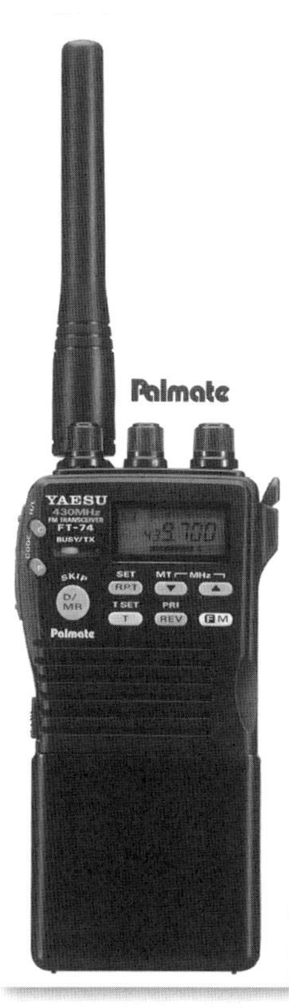


## 八重洲無線 FT-24　FT-74

FT-24は144MHz帯，FT-74は430MHz帯で最大5W出力のFM機です．単3電池6本の電池ケースを取り付けた状態での高さはわずか11.6cm，アンテナを含んだ重さは350gと，一段と小型化が進んでいます．

選局はロータリー・エンコーダ式，タイマ付き照明で各キーは内側から照らされます．

プライオリティ機能，ページャ，コード・スケルチを標準で装備，休止時間自動可変型のバッテリ・セーブ機構も組み込まれていました．

## 1991年

### 日本マランツ C460 C160

C460は430MHz帯，C160は144MHz帯で最大5W出力のFM機です．単3電池5本の電池ケースを取り付けた状態での高さはわずか12cm，アンテナを含んだ重さは290gと他社同様に小型化が進んでいて，バッテリ・パックを使用しない外部電源運用であれば長さ6.3cmになると同社ではPRしています．

選局はロータリー・エンコーダ式，EE-PROMを使ったメモリ・ユニットを交換することで，メモリ・チャネル数を増やしたり，メモリ・チャネルを入れ替えたりすることも可能で，40chのCMU-160（2,000円）と200chのCMU-161（3,000円）が用意されていました．

DTMF送信，ページング，コード・スケルチも標準装備しています．

2つのバンドのモノバンド機を発売する場合，多くの会社が同時，または144MHz帯の機種から発表しますが，この頃の日本マランツは430MHz帯から発表するのが通例となっていました．

### アイコム IC-2SR IC-3SR

IC-2SRは144MHz帯，IC-3SRは430MHz帯で最大5W出力のFM機です．

どちらもモノバンド機としての機能に加えて50/144/430MHz帯，FM放送，アナログTV放送音声の受信機能を持っています．

持ちやすさを重視した凹凸付きボディに2つの周波数表示を採用したため，外観は2バンド機 IC-W2と同じになりました．テンキー付きでページャ，コード・スケルチなども内蔵しています．

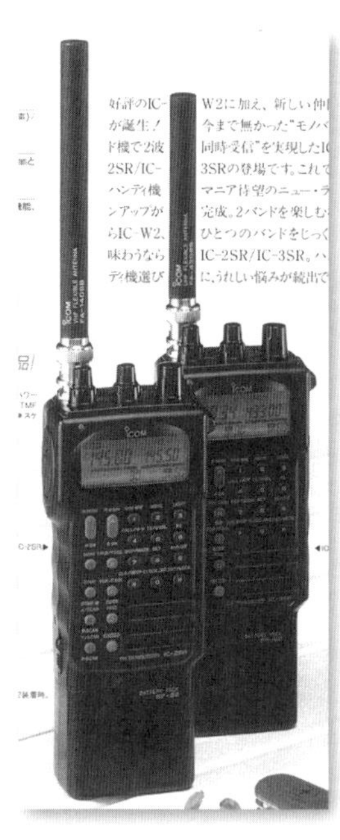

### アルインコ電子 DJ-F1 DJ-F4 DJ-K1 DJ-K4 DJ-S1 DJ-S4

DJ-F1，DJ-K1は144MHz帯，DJ-F4，DJ-K4は430MHz帯で最大5W出力のFM機です．

DJ-F1，DJ-F4はフルキーボード・タイプでページング，コード・スケルチを装備しています．

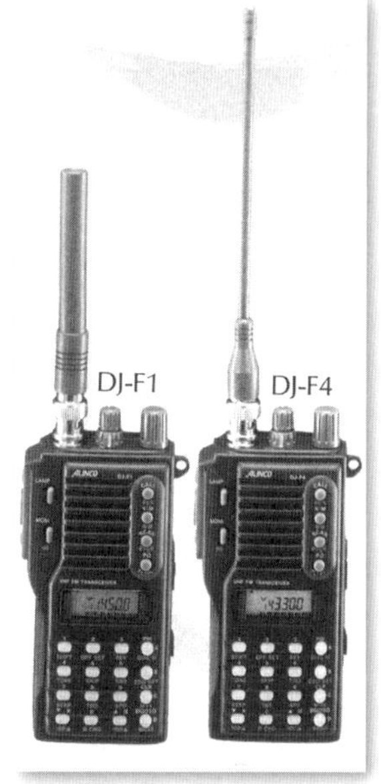


DJ-K1，DJ-K4はシンプル・タイプで，VOXやトーン・スケルチ，キーパッド，DTMFユニットなどをオプションで用意していました．

DJ-S1，DJ-S4はそれぞれ144MHz帯，430MHz帯で最大5W出力のFM機で，DJ-K1，DJ-K4のカラー・バリエーション・モデルとして後から追加されています．性能は変わりません．どちらも黒，白，黄色の3パターンが用意されていました．

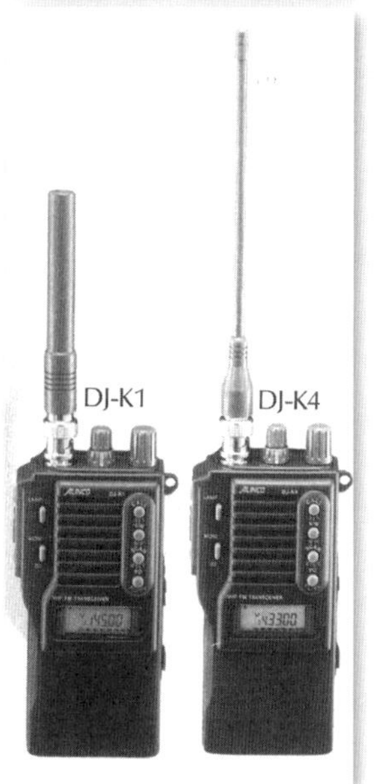

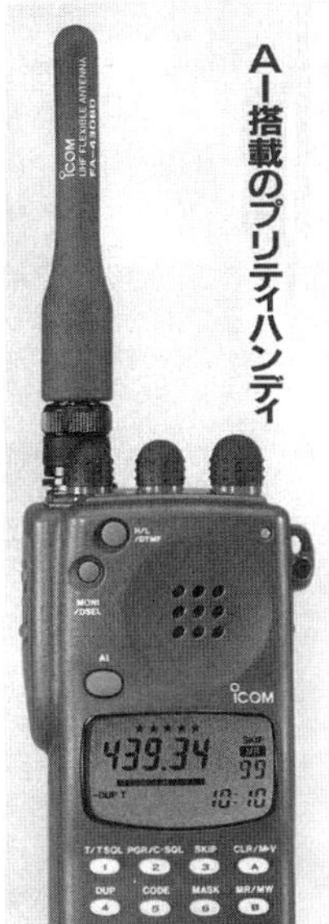

AI搭載のプリティハンディ

アイコム

## IC-P2T　IC-P3T

IC-P2Tは144MHz帯，IC-P3Tは430MHz帯で最大5W出力のFM機です．

11種類の機能を選択する際に使用頻度の高い機能から提示するAI機能や，ユーザーのレベルに応じて設定可能範囲を5段階に切り替えるトライアル・モードなどを持っていて，これを解説する説明書が取扱説明書とは別に用意されていました．

幅5cm弱の持ちやすいサイズで，テンキー付き，ニッカド電池内蔵でも高さは10.5cmに抑えられています．

13.8Vを直接供給でき，運用中の同時充電も可能になりました．

付属の充電器▶BC-74　▼付属のニッカド電池BP-111　▼IC-P2T IC-P3T本体

内部タイマによるON/OFFとDTMFエンコーダは標準装備，ページャ，コード・スケルチはオプションでした．

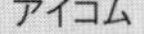

## IC-P2　IC-P3

IC-P2は144MHz帯，IC-P3は430MHz帯で最大5W出力のFM機です．

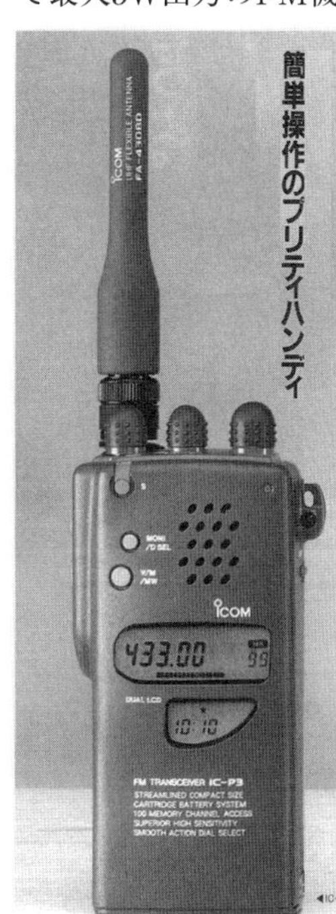

簡単操作のプリティハンディ

寸法はIC-P2T，IC-P3Tと同じですが外観は異なり，テンキーなどを持たない簡単操作のリグに仕上がっています．

ニッカド電池，充電器が付いての販売でした．

アルインコ電子

## DJ-F5

144MHz帯，430MHz帯で最大5W出力のFM機です．2バンド別々の周波数表示を持ち，ボリューム，スケルチ，外部スピーカ端子が独立しています．ページング時に16進2桁のメッセージを送り受けする本機独自の機能も持っています．もう一つ特徴的な機能として減電池モードがあります．電池電圧が5Vを割り込んだ時にも送受信可能にするためのもので，3.5V(同社広告1991年9月)もしくは4V(取扱説明書)まで動作させることが可能でした．

八重洲無線

## FT-205 FT-705

FT-205は144MHz帯，FT-705は430MHz帯で最大5W出力のFM機です．テンキー付き多機能タイプでありながら，単3電池ケース付きでも長さは11.7cmに抑えられています．

バッテリ・セーブにファジー制御が加わり，ページャ，コード・スケルチだけでなく自動応答機能も搭載しています．変わった機能としてはビープ音切り替えがありました．これはテンキーを押した時の音をDTMFトーンとドレミ音で切り替えるものです．

## 1992年

### 日本マランツ　C481　C181

C481は430MHz帯，遅れて登場したC181は144MHz帯で最大5W出力のFM機です．1×0.5mmのチップ部品の採用で小型化し，カバー付きのテンキーを内蔵していながら厚さを2.65cmに抑えています．内部の回路は4Vから動作し単3電池4本での運用でも1.2Wの出力としました．メイン電源OFFでもページング，コード・スケルチを受けられる消費電流3mAのウェイクアップ機能，有線電話を掛けるときにオート・ダイヤラとして使えるDTMFモニタ機能，カートリッジ式メモリもついていました．

### ケンウッド（JVCケンウッド）　TH-F28　TH-F48

TH-F28は144MHz帯，TH-F48は430MHz帯で最大5W出力のFM機です．

TH-F28は430MHz帯，TH-F48は144MHz帯の受信も可能なテンキー付き多機能タイプで，バンドの違うモノバンド機同士でありながら両機間ではクロスバンドQSOが可能です．

近距離連絡用に20mW出力とすると消費電流を100mAまで抑えることが可能でした．

この頃から同社のハンディはすべて動作可能最低温度が－20℃になり，雪山でも安心して使えるようになっています．

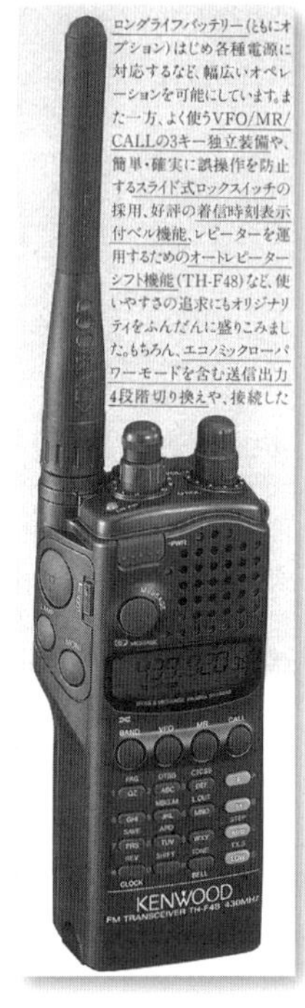


### ケンウッド（JVCケンウッド）　TH-78

144MHz帯，430MHz帯で最大5W出力のFM機です．ボリューム，スケルチ，Sメータが独立していてバンドに関わらず2波を同時に受信することができます．

DTMF信号2つでアルファベットを表す，メッセージ・ページング機能を搭載し周波数ディスプレイの下に設けられた液晶画面に単語を表示することができます．テンキーにはカバーが付けられ，使用するときに下げることで誤操作を防ぐ工夫もされていました．

### 八重洲無線　FT-729

144MHz帯，430MHz帯で最大5W出力のFM機です．ボリューム，スケルチ，Sメータが独立していてバンドに関わらず2波を同時に受信することができます．

フルスケールで相手局が入感している場合や，送話が無音になった時に送信出力をLOWにするバッテリ・セーブ機能を搭載しています．タイマ，時刻記憶機能，過熱防止機能なども付いていました．

## ケンウッド(JVCケンウッド) TH-K28　TH-K48

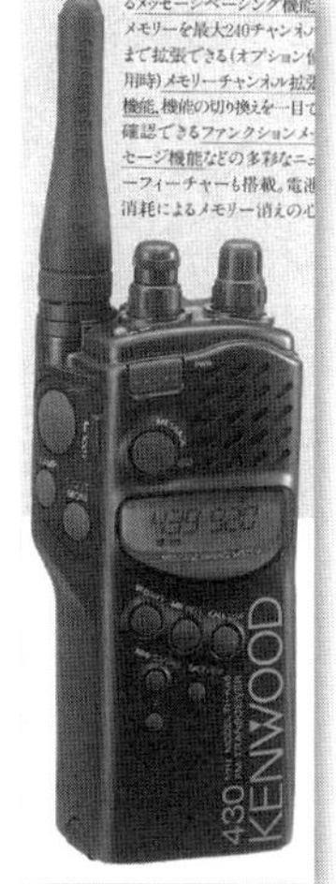

TH-K28は144MHz帯，TH-K48は430MHz帯で最大5W出力のシンプル型FM機です．

DTMF信号2つでアルファベットを表す，メッセージ・ページング機能を搭載し液晶画面に単語を表示することができます．

キー操作を受け付けなくするためのスライド式ロック・スイッチも取り付けられ，動作可能最低温度は－20℃でした．

## 日本マランツ C620

430MHz帯で最大5W，1.2GHzで1W出力のFM機です．2バンドを同じ大きさで表示するLCDディスプレイを持ち，同時受信が可能，別々に音声を外部に出力することもできます．DTMFによるページング，コード・スケルチ動作も標準装備です．バンド別にデュアル・ワッチ(他社のプライオリティ)動作が可能で，同時に4波を監視することができるようになっていました．本機は発表から発売までに少々時間がかかったようです．

◎スタンダードなら，基本を無視したモデルを，決して発表しない．

## 日本マランツ C550

144MHz帯，430MHz帯で最大5W出力のFM機です．ボリューム，スケルチ，周波数表示，Sメータは2バンド独立し，曲面のある前面部分に超小型テンキーを付けました．設定に失敗した時にメモリの内容を保持したまま設定だけを初期化するインスタント・イニシャル・モードを持ち，バンド別にデュアル・ワッチ(他社のプライオリティ)動作が可能で，同時に4波を監視できるようになっていました．メモリはカートリッジ式です．

オプションのバッテリー・パック(BP-121)を装着すると，さらに，ラクラクポケットインのタバコサイズになります．

## 日本マランツ C401

カード・サイズの430MHz帯230mW出力のFM機です．本体長は8cm，重さはわずか130g，単3電池2本で動作し1キー1機能を徹底しています．メモリは20ch，オート・レピータ機能がありトーンも20種類内蔵していました．

● **C101** (1994年)

144MHz帯230mW出力のFM機です．C401同様に単3電池2本で動作する超小型機で，重さは130gに抑えられていました．

## アイコム IC-2i　IC-3i

IC-2iは144MHz帯，IC-3iは430MHz帯で最大5W出力のシンプル型FM機です．

前面が丸みを帯びたデザインで10chのメモリを持ち時計は常時表示，オート・レピータ，ファジー・パワーセーブを採用しています．

このシリーズはバッテリ・パックが充実していて，7.2V 400mAhの物を使用すれば重さは320gに抑えられました．

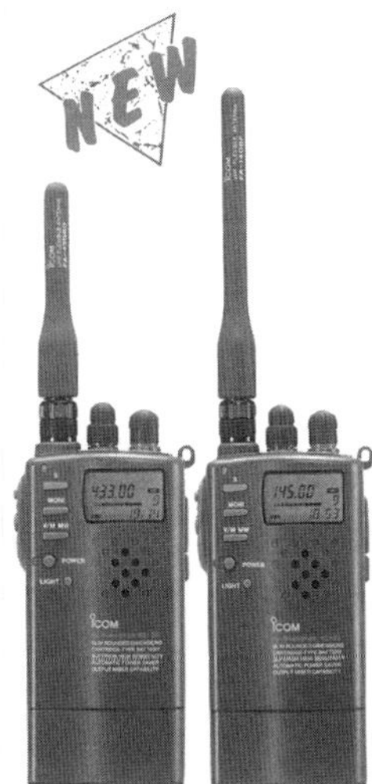

## アイコム IC-W21

144MHz帯，430MHz帯で最大5W出力のFM機です．電話機の受話器を平たくしたような形で，マイク付きニッカド・バッテリ・パックを用いると，携帯電話感覚でフルデュープレクス運用ができます．

2波同時受信が可能で送信出力は15mWまで絞り込むことができました．

## 八重洲無線 FT-305 FT-805

FT-305は144MHz帯，FT-805は430MHz帯で最大5W出力のFM機です．全体が丸みを帯びたデザインで持ちやすくし，逆にアンテナには角を付けて転がりにくくしました．メーカーではP05(ピーオーファイブ)という愛称を付けていて，本体のスピーカ部分にロゴがありました．モノシリック・クリスタルフィルタの2段重ねを採用し，自動可変型RFバンドパスフィルタと共に受信部を高性能化しています．

## アイコム IC-W21T

144MHz帯，430MHz帯で最大5W出力のFM機です．IC-W21と型番は似ていますが，W21Tは2つの周波数表示を持つ一般的な形の多機能型ハンディ機です．バンドに関わらず2波の同時受信が可能でテンキーも装備，ページャ，コード・スケルチ，トーン・スケルチ，タイマ動作も標準装備です．レピータからの電波の強さに応じてアップリンク・パワーを抑えるレピータ・パワー・コントロールを持ち，15mWまでの出力低減も可能です．マイク付きニッカド電池を使用すると携帯電話感覚でのフルデュープレクス運用もできました．

## ケンウッド(JVCケンウッド) HRC-7

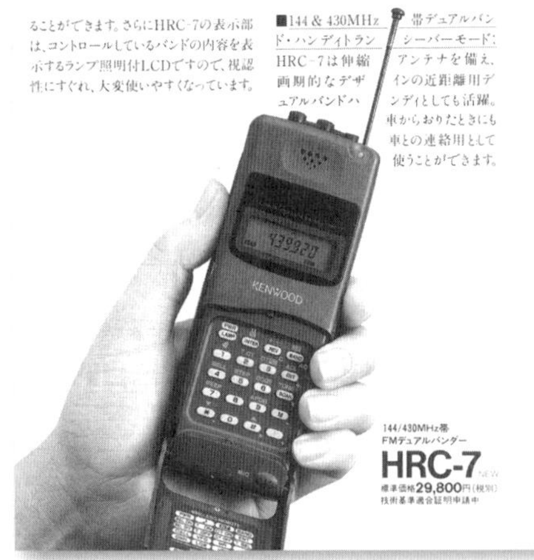


144MHz帯～1.2GHz帯をカバーするFMモービル機，TM-942のオプションとして開発された144/430MHz帯の携帯電話型FM機です．

本体のみで100mW出力のFMのハンディ機として使用できますが，TM-942，TM-842，TM-742，TM-2400と組み合わせるとワイヤード，ワイヤレスのいずれでもリモコンとして動作し，モービル機を事実上リモコン操作のクロスバンド・レピータとして使用できるというリグです．

本機は1992年12月に発売予定でしたが，当時の遠隔操作やクロスバンド・レピータの禁止規定に抵触するとの見解で実際には発売されず，後にTH-7として単体のハンディ機として復活しました．

## 日本圧電気 AZ-21

144MHz帯で5W出力のFM機です．12V 600mAhのニッカド電池を標準装備していて，オプションを購入しなくてもフルパワー出力が可能です．

DTMFエンコーダ，コード・スケルチを内蔵し，テンキーもしくはUP/DOWNスイッチでの選局が可能，メモリは40ch，プライオリティ機能も内蔵していました．

本機の発売は発表から少し遅れた1993年暮れ，1年ほどで販売を終了しています．

※写真はAZ-11

## ケンウッド（JVCケンウッド） TH-7

144MHz帯，430 MHz帯で100mW出力の携帯電話型FM機です．

本体のみでアンテナ収納可能なFMのハンディ機として使用できますが，TM-942，TM-842，TM-742，TM-2400と組み合わせるとワイヤード・リモコン兼スピーカ・マイクとして動作します．

時計や電卓としての機能も持っていました．

**1993年**

## 西無線研究所 NTS-200　NTS-700

NTS-200は144MHz帯，NTS-700は430 MHz帯で1W出力のSSB機です．100kHz幅のVXOを内蔵し，単3電池6本で動作します．PLLユニット（NPL-101　15,534円）やCWユニット（NTC-001A　6,796円）も用意されていました．

本機では秘話用ICチップを使用して変調音声を平衡変調前にマイナス4.7kHzシフトさせています．キャリアポイントから1.7kHz以上離れるのでクリチカルなキャリア設定が不要になり，音質の良いSSB信号の送受信が可能になりました．

## アイコム IC-Δ1（デルタワン）

144MHz帯，430 MHz帯で最大5W，1.2GHz帯で1W出力のFMハンディ機です．3バンド独立したボリューム，スケルチ，周波数表示，Sメータを持っています．特定のバンドの電源を切ることで消費電流を減らすことができ，オート・パワーセーブも3バンド独立しています．ページャ，コード・スケルチを内蔵，トリプレクサも内蔵することで差しかえなしに多バンド・アンテナを使用できるようにしてありました．

## アイコム IC-X21T

430MHz帯で最大5W，1.2GHz帯で1W出力のFMハンディ機です．430MHz帯側が144MHz帯の受信機能も持っていて，2バンドの同時受信が可能です．テンキーを装備，レピータからの電波の強さに応じてアップリンク・パワーを抑えるレピータ・パワーコントロールを持ち，15mWまで出力の低減ができます．

本体下部にオプションのマイク付きニッカド電池を差し込むと携帯電話感覚でのフルデュープレクス運用もできました．

## アルインコ電子 DJ-G40 DJ-Z40 DJ-G10 DJ-Z10

DJ-G40，DJ-Z40は430MHz帯，DJ-G10，DJ-Z10は144MHz帯で最大5W出力のFM機です．

DJ-G40，DJ-G10はプライオリティやコード・スケルチ，ページング機能を搭載したテンキー付きの高機能機，DJ-Z40，DJ-Z10はシンプル・タイプのリグです．DJ-G40，DJ-Z40は144MHz帯の受信機能を持ち，DJ-G10，DJ-Z10は430MHz帯の受信機能を持っているので，どの機種も両バンドを受信可能でした．

全機種チャネル・スコープを搭載していて運用周波数の上下3chの使用状況を確認することができ，通常のPTTスイッチとは別に200mW出力になるローパワーPTTスイッチも装備していました．

## アルインコ電子 DJ-K18 DJ-K48

DJ-K18は144MHz帯，DJ-K48は430MHz帯で最大5W出力の価格を抑えたシンプル型FM機です．

メモリは50ch，38波のトーン・エンコーダ，入感があると5秒間受信してスキャンを再開するタイマ・スキャンを内蔵しています．

単3電池6本でも3.5Wの出力がありました．

## アイコム IC-T21 IC-T31

IC-T21は144MHz帯，IC-T31は430MHz帯で最大6W出力のFM機で，IC-T21は430MHz帯を，IC-T31は144MHz帯を受信することが可能です．テンキー付き，マイクロホンを一番下に配置したため，本体のみで携帯電話的使い方が可能で，同時送受信の際にはPTTを押す必要もありません．

1秒あたり33チャネルという高速スキャンを搭載，受信時のオート・パワーセーブ，減電圧時のオート最小パワー(15mW)，ページャ，コード・スケルチも搭載しています．

側面の材質を柔らかい感触のウレタン系エラストマーにして長時間持っていても手が疲れないようにしました．

八重洲無線
## FT-11(ND)　FT-41(ND)

FT-11は144MHz帯で最大5W，FT-41は430MHz帯で最大3.5W出力のFM機です．MOS-FETパワーモジュールを採用し，従来より低い電圧でもフルパワー運用が可能になり，消費電流も減少しました．高さが1cm強高いことを除けば大きさはほぼ20本入りタバコサイズまで小型化されています．

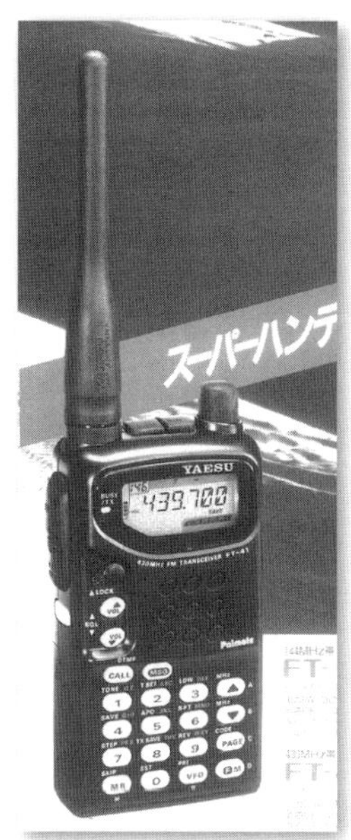


無変調時に出力を低下させるTX-SAVE機能を搭載し，ページャ，コード・スケルチも装備しています．末尾がNDのタイプは，オプションを同梱したもので＋3,000円に設定されていました．

ケンウッド(JVCケンウッド)
## TH-22　TH-42

TH-22は144MHz帯，TH-42は430MHz帯で最大5W出力のFM機です．MOS-FETパワーモジュールを採用したために単3電池4本での運用時でも2W(TH-22)，1.5W(TH-42)の出力が得られ電池の持ちも良くなりました．

運用中に切り替えをしない動作はすべてメニュー・モードに移すことで，本体はとてもシンプルに仕上がっています．スケルチはプリセットで，上面パネルのつまみはボリュームと選局で，いずれも単機能にしてあります．

日本マランツ
## C170　C470

C170は144MHz帯，C470は430MHz帯で最大5W出力のFM機です．

最低動作電圧は実に2.3V，送信出力は20mWとなりますが単3電池2本での運用を可能にしました．

また，C170は430MHz帯を，C470は144MHz帯を50mWで送信することが可能です．

C481で初採用のウェイクアップ機能も搭載し，呼び出しがあると自動的にメイン電源が入るようにしました．選局はロータリー・エンコーダで，回転速度が上がると自動的にステップを変えるように工夫されています．

アイコム
## IC-S21　IC-S31

IC-S21は144MHz帯，IC-S31は430MHz帯で最大6W出力のFM機です．

単3電池4本を標準とすることでランニングコストを抑えました．

メモリ・チャネルはチャネル番号表示とすることができ，周波数を意識しない使い方も可能にしています．側面は柔らかいウレタン系エラストマーです．

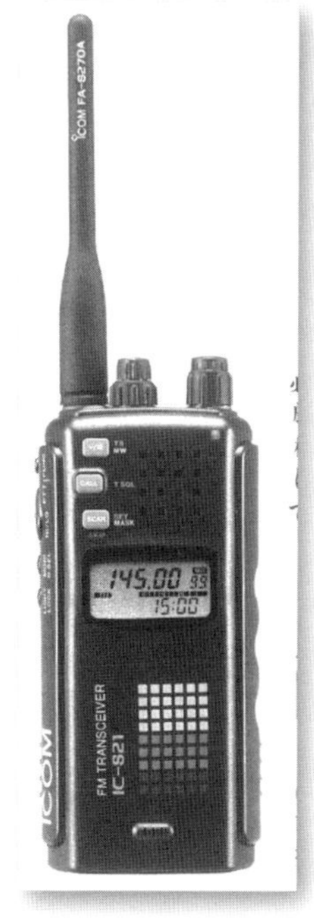

## 1994年

### ミズホ通信　MX-2F

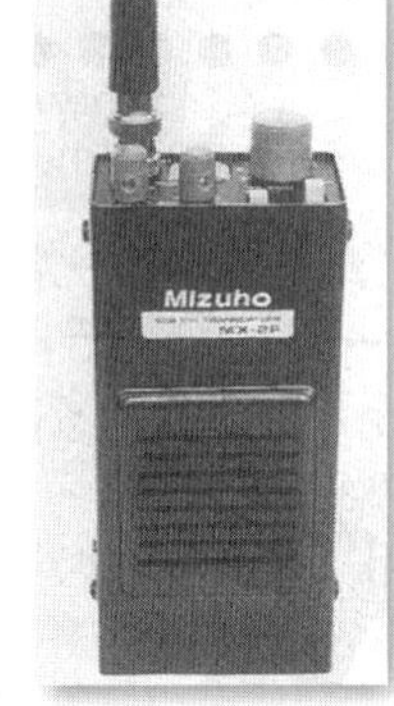


144MHz帯で1W出力のSSB，CW機です．ピコシリーズのリグですがSメータのデザインが変わり，CWがフルブレークイン動作になりました．VXOは50kHz幅で2ch（実装1ch），CWのサイドトーン，NBも内蔵しています．単3電池6本で動作します．

パネル面のスイッチは従来機のスライドからプッシュ・タイプに変わりました．標準実装の周波数は144.15～144.20MHzです．初期型のケースは黒ですが，後に他と同じグレーに変わっています．本機の発売はJIM製のピコシリーズよりも後で，このシリーズの最終を飾ったリグでした．

### 日本マランツ　C115　C415

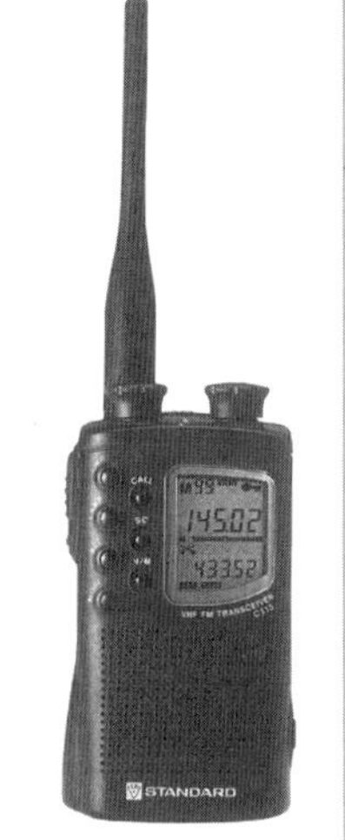


C115は144MHz帯，C415は430MHz帯で最大5W出力のFM機です．MOS-FETファイナルとDC-DCコンバータを内蔵したことで標準電圧を4.8Vまで下げています．このため付属のニッカド電池も4.8Vの600mAhと低電圧化されていますが，これを使用した場合でも1Wの出力が得られます．

テンキーを持たないシンプル・タイプで周波数表示を大きく取っているのも特徴的です．DTMF内蔵，100chのメモリを持ち，チャネル表示での運用もできました．縦方向の長さは約9cm，アンテナ，ニッカド・パックを含んでも260gと軽量化されています．C115は430MHz帯，C415は144MHz帯の受信，そして20mWでの送信も可能で，両機ともミニパワーながら2バンド機として使用できました．

### アイコム　IC-3J

430MHz帯で700mW出力のFM機です．

単3電池4本で動作し長時間運用を可能にしましたが，さらに必要であれば25mW送信も可能で，その場合の送信時消費電流は受信時の最大電流のほぼ半分まで抑えられています．

周波数の代わりにチャネル番号で表示することが可能でトーン・スケルチを装備していました．

### 東野電気　PR-1300　PR-1300A

PR-1300は100kHz ～ 1300MHzのハンディ型広帯域受信機「スーパー聞多（ぶんた）」に430MHz帯100mW出力のFM波送信機能を付けたものです．

またメモリを100chから400chに増やし，音声反転波復調機能を追加したのがPR-1300A（1996年）です．

### ケンウッド（JVCケンウッド）　TH-79

144MHz帯，430MHz帯で最大5W出力のFM機です．表示用LCDにドットマトリクス・タイプを採用し，周波数だけでなく操作状態や操作手順，7文字までの名称付きメモリ・チャネルといったものが表示できるようになりました．

FETパワーモジュールを採用し単3電池4本での運用が可能で，その場合の出力は2W以上，ニッカド・バッテリは用途と必要パワーに応じて5種類から選べるようになっています．バンドを問わない2波受信が可能でテンキー付き，各種呼び出しやタイムアウト・タイマも装備していました．

なお本機にニッカド電池と充電器をセットにしたTH-79 SETが1995年終わりに追加発売されています．

## 未来舎　AT-200　AT-400

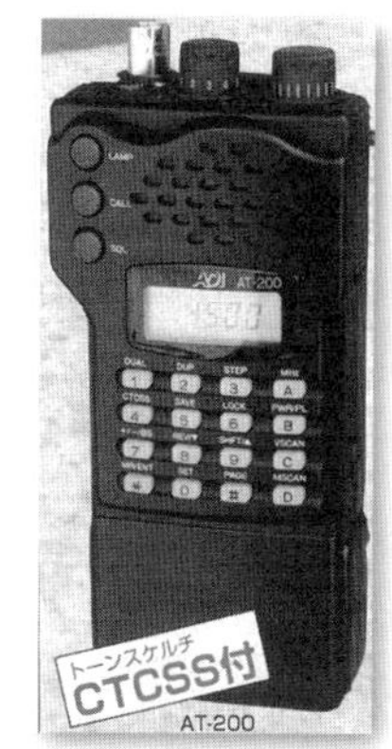


AT-200は144MHz帯，AT-400は430MHz帯で最大5W出力のFM機です．テンキー付きでDTMFエンコーダ，デコーダも内蔵しています．

ページングやメモリ4chの間でのデュアル・ワッチ(プライオリティ受信)も可能です．AT-200が先に発売され，その時の記念特価は19,500円でした．また記念特価終了後もトーン・スケルチなしの場合は4,000円の割引がありました．

本機は台湾のADI COMMUNICATION社の製造，東京都北区の未来舎が販売元となっていて，保証期間中の故障については代替機貸し出しもするとアナウンスしていました．

## 未来舎　AT-48　AT-18

AT-48は430MHz帯，AT-18は144MHz帯で最大5W出力のFM機です．DTMFのエンコーダ・デコーダを内蔵し16桁まで表示可能，メモリ4chの間でのデュアル・ワッチ(プライオリティ受信)も可能です．

AT-48が先に発売され，その時の特価は21,500円でした．製造元は台湾のADI社です．同社は現在もAT-48という型番の北米向けFRS(Family Radio Service)機を販売していますが，本機とは異なる製品です．

## 日本マランツ　C560

144MHz帯，430MHz帯で最大5W出力のFM機です．本機の最大の特徴は1.2GHz帯でも35mWの送信が可能なことで，実質的には3バンド機として使えます．

バンドを問わない2波受信が可能ですが，1.2GHz帯は1波のみの受信となります．MOS-FETファイナルの採用で単3電池6本で2.5W出力を得ることが可能(1.2GHz帯除く)で，最小4.5Vでも動作します．デュアル・ワッチ(プライオリティ)は2バンド別々に設定できるため，最大4波まで同時監視可能でした．

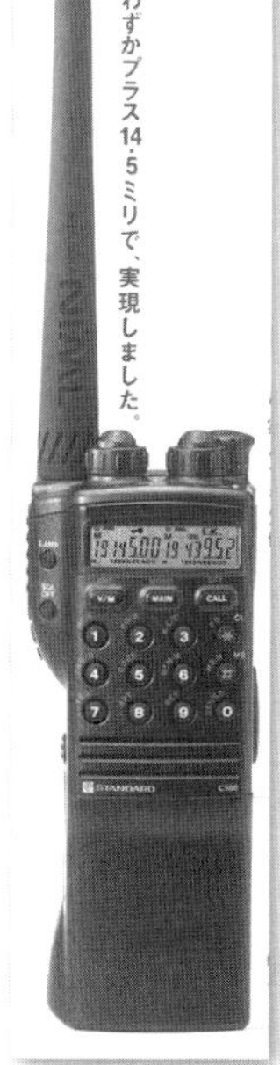


## 八重洲無線　FT-51ND

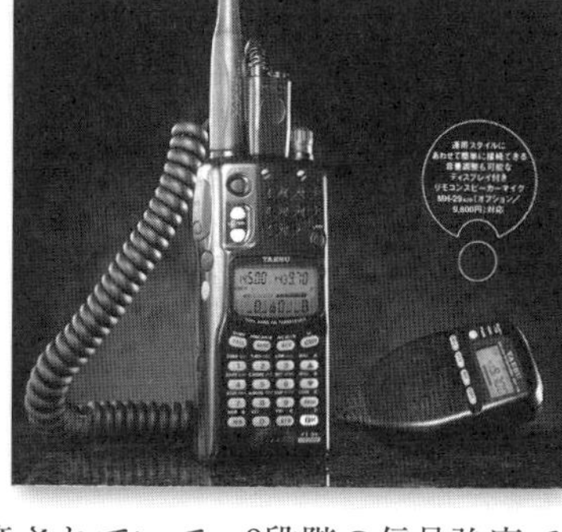

144MHz帯，430MHz帯で最大5W出力のFM機です．2バンド別々の周波数表示，S表示を持っていますが，さらにその下にアルファベット9文字を表示できるスペースが用意されていて，3段階の信号強度で周辺7chの使用状況を表示するリアルタイム・スペクトラム・スコープとして動作します．ここはユーザー・ガイドとしての表示をさせることも可能です．

DTMFによるメッセージ機能も持ち，それをモールス信号で出力することもできます．バンドを問わない2波受信が可能，小型ニッカド・バッテリ・パックと乾電池ケースが付属していました．

## アイコム IC-Z1

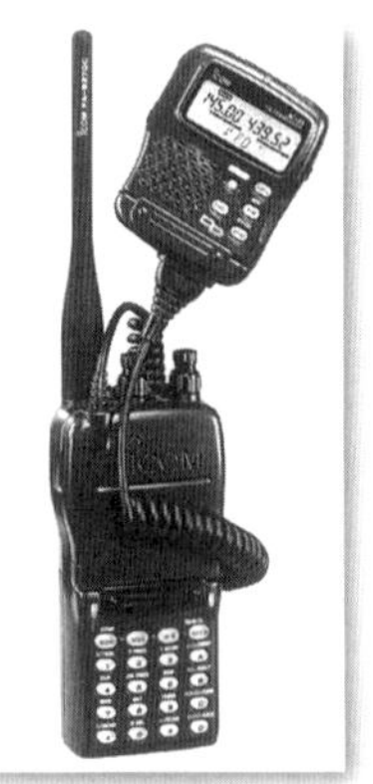

144MHz帯，430MHz帯で最大5W出力のFM機です．2バンド別々の周波数表示，S表示を持っていますが，さらにその下にアルファベットを表示できるスペースが用意されていて，メモリ・チャネルに6文字までの名前を付けたり，DTMFメッセージを表示させることが可能です．

表示部を取り外すことが可能で，セパレート・ケーブルで接続することで表示付きスピーカ・マイクとして使用できます．

バンドを問わない2波受信が可能で，周波数ダイヤルもバンド別としてありました．

# 1995年

## アルインコ電子 DJ-F52

144MHz帯,430MHz帯で最大5W出力のFM機です．

VHF，UHFの受信周波数を拡大して同一バンド2波受信とするのではなく，それぞれのバンドの専用回路が2波受信に対応しているため高性能であると同社では広告しています．

テンキーなどのボタンを大きくして押しやすくし，300mWに減力できるローパワーPTTや減電圧モードを装備していました．

## アイコム IC-W31(SS) IC-W31NSS

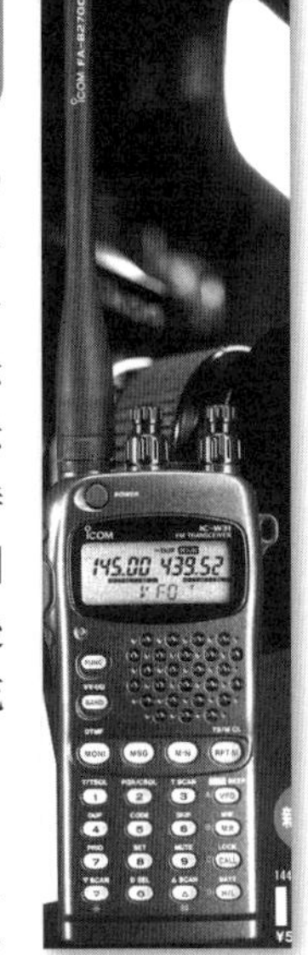

144MHz帯，430MHz帯で最大5W出力のFM機です．2バンド独立した周波数表示を持ち，スピーカを本体中央に，テンキーをその下に配置しています．選局ダイヤルや表示はバンド別ですがシングルバンドだけの表示も可能にしました．厚さを3.1cmに抑えて持ちやすくし，価格も抑え,「得だねハンディ」のキャッチ・コピーを付けての発売です．後に追加されたIC-W31SSはニッカド電池と充電器付きのもので定価7,800円増となるべきところを4,000円に抑えたセットです．

IC-W31NSSは1997年初めのマイナ・チェンジ機で，選局ダイヤルとボリュームがバンド表示の位置に合わせて移動するようになりました．トーン・スケルチ内蔵，メモリに名前が付けられるといった諸機能は変わりません．このタイプの単体機はなく，ニッカド&充電器のセット機のみが発売されています．

## 日本マランツ C501

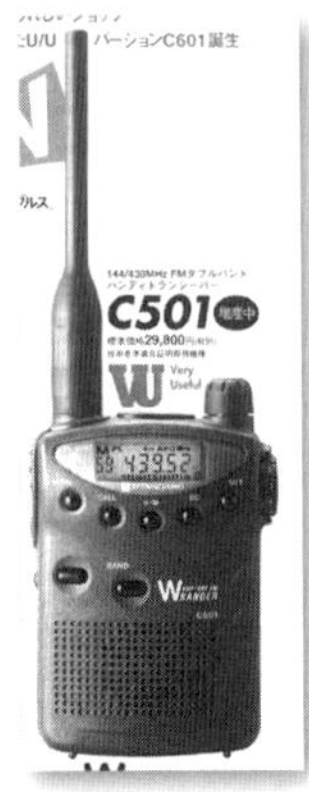

144MHz帯，430MHz帯で280mW出力のFM機です．単3電池2本で動作するカード・サイズのリグで，電池，アンテナを含んでも重さも160gしかありません．

2バンドを連続してチューニングできるのでバンドを気にせずに操作が可能でRFスケルチも内蔵しています．送信：受信：待受が1：1：8の時，約45時間の運用が可能とPRされていました．

### ● C601

430MHz帯で280mW，1.2GHz帯で100mW出力のFM機です．C501同様の小型機で，RIT付き，自動早送りの2バンド連続チューニングとなっています．

送信：受信：待受が1：1：8の時，約40時間の運用が可能とPRされていました．

● **C701**（1996年）

144MHz帯，430MHz帯で280mW，1.2GHz帯で100mW出力のFM機です．単3電池2本で動作するカード・サイズのリグで重さは約160g，メモリは200chあります．徹底した小型化がなされているのも特徴で，C501，C601より増えた回路を収納するために，メモリをEE-PROM化してバックアップ電池をなくしソフトウェアでトーン・スケルチを実現しています．

従来機と同様に素早くQSYするために可変量を自動で切り替えるクイック・エンコーダも採用しました．

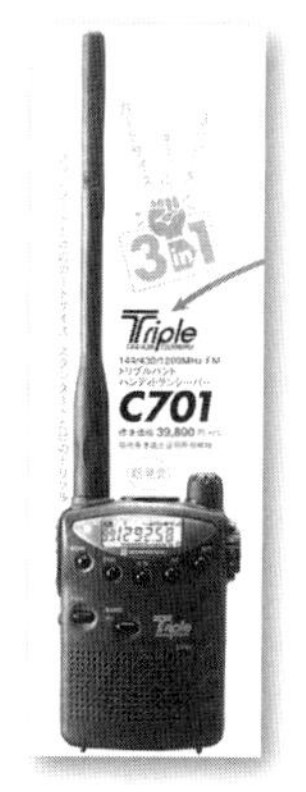


## アイコム　IC-T22　IC-T32　IC-S22　IC-S32

IC-T22，IC-S22は144MHz帯，IC-T32，IC-S32は430MHz帯で最大5W出力のFM機です．

IC-T22，IC-T32はテンキー付きでメモリ・ネーム機能やメッセージ機能を持っています．IC-S22，IC-S32はシンプル・タイプでメモリ周波数をチャネル番号表示にすることができます．

4.5～16Vという広い範囲の電圧で動作が可能で，ムダを徹底的に省いたシングルバンド・ハンディ機というコンセプトでした．

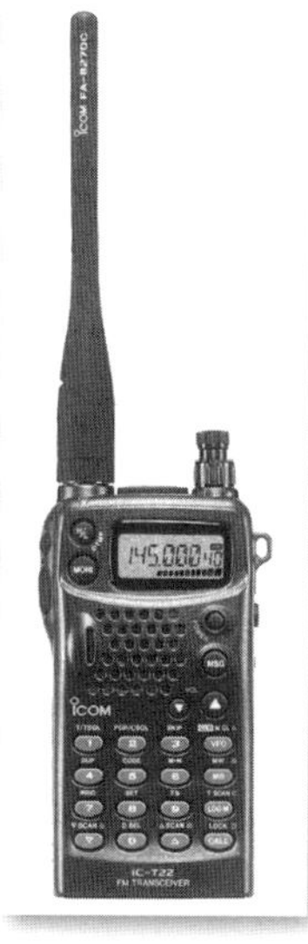

## アルインコ電子　DJ-G5

144MHz帯，430MHz帯で最大5W出力のFM機です．2バンド独立した表示器を持ち，同社が「スーパーアドバンストチャネルスコープ」と呼ぶスコープ機能を搭載しています．これは無信号時は2バンド別々に中心周波数と上下各2chをサーチ，信号が入感すると5秒ごとに上下2chをサーチ，モノバンド時は上下5chをサーチするものです．

またサブバンドを送信するPTTを用意しているのでメイン，サブを切り替えることなく応答ができます．ニッカド電池付属，DTMF，トーン・スケルチを標準装備していました．

## 八重洲無線　FT-10　FT-40

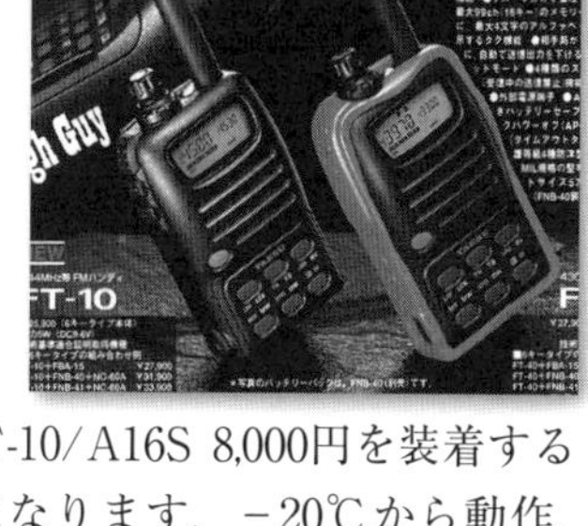


FT-10は144MHz帯，FT-40は430MHz帯で最大5W出力のFM機です．頑丈なボディに4.0Vから動作する回路を組み合わせています．標準ではシンプル・タイプですがキーパッド（FTT-10/A16D 7,000円）を装着することで多機能型になり，FTT-10/A16S 8,000円を装着するとボイス・メモリ付きになります．－20℃から動作，別VFOの周波数を表示する機能もあります．末尾にNが付くものは電池付きで約6,000円増でした。

本機発売時には限定1000個のラバー・ホルスタ（側面ガード）プレゼントがありました．発売の半年後に若干の手直しが行われ，強度，耐水性が向上しています．

## ケンウッド(JVCケンウッド) TH-89

430MHz帯で最大5W出力，1.2GHz帯で1W出力のFM機です．

運用周波数とその上下4chを自動スキャンするビジュアル・スキャンを内蔵し，82chのメモリを内蔵，テンキー付き，各種呼び出しにも対応しています．

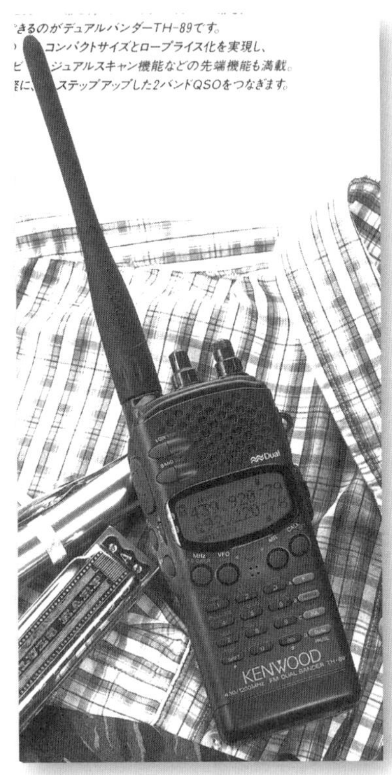


144MHz帯の受信機能も持ち，2波受信が可能です．

ハンディ機では初めて，音声による周波数読み上げにもオプション(VS-3 3,800円)で対応しました．

## アルインコ電子 DJ-S41

430MHz帯で420mW出力のFM機です．

特定小電力機DJ-P82／92の筐体に430MHz帯の回路を組み込んだもので，アマチュア無線機では珍しい定価を定めないオープン価格での発売となりました．

Sメータは4ドット，周波数設定はUP/DOWN式です．元が特小機であるため，アンテナが外せない，外部電源は上限5.5Vといった制約がありますが，20,000円を下回る実売価格は魅力的でした．

## アイコム IC-T7 IC-T7ss

144MHz帯は最大4W，430MHz帯で最大3W出力のFM機です．カセット・テープとほぼ同じサイズの筐体でありながらテンキー付き，トーン・スケルチと速度可変のDTMFエンコーダを内蔵しています．BANDスイッチを装備し表示・受信を1バンドだけにしたことでモノバンド機並みの操作性と受信時の低消費電力化を実現しました．1996年中盤にニッカド電池パックと充電器をセットにしたIC-T7ssが追加されています．価格は2,000円増でした．

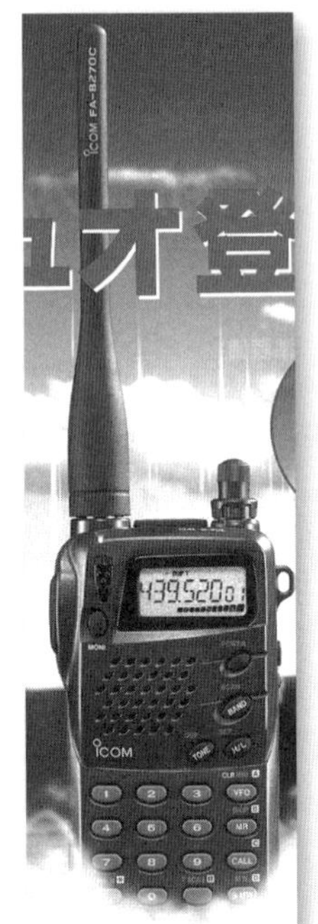


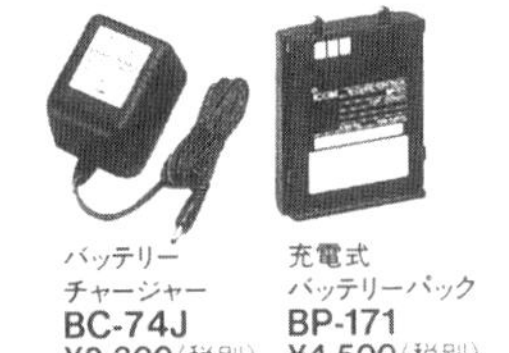


### 1996年

## 八重洲無線 FT-50N

144MHz帯，430MHz帯で5W出力のFM機です．筐体に亜鉛ダイキャスト・フレームを採用しリア・パネルを一体化したことでショックに強い，アウト・ドア仕様のリグになっています．

電源が9.6Vで5W出力が得られるため，小型のニッカド電池でフルパワー運用が可能になり実質的なパワーアップがなされました．20秒×2の録音ができるボイス・メモリや交信可能かどうかを判定するARTS，デジタルコード・スケルチも内蔵しています．シンプル操作機ゆえに2波受信はできませんが，プライオリティで別バンドを指定することが可能でした．

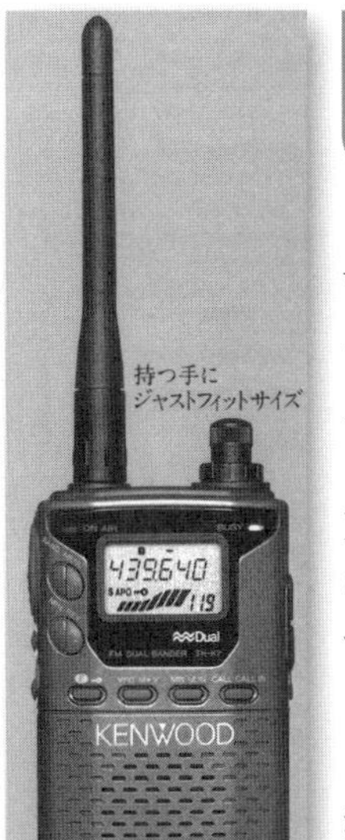


ケンウッド(JVCケンウッド)

## TH-K7

144MHz帯，430MHz帯で0.3W出力のFM機です．角を切ったデザインのカード・サイズで単3電池2本で動作，電池とアンテナを含んだ重さは約160gで，FM放送の受信機能を持ち，この周波数をメモリすることも可能です．

レピータ用トーン周波数とトーン・スケルチ用トーン周波数を別々に設定できる便利な機能も持っていました．

アイコム

## IC-S7ss

144MHz帯は最大4W，430MHz帯で最大3W出力のFM機です．

筐体はカセット・テープとほぼ同じサイズで，BANDスイッチを装備し表示・受信を1バンドだけにしたことでモノバンド機並みの操作性と受信時の低消費電力化を実現しました．

乾電池用ケースとニッカド電池，充電器付きです．

1997年

アルインコ

## DJ-C1　DJ-C4

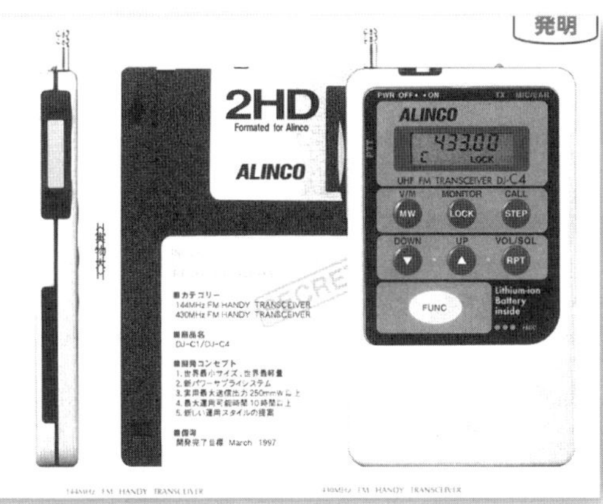


DJ-C1は144MHz帯，DJ-C4は430MHz帯の300mW出力のFM機です．高さ9.4cm，幅5.6cmで一般的な超小型化機サイズですが，本機の厚さはほぼ1cmしかありません．重さも75g，ワイシャツのポケットに入れてもポケットがたるんだりしない重さです．乾電池よりも薄くするために500mAhのリチウムイオン電池を内蔵しています．

イヤホン式，アンテナは本体に収納でき，トーン・エンコーダ，メモリ内容の番号表示化などの機能を持っていました．本機は，アルインコ電子が親会社のアルインコに統合されてから最初の製品です．

日本マランツ

## C510

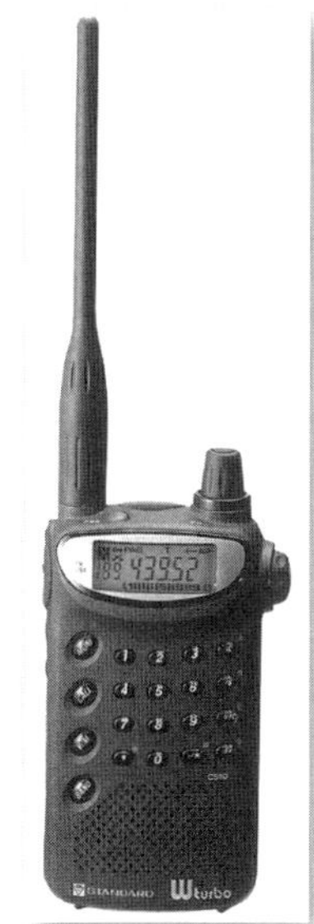

144MHz帯，430MHz帯で1W出力のFM機です．単3電池3本とアンテナを含んだ重さは210gしかありません．透明イルミネーション付きテンキーを持ち，トーン・スケルチ，DTMFも実装しました．外部電源にも対応し，その場合はオート・パワーOFFの時間が延びるように工夫されています．

出力20WのCPB510(29,800円)，出力50W(430MHz帯は35W)のCPB510D(43,800円)の2種類のドッキング型ブースタも用意されていました．

東野電気

## TT-143

108～470MHzのハンディ型広帯域受信機に144MHz帯30mW，430MHz帯50mW出力のFM波送信機能を付けたものです．なお，同社は2016年9月末に解散しています．

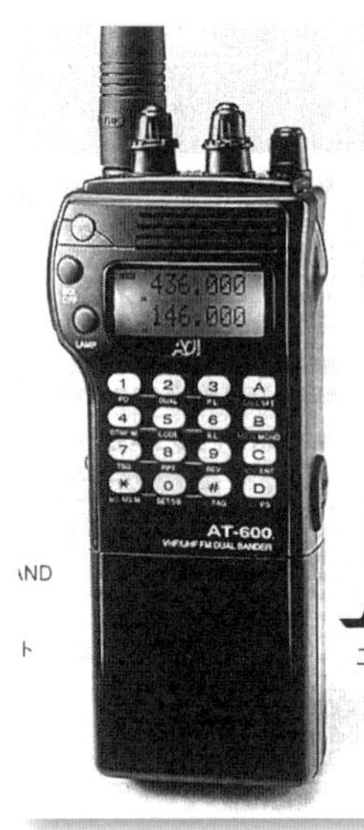


## 未来舎 AT-600

144MHz帯，430MHz帯で最大5W出力のFM機です．テンキーを持ち，LCDの縦2段で周波数を表示します．2バンド同時受信が可能でDTMFスケルチ，トーン・スケルチも内蔵しています．

本機は台湾のADI COMMUNICATION社の製造でした．

## 八重洲無線 VX-1

144MHz帯，430MHz帯で最大1W出力のFM機です．

高さ8cm強の超小型機ですが，付属のACアダプタ型外部電源(6V)を使用すると1W，専用のリチウムイオン電池では500mW，単3電池1本でも100mWの出力が得られます．AM放送，FM放送，アナログTV放送音声の受信が可能で，AM用バー・アンテナも内蔵しています．

交信範囲に相手がいるかを調べるARTS，使用中の周波数を一時的に記憶するスマート・サーチ，大音量で居場所を伝えるエマージェンシー機能などを装備していました．

## ユピテル CT-H43

430MHz帯で500mW出力のFM機です．同社の特定小電力トランシーバと一緒に発売され，カタログは共通でした．4.5V動作ですが，単3電池6本用電池ボックスもオプションで用意されています．

## ケンウッド(JVCケンウッド) TH-G71 SET

144MHz帯，430MHz帯で最大5W出力のFM機です．本体外装にポリカーボネート樹脂を採用し，MILスペックの耐衝撃性を得ています．トーン・スケルチを内蔵，キー・イルミネーション付き，日常生活防水を施しました．受信は1波で使いやすく低価格に抑えられています．6V650mAhのニッカド電池と単3電池ボックス，充電器，ソフト・ケース付きのセットでの販売でした．

## 日本マランツ C710

144MHz帯，430MHz帯で1W，1.2GHz帯で280mW出力のFM機です．

単3電池3本で動作，透明イルミネーション付きテンキーを持ち，トーン・スケルチ，DTMFも実装しました．

外部電源にも対応し，その場合はオート・パワーOFFの時間が延びるように工夫されています．出力20W(1.2GHz帯は1W)の3バンド・ドッキング型ブースタCPB710(34,800円)も用意されていて，あたかもブースタが本体でC710が多機能マイクという形でのモービル運用ができるようにもなっていました．

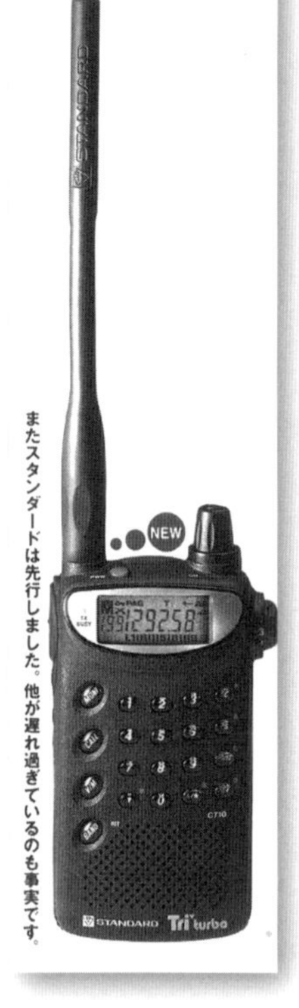

## アイコム IC-T8ss

50MHz帯，144MHz帯，430MHz帯で最大5W出力のFM機です．FM放送の受信機能を持ち，トーン・スケルチを内蔵しています．

防沫構造でメモリは123ch，シングル受信のために周波数表示は読みやすくなりました．

ニッケル水素充電池，充電器，単3電池(3本)用バッテリ・ケースを同梱しての発売です．

1998年

## アイコム IC-Q7

144MHz帯で350mW，430MHz帯で300mW出力のFM機です．

高さ8.6cmの超小型機ですが，30MHz～1.3GHzの広帯域受信機機能も持っていて，受信はAMやWFM(放送用広帯域FM)にも対応しています．

単3電池2本で動作，CPUがノイズと信号を判定する，デジタル・スケルチも新たに装備しました．

## アルインコ DJ-190J

144MHz帯最大5W出力のFM機です．

縦は15cm強ありますが，厚さは2.7cmでポケットに入れやすい形になりました．

トーン・エンコーダは50波対応，シンプル機能タイプです．1.5W出力となる4.8V700mAのニッカド電池と充電器付きでした．

## アルインコ DJ-C5

144MHz帯で350mW，430MHz帯で300mW出力のFM機です．高さ9.4cm，幅5.6cmで一般的な超小型化機サイズですが，本機の厚さは1.5cm弱しかありません．重さも86g，ワイシャツのポケットに入れてもポケットがたるんだりしない重さです．アンテナはラバータイプで600mAhのリチウムイオン電池，スピーカを内蔵していました．

## アイコム IC-S7Dss IC-T7Dss

144MHz帯，430MHz帯で最大6W出力のFM機で，IC-S7，IC-T7をパワーアップしたリグです．カセット・テープとほぼ同じサイズの筐体でありながらIC-T7Dはテンキー付き，両機共トーン・スケルチを内蔵しています．

BANDスイッチを装備し表示・受信を1バンドだけにしたことでモノバンド機並みの操作性と受信時の低消費電力化を実現しました．

## ケンウッド(JVCケンウッド) TH-D7

144MHz帯，430MHz帯で最大5W出力のFM機です．TNCを内蔵しパソコンを接続すれば9600bps/1200bpsでのデータパケット通信ができます．またGPS受信機を接続すればナビトラが運用できます．本体のみでパケットクラスターの受信が可能，さらに双方向画像端末VC-H1によるSSTV運用もでき，本体側でのメッセージ，RSVレポートなどのスーパーインポーズ機能も持っています．電池，充電器も付属し，DTMFエンコーダ，トーン・スケルチなど，一般的なテンキー付きハンディ機の機能も内蔵していました．

## 1999年

## アイコム IC-T81ss

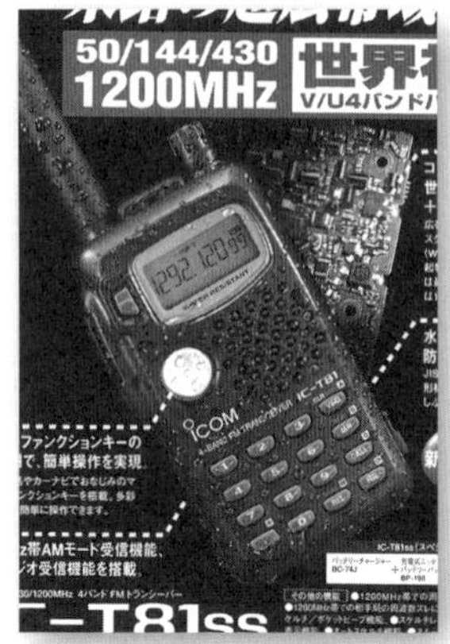


50MHz帯，144MHz帯，430MHz帯で最大5W，1.2GHz帯で1W出力のFM機です．長さ10.6cm，厚さ2.8cmの中に4バンドを収めた上に，50MHz帯AMの受信機能，FM放送の受信機能も持っています．DTMFエンコーダと50波のトーン・スケルチを内蔵，付属のアンテナも4バンドに対応していました．

## アルインコ DJ-V5

144MHz帯，430MHz帯で最大5W出力のFM機です．FM放送，アナログTV放送の1～3chの音声も受信することができます．説明書なしで使えるリグを目指して設計され，シンプルなリグながらトーン・スケルチ，DTMFスケルチを装備しています．乾電池ケース，ニッカド電池，充電器のセットでしたが，後にDJ-V5D(39,800円)の型番で，本体と乾電池ケースだけのセットも発売されました．また2000年春には，外装ケースを透明にしたスカイブルーのスケルトン・モデル　DJ-V5DS(39,800円)も販売されています．

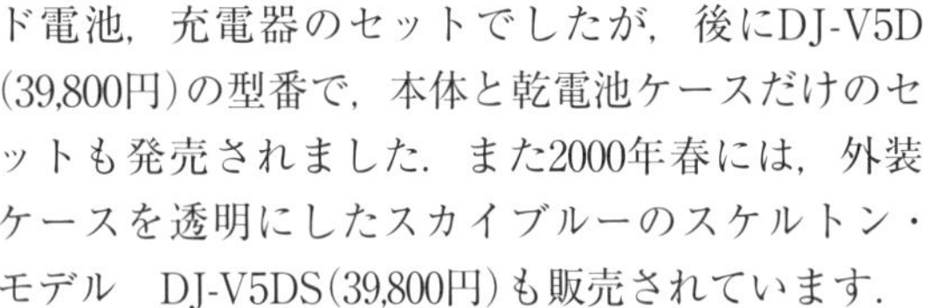

## スタンダード/八重洲 VX-5

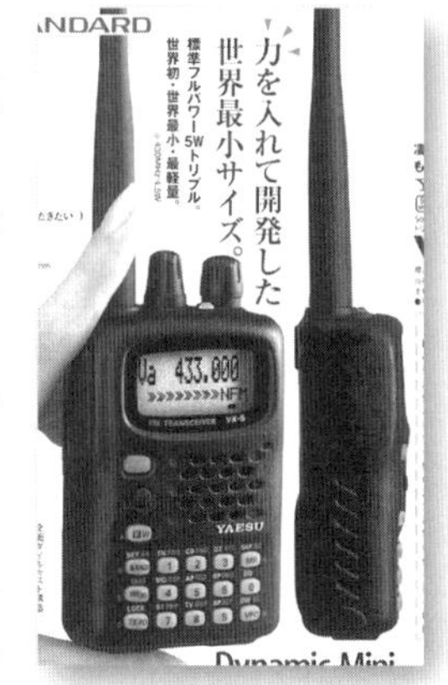


50MHz帯，144MHz帯，430MHz帯で5W出力のFM機で，中波放送，FM放送，アナログTV放送音声の受信だけでなく，16MHzまでの短波放送も受信できます．上下5chをサーチするスペアナ機能を持ち，7.2V 1100mAhのリチウムイオン電池と充電器が付属していて，この電池で5W(430MHz帯は4.5W)送信が可能です．登山家向けにオプションで気圧と高度を測定するユニット(SU-1 5,000円)が用意されていました．

## 2000年

## 西無線研究所 NTS-210　NTS-710

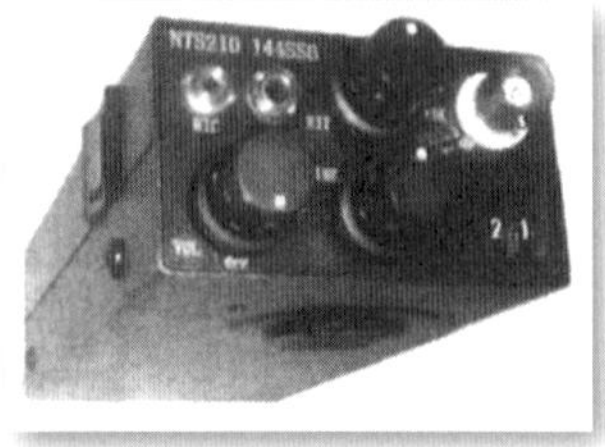

NTS-210は144MHz帯，NTS-710は430MHz帯で1W出力のSSB，CW機です．10kHzステップのサムホイール・スイッチと5kHzスイッチ，VXOで144～145MHz(430～431MHz)をカバーしています．セミブレークインとサイドトーン付き，単3電池6本を含んだ重さは620gです．Sメータはありませんが信号はマイク端子に出ているので外付けが可能です．両機共アンテナは付属品に含まれていませんでした．

## アルインコ　DJ-193J　DJ-493J

DJ-193Jは144MHz帯，DJ-493Jは430MHz帯で最大5W出力のFM機です．

大きな周波数表示を持つシンプル機ですが，9.6Vの標準バッテリで5W（DJ-493Jは4W）の出力が得られるようになっています．

トーン・スケルチ，DCSを内蔵し，DCS設定などにも対応し名称を付けられる40chのメモリ付きです．

蚊の嫌がる超音波を発生させるMRS（蚊避け音）を発生させることも可能でした．

## Column　やけどするハンディ機

1980年ごろのハンディ機は多チャネル化，そして小型化が進みます．そしてもうひとつ，ハイパワー化も進んでいきます．1987年には各機種共5Wが標準となりました．

小型化が難しかった時代は大きさや電池の持ちを考えるとむやみにパワーを上げれば良いという話ではなかったはずですが，ユーザーからするとこのハイパワー化は歓迎すべきものだったと思われます．でも現実にはハイパワー化による弊害もありました．

そこで誕生したのが，回路の動作電圧を低めにしておいてこれを最低動作電圧とする，そして高電圧が供給された場合は送信パワー回路だけを高電圧で動作させることで出力を増やすというリグです．

この設計の先駆者IC-2Nを例にとって説明します．定格電圧は9Vです．乾電池6本で1.5W，電圧降下の少ない8.4Vのニッカド・バッテリ・パックでも1.5Wですが，上限動作電圧（12V）に近い，10.8Vのニッカド・バッテリ・パックを使うと2.3W出力になります．定格値である1.5W以上を取り出すことができたのです．一方7.2Vのバッテリ・パックを使うと1W出力となります．当然，乾電池の電圧が7.2V（1つ当たり1.2V）まで落ちた時も1W出力で運用可能です．

電源電圧が変化しても良いようにリグの内部回路は5Vで動作するようになっていて，そのための安定化電源回路が入っています．電池の電圧が上がった場合には送信出力回路の電圧だけが変わり，出力は変わるけれど他は影響を受けないというわけです．この設計には送信時の電圧降下に強いというメリットもありました．IC-2Nは定格以上の出力を出すことが可能でしたが，その後，一番高い電圧をかけた時の出力（最大出力）を表記するのが一般的となり現在に至っています．

さて回路的にはこれで問題はありませんが，現実問題としてパワーが出るようになると発熱が増えます．半導体は意外と高温まで耐えられますし，IC-2Nの時代はある程度の筐体サイズがあったので本体そのものを放熱器として使用してしまえば問題はありませんでした．しかしサイズが小さくなったのに出力が増えたあたりから問題が生じだしています．

外装は熱を通しにくいプラスチックなので手で持って運用する限りは大丈夫だったのですが，直接シャーシに固定されるアンテナ端子やベルト・フックが発熱の影響でかなり高温になるようになったのです．筆者はこれで火傷を負ったことがあります．1980年代半ばからずっとハンディ機の上限出力はほぼ5Wのままですが，その理由はこの発熱問題ではないかと思われます．オペレーターの安全のために（?），温度が高くなるとパワーをLOWに落とす機能を持つリグも1992年ごろから現れています．

# 第19章 ATV，レピータなどの特殊なリグたち

## 時代背景

本章ではATV(アマチュアTV*)機器，レピータ用機器，430MHz帯以下のトランスバータのような一般的なリグ(無線機)として分類しにくいものを紹介します．

1.2GHz帯の最初のリグの発売は1976年ですが，この頃は430MHz帯ですらまだガラガラであり，バンドのほぼ全域を使用してしまうATV通信が支障なく行われていました．

その後，1982年3月5日には初のレピータが開局しています．巣鴨のJR1WAです．周波数帯は430MHz帯，八重洲無線のFTR-5410が使用されました．レピータの開局は144MHz帯から430MHz帯へ移る局が増えた時期にあたり，特に都市部で430MHz帯は活況を呈すようになりました．このため1989年制定の新バンドプランでは1991年末をもってATVの運用周波数の割り当てをなくすこととなります．1992年7月のバンドプラン法制化で運用することが法令違反となり，ATVは1.2GHz帯以上でしか楽しめなくなりました．

この1.2GHz帯でのATVではAM変調のATVから徐々にFM変調へと移行していきます．大手メーカーのリグのオプションにAM-ATVアダプタがあったことなどから，中小メーカーがそれと互換性のあるFM-ATVアダプタを手掛けるようになったのもこの頃の出来事です．

## 免許制度

1980年代初めまでは第2級アマチュア無線技士までしかATVの運用はできませんでした．これは電信級(現3アマ)・電話級(現4アマ)のアマチュア無線技士はそれぞれ文字どおり「電信」，「電話」の運用しか許されなかったためです．しかし1982年の電波法改正で電信級は“電波を使用するものの操作”，電話級は“電波を使用するものの操作(モールス符号による通信操作を除く)”となったためATVなどの画像通信やデジタルモードなども運用可能になりました．

一方，アマチュア無線のレピータは1982年1月23日付けの通達で実現しました．周波数は430MHz帯，出力は10W，送受信シフトは5MHz，88.5Hzなどのトーンを併用することが条件となっています．この通達では1.2GHz帯のレピータにも触れていますが，実際の開設は少し遅れました．こちらの送受信シフトは20MHzです．その後1990年からは2.4GHz帯のレピータも運用されるようになりました．

2.4GHz以上の周波数では，長い間上限出力は1Wとされていましたが，1990年代半ばに24GHz帯までは2Wとなりました．なお，144MHzから2.4GHzまでの周波数帯で月面反射通信を行う場合はさらに高い出力で免

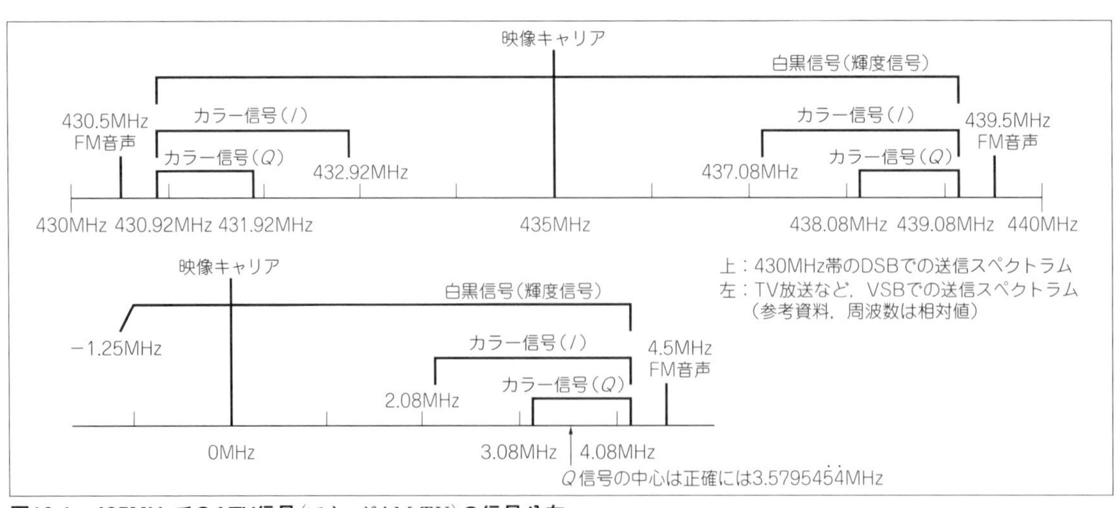


**図19-1　435MHzでのATV信号(アナログAM-TV)の信号分布**

*本書で扱うアマチュアTVはアナログTVです．

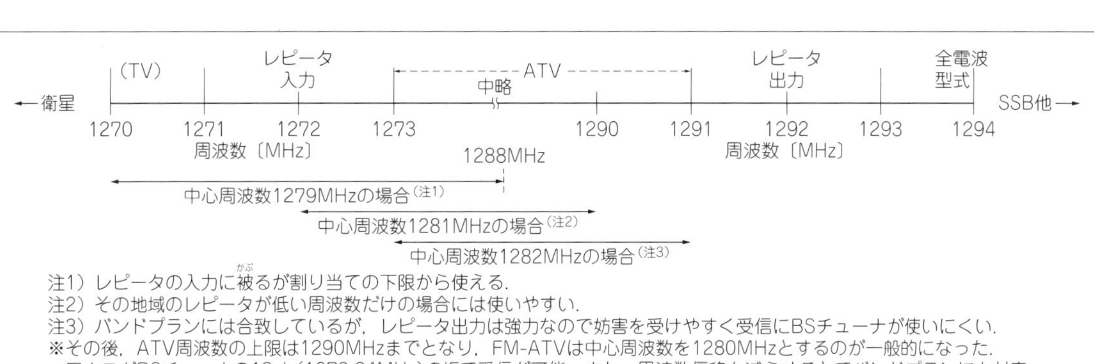


**図19-2　1986年ごろのバンドプラン(抜粋)とマキ電機FTV-1200の実装周波数**

許されます．

ATVでは途中で一つ大きな制度上の変化がありました．1986年までは1.2GHz帯，2.4GHz帯は映像だけを送信するA5(A3F，両側波帯のAM-TV)，F5(F3F，両側波帯のFM-ATV)しか許可されませんでしたが，1986年末からA9(A8W，両側波帯のAM-ATV)，F9(F8W，両側波帯のFM-ATV)が免許されるようになったのです．

## ATVの機器

ATV通信は当初435MHzで始まりました(**図19-1**)．これはTVの映像信号帯域が4.5MHzあり，帯域的に144MHz帯以下では運用することができないためです．

アナログ時代のTV放送波は帯域が6MHzでした．キャリアを4.5MHzの映像信号でAM変調して9MHz帯域にしてからVSB(残留側波帯)フィルタを通すことで帯域を6MHzにしています．しかしVSBフィルタは高価であり調整も難しいことから，アマチュアの世界ではこれを通さないで帯域幅9MHzのまま送信するのが一般的となりました．電波型式はA5(A3F，両側波帯AM-TV)となります．

音声を乗せる場合は4.5MHzのサブキャリアをFM変調して映像信号と一緒に変調します．映像信号のキャリアを435MHzに取った場合，あたかも430.5MHz，439.5MHzにFMの音声波が出ているような状態になるわけで，電波型式はA9(A8W，両側波帯)です．周波数偏移が大きいので通常のFM機では音が割れてしまいますが，いちおう音声受信は可能でした．このため初期のバンドプランは，430MHz台のSSB/AMのバンドを広めにすると共に439MHz台をレピータのダウンリンクに当てています．

その後FMのナロー化がなされた際に430MHz帯にも移動用呼び出し周波数が設定されたのですが，この時のバンドプランにATVは6MHz以下を標準とするとの一文が入りました．これにより430MHz帯でのDSBでの送信が非常に難しくなり，この周波数帯でのATVは下火になっていきます．前述のように最終的な運用停止は1991年末です．

カラー映像でのATV通信も行われました．カラーの場合は直交させた2つのカラー信号と3.58MHzのカラー基準信号，そして輝度信号でキャリアをAM変調します．カラー対応のATV送信機は全体に位相が直線的であることが必要で，VSBフィルタによる帯域制限はもっと難しくなります．なお，ブラウン管付きのオール・イン・ワンATV受像機は存在しません．

1987年ごろからFM-ATVが始まりました．これは帯域4.5MHzのNTSCカラー映像信号でキャリアをFM変調するものです．初期の一般視聴者向け衛星放送(BS)はアナログ映像とデジタル音声を多重化したもので，キャリアをFM変調していました．映像信号は4.5MHz帯域，音声は副搬送波5.7272MHzによるDQPSKで2048kbps，全帯域幅27MHzというものです．周波数偏移の全体量(p-p)を17MHzと広く取り，エネルギー拡散信号を併用することでAM変調に比べて約21dB所要電界を減らしています．

一方アマチュアのFM-ATVはこれとは少々違っていて，AM-TVと同様のやり方で音声を映像信号と多重化し，キャリアをFM変調しています．周波数偏移を±4MHzとすると帯域幅は約17MHz，周波数偏移を±4.5MHzとすると帯域幅は18MHz強となります．1.2GHz帯ではバンドプランからはみ出してしまう場合もありますので運用上ではいくつかの工夫がなされていました．**図19-2**はFTV-1200(マキ電機)の3つの実装周波数について考察したものですが，苦心の跡がうかがえます．

1.2GHz帯のATV周波数はBS受信時のIF周波数にあたります．そこで1.2GHz帯のアンテナをアナログBSチュ－ナに接続すると13chで受信が可能でした．ただしそのままでは音声が出力されません．このためBSチューナのNTSC信号から4.5MHzでFM変調された音声信号を分離し，音声は改めて復調するという手法が取られています．

ところで前出のFTV-1200にはもう一つ特徴がありました．それは144MHz帯を親機としたFM音声通信用トランスバータとして動作できることです．FM-ATVとして動作するときの変調周波数を132MHzとしています．144MHzとは12MHzの差がありますが，実はこの周波数差はチャネルプラン上のATVとFM音声の周波数差でもあります．このためATV運用時には内蔵しているFM変調器を使い，トランスバータのときは144MHzを入力することで，同じ局発信号を使いながらバンドプランに合った1.2GHzの信号を出力できるように工夫されていたのです．同様の設計はFTV-2400にも見られました．当然のことながら，この両機種は430MHz帯の親機には対応できません

## レピータ機器

同時運用可能な送受信回路，コントローラなどを一体化した製品で，各社から一斉に発売されました．DTMFによる遠隔操作，ID送出などの機能はどのレピータ機も持っており，ある意味差別化しにくい存在ですが，実際には技術的に難しい部分もあります．詳しくは本章末のコラムをご覧ください．

JARLが免許人になりJARLが認めた管理団体が実際の運用を行うという形になっているのもレピータの特徴です．このため一般のアマチュア無線家向けには発売の告知などがなされていない場合があります．

## トランスバータ

1.2GHz以上に変換するトランスバータはそれなりの台数が販売されました．第13章をご覧ください．またFTV-1000(八重洲無線)のように親機が決まっていたものもありました．こちらは当該親機の項目に記載があります．中にはこのどちらにも該当しない，送受信機を購入するよりも安くそのバンドに出られるようにするための汎用品があり，これらを本章で紹介しています．

この，手軽に他バンドに出るためのトランスバータは1983年初めぐらいまで，そのほとんどは430MHz帯へ変換するものです．第10章をご覧いただくとわかりますが，1980年代初めの430MHz帯のSSB機は本当に高かったのです．IC-351(アイコム)，FT-780(八重洲無線)，TR-9500(トリオ，発売順)といったリーズナブルな価格のリグが発売されるとこのタイプのトランスバータは影が薄くなっていきます．

1990年代に入ると自作派をターゲットにした基板のみの製品がKEN無線電子より発売されています．全回路が1枚基板にまとめられていて筆者の経験では十分な安定性もありました．でも自作派相手だけでは大変だったのでしょう．同社は後に完成品を発売しています．

## 特殊モードのトランシーバ

この時代にはいくつか特殊なトランシーバも発売されています．ひとつは東野電気が発売した同時通話トランシーバです．音声を時間軸で圧縮し交互に送信し合うことで単一周波数での同時通話を実現した製品です．有線電話は同時通話ですので，電話回線に無線通信機を接続する場合も同時通話ができないと使い勝手が劣ってしまいます．そこで考え出された技術をこのトランシーバは応用しています．

もうひとつは各社が発売したデータ通信用トランシーバです．通常のFM機にパケット通信用の9600bps端子を付けた製品，TNC(Terminal Node Controller)を内蔵したものなどさまざまですが，本項ではパケット通信を主眼としたものだけを“特殊なリグ”としてリストアップしています．

ここでARDF機器についても触れておきます．これはFOXハンティング競技と同じく送信源を探索する競技で，1990年まではFOXテーリングと呼ばれていたものです．送信機を多数用意するところに特色があります．

クラシック競技の場合，5つの送信機を400m以上離して設置し，同一周波数で1分ずつ順番に送信します．参加者は探索時間，探索数を競うのです．ゴールには別周波数の送信機(ビーコン)が置かれますが，これも探索する必要があります．競技に使う周波数は3.5MHz帯(A1A)もしくは144MHz帯(A2AまたはF2A)が用いられます．他に送信機間隔を“400m以上”から“100m以上”に狭めた上で2つの組，計10台(他に2台)の送信機を使用するスプリント競技，そしてFOX-Oと呼ばれる競技もあります．

ARDF用送信機は野山に設置されますからコールサインと送信機番号を自動送出する必要があります．一般的には送信機がROMを持ちこれを読み出すというものが多く，ROMへの書き込みはユーザー自身で，もしくは製造元に依頼するという形で行われていました．

ATV，レピータなどの特殊なリグたち 機種一覧

| 発売年 | メーカー | 型番 | 種別 | 価格(参考) |
|---|---|---|---|---|
| | 特徴 | | | |
| 1972 | 都波電子※ | UHF-TV　TX | TV(アナログ)送信機 | 114,600円 |
| | 430MHz　5W(映像)　1.2W(音声)　TV(アナログ)送信機 | | | |
| 1975 | ラリー通信機※ | VT-435 | TV(アナログ)送信機 | 139,000円 |
| | 435MHzスポット　10W　TV(アナログ)送信機　音声変調付き　DSB | | | |
| 1977 | エース電器 | MODEL430-01 | トランスバータ | 38,000円 |
| | 430MHz　SSB　1W　28MHz入力　主要部調整済み　ケースなし | | | |
| | 清水電子研究所 | X-260 | トランスバータ | 88,500円(完成品) |
| | 50/144MHz　2バンド・オールモード　10W　RF同調付き　28MHz入力 | | | |
| | 清水電子研究所 | X-407 | トランスバータ | 42,200円(完成品) |
| | 430MHz　オールモード　4W | | | |
| | タニグチ・エンジニアリング・トレイダース | MODEL-2010A(B) | トランスバータ | 48,500円 |
| | 144MHz　オールモード　10W　操作は電源スイッチのみ　28MHz入力 | | | |
| | ラリー通信機 | VT-435K | TV(アナログ)送信機 | 179,000円 |
| | 435MHzスポット　10W　TV(アナログ)送信機　カラー　音声変調付き　DSB | | | |
| | ラリー通信機 | VT-435KV | TV(アナログ)送信機 | 129,000円 |
| | 435MHzスポット　10W　TV(アナログ)送信機　白黒　音声変調なし　DSB | | | |
| 1978 | タニグチ・エンジニアリング・トレイダース | UHF TRANSVERTER | トランスバータ | 85,000円 |
| | 430～434MHz　オールモード・トランスバータ　144MHz入力 | | | |
| | マキ電機 | UTV-430A | トランスバータ | 55,000円 |
| | 430MHz　主としてSSB　10Wpep　28MHzまたは50MHz入力 | | | |
| 1979 | REX | LV-6 | トランスバータ | 213,000円 |
| | 50MHz　50W　オールモード・トランスバータ　14MHz入力　4X150A | | | |
| 1981 | 秋川無線 | 50C435 | トランスバータ | 53,500円 |
| | 430MHz　10W　430～434MHz　別バンドはオプション(+3,000円)　オールモード　50MHz入力 | | | |
| 1982 | 八重洲無線 | FTR-5410 | レピータ | 498,000円 |
| | 430MHz　10W | | | |
| | ワンダー電子 | W-706G | トランスバータ | 39,800円(キット) |
| | 430MHz　オールモード・トランスバータ　12W　50MHzまたは28MHz入力 | | | |
| 1983 | 清水電子研究所 | SX-107 | トランスバータ | 46,800円 |
| | 430MHz　オールモード・トランスバータ　10W　28MHz入力 | | | |
| | トリオ | TKR-200A | レピータ | 498,000円 |
| | 430MHz　10W | | | |
| | トリオ | TKR-200 | レピータ | 398,000円 |
| | 430MHz　10W　デュープレクサなし | | | |
| | マキ電機 | UTR-1200TV | TV(アナログ)送信機 | 69,000円 |
| | 1.2GHz　2W　TV(アナログ)送信機+受信コンバータ　4ch(内蔵2ch) | | | |
| | アイコム | IC-RP3010 | レピータ | 485,000円 |
| | 430MHz 10W | | | |
| 1984 | 八重洲無線 | FTR-1054 | レピータ | 480,000円 |
| | 1.2GHz　10W | | | |
| | トリオ | TKR-300A | レピータ | 459,000円 |
| | 1.2GHz 10W | | | |

※：「日本アマチュア無線機名鑑」に記載

| 発売年 | メーカー | 型番 | 種別 | 価格(参考) |
|---|---|---|---|---|
| | 特徴 | | | |
| 1984 | アイコム | **IC-RP1210** | レピータ | 495,000円 |
| | 1.2GHz 10W | | | |
| 1985 | アドニス電機 | **ATV-1200S** | TV(アナログ)送信機 | 79,800円 |
| | 1.2GHz　TV(アナログ)送信機(A5)　2ch　受信はTV放送のUHF15chに出力 | | | |
| | 三協特殊無線 | **RT-201A** | バイク用 | 28,000円 |
| | 144MHz　1W　3ch　送信3ch　受信6ch　DC12V動作 | | | |
| | 三協特殊無線 | **RT-601A** | バイク用 | 28,000円 |
| | 50MHz　1W　3ch　送信3ch　受信6ch　DC12V動作 | | | |
| | 三協特殊無線 | **RT-2301** | バイク用 | 33,000円 |
| | 144MHz　1W　3ch　送信3ch　受信6ch　DC12V動作　インターホン付き | | | |
| | 三協特殊無線 | **RT-201VX** | バイク用 | 32,000円 |
| | 144MHz　1W　3ch　送信3ch　受信6ch　DC12V動作　VOX付き | | | |
| | ラリー通信機 | **PTV-1** | TV(アナログ)送信機 | 49,800円 |
| | 1.2GHz　2ch(6chはオプション)　1W　TV(アナログ)送信機　受信コンバータ付き | | | |
| | ラリー通信機 | **PTV-2** | TV(アナログ)送信機 | 47,800円 |
| | 435MHz　2ch(6chはオプション)　1W　TV(アナログ)送信機　受信コンバータ付き | | | |
| | ラリー通信機 | **PTV-3** | TV(アナログ)送信機 | 39,800円 |
| | 435MHz　2ch(6chはオプション)　1W　TV(アナログ)送信機 | | | |
| 1986 | 日本特殊無線 | **MK-32** | トランスバータ | 18,000円 |
| | 28MHz　オールモード　10W　入力は144MHz 1W | | | |
| | 日本特殊無線 | **MK-32(追加仕様)** | トランスバータ | 21,800円 |
| | 50MHz　オールモード　10W　入力は144MHz　1W | | | |
| | 日本特殊無線 | **MK-32(追加仕様)** | トランスバータ | 18,000円 |
| | 28MHz　オールモード　10W　入力は50MHz　1W | | | |
| | 三協特殊無線 | **RT-201TM** | バイク用 | 29,000円 |
| | 144MHz　1W　3ch　送信3ch　受信6ch　DC12V動作　インターホン対応 | | | |
| 1987 | 福島無線通信機 | **ATV-2TR** | ATV(アナログ)送信機 | 28,000円(基板のみ) |
| | 435MHz　2W　カラーTV(アナログ)送信機　受信コンバータ付き | | | |
| | 福島無線通信機 | **ATV-1200KA** | ATV(アナログ)送信機 | 28,000円(基板のみ) |
| | 1.2GHz　1W　カラーTV(アナログ)送信機　435MHz　0.5W出力取り出し可能 | | | |
| | 福島無線通信機 | **ATV-435KA** | ATV(アナログ)送信機 | 34,000円(基板のみ) |
| | 435MHz　10W　カラーTV(アナログ)送信機 | | | |
| | 福島無線通信機 | **FTV-435V** | ATV(アナログ)送信機 | 73,000円 |
| | 435MHz　10W　カラーTV(アナログ)送信機　受信コンバータ付き | | | |
| | マキ電機 | **FTV-1200** | FMTV(アナログ)送受信機 | 74,000円 |
| | 1.2GHz　5W　ATV(アナログ)送信機&144MHz入力トランスバータ　受信コンバータ付き | | | |
| | マキ電機 | **FTV-2400** | FMTV(アナログ)送受信機 | 89,000円 |
| | 2.4GHz　1W　ATV(アナログ)送信機&144MHz入力トランスバータ　受信コンバータ付き | | | |
| | マキ電機 | **FTV-140A** | ジェネレータ | 39,800円 |
| | 135MHz出力　FM-TV(アナログ)ジェネレータ　トランスバータ接続用 | | | |
| | 日本マランツ | **RP70KF** | レピータ | 298,000円 |
| | 1.2GHz　12W | | | |

| 発売年 | メーカー | 型　番 | 種　別 | 価格(参考) |
|---|---|---|---|---|
| | 特　徴 | | | |
| 1987 | ミズホ通信 | FTX-2 | 送信機 | 32,000円 |
| | 144MHz　1W　FOXテーリング用送信機　IDで5種類あり | | | |
| | ミズホ通信 | FRX-2D | 受信機 | 12,800円 |
| | 144MHz　FOXテーリング用受信機　アンテナ直結タイプ | | | |
| 1989 | ミズホ通信 | FRX-2000G | 受信機 | 26,000円 |
| | 144MHz　FOXテーリング用受信機　アンテナ一体型 | | | |
| | ミズホ通信 | FTX-2Z | 送信機 | 26,000円 |
| | 144MHz　1W　FOXテーリング用送信機　ROM書き込み有料化 | | | |
| | マキ電機 | FMT-1200 | FMTV(アナログ)送受信機 | 19,800円 |
| | 1.2GHz　50mW　FM(F9)-ATV(アナログ)送信機 | | | |
| | 東京ハイパワー | HX-640 | トランスバータ | 39,800円 |
| | HF5バンド　40Wpep　30W(FM)　50MHz2.5W入力 | | | |
| | 東京ハイパワー | HX-240 | トランスバータ | 39,800円 |
| | HF5バンド　40Wpep　30W(FM)　144MHz2.5W入力 | | | |
| | マキ電機 | FMT-1202 | FMTV(アナログ)送受信機 | 26,000円 |
| | 1.2GHz　2W　FM(F9)-ATV(アナログ)送信機 | | | |
| | ミズホ通信 | FRX-2001 | 受信機 | 28,000円 |
| | 144MHz　FOXテーリング用受信機　アンテナ一体型 | | | |
| | アイコム | IC-RP1220 | レピータ | |
| | 1.2GHz　10W | | | |
| | アイコム | IC-RP4020 | レピータ | |
| | 430MHz　10W | | | |
| 1990 | 福島無線通信機 | ATV-1201FM | ATV(アナログ)送信機 | 17,000円(キット) |
| | 1.2GHz　1W　FMカラーTV(アナログ)送信機基板　途中から1201ICに改番 | | | |
| | 東野電気 | FSX-1M(MS) | 送受信機 | 134,800円 |
| | 430MHz　10W　自動車電話型　1波同時通話　アンテナはダイバシティ型式 | | | |
| | マキ電機 | FTV-120 | 送受信機 | 59,800円 |
| | 1.2GHz　5W　4ch　FM-ATV(アナログ)トランシーバ　NTSC出力 | | | |
| | マキ電機 | FTV-240 | 送受信機 | 85,000円 |
| | 2.4GHz　1W　4ch　FM-ATV(アナログ)トランシーバ　NTSC出力 | | | |
| | マキ電機 | FTV-140L | ジェネレータ | 49,800円 |
| | 135MHz出力　FM-TV(アナログ)ジェネレータ　トランスバータ接続用 PLL式 | | | |
| | マキ電機 | FTV-290A | ジェネレータ | 44,000円 |
| | 135MHz出力　FM-TV(アナログ)ジェネレータ　TS-790接続用　PLL式 | | | |
| 1991 | KEN無線電子 | QTV-60 | トランスバータ | 15,200円(基板) |
| | 50MHz　150mW出力　28MHz入力　(144MHz入力あり　+1,500円) | | | |
| | KEN無線電子 | QTV-20 | トランスバータ | 15,200円(基板) |
| | 144MHz　150mW出力　28MHz入力　(50MHz入力あり　+1,500円) | | | |
| | KEN無線電子 | QTV-07S | トランスバータ | 19,300円(基板) |
| | 430MHz　150mW出力　28MHzまたは50MHz入力 | | | |
| 1992 | 東京ハイパワー | HX-650 | トランスバータ | 69,800円 |
| | 50MHz　50Wpep　28MHz入力 2バンド切り替え | | | |

| 発売年 | メーカー | 型 番 | 種 別 | 価格(参考) |
|---|---|---|---|---|
| | 特 徴 | | | |
| 1993 | 東野電気 | TT-400 | ハンディ | 43,800円 |
| | 430MHz　FM　5W　音声反転　9600bps端子 | | | |
| | 東野電気 | TT-400S | ハンディ | 63,800円 |
| | 430MHz　FM　5W　ローリング・スクランブラ　トーン・スケルチ　9600bps端子 | | | |
| | KEN無線電子 | QTV-6SDG | トランスバータ | 19,500円(基板) |
| | 50MHz　200mW出力　28MHz入力　(144MHz入力あり　+1,600円) | | | |
| | KEN無線電子 | QTV-2SDG | トランスバータ | 19,500円(基板) |
| | 144MHz　200mW出力　28MHz入力　(50MHz入力あり　+1,600円) | | | |
| | KEN無線電子 | QTV-07SD | トランスバータ | 22,500円(基板) |
| | 430MHz　150mW出力　28MHzまたは50MHz入力 | | | |
| | KEN無線電子 | HVT-610(630, 6100) | トランスバータ | 64,600円 |
| | 50MHz　10W(30W, 100W)　28MHz入力　(144MHz入力あり　+1,600円)　受注生産 | | | |
| | タスコ | DTR-192 | 送受信機 | 79,800円 |
| | 430MHz　FM　10W　データ通信重視　GMSK9600bps　TNC入り | | | |
| 1994 | マキ電機 | FMT-122PL | ATV(アナログ)送信機 | 39,000円 |
| | 1.2GHz　2W　FM(F9)-ATV(アナログ)送信機　PLL局発 | | | |
| | 東野電気 | TT-400X | ハンディ | 43,800円 |
| | 430MHz　FM　5W　トーン・スケルチ　9600bps端子 | | | |
| | マキ電機 | FTV-120L | 送受信機 | 69,800円 |
| | 1.2GHz　3W　4ch　FM-ATV(アナログ)トランシーバ　後に78,000円に改定される | | | |
| | マキ電機 | FTV-240L | 送受信機 | 79,800円 |
| | 2.4GHz　1W　4ch　FM-ATV(アナログ)トランシーバ　後に4W, 88,000円に | | | |
| | KEN無線電子 | HVT-210(230) | トランスバータ | 64,000円 |
| | 144MHz　10W　28MHzまたは50MHz入力　30W機のHVT-230は69,500円　キットもあり | | | |
| | KEN無線電子 | HVT-710(735, 760) | トランスバータ | 70,000円 |
| | 430MHz　10W(35W, 60W)　28MHzまたは50MHz入力　10Wのみキットもあり | | | |
| 1996 | 東野電気 | PMT-192H(L) | 送受信機 | 79,800円 |
| | 430MHz　FM　20W(Lは10W)　GMSK(19200bps)　TNC内蔵 | | | |
| | 東野電気 | TPS-7000 | ハンディ | 69,800円 |
| | 430MHz　FM　1W　音声圧縮で同時通話可能 | | | |
| | 東野電気 | TPS-7000B | 送受信機 | 98,700円 |
| | 430MHz　FM　10W　音声圧縮で同時通話可能 | | | |
| 1997 | 福島無線通信機 | ATV-12X | ATV(アナログ)送信機 | 9,500円 |
| | 1.2GHz　0.2W　FM-ATV(アナログ)送信機(映像+音声) | | | |
| | アイテック電子研究所 | FT-201 | 送信機 | 12,500円 |
| | 144MHz　0.3W　FOXハンティング用送信機　断続送信可能 | | | |
| 1998 | 三協特殊無線 | HRM・H43AIR | 送受信機 | 29,800円 |
| | 430MHz　FM　0.5W　ユピテルCT-H43　ウインド・ノイズ・キャンセル・マイク | | | |
| 1999 | ミズホ通信 | FTX-3.5S | 送信機 | 28,000円 |
| | 3.5MHz　ARDF用送信機 | | | |
| 2000 | マキ電機 | WFM-1201PL | ATV(アナログ)送信機 | 29,800円 |
| | 1.2GHz　0.1W　FM(F5, F9)-ATV(アナログ)送信機　PLL局発 | | | |

W表記はすべて出力, 入力はトランスバータの許容入力.

# ATV，レピータなどの特殊なリグたち 各機種の紹介 発売年代順

## 1972年

### 都波電子　UHF430MHzTV送信機

本機は1972年発売のため，機種画像などは，「日本アマチュア無線機名鑑」p.191を参照してください．

430MHz帯固定チャネルの5W出力TV送信機です．当時のTV放送波と同じく映像はAM変調，音声はFM変調のA9(A8W，両側波帯)波です．ただしVSBフィルタ(残留側波帯生成フィルタ)で周波数帯域を削減していないため，映像周波数帯域は9MHz近くあり，音声周波数が2つ出現します．

受信部はありません．メーカーでは，家庭用TVのUHFチューナの周波数を変えれば受信可能と告知していました．

## 1975年

### ラリー通信機　VT-435　VT-435K　VT-435KV

本機は1975年発売のため，機種画像は「日本アマチュア無線機名鑑」p.231を参照してください．

VT-435は，映像周波数435.25MHz，音声周波数430.75MHz，439.75MHzのTV送信機です．当時のアナログTV放送2ch(93～102MHz)，3ch(99～108MHz)に変換する受信コンバータも内蔵していて，映像出力は10W(pep)，カメラは別売です．

本機も前項の都波電子と同様に映像はAM変調，音声はFM変調のA9(A8W，両側波帯)波です．VSBフィルタ(残留側波帯生成フィルタ)は略されているため，映像周波数帯域は9MHz近くあり，音声周波数が2つ出現しています．

VT-435KはVT-435をカラー対応させたものですが，カメラは別売ですから極端なコストアップはないはずで，事実上の価格改定品と考えて良いようです．VT-435Kが発売された時点でVT-435の販売は終了しています．またVT-435KVはVT-435Kの廉価版で白黒映像のみ，音声なし，AC電源なしのモデルです．

このシリーズの機器はどれも固定周波数のためメイン・ダイヤルが存在せず，パネル面で一番存在感があるのは大きなメータでした．これは消費電流，音声レベル，出力を監視できます．

## 1977年

### エース電器　MODEL430-01

28MHz帯から430MHz帯に変換するトランスバータ・キットです．オール・モード対応で出力は1W，ショットキーバリア・ダイオードのDBMで変換するようになっています．ケースは加工済み，局発，ミキサ，フィルタは組み立て済み，全部品が付いていましたが，外装だけは付いていないシャーシ・キットでした．

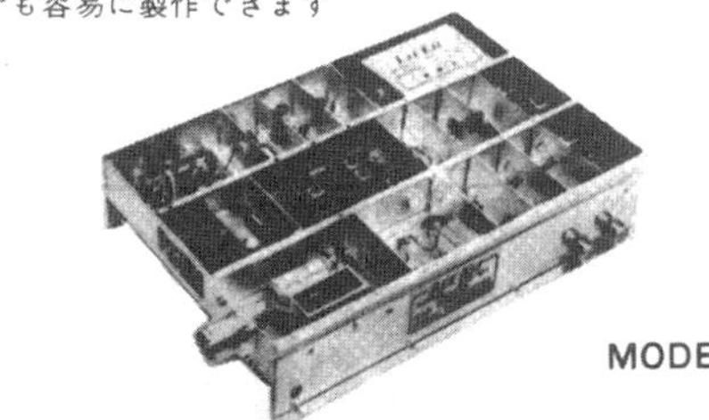

## 清水電子研究所　X-260

50MHz帯，144MHz帯の両方で10Wの出力を持つ，28MHz帯入力のトランスバータです．

価格は88,500円(完成品)，68,500円(キット)と高価でしたが，これは2バンド別々の回路を持っていたためでしょう．RF-AGC採用，電子同調タイプです．

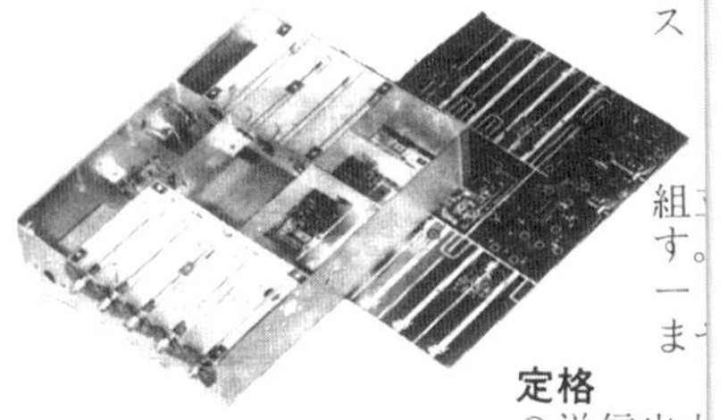

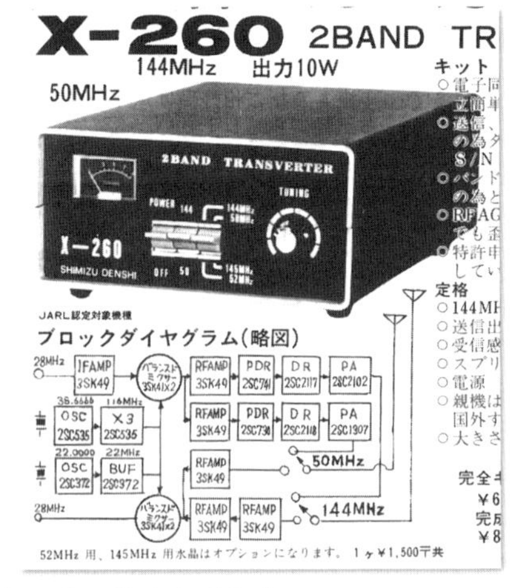


● **X-407**

430MHz帯，4W出力のトランスバータです．パーツ・キット(34,800円)と完成品の2種類がありますが，いずれも外装は付いていませんでした．

**144MHz SSB CW**
**トランスバーター**
**MODEL-2010A(TS520用)**
**2010B(FT101用)**
**¥48,500**

## タニグチ・エンジニアリング・トレイダース(TET)　MODEL-2010A(B)

「VHF TRANSVERTER」という名称でも販売された，144MHz帯，SSB，CW用で出力10Wのトランスバータです．親機は28MHz帯で，AタイプはTS-520のようなローインピーダンス出力機用，BタイプはＦT-101のようなハイインピーダンス出力機用となっています．スイッチは電源スイッチのみ，これがアンテナ系の接続切り替えにも連動していました．

### 1978年

## タニグチ・エンジニアリング・トレイダース(TET)　UHF TRANSVERTER

広告説明文によると144MHz帯の親機出力を430MHz帯に変換するトランスバータです．親機からの入力電力は500mWですが付属抵抗を挿入することで10Wにすることができ，出力の切り替え忘れによる内部焼損を防げるようになっていました．出力10W，オールモード対応です．写真では，親機は28MHz帯で送受信切替リレー・レスのように見えますが，詳細は不明です．

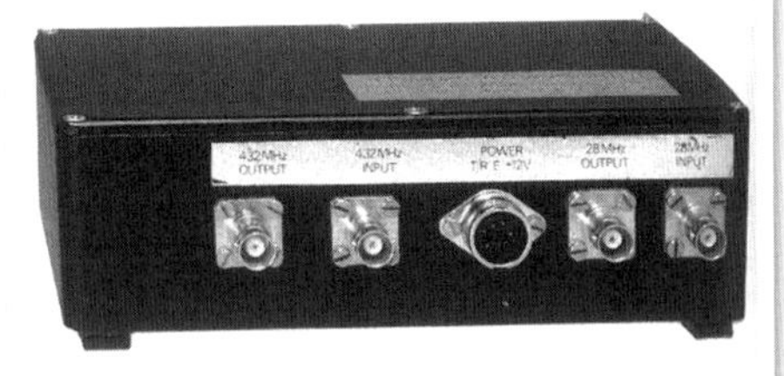

## マキ電機　UTV-430A

■430MHz オールモードアップバーター
局発部組立調整済，
組立説明書付
出力10W全部品
キット ¥39,500
※完成品 ¥55,000

430～434MHzに変換するトランスバータです．SSB用で出力は10Wpepです．28MHz帯もしくは50MHz帯入力，完成品以外にキット(39,500円)やケース・キット(13,500円)も用意されていました．発売後に完成品は45,500円に値下げされています．

## 1979年

### REX　LV-6

14MHz帯の親機を50MHz帯に変換するトランスバータです．4段のμ同調により近接スプリアスを軽減しています．

ファイナルは真空管4X150Aで公称出力は50Wでした．1981年から翌年に掛けて，本機は販売店のロケットからROCKET LV-6の名称でも販売されています．その際の価格は95,800円でした．

## 1981年

### 秋川無線　50C435

50MHz帯を430MHz帯に変換するトランスバータで10W出力です．50～54MHzを430～434MHzに変換しますが，チャネル増設(+3,000円)をすると435～439MHzにも出られるようになります．本機は完成品でオールモード，FM専用の場合は4,000円安でした．

## 1982年

### 八重洲無線　FTR-5410　FTR-1054

●高信頼リピーター

1200MHz帯用10Wリピーター　FTR-1054 ￥480,000

430MHz帯用10Wリピーター　FTR-5410 ￥498,000

FTR-5410は国内向け初のレピータ機です．フロア・タイプで本体とデュープレクサで構成されています．本体は受信機基板と送信機基板，そしてIDジェネレータ，可変式ハングアップ・タイマ，トーン・スケルチなどで構成され，大き目の電源も内蔵しているので長時間の運用にも耐えられます．デュープレクサはキャビティ4段構成で送信波が受信部に回り込むのを防いでいます．430MHz帯，出力は10W，DTMFによる遠隔操作が可能です．

FTR-1054は1.2GHz用の10Wのレピータ機です．デスクトップ・タイプであり大型スピーカが前面中央にあること，デュープレクサも本体内に内蔵しているところにFTR-5410との違いがあります．

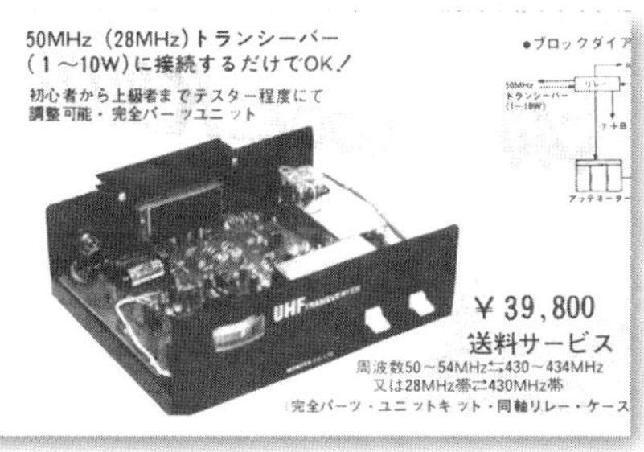


### ワンダー電子　W-706G

50MHz帯(または28MHz帯)の入力を430MHz帯に変換するトランスバータのキットです．出力は12～15W，パック型ショットキーバリア・ダイオードを使用したミキサとパワーモジュールの採用で安定した性能となっています．ユニットは組み立て調整済みでした．

## 1983年

### 清水電子研究所 SX-107

28MHz帯の入力を430MHz帯に変換するトランスバータ(**写真右**)です．出力は10W，430MHz帯を5バンドに分割しています．39,200円のキットもありました．

430MHzレピーター 4月上旬発売
TKR-200A (デュープレクサー付き) 価格498,000円
TKR-200 (デュープレクサーなし) 価格398,000円
タッチ・トーン
デコーダー
TD-1
価格15,000円

### トリオ(JVCケンウッド) TKR-200A TKR-200 TKR-300A

430MHz帯，10W出力のレピータ機です．TKR-200Aはデュープレプクサ付き，TKR-200には付いていませんが価格は10万円安となっていて，送信波が受信アンテナに回り込みにくいような環境下であれば安価に済ませることができるようになっていました．TKR-300Aは1.2GHz帯10Wのレピータ機です．どの機種もパネル中央に大きなメータが付いているのが特徴的です．

### マキ電機 UTR-1200TV

1200MHz ATVトランシーバー
●UTR-1200TV
¥69,000
白黒カメラ・カラーカメラ・VTR
パソコンに接続しての実験は、
Hamの世界をさらに広げます。

1.2GHzのTV送信機と受信コンバータを組み合わせた製品です．マキ電機ではATVトランシーバと呼んでいます．

1279.00MHzと1285.00MHzの2波を内蔵，ピーク出力は2W，受信は500～600MHz(18ch～34ch)に変換されるので，アナログTVのUHFチャネルにて受像することが可能でした．カラー・カメラを使用すれば送信波もカラーになります．送信はA5(A3F)，免許の関係もあり映像のみの送信です．他に2波内蔵可能ですが，当時のバンドプラン上ATVの運用周波数は1273～1291MHzの18MHz幅となっていましたので，9MHzの帯域幅のA5(A3F)としては内蔵の2chで十分であったと思われます．

## 1984年

### アイコム IC-RP3010 IC-RP1210

430MHz帯(IC-RP3010)，1.2GHz帯(IC-RP1210)の10W出力のレピータ機です．レピータは製造数が少ないのでプラスチックの飾りなどを付けることができず無骨になりがちですが，パネル面を明るい茶色に塗装して外観を飾っています．

## 1985年

### アドニス電機 ATV-1200S

マイク・アンプやブースタなど周辺機器を得意としているアドニス電機の製品で，1.2GHzのTV送信機と受信コンバータを組み合わせた製品です．送信周波数は1277.5MHz，1286.5MHzの2波，受信信号はUHF-TVの15chにて出力され，アナログTVのUHFチャネルにて受像することが可能となります．

カラー・カメラを使用すれば送信波も

カラーです．送信はA5(A3F，両側波帯AM-TV)ですが，4.5MHzのFM音声を入力することでA9(A8W，両側波帯AM-TV(音声副搬送波付き))も対応可能としていました．

本機の送信周波数は，ATVの下端(バンドエッジ)から4.5MHz内側となる1波と，その9MHz上になります．これはA5(A3F)の帯域幅が9MHzであるためでしょう．現在のバンドプランでは1286.5MHzはD-StarのDDモードのレピータ・ダウンリンクに割り当てられています．

## 三協特殊無線　RT-201A　RT-601A　RT-2301　RT-201VX

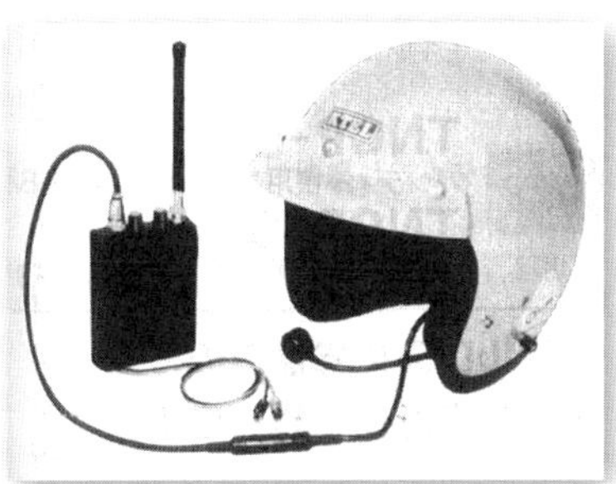

144MHz用(RT-201A)，50MHz用(RT-601A)で1W出力のFMトランシーバです．その最大の特徴はオートバイ用に特化していることで，ヘルメット内側に取り付けるヘッドセットと組み合わせて使用するようになっています．

サイズは13.5×8.5×2.2cmと小型に作られていて，どちらも受信は6ch，送信は3chとなっています．スタンバイ・スイッチをハンドルに固定することが可能で，高耐震，高耐久設計，そしてエンジン・ノイズにも強いとPRしていました．変わった工夫としては公称電圧をDC13.8VではなくDC12Vとしたことが挙げられます．オートバイの場合，バッテリ電圧が低くなりやすいことを考慮したのでしょう．消費電流も350mA(送信時)に抑えられています．

RT-201Aにインターホン機能を付加した製品がRT-2301です．タンデム(2名乗車)のオートバイでは意外と同乗者との会話に苦労するので作られたようです．一方，RT-201AにVOXを付加した製品がRT-201VXです．

## ラリー通信機　PTV-1　PTV-2　PTV-3

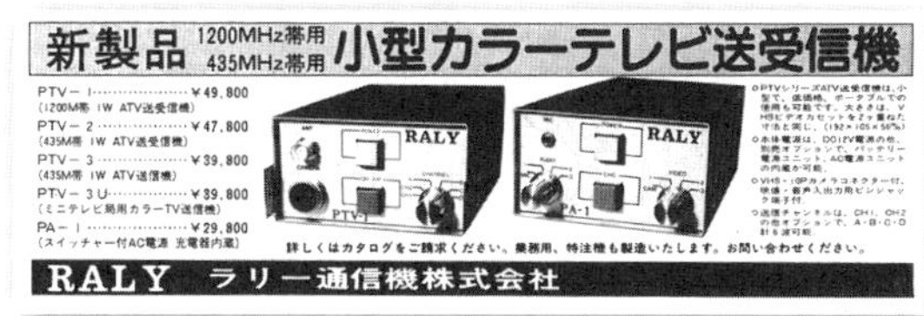


PTV-1は1.2GHz帯1WのATV送信機で，受信コンバータも内蔵しています．PTV-2は435MHz1WのATV送信機で，やはり受信コンバータも内蔵しています．PTV-3はPTV-2から受信コンバータを抜いたものです．

どれもカラー対応，2ch切り替え．送信はA5(A3F，両側波帯AM-TV)，A9(A8W，両側波帯)共に可能でしたが，1.2GHz帯のA9(A8W)が運用できるようになったのは発売の翌年，1986年11月からでした．

### 1986年

## 日本特殊無線　MK-32　MK-32(追加仕様1)　MK-32(追加仕様2)

本機は，144MHz帯から28MHz帯に変換するトランスバータです．オールモードで1W入力，10W出力，パネル面はLED式メータとスイッチ，電源表示LEDだけというシンプルな外観です．本機は後に50MHz帯から28MHz帯に変換する製品，144MHz帯から50MHz帯に変換する製品が追加されています．どちらも10W出力，オールモード対応です．本書では便宜上「追加仕様」としましたが，実際には3機種共MK-32の型番で販売されていました

## 三協特殊無線 RT-201TM

144MHz帯で1W出力のFMトランシーバです．受信は6ch，送信は3chとなっています．

本機は好評だったRT-201AとRT-2301の機能を統合した製品で，タンデム用ケーブル(DJ-2SP 6,000円)を取り付けるとタンデム用インターホン兼トランシーバとなります．

バイク用トランシーバー(2m)
RT-201TM(本体のみ￥29,000)〒500
●インターホン機能付、タンデム用ケーブル(DJ-2SP ￥6,000)を使うことにより無線とインターホン同時に運用できます。

RT-201VX(本体のみ￥32,000)〒500
●バイク用VOX内蔵
RT-601A(6m 本体のみ￥28,000)〒500

## 1987年

## 福島無線通信機 ATV-2TR

435MHz 2W出力のカラーTV送信機&受信コンバータです．4.5MHzのFM音声を入力することでA9(A8W)の運用も可能となっています．本機はケースなし，10台限定のキットでした．

**● ATV-1200KA**

1.2GHz帯 1W出力のAM-ATVカラーTV送信機です．途中段に変調を掛けることで435MHz 0.5Wの送信をすることも可能としてあり，キットのみの販売でした．受信用のクリスタル・コンバータ(TXC-1200 9,200円)と切り替えリレーを用意すると送受信対応となります．

**● ATV-435KA　FTV-435V**

ATV-435KAは435MHzの10W出力・AM映像(A5，現A3F)の送信機キットです．カラー対応しています．これに受信コンバータやメータ回路，送受信切り替え回路を取り付けたのがFTV-435Vで，こちらには完成品も用意されていました．本機は430MHz帯の最後のATV機です．

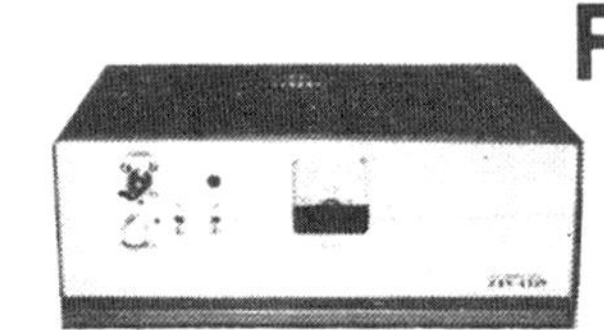

FTV-435V
435MHz
10Wビデオトランシーバキット
￥59,000〒サービス
完成品
￥73,000〒サービス

## マキ電機 FTV-1200　FTV-2400　FTV-140A

いずれもFM-ATV機器です．アナログのTV放送，従来のATV機はいずれも映像信号で搬送波をAM変調していました．このためノイズに弱く受信時の所要電界強度が高いという問題があったのですが，FM変調(F5，現F3F)にすることでこれらの欠点を軽減しました．

FTV-1200は1.2GHz帯5W出力のFM-ATV送受信機です．144MHz帯のリグを接続してトランスバータとしても使えるようにFM変調用周波数を132MHzにしています．FM-ATV送信機としては1279MHz，1281MHz，1283MHzを内蔵し，トランスバータとしては1291～1297MHzで動作します．

世界で初めて FM-TVジェネレーター！(FM-TVトランシーバー)発売
"F9"免許される！ 画像通信の最先端技術 "FM-TV"を1200MHz、2400MHzでどうぞ！

**FTV-140A**
￥39,800(完成品)
￥29,800(基板完成ユニット)
アナタのUTV-1200BIIを生かしましょう！
大好評!!

"Spec"

| | | | |
|---|---|---|---|
| ○送受信周波数 | 135MHz、±5MHz | ○TV、カメラ接続 | ●VHSコネクター ●PINコネクター 切換 |
| ○送受信方式 | N.T.S.C方式 | | |
| ○送信出力 | 最大200mW | ○映像出力 | 1V PPビデオ出力 |
| ○電波型式 | F9(FM-TV、音声付) | ○音声出力 | 最大1.0W SP端子付 |
| ○音声 | サブキャリア、±4.5MHz、FM変調 | ○IC-1271(アイコム)使用時 | "TV-1200"使用時AM、FMの切換をワンタッチでOK |
| ○映像変調 | 可変リアクタンス変調 | | |

特長
①本機(135MHz、±5MHz、FM-TV、F9対応)をUTV-1200BII、UTV-2400E、IC-1271(アイコム)に接続することで直ちに"F9"の1200MHz、2400MHzの送受信がOKとなります。
②FM-TV(F9)は送信機出力アンプ部は直線(リニア)アンプである必要は無く、送信出力の最大有効出力をFULLに利用出来るので、AM-TV(A9)に比べて出力で、2倍から3倍の出力で交信することが出来ます。
③画質の再現性は抜群に良く、AM-TVに比べて画質の良さは飛躍的に改善されます。受信部にはB.S(放送衛星)用PLL型復調IC、μPC-1477、μPC-1476(NEC)シリーズを採用、鮮明なHi-Fi画像で復調しています。
④FTV-140Aの利用範囲は広く2.4GHz、5.6GHz、10GHz、24GHzへと利用して下さい。

FTV-2400は2.4GHz帯1W出力のFM-ATV送受信機です．こちらも144MHz帯のリグを接続してトランスバータとしても使えるように考慮されています．FM-ATV送信機としては2412MHz，2414MHzを内蔵し，トランスバータとしては2422～2426MHzで動作します．

FTV-140AはFM-ATVのジェネレータです．135MHzのFM-ATV信号を入出力できます．周波数関係を合わせてあるので，同社製トランスバータやアイコムのIC-1271に接続して使用することが可能でした．

● **FMT-1200　FMT-1202**（1989年）

FMT-1200は出力50mWの1.2GHz帯FM-TV送信機，FMT-1202は出力2Wの1.2GHz帯FM-TV送信機です．どちらも低価格ながら4.5MHzのサブ・キャリアを使用した音声変調回路も内蔵していて，映像，音声の同時送信が可能F9(F8W)です．

本機はATVがオプションの1.2GHzのオールモード機に接続してFM-ATVを送信することも可能となる設計でしたが，接続するリグによっては音声には対応できない場合があるとアナウンスされていました．接続先の帯域幅の問題だと思われます．

## 日本マランツ　**RP70KF**

デスクトップ型の1.2GHz帯最大12Wのレピータ機です．デュープレクサを内蔵し，１本のアンテナで送受信が可能となっています．DTMFによるリモート・コントロールなども可能でありながら，30万円を切る低価格です．

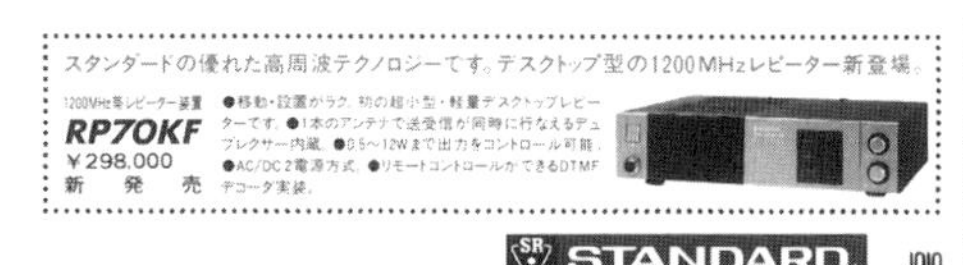


## ミズホ通信　**FTX-2　FRX-2D　FTX-2Z**

FTX-2はFOXテーリング用送信機です．通常は5台1組で使用し，組み込みのモールス信号で参加者にTX番号(MOE[Eは1の省略形]～MO5)を知らせます．本機は144MHz帯1W出力，F2Aを発射します．

価格は1台分，自動送信用のコールサインのROM焼き込みはサービスでした．なお，本機は後にFTX-2Zに改番しましたが，この時の大きな変化は値下げとROM書き込みの有料化(2,000円)です．

FRX-2DはFOXテーリング用受信機です．アンテナ(別売)に直接固定して使用します．送信機の方向を探すための機能に特化しているのが特徴です．40dBアッテネータだけでなくIFカット機能を併用して最終的には60dBまで入力を減衰させることが可能で，もちろんメータ付き，受信音のモニタはイヤホンで行います．

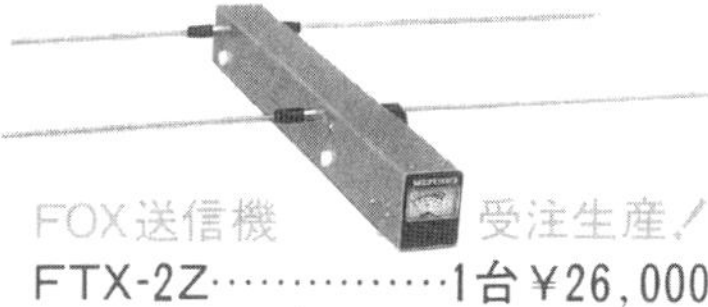


● **FRX-2000G**

アンテナと受信機を一体化したFOXセンサ(探索機)です．144MHz帯を10kHz間隔でカバーし，音Sメータや大型アナログSメータを内蔵した受信部と2素子のアンテナが一体化しています．

**1989年**

## 東京ハイパワー　**HX-640　HX-240**

50MHz帯(HX-640)，144MHz帯(HX-240)のオールモード機を親機にして3.5，7，14，21，28MHzの5バンドに変換するトランスバータです．キャリア・コントロール内蔵，出力計付き，出力は30～40Wpepと比較的ハイパワーに作られています．パネル面にはバンド選択，プリアンプON/OFFだけしかなく，シンプル操作も魅力の一つでした．

なお本機は当初１～10Wの親機に対応と告知されていましたが，発売時に2.5W，10Wの2段階切り替え式に変わりました．

## ミズホ通信 FRX-2001

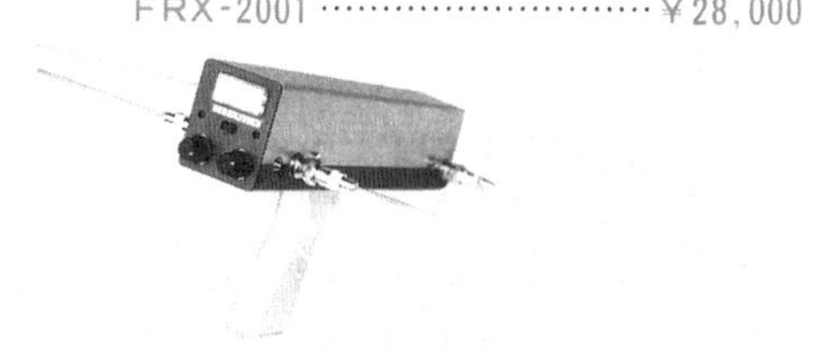


アンテナと受信機を一体化したFOXセンサでFRX-2000Gの改良型です．144MHz帯を10kHz間隔でカバーしています．

音によるSメータや大型アナログSメータを内蔵した受信部と2素子のアンテナが一体化しているのは前機種と同じですが，全体を小型化し本体下部に取っ手を付けて持ちやすくしています．アンテナ・エレメントはBNCコネクタ接続で運搬や組み立てを簡単にし，アッテネータには微調整も付けました．

後にFOXインジケータ基板(4,800円)がオプションで用意されました．これは今聞こえているFOXが何番目のFOXなのかをLEDで表示するものです．

## 福島無線通信機 ATV-1201FM

1.2GHzのFM-ATVの基板キットです．

出力は1W，発売を記念して当初は現金もしくは郵便振替に限り13,500円で販売されていました．本機は後にATV-1201ICにマイナ・チェンジしています．

144 MHz REPEATER
220 MHz REPEATER
430 (440) MHz REPEATER
1200 MHz REPEATER
IC-RP1510
IC-RP2210
IC-RP4020
IC-RP1220

## アイコム IC-RP4020 IC-RP1220

それぞれ，430MHz帯，1.2GHz帯のレピータ機です．4桁のパスワード付きのDTMF信号で遠隔操作をすることが可能です．黒を基調としたオーディオ機器調のデザインになりました．国内向けは10Wですが，輸出用のIC-PR4020の最大出力は50Wでした．

### 1990年

## 東野電気 FSX-1M(MS)

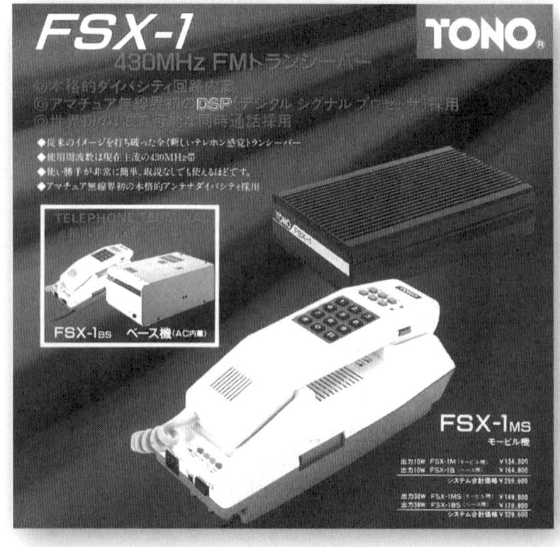


自動車電話の受話器の形をした操作部と別筐体の本体で構成された430MHz帯のモービル用FMトランシーバです．

受信にはアンテナ・ダイバシティを採用しモービルでも安定した受信ができるようになっています．普段はスピーカ付きの台の上に受話器を置くようになっていて，この受話器の外側にはDTMFテンキーが付いています．周波数設定は受話器台の端に取り付けられたサムホイール・スイッチで行い，10kHz間隔でバンド全体をカバーしています．受話器の銘板とDTMFキーの間にあるのは，固定機側の遠隔操作機能で，内線・

外線の切り替えなどが可能です．

AC電源付きの固定機FSX-1B(BS)は輸出専用とされていました．これは当時許可されていなかった公衆電話網接続(フォーンパッチ)機能があったためと思われます．固定機の愛称は「Telephone Terminal」，日本でのフォーンパッチの認可は1998年でした．

本機はアマチュア無線機としては初めてDSP(ディジタル・シグナル・プロセッサ)を採用し，音声を半分に圧縮することで同じシリーズのリグ相手であれば1波同時通話ができるようになっています．

Mタイプ，Bタイプは10W，MSタイプ，BSタイプは38W出力(＋15,000円)です．輸出専用である固定機の価格も164,800円(Bタイプ)，179,800円(BSタイプ)と明示されていました．

## マキ電機　FTV-120　FTV-240　FTV-140L　FTV-290A

FM-TV(F9)ジェネレーターシリーズP.L.L.型に技術改新！

FM-TV、送信部のP.L.L.化に依り、送信周波数、動きません。

FTV-140L　￥49,800　新発売！

○IC-1271(ICOM)
○ICα275(ICOM)
○FT-736(YAESU)
○UTV-1200BII
○UTV-2400E
用

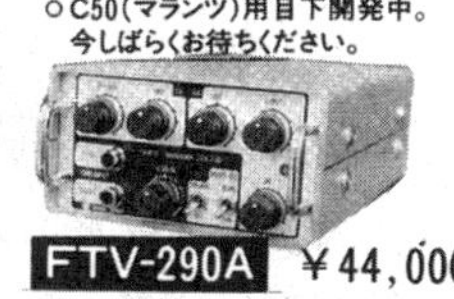

○C50(マランツ)用目下開発中。今しばらくお待ちください。

FTV-290A　￥44,000

○TS-790(KENWOOD)専用

新発売！　待望の2.4GHz FM-TVトランシーバー近日発売!!

FTV-240　2400MHz FM-TV(F9)専用トランシーバー　￥85,000

- 送信周波数：2410～2420MHz 4波切換、送信VCO PLL方式 超安定 F9
- 送信出力：1.0～1.8W 2SC2558×2パラ 終段で安定出力
- TV方式：NTSC方式に準ずる。
- 受信方式：シングルコンバージョン方式、局発VCO―誘電体発振AFC回路で安定
- 映像復調：μPC1477使用、PLL方式

FTV-120は1.2GHz帯5W出力のFM-ATVトランシーバ，FTV-240は2.4GHz帯1W出力のFM-ATVトランシーバです．どちらも4ch切り替え，IFは135MHz帯のシングルスーパーで，音声回路，PLLによる映像復調回路を内蔵していました．

FTV-140L，FTV-290AはいずれもFM-ATVジェネレータです．各社から発売されている1.2GHzのATV対応機に接続して使用するもので，回路はPLL式に刷新されています．

FTV-140Lがアイコム，八重洲無線用，FTV-290AがケンウッドTS-790用となります．

**1991年**

## KEN無線電子　QTV-60　QTV-20　QTV-07S

出力0.15WのQRPトランスバータ基板です．QTV-60は28MHz帯もしくは144MHz帯(+1,500円)入力の50MHz帯出力，QTV-20は28MHz帯もしくは50MHz帯(+1,500円)入力の144MHz帯出力，QTV-07Sは28MHz帯もしくは50MHz帯入力の430MHz帯出力となっています．

各基板の送受信ミキサはDBMを使用し，受信時の強入力にも耐えうる設計としていました．

**1992年**

## 東京ハイパワー　HX-650

28MHz帯入力，50MHz帯出力のオールモード・トランスバータです．出力は50W，10Wの切り替え式，入力レベルも1V，0.1Vの切り替え式として各メーカーのHF機に対応可能なように作られていました．

## 1993年

### 東野電気 TT-400 TT-400S TT-400X

TT-400は430MHz帯FMの5Wハンディです．音声反転による盗聴防止機能を備えています．TT-400Sは固定スクランブル，ローリング・スクランブルの2つの盗聴防止機能とトーン・スケルチを備えています．どちらもページング，コード・スケルチと言った一般的な機能も備えていました．

TT-400Xは翌年に追加されたもので，TT-400の音声反転の代わりにトーン・スケルチを装備しています．

どの機種も9600bpsのデータ通信モデム端子も備えていて，快適にGMSK運用ができるようになっていました．

### KEN無線電子 QTV-6SDG QTV-2SDG QTV-07SD

すべて出力0.2WのQRPトランスバータ基板です．QTV-6SDGは28MHz帯もしくは144MHz帯(+1,600円)入力の50MHz帯出力，QTV-2SDGは28MHz帯もしくは50MHz帯(+1,600円)入力の144MHz帯出力，QTV-07SDは28MHz帯もしくは50MHz帯入力の430MHz帯出力となっています．各基板の送受信ミキサはDBMを使用し，受信時の強入力にも耐えうる設計としていました．

同社の基板シリーズにはアンテナの送受信切り替えが付いていませんが，CRR-15M，CRR-15Nというリレー付きコネクタ(M型3,400円もしくはN型3,800円)基板や，CCA-20AというALC，キャリア・コントロールなどをまとめた基板(8,200円)も用意されていましたので，組み合わせてケースに入れればオリジナル機として仕上げられるようになっていました．

● **HVT-610**(630，6100：1993年)

50MHz帯，超高感度，ハイパワー・トランスバータと銘打たれた製品で，完成品，そして接続ケーブル以外の全部品付きキットの両方がありました．入力は28MHz帯，50〜52MHzと52〜54MHzをスイッチで切り替えます．

HVT-610は出力10W，HVT-630は出力30W，HVT-6100は2SC3240プッシュプルで出力100Wです．価格はキットの場合，52,400円(10W)，68,700円(30W)，85,700円(100W)，完成品の場合64,600円(10W)，75,700円(30W)，92,500円(100W)となっていました．

本シリーズには後にHVT-6200(200W)が追加されています．

● **HVT-210**(230：1994年) **HVT-710**(735，760：1994年)

すべてトランスバータの完成品です．HVT-210，HVT-230は28MHz帯もしくは50MHz帯から144MHz帯に変換する製品，HVT-710，HVT-735，HVT-760は28MHz帯もしくは50MHz帯から430MHz帯に変換する製品で，どちらも後ろの2桁が出力(W)を表します．どれもQTVシリーズのトランスバータ基板にパワーモジュール基板とアンテナ・リレー(CRR-15)，コントロール基板(CCA-20A)を付加し，出力メータ，送信表示LED，バンド切り替えスイッチ，RFゲイン・ボリューム，入出力コネクタを追加した物です．

HVT-210，HVT-230，HVT-710にはキットも用意されていました．完成品と比べるとHVT-210，HVT-230は10,000円安，HVT-710は12,500円安です．なお，HVT-735，HVT-760の完成品の価格はそれぞれ79,000円，103,000円でした．

## タスコ　DTR-192

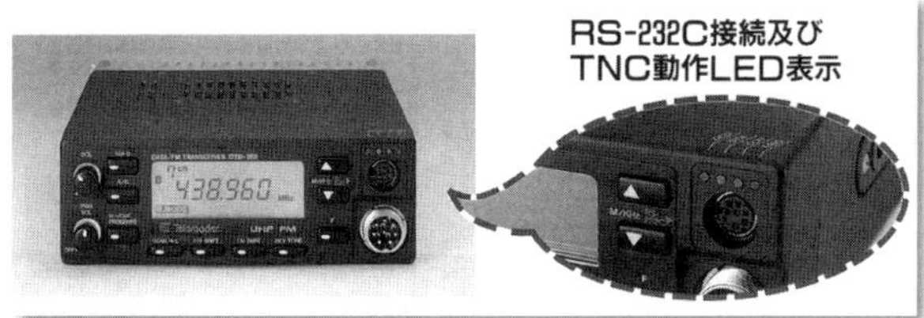


430MHz帯で10W出力のFM機です．TNCを内蔵しているのでパソコンのRS-232C端子と接続することですぐに9600/1200bpsでのデータ・パケット通信が運用できました．レピータ対応，選局はUP/DOWN式，マイクロホンはオプションで，TNCからの入力があると自動的に音声信号をカットするようになっています．

日本圧電気のPCS-7300Dとパネル面は全く同一ですが，PCS-7300DにはTNCは内蔵されていません．

### 1994年

## マキ電機　FMT-122PL

1.2GHzのFM-ATV送信機です．受信機能はありません．発売当時はラジコンヘリ，移動カメラなどに最適とPRされていました．出力は2Wですが0.5Wへの減力もできるようになっています．FMT-12PLの名前で発売告知がありましたが，発売時には表題の型番に修正されています．PLLの基準発振を交換する方式で1279MHz，1285MHz，2波切り替えです．

NEW PLL型FM-TV新製品登場

FTV-120L　送信部PLL制御でQRHなし！　￥69,800

- 送受信周波数…1279、1281、1283、1285MHz 4波
- 送信出力………1～3W連続可変
- TV送信方式……F9(NTSCに準ずる)
- 受信方式………IF134MHzシングルスーパー、RIT付(±2MHz以内)
- 映像復調………PLL型

コンパクトでFM-TVの移動運用に最適

※2.4G、5.6G、10Gのトランスバーター等の組み合わせも簡単です。

FTV-240L　2.4GHz帯FM-TVトランシーバーPLL型で新登場!!　￥79,800

- 送受信周波数…2411、2413、2415、2417MHz 4波
- 送信出力………1W(終段MGF0905A)
- TV送信方式……F9(NTSCに準ずる)
- 受信方式………IF134MHzシングルスーパー、RIT付(±2MHz以内)
- 映像復調………PLL型

### ● FTV-120L　FTV-240L

1.2GHz　3W(FTV-120L)，2.4GHz　1W(FTV-240L)の4ch　FM-ATVトランシーバです．音声変調にも対応し，1279MHzから2MHzステップ4波もしくは2411MHzから2MHzステップ4波を内蔵しています．発売の翌年，1995年夏頃には，価格は78,000円もしくは88,000円に改定されました．この際にFTV-240Lは出力が4Wになり，実装周波数は2410MHzから2MHzステップ4波に変更になっています．

### 1996年

## 東野電気　PMT-192H(L)

430MHz帯データ・パケットの送受信を主とするトランシーバです．TNC(Terminal Node Controller)を内蔵し，FSK，GMSK(9600bps，19200bps)での送受信が可能です．マイクを用意すればアナログFMの音声用トランシーバとしても使えますが，外部にパソコンをつながないと周波数コントロールができませんので事実上単独では使用できません．

ケースの上面は全て放熱板．長時間の連続使用にも耐えうる設計となっていました．技術準適合証明も取得しています．

出力は20W(Hタイプ)，10W(Lタイプ，75,800円)の2種類があります．本機発売の直前(前年暮れ)に，第４級アマチュア無線技士の操作範囲が20Wまでに拡大されるという告知が流れましたので，急遽商品企画が修正された可能性があります．

パケット通信のプロトコルは広く使われているAX.25，9600bpsのGMSKは同じ速度のG3RUHと互換性があります．

## 東野電気 TPS-7000 TPS-7000B

FSX-1M FSX-1MS同様に，DSPで音声を圧縮することで1波同時通話を可能にしたトランシーバです．

TPS-7000は当時出始めたPHSの子機によく似た形のトランシーバで，430MHz帯1W出力，FMの普通のハンディ機としても使用できます．1波同時通話は法規に合致しない印象があるかもしれませんが，本機は技術基準適合証明を取得しています．

TPS-7000Bは固定用のもので，家庭用の電話機を接続して電話感覚で，最大1000台までTPS-7000を呼び出すことができます．FM機としても使える430MHz帯の10W出力機です．

### 1997年

## 福島無線通信機 ATV-12X

作りやすさを目指した廉価版の1.2GHz FM-TV送信機の基板キットです．ストリップラインを採用し出力は0.2W，音声も同時に送れます．発売後数カ月間は7,800円とさらに安価に設定されていました．

## アイテック電子 FT-201

144MHz帯，出力0.3WのFOXハンティング用送信機です．断続送信，簡易スタート・タイマ付きでメーカーではトレーニングに最適とPRしていました．

### 1998年

## 三協特殊無線 HRM・H43AIR

ユピテルの430MHz帯500mWハンディ CT-H43とヘッドセットを組み合わせたものです．

ハンググライダーやパラグライダーでの使用を想定しています．指巻きPTTスイッチの採用で邪魔にならないPTT操作を実現しました．

### 1999年

## ミズホ通信 FTX-3.5S

限定生産の3.5MHzARDF用送信機です．コールサインのROM書き込みはサービスでした

2000年

## マキ電機　WFM-1201PL

1279MHz専用，100mWのFM-TV送信機です．

アンテナ切り替え器とプリアンプを内蔵し，アナログBSチューナやアナログBSTVを接続することで良好な受信ができるようにしてあります．

新製品
WFM-1201PL
1200MHz帯ワイドモードFM-TV送信機（プリアンプ内蔵）
完成品 ¥29,800
TV送信機にアンテナ切替リレーとプリアンプを内蔵しました。IC-R3SS等の受信機と組み合わせて、ATVのトランシーブ操作もできます。当社トランスバータと接続して、24～47GHz帯でも運用できます。
・送信周波数:1279MHz　・送信出力:100mW
・電波形式:F5,F9（PLL型）　・プリアンプ利得:20dB以上

## Column　レピータ機の難しさ

レピータ機にはいろいろと技術的に難しい部分があることはご存じかと思います．一番厄介なのは送信周波数から5MHz(1.2/2.4GHzは20MHz)しか離れていない周波数を受信しなければいけないことで，各メーカーは強力なフィルタを用意してこれについての対策をしています．

でも本当はフィルタだけで対策ができるわけではありません．というのは送信波にノイズが乗っていると受信回路がそれを受けてしまうことがあるからです．トーンが乗っていないので送信状態にはなりませんが，受信は確実にブロックされます．

ちなみに八重洲無線のFTR-1054の場合，デュープレクサの減衰は定格値で80dBあります．

10Wで送信すると受信部への回り込みは0.1μW(約2.4mV)，Sメータが重いリグでもS9+40dB程度にはなるレベルの信号が回り込みます．

5MHz離れている周波数にスーパーローカルが出ているような状態と考えて間違いありません．このため受信系には強信号への耐力を付けることが要求されますが，さらに同機では隣接周波数(±25kHz)を−80dBまで抑え込んでいます．

アイコムのIC-PR4020ではRF段に共振回路を5段入れた上で第1ミキサの直後にモノリシック・クリスタルフィルタを2段入れるという，これまた手の込んだ回路となっています．受信信号で相互変調を起こして受信妨害が生じるよりも自身の出す送信波の方が怖い，これは同時送受信をするレピータ機ならではの問題でしょう．

連続運用を制限するタイムアウト・タイマやハングアップ・タイマ，トーン・スケルチ，ID機能といった機能も必要になります．また24時間運用になりますので回路は頑丈に作る必要もあります．

もうひとつ，無人運用への配慮も必要です．たとえば落雷によって回路がリセットされた場合に設定がクリアされてしまったり連続送信になってしまってはいけませんから，これらへの対策も考えなければいけません．

意図せぬ悪意への対策を行っているレピータ機もあります．たとえば周波数偏移が異常に大きい信号でアップリンクされた場合にそれを抑える機能などです．普通に使われているリグではあまりこれらの悪条件は考慮されていないように思われます．その昔は倒れただけで連続送信になるメーカー純正スタンド・マイクまでありましたから．

トーン・スケルチ付きの受信機と送信機を用意しタイマとID機能，そして若干の付加回路を用意することでレピータそのものは作ることができますが，レピータ機の中身はそれだけではありません．多くの工夫がなされている機器です．

# 第20章 リニア・アンプの変遷

## 時代背景

本章ではリニア・アンプを紹介します．このリニア・アンプという装置は主にSSB送信機とアンテナの間に挿入して出力を増強するもので，入出力が直線的な関係にあるものを指します．

AM時代には外付けのアンプは存在していません．というのは，AMでは終段変調が一番効率的だったためです．設計，調整の難しいリニアな特性の外付けアンプを付加するぐらいなら，送信機のパワーを上げたうえで改めてハイパワーの変調器で変調してしまえば良かったのです．

しかしSSBの時代になると，①まずはSSBを発生させ，②次にそれを送信周波数まで変換して，③最後に増幅する，という手順を踏むようになりました．少しだけパワーアップするのであれば③の増幅器をハイパワーな物に改造すれば良く，真空管ファイナルの10W機の中にそれが可能なリグもありました．しかしもう1段増幅器を必要とするようなハイパワー化では外付けのアンプを使うのが簡単です．

HF帯の上限出力は長らく500Wでしたので，当初はこの出力を目指すリニア・アンプが一般的でした．その後パワーが出すぎると思われる品や，輸出用CB機(AM，4W)のパワーアップを意識したと思われるアンプなども現れています．ハンディ機のオプション的なアンプもあり種類はあまりにも豊富です．そこで本章ではアマチュア無線用として作られたと思われるリニア特性の送信ブースタ(増幅器)の中から汎用的な製品を選ぶとともに，ノンリニアなFM用ブースタもいくつか取り上げることとしました．

HF帯のリニア・アンプは1987年以後は急に製品が減っていますが，これはチューニングの自動化という，それまでのアンプとは違うノウハウが要求されるようになったためと思われます．また1991年から1995年にかけては新製品が全く出ていません．こちらはバブル景気の崩壊後，リグの売り上げが急激に落ち込んだためでしょう．当時はそんなに長く不況が続くとは思われていませんでしたので，各社ともに新型トランシーバを発売することで不況を乗り切ろうとしていました．たくさんのリグが発表される中，リニア・アンプまで手が回らなかったようです．

次の波はHF帯の上限出力1kW化の前後です．オート・チューナを内蔵したヘビーデューティ対応の製品が各社から発売されました．

## 免許制度

1964年に1.880MHzがスポットで割り当てられていますが，これは1年８カ月間の暫定的な物で，正式に

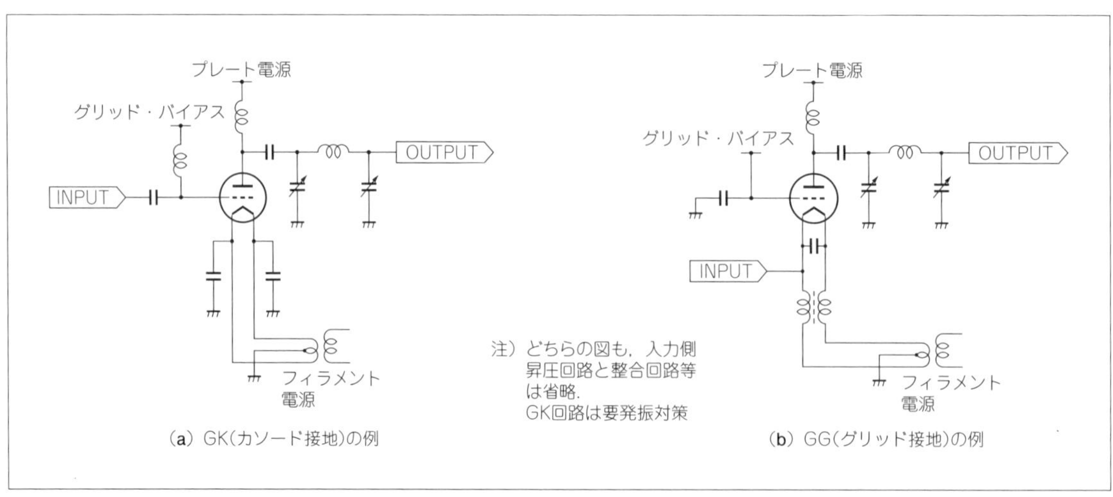


図20-1　GK回路とGG回路

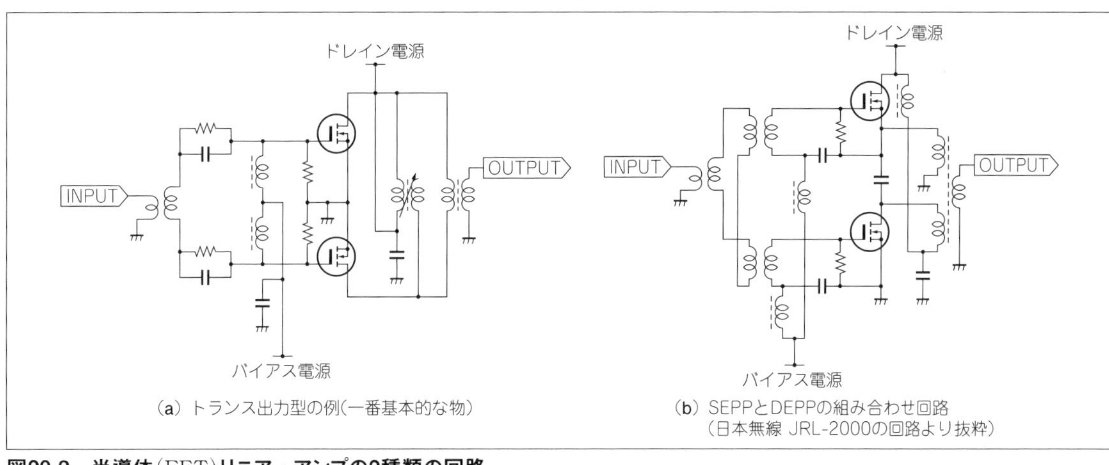


**図20-2　半導体(FET)リニア・アンプの2種類の回路**

1.9MHz帯が割り当てられたのは1966年です．この頃の事実上の上限は21MHz帯までは500W，28MHz帯から430MHz帯までは50Wでした．その後の大きな変化としては，1979年のWARC79での3バンド追加割り当ての決定，1992年初めの28MHz帯，50MHz帯の最大500W化，1995年11月告示での各級ハムの増力，1996年のHF帯での1kW免許が挙げられます．

機種一覧をご覧いただくとわかるとおり，1967年に上限一杯の出力を持つリニア・アンプが発売されて以来，ハイパワー志向はずっと変わっていません．HFのリニア・アンプの場合，製品としては上限パワー機と，それを超える実力を持つものに二分されますが，これについては，落成検査を通りやすいリニア・アンプと実戦で強いリニア・アンプという考え方もできるようです．

## 回路の変化

HF帯のSSB化と共にリニア・アンプは生まれました．真空管時代の後期に当たる頃ですから回路設計的にはもう枯れており，時代を経ても真空管リニアの回路に大きな変化はありません．

真空管リニアはGK(カソード接地，注)か，GG(グリッド接地)の１段増幅で，プレートにはπ型マッチング回路(πマッチ)が接続され，ここのバリコン２つをパネル面から調整するようになっています(**図20-1**)．

GKは利得が取れますが発振しやすいという欠点があります．GGは帰還系(プレート→カソード)の間にアース電位のグリッドが入りますので発振しにくいのですが，原理的に電流利得がなく，電力利得は低めになります．しかしエキサイタ(前段の送信機またはトランシーバ)が100W，リニア・アンプの最大出力が500Wないしは1kWという使い方であればGGアンプでも十分に利得が足りますので，真空管リニア・アンプのほとんどがGG回路を採用しています．

GGアンプの入力インピーダンスは入力信号の振幅の状態で違ってきます．これはカソード・グリッド間で2極管が出来上がるためで，このインピーダンスの変動はエキサイタの動作を悪化させます．エキサイタが真空管式であれば出力部にπマッチが入っているので悪影響はほとんどありませんが，トランジスタ・ファイナルの場合は少々不都合が生じます．これを防止するには入力に大きなアッテネータを入れたり，リニア・アンプの入力側にもπマッチを入れたりといった手法が取られますが，中には省略してしまった製品もあったようです．

この現象はエキサイタと真空管式リニア・アンプの間で生じる瞬間的な不整合です．ブリッジのような測定器では測れませんし，SWR計でも正確に状況をつかむことはできません．設計者が慎重な方だったのでしょう．入力側にπマッチを入れているにも関わらず,「トランジスタ・ファイナル機をエキサイタに使用しないで下さい」と明記していたリニア・アンプもありました．

リニア・アンプがトランジスタ化されてからは回路は2種類になりました．ひとつはプッシュプル・アンプの出力をトランスで受ける設計で，低電圧での動作も可能なもの．もうひとつはオーディオ・アンプのようにプッシュプル・アンプの出力を直接受ける回路です．そのままでは電圧利用率が悪くなるので，交流的にはトランスによる反転を利用したSEPP(Single Ended Push Pull)，直流的にはDEPP(Double Ended Push Pull)となるような，ちょっと複雑な構成となっています(**図20-2**)．

なお最大出力500Wの時代に600Wと公称しているリ

注：カソードはCathodeだが，日本では慣習的に「K」と略す．

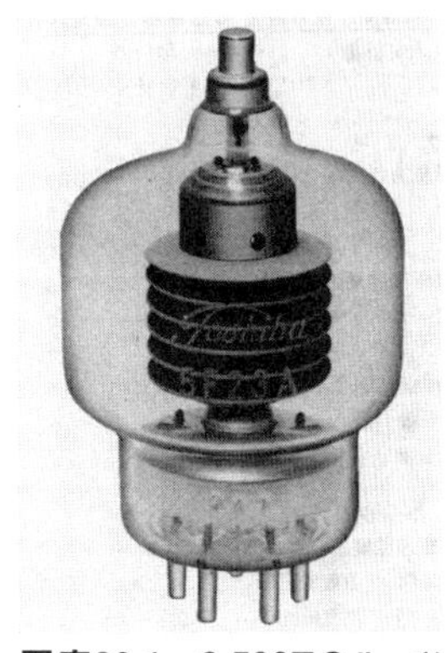

**写真20-1　3-500Zのルーツ 5F23A**

**写真20-2　3-500Zの放熱板の変化**
右が新しいタイプ

ニア・アンプがあります．もちろんこれはアマチュア局の電力の許容誤差上限20%を考慮したもので，実質的には500W出力を公称しているアンプとの差異はありません．

## よく使用された送信管について

真空管リニア・アンプでよく使われた送信管は3-500Zと572Bです．3-500Zは1968年に開発されました．送信管4-400にルーツを持っています．4-400，そしてその改良版である4-400A(日本名5F23，ベース通風改善型が5F23A：**写真20-1**)は最大陽極損失400Wの4極管ですが，グリッドを3極管接続としてGGに使いやすくしたのが3-400Z，そしてその改良版が3-500Zです．3-500Zは最大陽極損失500Wの3極管です．

4-400系や5F23(A)の陽極には横方向にひだのある円盤型放熱板があり，3-500Zのそれは縦方向で，一見すると違う球に見えますが，実はEIMACの初期の3-500Zも円盤型でした(**写真20-2**)．放熱器を縦にした後期のものはひだが多くなり寸法は小さくなっています．

3-500Zの5本の足のうち，なぜか3本ものピンが第1グリッドに接続されていますが，実はこのうちの2本は4-400Aでは第2グリッドに接続されているもので(**図20-3**)，3極管接続で使用されている場合はある程度の互換性が得られます．

一方572Bは，SVETRANAやScientific-Instrument R.D.の規格表によるとコリンズのリニア・アンプなどに使われていた811Aの改良版とのことです(**図20-4**)．耐圧を上げ，最大電流を若干増やしていて，811Aからの差し替えも可能と当時の規格表には明記されていました．

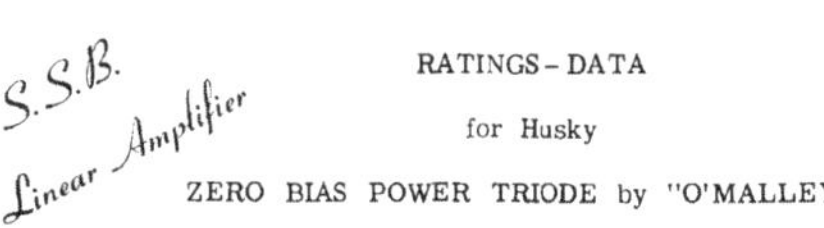

S.S.B. Linear Amplifier

RATINGS - DATA

for Husky

ZERO BIAS POWER TRIODE by "O'MALLEY"

**572 B**
Type 811A and 811 - A/B Replacement

FEATURES:

- ▶ TWO 572 - B's IN PARALLEL WILL PERMIT 1 KW INPUT.
- ▶ IN EVERY CASE DIRECT PLUG-IN REPLACEMENT FOR CONVENTIONAL 811A's.
- ▶ CAPABLE OF 225 WATTS PLATE DISSIPATION.
- ▶ 300% INCREASE PLATE DISSIPATION OVER 811A's.
- ▶ ZERCONIUM IMPREGNATED GRAPHITE ANODE.
- ▶ RUGGED BONDED THORIA FILAMENT - FOR LONGER LIFE.

**図20-4　811Aと572B**
Scientific instrument R&D社の資料より

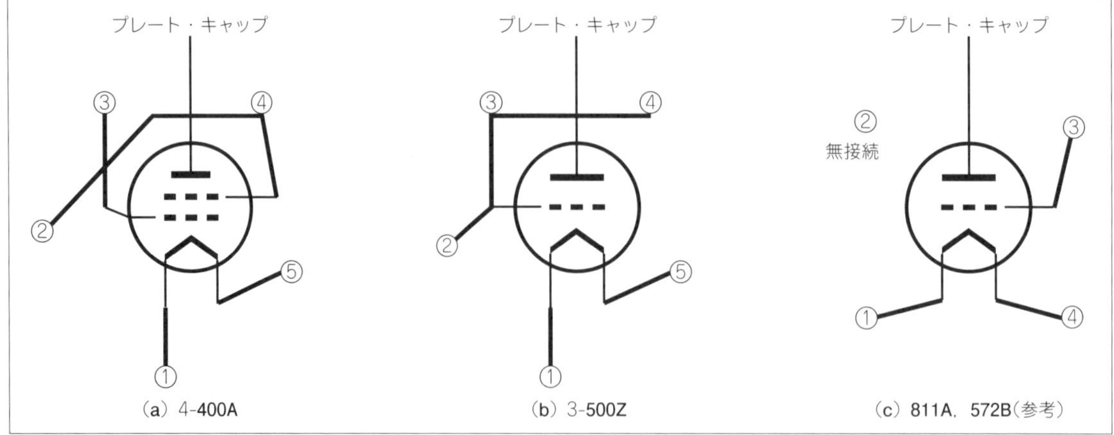

**図20-3　4-400系と3-500系は似たピン配置にしてある**

**リニア・アンプの変遷 機種一覧**

| 発売年 | メーカー | 型番 | 周波数帯 | 出力 | 価格(参考) | 特徴 |
|---|---|---|---|---|---|---|
| 1965 | 八重洲無線 | **FL-1000** | HF5バンド | 300W | 39,500円 | 3.5～28MHz　6JS6　4パラ　入力600W　50～600Ω　後に入力960W |
| 1965 | トリオ | **TL-388** | HF5バンド | 100W | 33,100円 | 3.5～28MHz　S2001　2パラ　出力100W　75Ω動作　3パラ150W化可能 |
| 1967 | 八重洲無線 | **FLDX2000** | HF5バンド | 500W | 46,500円 | 6KD6　4パラ　GG 入力1.2kW(当初は入力1kW) |
| 1968 | フロンティアエレクトリック | **SH-1000** | HF5バンド | 500W | 135,000円 | 52，75Ω　811A　4パラ |
| 1969 | フロンティアエレクトリック | **SUPER3000LA** | HF5バンド | 不明 | 52,800円 | 入力1.4kWDC　出力2kWpep(公称)　6KD6　5パラ |
| 1969 | 井上電機製作所 | **IC-2K** | HF5バンド | 600W | 88,000円 | 572Bパラレル　GG　DC1.2kW入力 |
| 1969 | 八重洲無線 | **FL-2000B** | HF5バンド | 600W | 79,800円 | 572Bパラレル　GG　DC1.2kW入力 |
| 1970 | フロンティアエレクトリック | **SUPER3500LA** | HF5バンド | 不明 | 58,500円 | 入力1.4kWDC　出力2.5kWpep(公称)　6KD6　5パラ |
| 1971 | 日昇電子 | **UHF PB-50** | 430MHz | 50W | 65,000円 | DC-DC内蔵　板極管2C39WA　50Ω |
| 1971 | 八重洲無線 | **FL-2500** | HF6バンド | 600W | 63,000円 | 6KD6　5パラ　GG　最大許容入力2kWpep　160mにも対応 |
| 1971 | トリオ | **TL-911** | HF5バンド | 600W | 83,000円 | 6LQ6　5パラ　GG　入力1.2kWDC　最大入力2kWpep |
| 1971 | 八重洲無線 | **FL-2100** | HF5バンド | 600W | 79,800円 | 572Bパラレル　GG　入力1.2kWpep　デザインをFT-101に合わせた |
| 1972 | フロンティアエレクトリック | **SB-2000** | HF5バンド | 1kW？ | 149,000円 | 3-500Zパラ　GG　広告では入力2kWpep以上と表記 |
| 1973 | フロンティアエレクトリック | **SB-2000A(AS)** | HF6バンド | 1kW？ | 185,000円 | 3-500Zパラ　GG　広告では入力2kWpep以上と表記　ASはマイナ・チェンジ版 |
| 1974 | 東京ハイパワー研究所 | **HL2K** | HF5バンド | 1kW？ | 119,000円 | 572B　3パラ　SSB入力2kW　CW入力1.5kW　キットあり |
| 1974 | 八重洲無線 | **FL-2100B** | HF5バンド | 500W？ | 87,700円 | 572Bパラレル　GG　入力1.2kWpep |
| 1974 | フロンティアエレクトリック | **LA-2** | 144MHz | 最大350W | 148,000円(200W) | オールモード対応　4X150A　出力200W　4CX250Bのものは　FM，CW 350W　SSB，AM 250Wpep |
| 1974 | 東野電気 | **SSシリーズ** | 144MHz | 最大120W | 89,500円(120W) | 出力に応じて9種類 |
| 1974 | 東野電気 | **6Sシリーズ** | 50MHz | 最大100W | 59,800円(100W) | 出力に応じて2種類　FM専用(ノンリニア) |
| 1974 | 内外電機製作所 | **nag-50XL** | 50MHz | 50W？ | 75,000円(初期型) | 入力　120WDC以上　S2001プッシュプル　3仕様あり49,800円～219,800円 |
| 1974 | 内外電機製作所 | **nag-144XL** | 144MHz | 50W? | 各種あり | 10仕様あり　39,800円～219,800円 |

| 発売年 | メーカー | 型番 | 周波数帯 | 出力 | 価格(参考) |
|---|---|---|---|---|---|
| | 特徴 | | | | |
| 1975 | 日本電業 | **LA-106** | 144MHz | 50W | 85,000円 |
| | 829B プッシュプル | | | | |
| | アンペール通信機器 | **APB-150G** | 144MHz | 最大150W | 98,000円 |
| | SSB 150Wpep FM 120W 4X150A | | | | |
| | アンペール通信機器 | **APB-300S** | 144MHz | 300W | 158,000円 |
| | SSB，FM 300W | | | | |
| | アンペール通信機器 | **APB-400S** | 430MHz | 250W | 178,000円 |
| | SSB，FM 250W | | | | |
| 1976 | 東京ハイパワー研究所 | **HL-4000** | HF6バンド | 2kW？ | 不明 |
| | 終段は3-1000Zシングル コンソール・タイプ | | | | |
| | 東京ハイパワー研究所 | **HL-3000** | HF6バンド | 1.5kW？ | 不明 |
| | 終段は8877 コンソール・タイプ | | | | |
| 1977 | タニグチ・エンジニアリング・トレイダース | **VLA-100** | HF5バンド | 最大250W | 69,000円 |
| | 完全無調整 LPFは30MHzカットオフのみ AM 100W SSB 200～250W | | | | |
| | 八重洲無線 | **FL-110** | HF6バンド | 100W | 59,000円 |
| | ファイナルはSRF1427プッシュプル バンド別LPFはスイッチ切り替え | | | | |
| | トリオ | **TL-922** | HF6バンド | 600W | 285,000円 |
| | 3-500Zパラ GG SSB30分間送信および連続キーダウン10分間可能 | | | | |
| 1978 | 新日本電気 | **CQ-301** | HF6バンド | 1kW？ | 不明 |
| | 3-500Zパラ GG 入力2kW | | | | |
| | 東京ハイパワー | **HL-400B** | HF5バンド | 350Wpep | 135,000円 |
| | バンド別LPFを装備しバンド内無調整 CWは最大で260W出力 | | | | |
| 1979 | REX | **LA-30** | HF4バンド | 500W | 不明 |
| | 6LW6 4パラ 3.5～21MHz帯 | | | | |
| 1980 | 八重洲無線 | **FL-2100Z(前期型)** | HF6バンド | 600W | 119,000円 |
| | 572Bパラレル GG デザインをFT-101Zに合わせた | | | | |
| | タニグチ・エンジニアリング・トレイダース | **VLA200L** | HF6バンド | 100W？ | 不明 |
| | 完全無調整 LPFは30MHzのみ SSB入力200W 励振は8～15W | | | | |
| | タニグチ・エンジニアリング・トレイダース | **VLA500H** | HF6バンド | 250W？ | 不明 |
| | 完全無調整 LPFは30MHzのみ SSB入力500W 励振は8～15W | | | | |
| | アンペール | **APB-3000S** | 144MHz | 50W公称 | 298,000円 |
| | 4CX250B 25kg | | | | |
| | アンペール | **APB-4000S** | 430MHz | 50W公称 | 298,000円 |
| | 4CX250B 25kg | | | | |
| | アイコム | **IC-2KL** | HF9バンド | 500W | 269,000円 |
| | 2SC2652プッシュプルのパラ IC-710，IC-720とバンド連動可能．ノーチューン | | | | |
| 1981 | フロンティアエレクトリック | **SB-3500AS** | HF | 不明 | 329,000円 |
| | 6バンドだが3バンド増設可能 | | | | |
| 1982 | フロンティアエレクトリック | **SB-4000S** | HF | 不明 | 389,000円 |
| | HF5バンド，もしくは1.9，28，50MHzのプラグイン・ユニット使用 3-500Z 3本 | | | | |
| | フロンティアエレクトリック | **SB-2200AS** | モノバンド | 不明 | 268,000円 |
| | 1.9～50MHzの内の1バンドのみを指定するSB-2000ASのモノバンド版 | | | | |

| 発売年 | メーカー | 型　番 | 周波数帯 | 出　力 | 価格(参考) |
|---|---|---|---|---|---|
| | | 特　徴 | | | |
| 1984 | マキ電機 | UP-1210BL | 1.2GHz | 10W | 43,000円 |
| | 励振1W　同軸リレー2個使用 | | | | |
| | 八重洲無線 | FL-2100Z(後期型) | HF9バンド | 600WDC | 119,000円 |
| | 572Bパラレル　GG　デザインをFT-101Zに合わせた | | | | |
| 1985 | 東京ハイパワー | HL-1K | HF9バンド | 500W | 139,800円 |
| | 4X150Aパラレル　16.5kg　カソード接地 | | | | |
| | 共同エレックス | Kシリーズ | 144, 430MHz | 50W？ | 69,800円 |
| | 各種小型リニア　広告上の最大出力は50W　価格は430MHz 50W　K70WUR | | | | |
| | マキ電機 | UP-1211BL | 1.2GHz | 10W | 35,000円 |
| | 励振1W　同軸リレー2個使用 | | | | |
| 1986 | 東京ハイパワー | HL-2K | HF9バンド | 500W | 298,000円 |
| | 3-500Zパラレル　35kg　出力は公称値 | | | | |
| | 東京ハイパワー | HL-1K GX | HF9バンド | 500W | 168,000円 |
| | 4X150A(4CX-250B)パラレル　16.5kg　回路をGGに変更　入力1kW | | | | |
| 1987 | アイエヌジー | 1430　1470　4330　4370 | 144, 430MHz | 50W？ | 42,800円 |
| | 広告上の最大出力は50W　Sシリーズは表示分離　右の価格は4370S | | | | |
| | 八重洲無線 | FL-7000 | HF8バンド | 600WDC | 289,000円 |
| | 半導体化　アンテナ・チューナ内蔵 | | | | |
| 1988 | 日本無線 | JRL-1000 | HF9バンド | 500W | 1,300,000円 |
| | 8122パラレル　4.5～200Ω不平衡対応　オート・チューン，プリセット・チューン | | | | |
| 1989 | アイコム | IC-4KL | HF8バンド | 500W | 850,000円 |
| | 2SC2652を8本使用　フルデューティ　コントローラ本体分離　チューナ付き | | | | |
| 1990 | 東京ハイパワー | HL-3K　DX | HF9バンド | 2kW | 不明 |
| | 3CX-1200A7使用　輸出用　3CX-800A7×2のタイプ(無印)もあり | | | | |
| | 東京ハイパワー | HL-700B | HF5バンド | 600Wpep | 148,000円 |
| | 10W/100Wドライブ　13.8V65A動作　500W出力(DC) | | | | |
| | 日本無線 | JRL-2000F | HF8バンド | 500W | 450,000円 |
| | MOS-FET使用　デューティ100%　オートチューナ付き　自動アンテナ・セレクト | | | | |
| 1996 | 東京ハイパワー | HL-1K FX | HF9バンド | 500W | 185,000円 |
| | MOS-FET使用　500W出力 | | | | |
| | 日本無線 | JRL-2000FH | HF8バンド | 1kW | 450,000円 |
| | MOS-FET使用　チューナ　自動アンテナ・セレクト　500WのFと同価格 | | | | |
| 1997 | 八重洲無線 | VL-1000 | 50MHzまで | 1kW | 550,000円 |
| | MOS-FET使用　50MHzは500W出力　オートチューナ付き　電源別筐体 | | | | |
| | アイコム | IC-PW1 | 50MHzまで | 1kW | 480,000円 |
| | MOS-FET使用　50MHzは500W出力　オートチューナ付き　電源別筐体 | | | | |
| | テックコミュニケーション | GO-2KW | HF9バンド | 800Wpep | 139,000円 |
| | 572B　3パラ　直販のみ　中国にて製造 | | | | |
| 2000 | 日本無線 | JRL-3000F | 50MHzまで | 1kW | 558,000円 |
| | MOS-FET使用　オートチューナ付き　操作部分離可能　エキサイタ2台切り替え | | | | |

HF8バンドとある物は28MHzだけアンプを通さないようになっている．ただし初期の仕様であり，28MHz帯が500Wまで許可されるようになった後に手直しされたものもある．

# リニア・アンプの変遷 各機種の紹介 発売年代順

## 1965年

### 八重洲無線 FL-1000

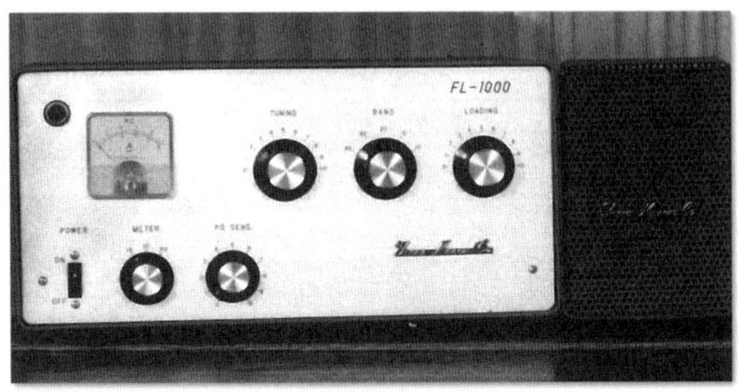


水平出力管，6JS6を4本パラレルにした，入力600Wのリニア・アンプです．ビーム管を使用していますが回路はGG，コントロール・グリッドは負のバイアスを掛けた上で交流的には接地，それ以外のグリッドはベタアースという回路です．1管当たり75Wはさすがに荷が重かったのでしょうか，当時としては珍しい強制空冷式です．出力300Wというのは少々中途半端ですが，500W出力のリニア・アンプはまだ存在していません．

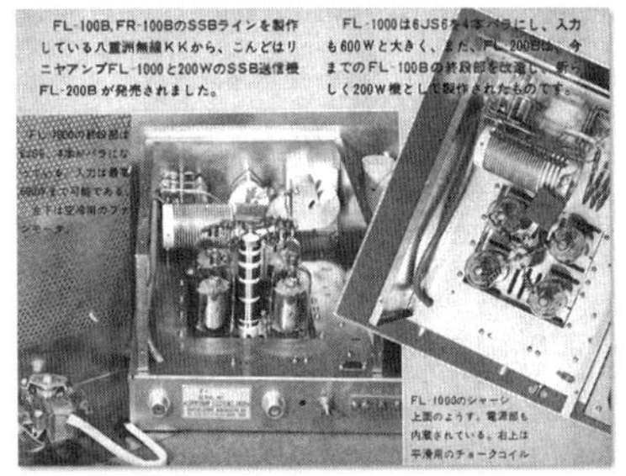


入力部は全バンド共通のLPF 1段で済ませていますので，バンド・スイッチの仕事は出力側のπマッチのコイル切り替えと3.5MH帯での固定コンデンサ付加だけです．

本機は同社初のリニア・アンプで，サイズやデザインはFL-200Bなど当時のSSB機に揃えてあります．ツマミの配置が合理的であったのでしょう，真空管リニア・アンプの終焉(しゅうえん)までパネル面の配置に大きな変化はありません．

発売時はFL-200B，FR-100Bのラインとペアの写真でPRされていましたが，ドライブ電力は30～100Wで，実際は50W出力のFL-100Bを想定していたようです．出力インピーダンスは50～600Ωと，とても広範囲となっています．

本機は発売後すぐに6SJ6Aの4本パラレルとなり，960Wpep入力，すなわちほぼ500W出力にマイナ・チェンジされますが型番はそのままでした．その後，メータでプレート電圧を読めるタイプに再度マイナ・チェンジされます．

なお，1966年10月の八重洲無線の広告にFL-1100というリニア・アンプが登場しますが，これはFL-1000の誤植，もしくはマイナ・チェンジ版の当初構想型番のいずれかと思われます．価格などはFL-1000と変わりませんし，特に新製品の告知もなされていません．

### トリオ(JVCケンウッド) TL-388

トリオ初のSSB機，TX-388S接続用のリニア・アンプです．回路はカソード接地，S2001パラレルで，ドライブ入力は10W，出力は100Wです．

当初6JS6Aパラレルで900V入力300Wpepの構成で試作したが，6146Bと同等という新発売の真空管，S2001のパラレルに変更し，900V入力200Wpepに変更としたとの記述が当時の解説にあります．内部にはもう1本分のスペース，穴があり，出力管を1本増やして3本にし300W入力(150W出力)とする改造が可能なようになっていました．

本機はAM，具体的には10W出力のTX-88Aにも対応するとPRされていました．終段2本の場合にAMの定格出力は50Wとなりますが，10Wドライブでは強すぎでドライブを絞る必要がありました．またTUNEモードも用意されています．これはSG電圧を0Vにすることでパワーを絞って粗調整をするためのモードです．

## 1967年

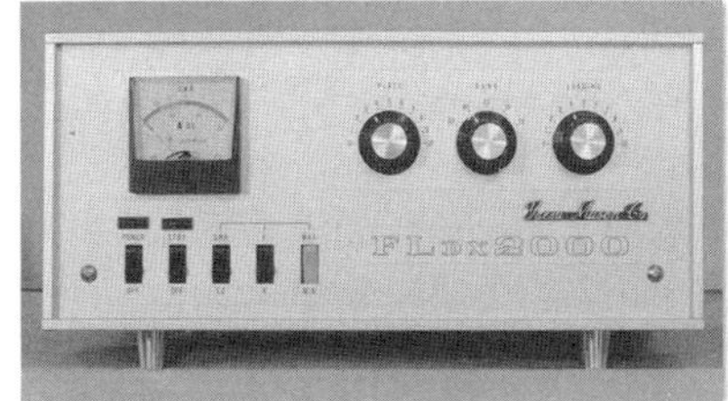

### 八重洲無線　FLDX2000

ハイパワーSSBトランシーバ，FTDX400を発売した後，同じファイナルを使用したリニア・アンプとして本機が発表されました．水平出力管6KD6を4本パラレルで使用し入力1.2kWpep，出力600Wpepを得ています．

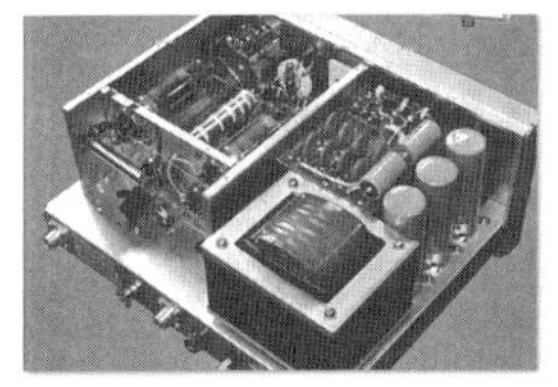

6KD6は背が高いためか，4本の球は全部横置き，半円を描くように並んでいて，その中心部分(一番高いところ)にプレート・キャップを固定するコイルを巻いた棒が立ててあります．冷却ファンはシャーシの下から吹いています．この時代によくここまで小型化したと思える構造で，本機はSWRメータも内蔵しています．

## 1968年

### フロンティアエレクトリック　SH-1000

真空管811Aを４本パラレルにした入力1kWのリニア・アンプです．135,000円と，当時としては高価格なリニア・アンプですが，メーカーではコリンズ社30L-1の同等品とPRしていました．

30L-1は1960年発売，＄520(当時のレートで187,200円)でしたので安価に作られています．

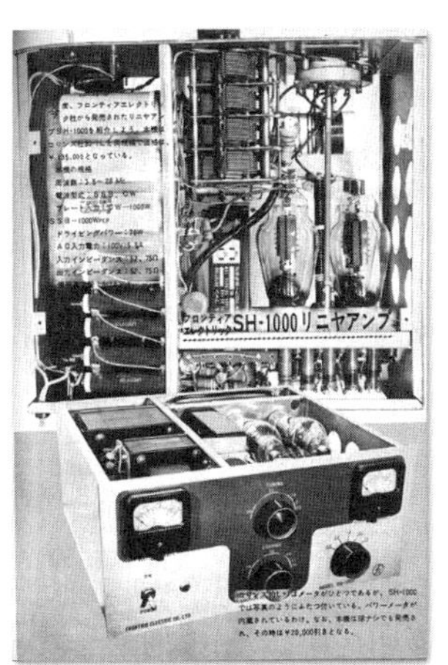

また，メータを2つに増やして常時RF出力を監視できるようにした点が30L-1と異なっています．

## 1969年

### フロンティアエレクトリック　SUPER3000LA

前年に発売されたトランシーバ，SUPER600GTとペアで使うことを想定したリニア・アンプです．811Aを使ったSH-1000があまりに高価だったためでしょうか，水平出力管である6KD6を5管パラレルにして価格を抑えると共に入力1.4kWを得ています．メータは出力計のみで反射波も測定することができますが，グリッド電流，プレート電流などを読むことはできません．メーカーでは出力2kWpepと広告していました．

なぜ入力より出力が大きくなるのかは不明ですが，章末のコラムに推察を記載してあります．

ALCは2系統用意されています．ひとつはグリッド電流を検出する，オーバー・ドライブ抑制タイプのもの，もうひとつは出力を検出する，オーバーパワー抑制タイプです．動作点はパネル面から調整可能でした．

## 井上電機製作所(アイコム) IC-2K

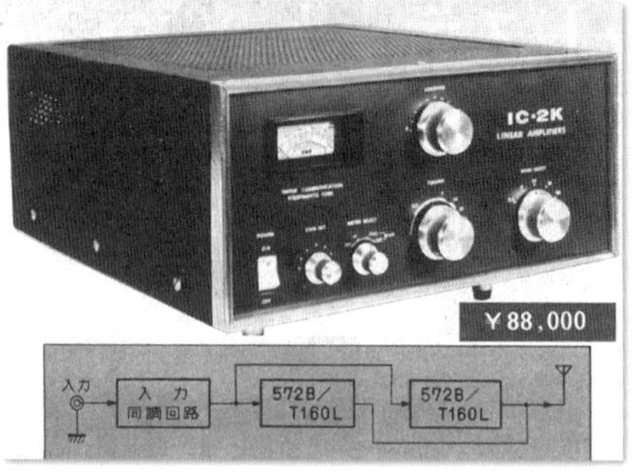

811Aをリプレース可能とされていた直熱三極管，572BをGGパラレルで使用したDC入力1.2kWのリニア・アンプです．572B/T160Lはプレートの耐圧が2750Vと高く，許容プレート損失も160W(社によっては225Wと公称)あります．高い電圧を掛けて直線性を確保しつつ間欠動作で出力を引き出すSSBリニア・アンプにこの球は最適で，耐圧1500V，許容損失65Wの811Aよりも使いやすい572Bはあっという間に各社に広がりました．

IC-2Kは“いざという時無理のきくリニア”をキャッチ・コピーにしています．SWR計を内蔵し，出力は上限2割を見込んだ600W，これを瞬間値(pep)ではなくDC規格(短時間連続)で実現していました．

## 八重洲無線 FL-2000B

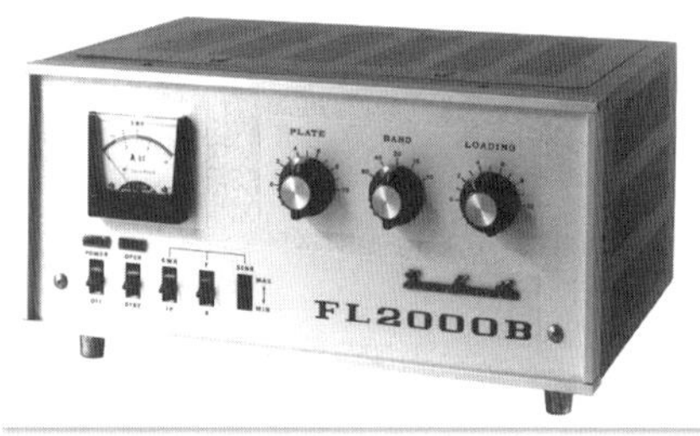


真空管，572BをGGパラレルで使用したDC入力1.2kWのリニア・アンプです．本機もプレート電圧を2400Vと高く取ることで直線性を良好にしています．許容プレート損失160Wの572Bに間欠動作とはいえ300Wの損失を生じさせるため，冷却ファンを2つ装備して冷却するようになっていました．

本機には他にも二つの工夫が見られます．ひとつはケースの上蓋だけを開けることができるようにしたことで，内部をさっと点検する時などに便利になりました．もうひとつは入力側に定数固定のπ回路(3.5MHz帯はLC回路)が付いたことで，エキサイタからの信号の振幅方向によってインピーダンスが変化してしまうというGGアンプ特有の問題に対処すると共に，エキサイタのチューニングを容易にしています．

デザインはFRDX400，FLDX400に合わせてあります．パネル面の寸法も同じです．

1970年

## フロンティアエレクトリック SUPER3500LA

「DCインプット1.4kWという国内最高のパワーを持ち，アウトプットも全バンドpep2.5kW以上の大出力です．」と広告で謳われている，水平出力管6KD6を5本使ったリニア・アンプです．

この出力の表記には疑問がありますが，価格の割にハイパワーであったことは間違いありません．主な特徴は前機種，SUPER3000LAと同様です．

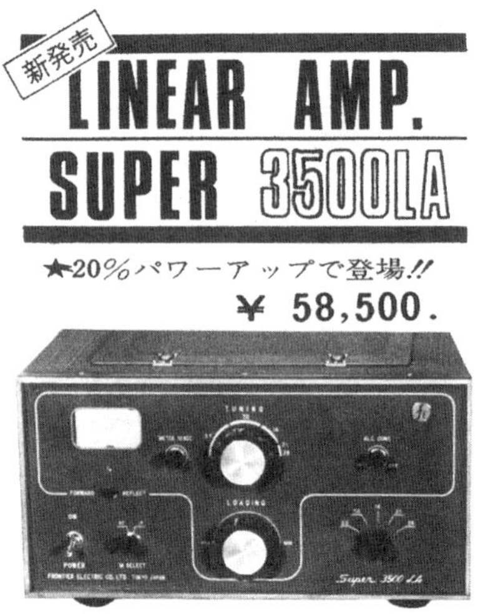

## 1971年

### 日昇電子　UHF PB-50

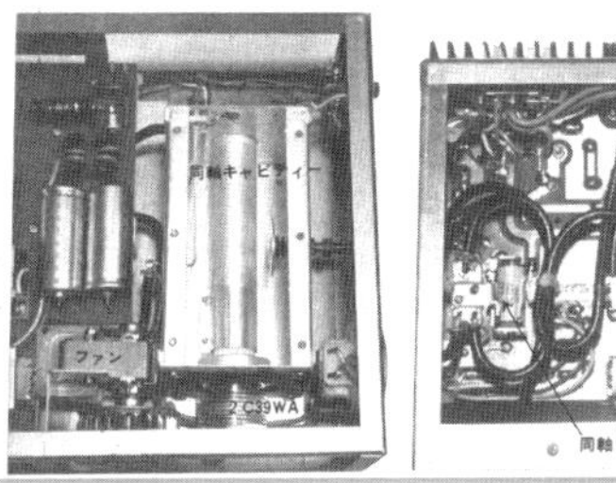


430MHz帯がアマチュアバンドとして使用できるようになったのは1964年でしたが，実用的なリグが発売されるようになったのは1970年頃です．本機は1971年発売，430MHz帯で初めて上限の50Wを実現したブースタ(リニア・アンプではない)です．

板極管2C39WAを使用し，最小1W入力で50Wを出力することができますが，フルパワーを出せるバンド幅は約1MHzと狭いものでした．

送受信の切り替えはキャリア検出(キャリコン)による自動切り替えです．

板極管の出力はすぐにキャビティに送られる構造です．また電源は13.5V，移動でも使えるようにDC-DCコンバータを内蔵していました．

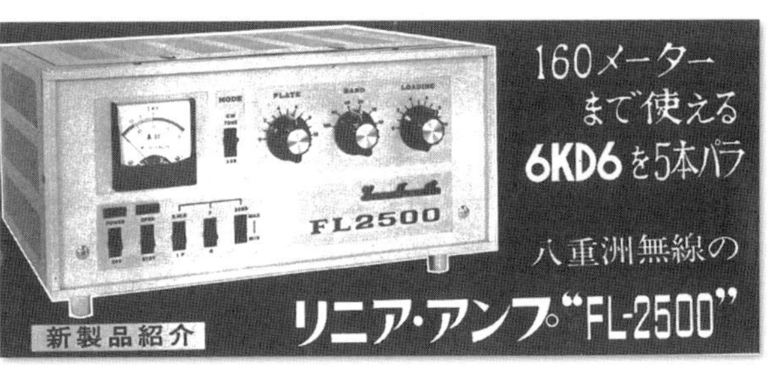


### 八重洲無線　FL-2500

水平出力管6KD6を5本使用したリニア・アンプです．直線性を要求されるSSBでは1250V，CWとチューニング時は900Vを6KD6に掛けています．電圧を高めにしたため，許容最大入力は2kWpepと大きくなっていますが，通常は1.2kW入力で使用します．

本機の最大の特徴は1.9MHz帯に対応したことで，同社初の1.9MHz帯対応機，八重洲無線のFT-101(1972年6月のマイナ・チェンジで実現)よりも先にこのバンドに対応しました．八重洲無線のFT-400シリーズと同一のデザイン，送受信機とほぼ同一サイズで，これはFL-2000Bと同様です．重さは2kg増の22kgでした．

### トリオ(JVCケンウッド)　TL-911

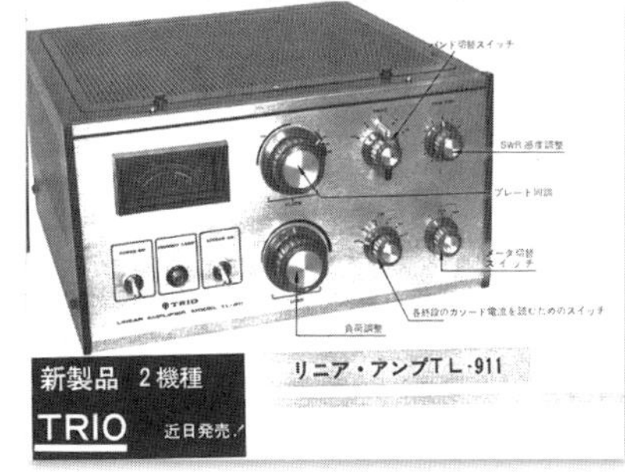


カラーTVをターゲットに作られた，最新鋭の水平出力管(当時)6LQ6を5本GGで使用してDC入力1.2kWを得ているリニア・アンプです．瞬間最大入力は2kWpepあり，SWR計を内蔵しています．

本機の最大の特徴は多くの保護回路を内蔵していることです．20秒間1Aプレート電流が流れる(1.35kW)か，瞬間的に2A(2.7kW)流れるとプロテクタが動作します．しかもパラレル運転している終段管5本それぞれの電流量をメータで読めるので，どの球のトラブルなのかを知ることもできるようになっています．6LQ6はノコギリ波を出力する場合は許容プレート損失30Wとなる球です．瞬間的には損失200Wまで耐えることができるので2kWpepが実現しているものと思われますが，そのためには放熱が重要です．そこで背面から取り込んだ空気が確実に球に当たるように，本機ではファイナルのシールドがダクトのような構造になっています．

## 八重洲無線 FL-2100 FL-2100B

NEW PRODUCTS

**Yaesu Musen FL-2100 Linear Amp.**

Yaesu Musen announces a new linear amplifier, FL-2100 to be put on sale starting mid-October. It uses pair of 572B/T160L's and is covering the 3.5-28MHz ham band.

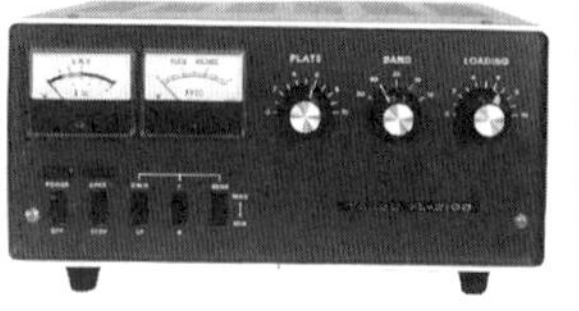

FL-2100は真空管，572BをGGパラレルで使用した入力1.2kWpepのリニア・アンプです．FL-2000同様，本機もプレート電圧を2400Vと高く取ることで直線性を良好にし，冷却ファンを2つ装備して冷却するようになっていました．π型の入力同調も付いています．FL-2000のパネル面デザインをFT-101に合わせた製品で，価格もFL-2000と同じでした．

FL-2100BはFL-2100の部品の定数を修正した以外に差異はありません．雑誌広告で確認すると，1973年1月号のCQ ham radio誌の価格表にはFL-2100が記載されいます．それからしばらくFL-2100についての記載はなく，次に同誌に価格表が記載された1974年4月には突然FL-2100Bに変わっていました．FT-101B，FR-101，FT-75B，FT-501といった新製品ラッシュのタイミングだったためでしょうか，FL-2100Bはひっそりと登場したようです．1973年1月の価格表は分野別，1974年4月の価格表はシリーズ別でしたので，若干の手直しを契機として1973年10月発売のFT-101Bに型番を合わせた可能性が考えられます．

**1972年**

## フロンティアエレクトリック SB-2000 SB-2000A(AS)

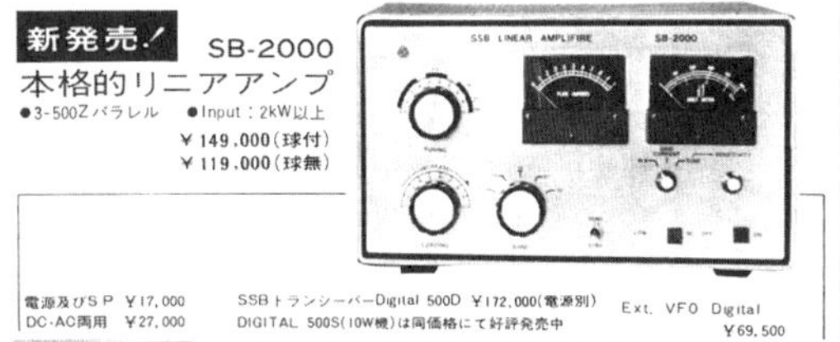


SB-2000は1968年頃に開発された真空管である3-500ZをGGで2本使用した，入力2kWのアンプです．

SB-2000は当初149,000円でしたが，発売の1年半後に175,000円に価格が上がっています．また値上げと同時に1.9MHz帯を装備したSB-2000Aが185,000円で発売されています．SB-22000Aはその後パネル面がブラックのSB-2000ASにマイナ・チェンジされました．この頃の価格は249,000円，球別であれば179,000円でした．

SB-2000AS ¥249,000
(本体価格¥179,000)

### ● SB-3500AS(1981年)

SB-2000ASのパワーアップ版と思われますが，詳細は不明です．1.9～30MHzで動作します．

### ● SB-2200AS(1982年)

1980年初めに外観はSB-2000ASとほぼ同じモノバンド機のSB-2200ASが発売されています．当時，SB-2000ASの価格は270,000円に対してSB-2200ASの価格は268,000円で，価格的なメリットはありませんでしたが，SB-2200ASは10W入力でフルパワーまでドライブすることが可能となっていました．

**1974年**

## 東京ハイパワー研究所 HL2K

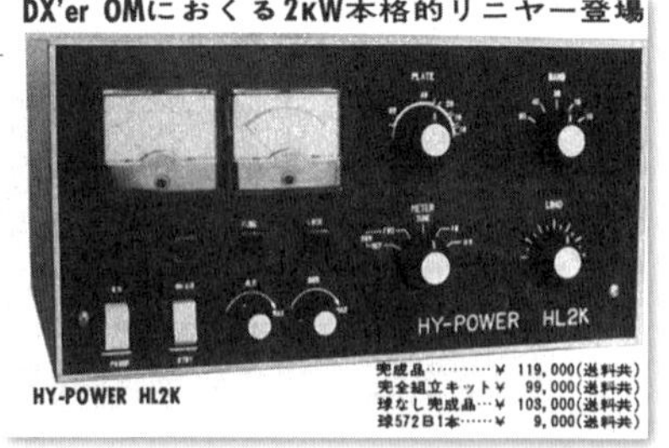


ハイパワー機器で大きく伸びた東京ハイパワー研究所(2013年事業停止)の最初のリニア・アンプです．3本の572BをGGでパラレルにして入力2kWpep(1.5kW DC)を得ています．20,000円安いキットがあったこと，メータを2つ装備し，プレート電流を常時監視できるようになっていたことなどが主な特徴です．なお，本機は翌年に138,000円に値上げされました．この後，8875を使用した，ほぼ同パワーのHL-2400を開発しています．

## フロンティアエレクトリック　LA-2

これは144MHz帯用リニア・アンプでファイナルには4X150Aを使用しています．ハイパワーが得られることが最大の特徴で200W出力，4CX250Bを用いたさらにハイパワー仕様のものは最大350Wの出力を誇ります．

本機は輸出用とされ，1974年に4X150Aタイプの国内販売の予告が出ましたがその後広告は消えています．4CX250Bタイプは1970年代の終わり頃まで米国で販売されていました．

## 東野電気　SSシリーズ　6Sシリーズ

SSシリーズは144MHz用のトランジスタ・アンプで，出力10Wから120Wまで，当時はリニア・アンプ7種類，ノンリニア・アンプ2種類の計9種類が発売されていました．6Sシリーズは50MHz帯用のノンリニア・アンプで，出力18Wと100Wの2種類がありました．同社はその後，各種リニア・アンプやトランシーバを発売し，2016年に解散しています．

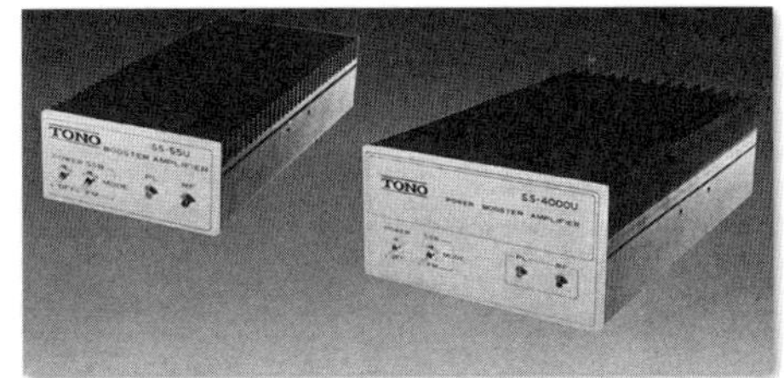


## 内外電機製作所　nag-50XL　nag-144XL

nag-50XLはS2001プッシュプルで連続120W入力を可能にしたリニア・アンプです．監視メータは2つ，チューニング・ダイヤルも大き目の使いやすいリニアでした．連続定格のため，FMでも使用できます．nag-144XLは4X150Aや4CX350Fなどを利用した144MHz帯のリニア・アンプです．タイプによりかなりの価格差があります．

本シリーズはだんだん種類を増やし，1982年頃には17機種になります(**表**)．同社では全機種50W(当時の28MHz帯以上の上限)，電波法適合品として販売していました．

積極的な広告は行われませんでしたが，ハムショップによっては常時在庫がありましたので，隠れたベストセラーといえるでしょう．

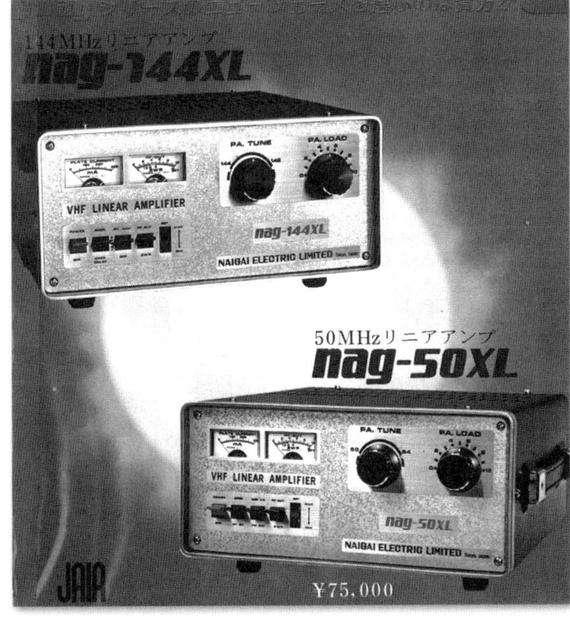


**表　内外電機製作所のリニア・アンプ**(1982年)

| 動作周波数 | 型番 | | 価格 |
|---|---|---|---|
| 1.9～30MHz | nag-230XL | 200ML | 63,500円 |
| | | 300ML | |
| 28～29MHz | nag-28XL | 1100ML | 49,900円 |
| | | 1200M | 59,900円 |
| | | 1300ML | |
| 50～54MHz | nag-50XL | 6080ML | 49,900円 |
| | | 6200B | 209,800円 |
| | | 6300B | 219,800円 |
| 144～146MHz | nag-144XL | 2050ML | 39,900円 |
| | | 2080ML | |
| | | 2100ML | 49,900円 |
| | | 2120ML | 54,900円 |
| | | 2120ML(DX) | 58,900円 |
| | | 2150ML | 59,900円 |
| | | 2150ML(DX) | 64,900円 |
| | | 2200B | 179,800円 |
| | | 2250E | 189,800円 |

注)メーカーによると28MHz帯以上のものは全機種50W出力とのこと

## 1975年

### 日本電業 LA-106

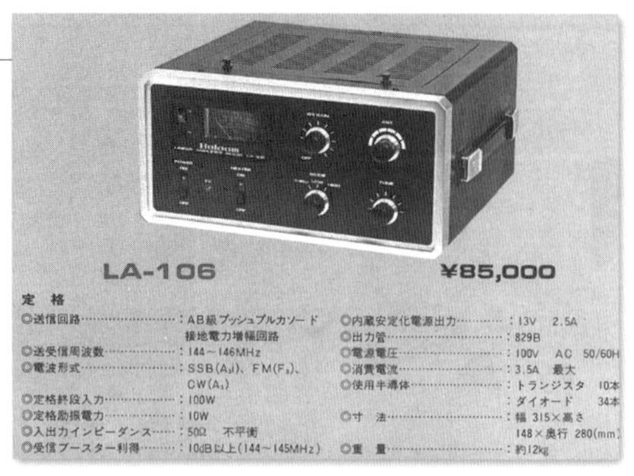


双5極管829B(2B29)をプッシュプルで使用した144MHz帯，入力100Wのリニア・アンプです．

AC電源や受信ブースタを内蔵しているだけでなく，2.5Aの定電圧電源も内蔵していましたので，同社のLiner2DXの電源を供給することもできました．

### アンペール通信機器 APB-150G　APB-300S　APB-400S

APB-150Gは4X150AをGGで用いた出力150Wpepのリニア・アンプで，FMでも120Wの出力が可能でした．ストリップラインを使用した共振回路を使用しているのも特色です．APB-300S(144MHz帯)，APB-400S(430MHz帯)はそれぞれ300Wpep，250Wpepのリニア・アンプで，ストリップラインにプラスしてキャビティも使用しています．

## 1976年

### 東京ハイパワー研究所 HL-4000　HL-3000

わが国初のフロア・コンソール型のリニア・アンプで，米国ヘンリー社のリニア・アンプと同様に，下側は電源，上はアンプ回路となっています．入力はそれぞれ4kW，3kWと大きく，そのままでは国内で免許されないパワーがありました．

電源は単相200Vの20A，もしくは17A，重量は約100kgです．

1980年にはデスクトップ・タイプのHL-2400も発売されています．こちらは8875パラレルの2kW入力(公称出力500W)です．

## 1977年

### タニグチ・エンジニアリング・トレイダース VLA-100

アンテナ・メーカーとして有名だったタニグチ・エンジニアリング・トレイダースの出力250Wpep，AM出力100Wのリニア・アンプです．

3.5～30MHzを動作範囲とし，バンド切り替え，チューニングなどは全く不要とPRされています．チューニング不要というのは，広帯域アンプを使用し，30MHzカットオフのLPF1つで全バンドに対応しているために，切り替え部分がなかったということのようです．受信プリアンプも内蔵しています．かなりのハイパワーですが，パネル面に監視メータなどはありません．本機は半年ほどで姿を消しました．

なおイタリアのRM社のリニア・アンプには本機と同型番の製品がありますが，全くの別物です．

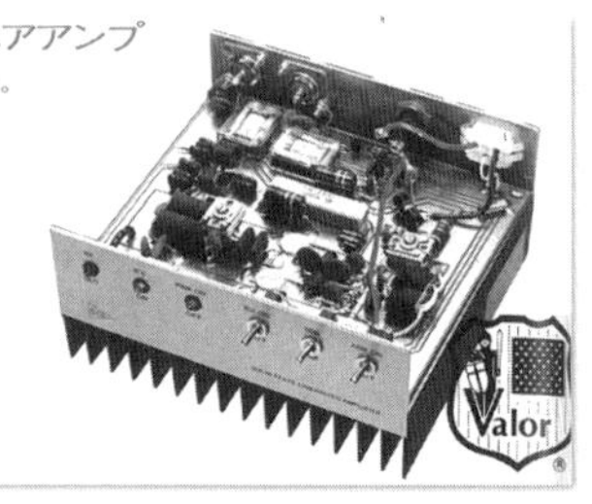

## 八重洲無線　FL-110

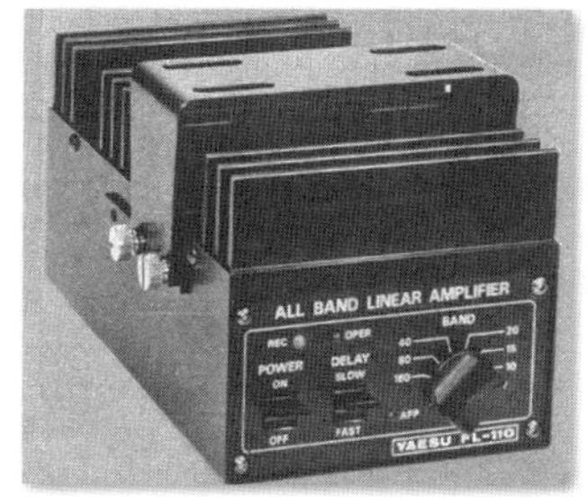


同社のオール・トランジスタ100W出力トランシーバ FT-301のパワーアンプをそのまま独立させた10Wドライブのリニア・アンプで，2SC2100，もしくはSRF1427のプッシュプルです．1.9MHz帯にも対応しており出力部のLPFは6バンド切り替えとなっています．本機は大きな放熱器を背負っており冷却ファンは付いていません．

## トリオ（JVCケンウッド）　TL-922

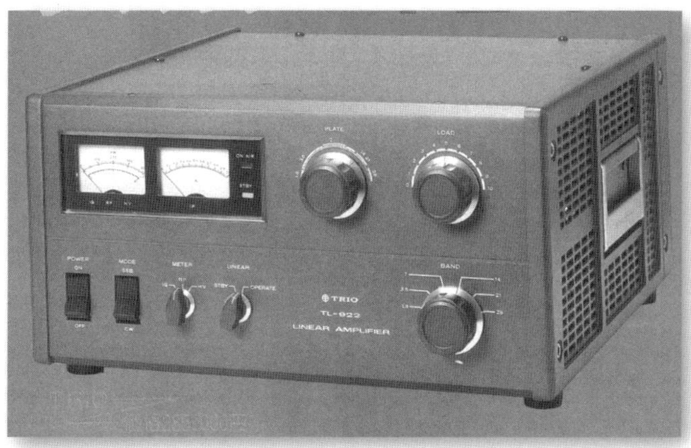


3-500ZをパラレルにしてGG動作とした600W出力のリニア・アンプです．

ファン・モータ遅延回路を内蔵し1.9MHz帯にも対応しています．本機の輸出タイプは1kWpep出力であり，国内向けはそれをパワーダウンしたものです．

本機の広告では直熱管3-500Zのヒートアップ時間の短さもPRされていました．八重洲無線のFL-2100シリーズと共に，日本のSSB用真空管リニアを代表するリニア・アンプです．

1978年

## 新日本電気　CQ-301

3-500ZパラレルをGGで使用した入力2kWのリニア・アンプです．

フロンティアエレクトリック社のSB-2000ASに酷似しています．本機は発表後数カ月で姿を消しています．

新製品！
★12V系ハイパワー・ブースター
HL-400B
￥135,000

## 東京ハイパワー研究所　HL-400B

同社の半導体リニア・アンプのなかで最初にバンド別のローパスフィルタを装備した製品です．本機以前のHL-200E，HL-400Jなどは2～30MHzで動作しますが，ローパスフィルタは30MHzカットオフのものしか入っておらず，事実上21MHz帯以下では使用できませんでした．出力は350Wpep，13.8V動作です．本機は後にHL-450B（400Wpep）にマイナ・チェンジされています．

また，HF帯のHL-810J（600Wpep　1980年），50MHzまで動作のHL-50B（50Wpep　1997年）という製品もありました．

## 1979年

### REX LA-30

6LW6を4本パラレルにした出力500Wpepのリニア・アンプです．発表時は5バンドとなっていましたが，発売時には3.5/7/14/21MHz帯の4バンドに変更されています．

同社はほぼ同じ頃，LA-6　LA-6Bという真空管S-2003を2本使用した50MHz帯の50Wリニア・アンプも発売していました．LA-6はDC13.8V，LA-6BはAC100Vで動作します．

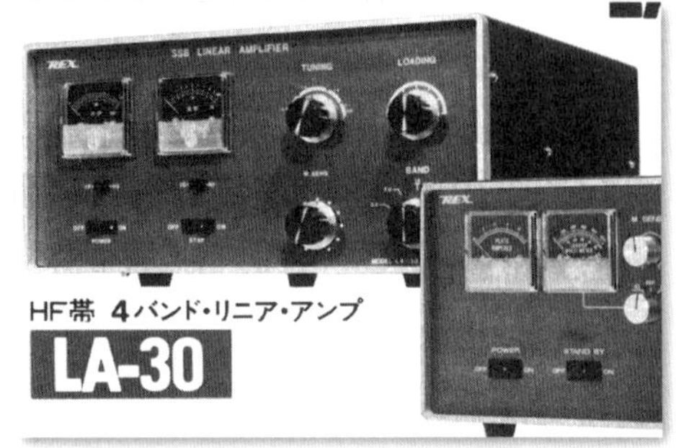


## 1980年

### 八重洲無線 FL-2100Z（前期型）

572Bをパラレルにした入力1.2kWのGGリニア・アンプです．前機種FL-2100Bに1.9MHz帯を追加して6バンドとし，ALCレベルの調整ができるようにしたもので，FT-901やFT-101Zとマッチするデザインになりました．

終段管の中和回路も新たに設けられています．メータは2つ装備されていて，ひとつは常にプレート電圧を監視しています．もうひとつはプレート電流，進行波，反射波の切り替え式表示でした．

● **FL-2100Z**（後期型　1984年）

本機は，FL-2100Z（前期型）をWARC79対応の9バンドにしたものです．入力部にはエキサイタと整合を取るための固定π回路が9つ並んでいます．なお，前期型は1982年半ばにいったんカタログ落ちし，1984年初めに改めて9バンドの後期型として復活し，1993年末まで販売されています．息の長い製品でした．

### タニグチ・エンジニアリング・トレイダース VLA200L　VLA500H

1.9～30MHzを動作範囲としたリニア・アンプで，バンド切り替え，チューニングなどは全く不要，VLA200Lは入力200W，VLA500Hは入力500Wです．広帯域アンプを使用し，30MHzカットオフのLPFのみを実装しているために切り替え部分はありません．最大20dBの受信プリアンプも内蔵しています．VLA500HにはバイアスをCW用にするスイッチがついていました．

### アンペール APB-3000S　APB-4000S

ARB-3000Sは144MHz帯，ARB-4000Sは430MHz帯のデスクトップ型リニア・アンプです．4CX250Bを用いており，430×200×370mmの大きさで重さは25kgあります．4CX250B（7204/5F25R）はプレート損失250Wの強制空冷セラミック管ですが，両機共に公称出力は50Wとなっています．

2つのメータを持ち，受信プリアンプの利得調整も付いています．本機は受注生産でした．

## アイコム　IC-2KL

2SC2652をプッシュプルにしたPA回路を2つ並列にした500W出力のリニア・アンプです．通常の操作はバンド・スイッチの切り替えだけ，しかもIC-710やIC-720と組み合わせた場合はそのバンド・スイッチも連動しますので本機にはノータッチで扱えます．

本機には10MHz，18MHz，24MHzのポジションもありますが，10MHz以外は他のバンドと共用となっており実質的には7バンドです．しかしWARC79に対応した最初の本格的リニア・アンプでもあります．

リニア部分の電源はDC40V25A，連続送信となるRTTYでも500W出力が可能です．電源のIC-2KLPSも付属していました．

### 1982年

## フロンティアエレクトリック　SB-4000S

3-500Zを3本パラレルにして，GGアンプを構成したリニア・アンプです．最大の特徴はプラグイン・ユニットになっていることで，3.5MHz帯から28MHz帯（WARCバンド付きもあり）のユニットPL-401を外して，1.9MHz帯，28MHz帯や50MHz帯のモノバンドのリニア・アンプにすることが可能でした．バンド・ユニットPL-401（WARCバンドなし）は65,000円，1.9MHzのものは47,000円，他のユニットは42,000円で，324,000円の本体にこれらのバンド・ユニットを挿入するようになっていました．

同社は1982年1月にプラグイン・タイプ5kW入力のリニア・アンプの発売を予告していますが，アマチュア無線向け機器は本機が最後となり，1982年5月の同社広告では在庫の真空管だけを販売しています．その後，広告そのものを目にすることはなくなりました．

### 1984年

## マキ電機　UP-1210BL　UP-1211BL

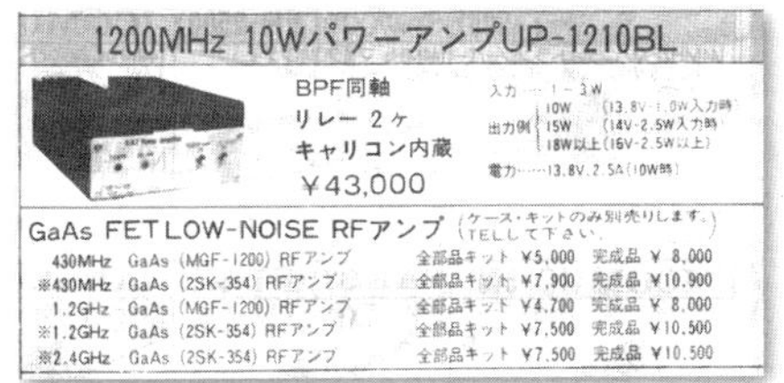


入力1W，出力10Wの1.2GHz帯用パワーアンプです．この周波数帯の出力の制限は固定局10W，移動局1Wとなっていましたが上限出力の市販機器はありませんでした．UP-1210BLが最初の製品で，三協特殊無線の10W出力トランシーバKF-1200Cより数カ月早く発表されています．

UP-1210BLは電源電圧16Vでエキサイタ入力2.5Wで使用すると18Wを得られると明記されていました．一方，後継機種のUP-1211BLでは電源電圧15V，入力1.7Wで出力15Wと多少パワーダウンしていますが，電源電圧を下げて表記していますので実質的には同じものと考えて差し支えないはずです．なお，両機種で形状は多少変わっています．

## 1985年

### 東京ハイパワー HL-1K

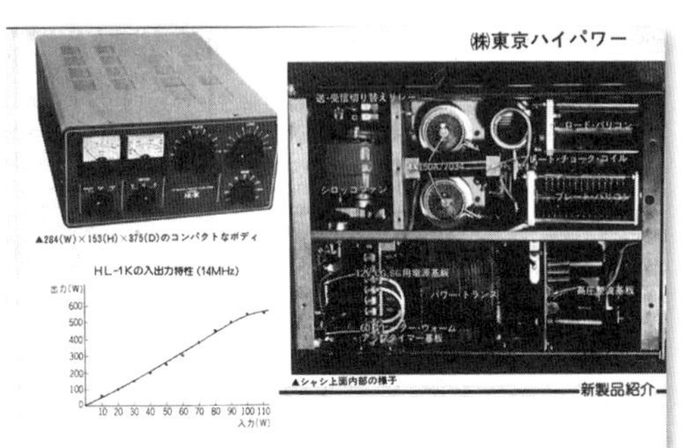


セラミック送信管4X150Aをパラレルにしたリニア・アンプです．公称出力は500W，WARCバンドに対応しています．回路はカソード接地，4X150Aが4極管なのでスクリーン・グリッドとコントロール・グリッドに異なる電圧を用意しています．この球の増幅率が高いことを利用し，入力部の整合回路を簡略化してアッテネータで済ませているのも本機の特徴のひとつです．

本機では奇麗な電波を出すためにAB1級動作としています．このためグリッド電流検出のALCが使えませんので，エキサイタからの入力でALC信号が出されるようになっていました．なお，輸出用のHL-1K/Aなど，HL-1Kを名乗っていてもGGアンプの機種もあります．メインテナンス時は必ず回路を確認してください．

### 共同エレックス Kシリーズ

主として車載用として作られた144MHz帯，430MHz帯のリニア・アンプ・シリーズです．各種ありますので代表的な物を**表**にまとめておきますが，ほとんどの機種の公称出力は50Wであるのになぜか消費電力が異なる物があります．DC電源を直接使用するリニア・アンプの場合，消費電力≒入力電力であることにご留意ください．

**表　共同エレックスのリニア・アンプ**(1985年)

<table>
<tr><th>型 番</th><th>周波数</th><th>電波型式</th><th>公称出力</th><th>消費電力</th><th>電 源</th></tr>
<tr><td>K507UR</td><td rowspan="6">430MHz</td><td rowspan="5">FM, SSB, TV</td><td rowspan="5">50W</td><td rowspan="3">103W</td><td rowspan="2">DCのみ</td></tr>
<tr><td>K507U</td></tr>
<tr><td>K507SUR</td><td>AC内蔵</td></tr>
<tr><td>K70WU</td><td>138W</td><td rowspan="3">DCのみ</td></tr>
<tr><td>K70WUR</td><td>200W</td></tr>
<tr><td>K307U</td><td>FM, SSB</td><td>25W</td><td>60W</td></tr>
<tr><td>K90WVR</td><td rowspan="3">145MHz</td><td rowspan="3">FM, SSB, AM</td><td rowspan="3">50W</td><td rowspan="3">124W</td><td rowspan="2">DCのみ</td></tr>
<tr><td>K90WV</td></tr>
<tr><td>K90SVR</td><td>AC内蔵</td></tr>
</table>

ノンリニア・タイプは省略

## 1986年

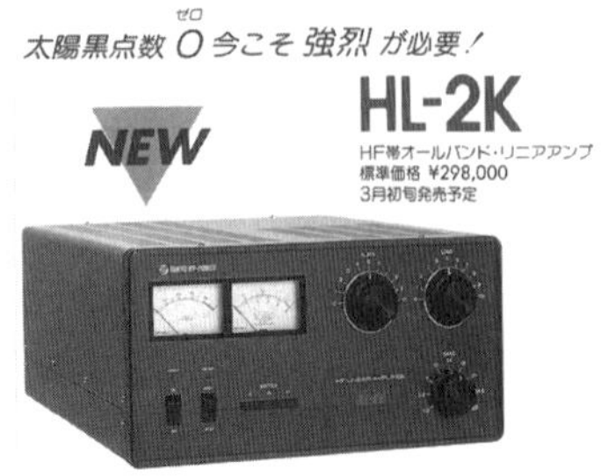


Eimac 3-500Z×2 パラレル！

### 東京ハイパワー HL-2K

3-500ZをパラレルにしたGGのリニア・アンプです．雑誌広告では公称出力500Wとしていましたが，カタログ上では入力2.4kWと表記していました．

WARCバンドを含む1.9～30MHzで動作します．バイアスはAB2級です．

### 東京ハイパワー　HL-1K GX

4X150AをパラレルにしたGGのリニア・アンプです．HL-1Kとは回路が変わり，多少価格も改定されています．入力1kWです．1990年頃から真空管は4CX-250Bに変更されています．HL-1K/6という4CX-250Bパラレルの500W出力リニア・アンプもありますが，これは50MHz帯専用，GK回路です．

## 1987年

### アイエヌジー　1430　1470　4330　4370

14XXは144MHz帯，43XXは430MHz帯のリニア・アンプで，XXには30(出力30W)，もしくは70(出力50W)が入ります．

全機種カラフルなLEDメータ付きで，末尾に何もつかない製品は一体型のJARL登録機種，Sが付くものは本体分離型です．分離型はトランクなどアンテナ近くへの本体設置を想定していました．

### 八重洲無線　FL-7000

全半導体のトランシーバ，FT-ONE，FT-980，FT-757GXを発売した八重洲無線が，組み合わせるリニア・アンプとして発売したのが本機FL-7000です．PAアンプはコレクタ損失300Wの2SC2562のプッシュプルをパラレルにし，オートマチック・チューナを内蔵しています．

このチューナはHF全バンドで*SWR*≒3程度まで動作できます．当時はまだ28MHz帯は実質的に50Wまでしか免許されませんでしたから，アンプ部分は現実に合わせて25MHzまでの動作としています．28MHz帯ではチューナ部だけを利用するというわけです．

この後多くのリニア・アンプが28MHz帯を増幅周波数から外しています．また，このチューナ一体型というのは使い勝手が良く，本機発売以後，多くのメーカーのリニア・アンプがチューナ付きとなりました．

フルブレークイン対応，200W機の接続も可能です．オプションでリモート・アンテナ・セレクタも用意されました．価格差が大きかったためでしょうか，本機発売後もFL-2100Zは併売されています．

## 1988年

### 日本無線　JRL-1000

価格は130万円，重さは100kgという文字どおり重量級のリニア・アンプです．プレート損失400Wの強制空冷4極管，8122を2管使い，オート・チューン，プリセット・チューンの両方を装備していました．メーカーでは業務用と同一部品を使用とPRしています．国内向けは500W，輸出仕様は1kW出力でした．

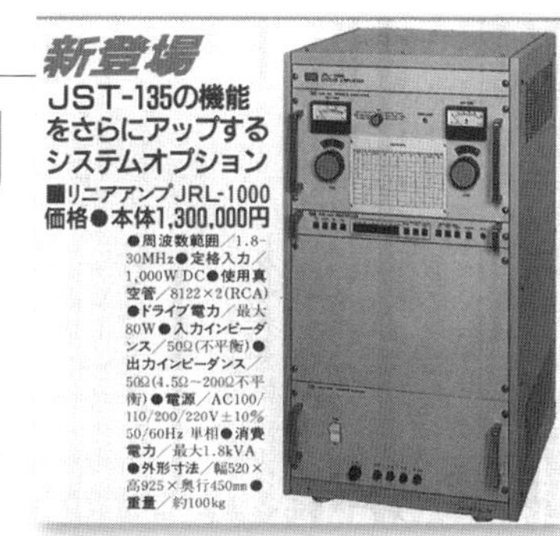

## 1989年

### アイコム　IC-4KL

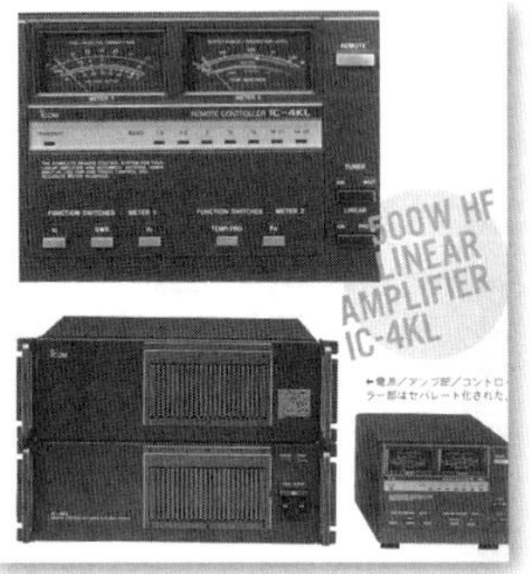


本機は，2SC2562を8本使用したリニア・アンプです．国内向けは500Wですが，輸出仕様は1kW出力でした．40V50Aの電源を持ち，本体はラック・マウントが可能，コントローラで操作するように作られていました．フルブレークイン対応，オート・アンテナ・チューナ内蔵，エキサイタがアイコム機であればバンド・スイッチも連動させられました．

## 1990年

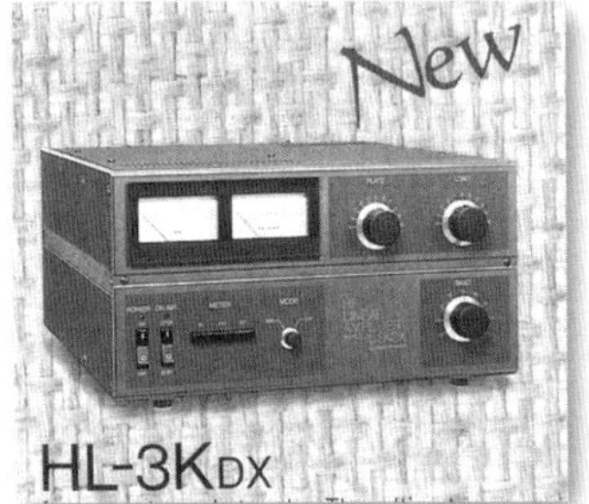


### 東京ハイパワー　HL-3K DX

直熱3極管，3CX1200A7を使用した最大入力3.4kWのリニア・アンプです．重量は50kg，電源部を含み1筐体に収められています．バイアスはAB2級，入出力はN型コネクタ，ピーク表示のパワー計も装備しています．輸出用とされていましたが，国内向けのカタログにも本機は記載されています．

なお類似の輸出機としてHL-3Kという製品もありました．3CX-800A7×2の構成で電源スイッチのON/OFFが別に設けられているので，簡単にリモート化が可能です．

### 東京ハイパワー　HL-700B

輸出用リニア・アンプのHL-450Bを増力し国内向けにしたソリッドステートのリニア・アンプです．電源は13.8V 65Aで，AC電源HP-700(88,000円)，24VからのコンバータHDC-70(68,000円)が用意されていました．

THP-120(2SC2879の選別品)のプッシュプルを4回路パラレルにしています．100Wドライブの場合，500W(DC)，600Wpepの出力が得られますが，10Wドライブでは4回路のうちのひとつをドライブ・アンプに使用するため400W(DC，pep共)に制限されます．引用広告，並びに原稿執筆時点でWebからダウンロード可能な英文説明書には出力表記に誤りがありますので注意してください．

### 日本無線　JRL-2000F　JRL-2000FH

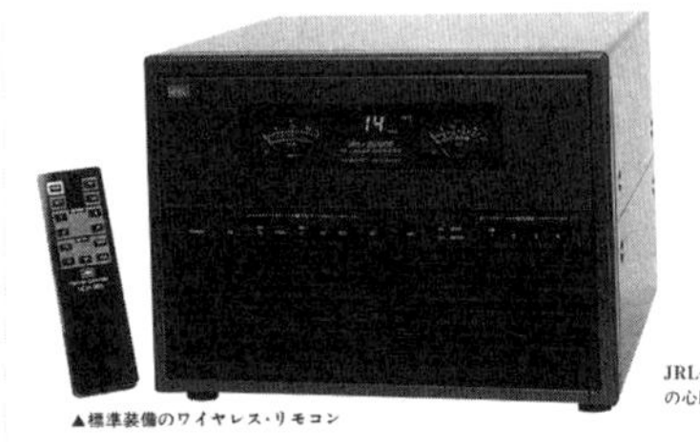
▲標準装備のワイヤレス・リモコン

▶JRL-2000Fの心臓部

MOS-FET　2SK408，2SK409をそれぞれ6本使ったPAアンプを4つパラレルにした24MHz帯までのオート・ソリッドステートのリニア・アンプです．各アンプはSEPP(シングル・エンド・プッシュプル)で500Wpep時のIMDは－40dBという優れた値となっています．オート・アンテナ・セレクタ，オート・チューナを内蔵，1820のメモリ・データを持つことで，瞬時のQSYを可能にしました．

フルブレークイン対応，ワイヤレス・リモコン操作も可能です．

変わったところではほぼ力率100％の電源を内蔵していることが挙げられます．100V動作，1kW入力時の消費電流は11A，しかも力率≒100％ですから，AC100V動作も可能でした．重さも約28kg，輸出仕様では1kW出力が可能なリニア・アンプでありながらトランシーバ並みの重さに抑えられています．

国内では1997年からHF帯で1kW免許が下りるようになりました．この流れに沿ってJRL-2000Fを1kW化したのがJRL-2000FHです．もともと1kWの設計だったためでしょう．500W機と同価格で発売されました．

## 1996年

### 東京ハイパワー　HL-1K FX

MOS-FETを使用した入力1.2kWのリニア・アンプです．横幅はわずか23cmと小型化，AC電源込みで約14kgと軽量化されています．本体には電源スイッチ以外にはバンド切り替えとメータ切り替えしかありません．

本体はダクト構造で冷却効率が高いとメーカーはPRしていました．

## 1997年

### 八重洲無線　VL-1000

モトローラ製FETのMRF-150をプッシュプルにした増幅器を4つ並列にした50MHz帯までの1kW出力のリニア・アンプです(50MHzは500W)．付属電源は48V48A，別筐体とすることで電源部の影響を減らすと共に，重量を分散させています．

空冷の空気はパネル面とケース上下から取り入れる独自の設計とし，風切り音の少ないクーリング・システムとしました．入出力には切り替え器が付いていて，2系統の入力，4系統の出力を選択できます．このため背面のコネクタは多めになっていますが，左右に分けてあるので接続時に戸惑うこともありません．

もちろんオート・アンテナ・チューナも内蔵しています．バンド・データ，周波数をエキサイタから受け取ることで最適なプリセット・データを使用することができるようにもなっていました．

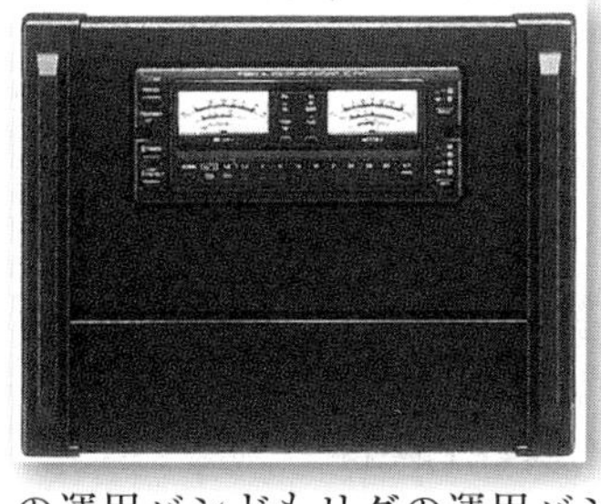

### アイコム　IC-PW1

MRF-150プッシュプル・アンプを4つ並列にした，2つの無線機入力，4つのアンテナ出力を持つ50MHz帯までの1kWリニア・アンプです(50MHzは500W)．このリニア・アンプの最大の特徴は1kWを連続で送信できることで，メーカーでは90分間の連続送信特性を公表しています．また同社製リグをエキサイタとした場合には切り替えた瞬間にIC-PW1の運用バンドもリグの運用バンドに切り替わります．

保護回路が充実していて，通常のALC，*SWR*だけでなく，電圧，電流，ヒートシンク温度，そして各ユニットの出力アンバランスまでをも監視しています．

本機は本体上部に表示，操作部が集中していますが，ここを取り外してリモート・コントロールとすることが可能です．

## テックコミュニケーション GO-2KW

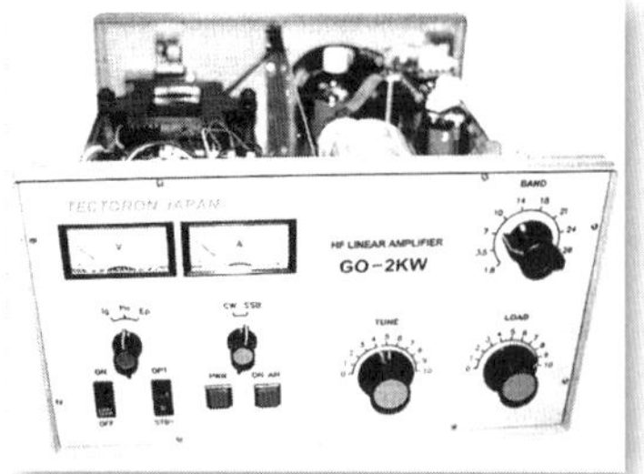


本機は，低価格を狙った1kW級リニア・アンプです．572Bを3本パラレルにして，SSBで800W，CW，RTTYでは600Wの出力を得ています．572Bを立てて使用しているために背が高いのが特徴的です．

放熱用のファンが大きいのも特色のひとつです．PA部全体をひとつの筒に見立てて，風を通すように作られていました．

**2000年**

## 日本無線 JRL-3000F

2SK410を4本でSEPPに組み，それを4組，計16本使用した，50MHzまでの連続1kW出力のリニア・アンプです．全体を縦置きにしてフロア・タイプとして使用することも，横置きとしてコンソール・タイプとすることも，そして操作部だけを取り出してセパレートとすることも可能なようにケースが工夫されています．前機種同様に電源の波形の改善も行っており，入力の力率は95%以上と電源系への負担が少ないリニア・アンプでもあります．

ちなみに2001年夏に発売されたケンウッドのTL-933は本機と同一品です．

## Column フロンティアエレクトリック製品の不思議な出力表記について

本文中でフロンティアエレクトリックのリニア・アンプの最大出力の表記が変だと記載している件に触れておきます．

入力が1.4kWで出力が2kW，普通に考えると入力より大きな出力はありえません．デタラメにしては堂々と表記していますので，その理由を考えてみましょう．

ここでカー・ステレオの出力表記を見てみます（**表20-A**）．どの機種にも定格出力と最大出力が記載されています．

いろいろな解説には，定格出力は一般的な出力，最大出力は瞬間的に出せる出力（ミュージック・パワー）と記載されているはずです．放熱や電源の都合で2種類の出力があると考えたくなりますが，実際はちょっと違います．

カー・ステレオの場合，電源はバッテリですから電源能力の制約はありません．そして定格出力でも本当に連続ではありません．カー・ステレオは4chを出力するのが普通なのに大きな放熱器もファンもありませんから，実際の連続定格はもっと低いところにあるはずです．

カー・ステレオでは電源電圧は14.4Vを基準と

**表20-A　カー・ステレオの出力の記載例**

| 項 目 | 機種A | 機種B | 機種C | 機種D |
|---|---|---|---|---|
| 1チャネルあたりの最大出力 | 50W | 50W | 45W | 50W |
| 1チャネルあたりの定格出力 | 22W | 30W | 24W | 20W |
| 定格出力時の歪率 | 5%THD | 10%THD | 10%THD | 1%THD |
| チャネル数 | 4 | 4 | 4 | 4 |
| スピーカ・インピーダンス | 4Ω | 4Ω | 4Ω | 4Ω |
| 最大消費電力 | 144W | | | |
| 電源電圧 | 14.4V | | 14.4V | 14.4V |

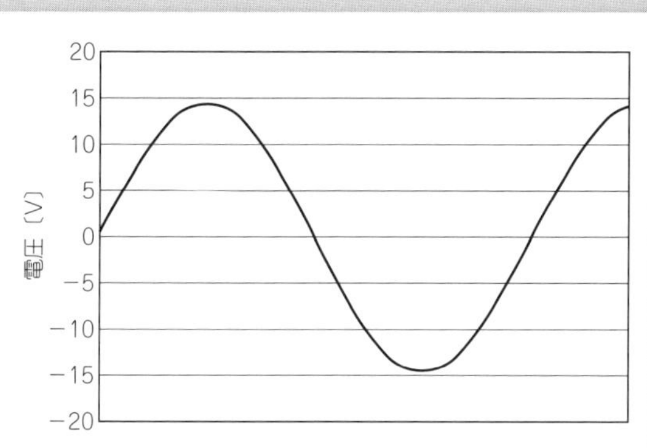


**図20-A　サイン波の場合の実効値**
実効値10Vに納得できる

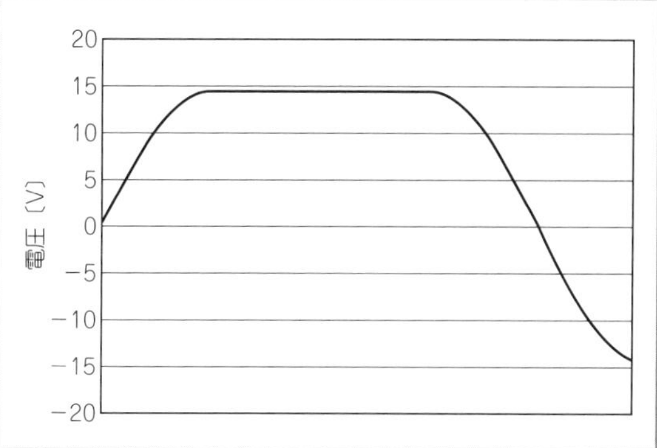


**図20-B　台形波形の場合の実効値**
最大波形の14.14Vを出し続けている

しています．

ほとんどのパワーアンプの回路はOCL（Output Condenser Less）のSEPP（Single Ended Push-Pull），そしてスピーカはBTL（Bridged Transformer Less）接続．この場合の出力の限界は簡単に算出できます．

出力回路の電圧ロスが1.2V（PN接合2つ分），サイン波を実効値に直すため$2\times\sqrt{2}$で割ると，最大電圧は4.67V．BTLで電圧は倍，スピーカは4Ωなので21.78W，機種Aの定格出力（22W）はこれで合っています．

また，電圧ロスを減らしたりピークの波形のつぶれを容認したりするともう少し表記上の出力が増えます．

ロスを0.6V，ピークで10%潰れているとすると28.8W．これはほぼ30Wで機種Bが該当します．機種Cはロスが大きめのようです．機種Dは測定時の歪を少なくしているため，定格出力が少々低めになっています．

くどいようですが，この計算に放熱や電源容量の都合が入り込む余地はありません．では最大出力というのはいったい何なのでしょう．

結論から申し上げると，本当に瞬間的な最大出力です．たとえば今，瞬間的には電源電圧のほぼ限界まで振幅できるアンプがあり，最大28.28V（±14.14V）を出力したとします．

サイン波の場合，実効値は10V（**図20-A**）．4Ωで受けると25Wです．これが10kHzの信号であれば，この25Wという考え方が受け入れられると思います．でも，これが10Hzだったらどうでしょう．約35mSの間，25Wを上回る出力を出し続けることになりますから25Wでは実力どおりではありません．

さらに考えを進めます．大きな太鼓の音のように空気が押し出されるような台形の振動（**図20-B**）だったらどうでしょう．これには実効値という考え方は適用しにくく，14.14Vが最大出力という考え方もできます．この例では50W，これが最大出力で，BTL式のカー・ステレオの最大出力のほとんどが50W前後となっているのはこの考え方によるものでしょう．

話をリニア・アンプに戻します．フロンティアエレクトリックのアンプの広告表記では入力（終段管の消費電力）はDC（短時間平均の定格値），出力はpep（瞬間値）で表現されています．

通常の場合でも，pepはおおよそDCの2割増しになりますので，入力1.4kW（DC）のアンプは入力1.68kWpepとも表記できます．アンプの能率が60%ならば出力は1kW（pep）です．

ここで先ほどの最大出力の考え方を導入すると，瞬間出力は倍の2kWとなります．入力は1.4kW，出力は2kWというフロンティアエレクトリックのリニア・アンプの表記は確かに不思議ですが，こう考えていくとまったく無根拠というわけではないともいえます．

ちなみに瞬間入力（pep）がDCの5割増しまで増えるように回路に伸びしろを付ければ，この考え方では出力は2.5kWpepということになります．

とはいえ高周波アンプの出力は必ず正弦波であり，**図20-B**のような信号を出力することはありえませんからどう考えても変です．ですので，同じ表記をしたメーカーはありませんでした．

## Column リニア・アンプと真空管

ハイパワー・アンプというと何となくおおざっぱな世界に思えるかもしれませんが，実際は逆で，ローパワー回路よりも正確な設計が要求されます．

回路が1kW出せるのに電源が500W分の容量しかなければ電源はすぐに破壊されますし，逆の場合は大きな無駄になります．

回路部品にひとつでも耐圧不足，耐電力不足の物があればそこが故障を起こします．もちろん，500Wの定格出力に対して600Wの出力が出る回路を用いるのは良いことですが，それは全体のバランスが取れてからこその話でしょう．

初期のリニア・アンプにはテレビの水平出力管，すなわちブラウン管に当てる電子ビームを左右に振るためのノコギリ波発生用の真空管がかなり使われていました．

パワーが不足するので4本もしくは5本のパラレルとなっていましたが，送信用3極管9T17の3パラ，たかだか3本の並列運転に苦労した経験のある著者にとって，5本の並列運転が安定して行えるというのはとても驚くべき事柄でした．

このような使用方法が可能だったのは，量産されている受信管にバラツキが少なかったからと考えられます．テレビ管にばらつきがあると製品そのものにばらつきが出ます．安価な部品ですから逆に特性を細かく確認，選別することもできませんし，一般家庭で使われる家電品ですからユーザーの調整力に期待をすることもできません．

これらのことから部品性能の均一化というのはとても大切になってくるわけです．

一方，特殊な用途でしか使われない真空管は生産数が極端に少なくなります．当然ばらつきが生じやすくなるわけで，著者の使用していたような製造番号入り，試験成績表付きの球でもばらつきはありました．

では送信管をシングルにすれば一番使いやすいでしょうか？　そうすると大きな真空管が必要になりますが，これは価格が高いだけでなく高さもあります．出来上がったセットが不格好になってしまうのです．横置きにしてもかさばります．

ところで，送信管を使用したリニア・アンプのプレート電圧はたいてい2400Vです．真空管内部，各電極間の耐圧の問題が大きいと思われますが，著者が推定するには軟X線対策の観点もあったのではないかと思われます．

東芝のELECTRON TUBES DATA BOOK 1978年1月には，以下の記載があります．

「X線は電圧が10kV程度以上になると発生しはじめますが，20～30kVまでは透過力の弱い軟X線であるため ～中略～ 外部には出ないことが多いです．しかしながらX線は少なからず発生していることが考えられますので，～中略～ 評価を十分におこなってください．」

高周波なので最大振幅は電源の倍，タンク回路の効果や高SWR時の振幅を考慮してさらに倍と考えると，プレート電圧はX線が発生しだす電圧（10000V）の$\frac{1}{4}$程度が妥当と考えられます．つまり，2400Vです．

電圧が抑えられる中で電力を増やすには，パラレルにして電流を倍にするのが一番です．本章冒頭で紹介している3-500Zも572Bもプレート電圧2400Vでパラレルにするとちょうど良い出力になりますので，この設計のリニア・アンプが多く作られるようになったようです．

# メーカー別　掲載機種索引

| メーカー | 発売年 | 型番 | 種別 | 機種別紹介頁 |
|---|---|---|---|---|
| アイコム | 1987 | IC-760(S) | 送受信機 | 159 |
| | | IC-575 | 送受信機 | 160 |
| | | IC-900 | コントローラ | 193 |
| | 1988 | IC-12G | スティック | 117 |
| | | IC-1201 | 送受信機 | 120 |
| | | IC-780(S) | 送受信機 | 161 |
| | | IC-575D(DH) | 送受信機 | 160 |
| | | IC-721(S) | 送受信機 | 162 |
| | | IC-228(D, DH) IC-338(D) | 送受信機 | 196 |
| | | IC-3G | スティック | 226 |
| | | IC-23 | スティック | 226 |
| | | IC-2G | スティック | 226 |
| | 1989 | IC-1275 | 送受信機 | 120 |
| | | IC-760PRO | 送受信機 | 162 |
| | | IC-726(M, S) | 送受信機 | 163 |
| | | IC-970(D, M) | 送受信機 | 181 |
| | | IC-901(D, M) | 送受信機 | 198 |
| | | IC-2S | スティック | 228 |
| | | IC-3S | スティック | 228 |
| | | IC-2ST | スティック | 229 |
| | | IC-3ST | スティック | 229 |
| | | IC-24 | スティック | 229 |
| | | IC-RP1220 | レピータ | 264 |
| | | IC-RP4020 | レピータ | 264 |
| | | IC-4KL | HF8バンド | 288 |
| | 1990 | IC-α6 | ポケット | 145 |
| | | IC-970(D, M) | 送受信機 | 181 |
| | | IC-2320(D, M) | 送受信機 | 199 |
| | | IC-229(D, DH) | 送受信機 | 199 |
| | | IC-339(M, D) | 送受信機 | 199 |
| | | IC-2410(M, D) | 送受信機 | 201 |
| | | IC-W2 | スティック | 231 |
| | 1991 | IC-2330(M, D) | 送受信機 | 202 |
| | | IC-2SR | スティック | 232 |
| | | IC-3SR | スティック | 232 |
| | | IC-P2T | スティック | 233 |
| | | IC-P3T | スティック | 233 |
| | | IC-X2 | スティック | 231 |
| | | IC-P2 | スティック | 233 |
| | | IC-P3 | スティック | 233 |
| | 1992 | IC-α6II | ポケット | 145 |
| | | IC-723(M, S) | 送受信機 | 166 |
| | | IC-729(M, S) | 送受信機 | 166 |
| | | IC-732(M, S) | 送受信機 | 167 |
| | | IC-2i | スティック | 235 |
| | | IC-3i | スティック | 235 |
| | | IC-W21 | スティック | 236 |
| | | IC-W21T | スティック | 236 |
| | 1993 | IC-736(M, S) | 送受信機 | 169 |
| | | IC-Δ100(M, D) | 送受信機 | 204 |
| | | IC-Δ1(デルタワン) | スティック | 237 |
| | | IC-X21T | ポケット | 238 |

| メーカー | 発売年 | 型番 | 種別 | 機種別紹介頁 |
|---|---|---|---|---|
| アイコム | 1993 | IC-T21 | スティック | 238 |
| | | IC-T31 | スティック | 238 |
| | | IC-S21 | スティック | 239 |
| | | IC-S31 | スティック | 239 |
| | 1994 | IC-820(M, D) | 送受信機 | 182 |
| | | IC-2700(M, D) | 送受信機 | 206 |
| | | IC-2340(M, D) | 送受信機 | 207 |
| | | IC-281(M, D) | 送受信機 | 207 |
| | | IC-381(M, D) | 送受信機 | 207 |
| | | IC-3700(M, D) | 送受信機 | 206 |
| | | IC-3J | ポケット | 240 |
| | | IC-Z1 | スティック | 242 |
| | 1995 | IC-681 | 送受信機 | 150 |
| | | IC-775DXII | 送受信機 | 169 |
| | | IC-706(S) | 送受信機 | 170 |
| | | IC-2000D | 送受信機 | 210 |
| | | IC-2350(D) | 送受信機 | 210 |
| | | IC-W31(SS) | スティック | 242 |
| | | IC-T22 | スティック | 243 |
| | | IC-T32 | スティック | 243 |
| | | IC-S22 | スティック | 243 |
| | | IC-S32 | スティック | 243 |
| | | IC-T7 | ポケット | 244 |
| | 1996 | IC-756 | 送受信機 | 172 |
| | | IC-820J | 送受信機 | 182 |
| | | IC-970J | 送受信機 | 181 |
| | | IC-821(D) | 送受信機 | 182 |
| | | IC-2710D(2710) | 送受信機 | 211 |
| | | IC-2350J | 送受信機 | 210 |
| | | IC-281J | 送受信機 | 207 |
| | | IC-381J | 送受信機 | 207 |
| | | IC-Δ100J | 送受信機 | 205 |
| | | IC-T7ss | ポケット | 244 |
| | | IC-S7ss | ポケット | 245 |
| | | IC-W31NSS | スティック | 242 |
| | 1997 | IC-706MKII(M, S) | 送受信機 | 172 |
| | | IC-775DXII/200 | 送受信機 | 169 |
| | | IC-746 | 送受信機 | 173 |
| | | IC-207(D) | 送受信機 | 212 |
| | | IC-T8ss | ポケット | 247 |
| | | IC-PW1 | 50MHzまで | 289 |
| | 1998 | IC-706MKIIG(GM, GS) | 送受信機 | 174 |
| | | IC-2310(D) | 送受信機 | 195 |
| | | IC-228(D, DH) IC-338(D) | 送受信機 | 196 |
| | | IC-2500(M, D) | 送受信機 | 197 |
| | | IC-2400(D) | 送受信機 | 197 |
| | | IC-Q7 | ポケット | 247 |
| | | IC-S7Dss | ポケット | 247 |
| | | IC-T7Dss | ポケット | 247 |
| | 1999 | IC-756PRO | 送受信機 | 174 |
| | | IC-2800(D) | 送受信機 | 214 |
| | | IC-T81ss | スティック | 248 |

# メーカー別　掲載機種索引

| メーカー | 発売年 | 型番 | 種別 | 機種別紹介頁 |
|---|---|---|---|---|
| 岩田エレクトリック | 1984 | HT-03 | ポケット | 140 |
| 岩田エレクトリック | 1991 | HT-13 | 送受信機 | 146 |
| エース電器 | 1977 | MODEL430-01 | トランスバータ | 257 |
| 栄広商会 | 1986 | KR-502F | 送受信機 | 142 |
| エンペラー | 1995 | TS-5010 | 送受信機 | 150 |
| オメガ技術研究所 | 1995 | PB-410ピコベース | 送受信機 | 171 |
| オメガ技術研究所 | 1998 | PB-410ピコベース | 送受信機 | 171 |
| 川越無線 | 1979 | NOA-A1(4), NOA-AK | トランスバータ | 112 |
| 川越無線 | 1981 | NOA-1200 | トランスバータ | 114 |
| 共同エレックス | 1985 | Kシリーズ | 144, 430MHz | 286 |
| 共同コミュニケーションズ | 1989 | RERA FAX 8800 | 受信機 | 162 |
| 極東電子 | 1977 | FM50-10SXII | 送受信機 | 59 |
| 極東電子 | 1977 | FM144-10SXII | 送受信機 | 59 |
| 極東電子 | 1977 | FM2010 | 送受信機 | 62 |
| 極東電子 | 1978 | FM-2016 | 送受信機 | 64 |
| 極東電子 | 1978 | FM-6016 | 送受信機 | 64 |
| 極東電子 | 1980 | FM-2025J | 送受信機 | 68 |
| 極東電子 | 1980 | FM-6025J markII | 送受信機 | 68 |
| 極東電子 | 1980 | FM-2025J markII | 送受信機 | 68 |
| 極東電子 | 1982 | FM-2030 | 送受信機 | 72 |
| 極東電子 | 1983 | FM-6033 | 送受信機 | 76 |
| 極東電子 | 1984 | FM-2033 | 送受信機 | 76 |
| 極東電子 | 1984 | FM-7033 | 送受信機 | 76 |
| 極東電子 | 1985 | FM-240 | 送受信機 | 78 |
| 極東電子 | 1985 | FM-740 | 送受信機 | 78 |
| ケイ・プランニング | 1996 | KH-603 | スティック | 151 |
| ケイ・プランニング | 1997 | KH-603 MkII | スティック | 151 |
| トリオ(ケンウッド) | 1965 | TL-388 | HF5バンド | 276 |
| トリオ(ケンウッド) | 1971 | TL-911 | HF5バンド | 279 |
| トリオ(ケンウッド) | 1977 | TS-520S(V) | 送受信機 | 21 |
| トリオ(ケンウッド) | 1977 | TS-700S | 送受信機 | 42 |
| トリオ(ケンウッド) | 1977 | TR-7500 | 送受信機 | 59 |
| トリオ(ケンウッド) | 1977 | TL-922 | HF6バンド | 283 |
| トリオ(ケンウッド) | 1978 | R-820 | 受信機 | 24 |
| トリオ(ケンウッド) | 1978 | TS-120V(S) | 送受信機 | 24 |
| トリオ(ケンウッド) | 1978 | TS-770 | 送受信機 | 44 |
| トリオ(ケンウッド) | 1978 | TR-9000 | 送受信機 | 45 |
| トリオ(ケンウッド) | 1978 | TR-7500GR | 送受信機 | 59 |
| トリオ(ケンウッド) | 1978 | TR-2300 | 弁当箱 | 91 |
| トリオ(ケンウッド) | 1979 | TS-120S | 送受信機 | 24 |
| トリオ(ケンウッド) | 1979 | TS-180S(V, X) | 送受信機 | 26 |
| トリオ(ケンウッド) | 1979 | TR-2400 | スティック | 94 |
| トリオ(ケンウッド) | 1980 | TS-830S(V) | 送受信機 | 28 |
| トリオ(ケンウッド) | 1980 | TS-130S(V) | 送受信機 | 29 |
| トリオ(ケンウッド) | 1980 | TS-530S(V) | 送受信機 | 30 |
| トリオ(ケンウッド) | 1980 | TR-8400 | 送受信機 | 69 |
| トリオ(ケンウッド) | 1980 | TR-7700 | 送受信機 | 69 |
| トリオ(ケンウッド) | 1981 | TR-9500 | 送受信機 | 45 |
| トリオ(ケンウッド) | 1981 | TS-660 | 送受信機 | 46 |
| トリオ(ケンウッド) | 1981 | TR-9300 | 送受信機 | 45 |
| トリオ(ケンウッド) | 1981 | TS-780 | 送受信機 | 47 |
| トリオ(ケンウッド) | 1981 | TR-2500 | スティック | 98 |

| メーカー | 発売年 | 型番 | 種別 | 機種別紹介頁 |
|---|---|---|---|---|
| トリオ(ケンウッド) | 1982 | TS-930S(V) | 送受信機 | 31 |
| トリオ(ケンウッド) | 1982 | TS-430S(V) | 送受信機 | 33 |
| トリオ(ケンウッド) | 1982 | TR-9000G | 送受信機 | 45 |
| トリオ(ケンウッド) | 1982 | TR-9500G | 送受信機 | 46 |
| トリオ(ケンウッド) | 1982 | TR-8400G | 送受信機 | 69 |
| トリオ(ケンウッド) | 1982 | TR-7900(7950) | 送受信機 | 74 |
| トリオ(ケンウッド) | 1982 | TR-3500 | スティック | 98 |
| トリオ(ケンウッド) | 1983 | TR-9030G | 送受信機 | 45 |
| トリオ(ケンウッド) | 1983 | TM-201(D) | 送受信機 | 74 |
| トリオ(ケンウッド) | 1983 | TM-401 | 送受信機 | 74 |
| トリオ(ケンウッド) | 1983 | TW-4000(D) | 送受信機 | 75 |
| トリオ(ケンウッド) | 1983 | TKR-200A | レピータ | 260 |
| トリオ(ケンウッド) | 1983 | TKR-200 | レピータ | 260 |
| トリオ(ケンウッド) | 1984 | TS-670 | 送受信機 | 35 |
| トリオ(ケンウッド) | 1984 | TS-711(D) | 送受信機 | 48 |
| トリオ(ケンウッド) | 1984 | TS-811(D) | 送受信機 | 48 |
| トリオ(ケンウッド) | 1984 | TM-211(D) | 送受信機 | 77 |
| トリオ(ケンウッド) | 1984 | TM-411(D) | 送受信機 | 77 |
| トリオ(ケンウッド) | 1984 | TR-2600 | スティック | 102 |
| トリオ(ケンウッド) | 1984 | TR-3600 | スティック | 102 |
| トリオ(ケンウッド) | 1984 | TH-21 | ポケット | 102 |
| トリオ(ケンウッド) | 1984 | TH-41 | ポケット | 102 |
| トリオ(ケンウッド) | 1984 | TR-50 | 送受信機 | 116 |
| トリオ(ケンウッド) | 1984 | TKR-300A | レピータ | 260 |
| トリオ(ケンウッド) | 1985 | TS-940S(V) | 送受信機 | 36 |
| トリオ(ケンウッド) | 1986 | TS-440S(V) | 送受信機 | 36 |
| トリオ(ケンウッド) | 1986 | TM-201S | 送受信機 | 74 |
| トリオ(ケンウッド) | 1986 | TM-401D | 送受信機 | 74 |
| トリオ(ケンウッド) | 1986 | TR-751(D) | 送受信機 | 80 |
| ケンウッド | 1986 | TW-4100(S) | 送受信機 | 81 |
| ケンウッド | 1986 | TR-851(D) | 送受信機 | 82 |
| ケンウッド | 1986 | TH-205 | スティック | 106 |
| ケンウッド | 1986 | TH-215 | スティック | 106 |
| ケンウッド | 1987 | TM-521 | 送受信機 | 119 |
| ケンウッド | 1987 | TS-680S(V, D) | 送受信機 | 160 |
| ケンウッド | 1987 | TM-221(S) | 送受信機 | 192 |
| ケンウッド | 1987 | TM-421(S) | 送受信機 | 192 |
| ケンウッド | 1987 | TM-721(S) | 送受信機 | 195 |
| ケンウッド | 1987 | TH-405 | スティック | 225 |
| ケンウッド | 1987 | TH-415 | スティック | 225 |
| ケンウッド | 1987 | TH-25 | スティック | 225 |
| ケンウッド | 1987 | TH-45 | スティック | 225 |
| ケンウッド | 1988 | TH-55 | スティック | 119 |
| ケンウッド | 1988 | TM-531 | 送受信機 | 119 |
| ケンウッド | 1988 | TS-940S Limited | 送受信機 | 161 |
| ケンウッド | 1988 | TS-790(G, S) | 送受信機 | 180 |
| ケンウッド | 1988 | TM-231(S, D) | 送受信機 | 197 |
| ケンウッド | 1988 | TM-431(S, D) | 送受信機 | 197 |
| ケンウッド | 1988 | TM-701(S) | 送受信機 | 197 |
| ケンウッド | 1988 | TH-25(DTMF付き) | スティック | 225 |
| ケンウッド | 1988 | TH-45(DTMF付き) | スティック | 225 |
| ケンウッド | 1989 | TS-140S(V) | 送受信機 | 162 |

| メーカー | 発売年 | 型番 | 種別 | 機種別紹介頁 |
|---|---|---|---|---|
| ダイワインダストリ | 1984 | MT-20J | スティック | 101 |
| タスコ | 1993 | DTR-192 | 送受信機 | 267 |
| タニグチ・エンジニアリング・トレイダース | 1977 | MODEL-2010A(B) | トランスバータ | 258 |
| | | VLA-100 | HF5バンド | 282 |
| | 1978 | MODEL-2010A(B) VHF TRANSVERTER | トランスバータ | 258 |
| | 1980 | VLA200L | HF6バンド | 284 |
| | | VLA500H | HF6バンド | 284 |
| 九十九電機 | 1978 | FT-101ESデラックス | 送受信機 | 24 |
| | | ACRON-15S | 送受信機 | 133 |
| | | ACRON-15SD | 送受信機 | 133 |
| | | TS-310DX | 送受信機 | 134 |
| | 1979 | ACRON-10S | 送受信機 | 133 |
| | 1980 | ハイゲン2795 | 送受信機 | 136 |
| | | スーパースター360 | 送受信機 | 137 |
| | 1981 | スーパースター4600 | 送受信機 | 71 |
| | | スーパースター2000 | 送受信機 | 137 |
| テクノラボ | 1997 | DXC-50 | 送受信機 | 151 |
| テックコミュニケーション | 1997 | GO-2KW | HF9バンド | 290 |
| 電菱(ユニコム) | 1978 | UX-502 | 送受信機 | 133 |
| | 1979 | UX-602 | 送受信機 | 135 |
| 電菱 | 1980 | FM-200 | 送受信機 | 69 |
| | 1981 | FM-10 | 送受信機 | 138 |
| | 1982 | FM-6 | 送受信機 | 69 |
| 東京ハイパワー研究所(東京ハイパワー) | 1974 | HL2K | HF5バンド | 280 |
| | 1976 | HL-4000 | HF6バンド | 282 |
| | | HL-3000 | HF6バンド | 282 |
| | 1978 | HL-400B | HF5バンド | 283 |
| 東京ハイパワー | 1982 | MICRO7 | スティック | 99 |
| | 1985 | HL-1K | HF9バンド | 286 |
| | 1986 | HL-2K | HF9バンド | 286 |
| | 1986 | HL-1K GX | HF9バンド | 287 |
| | 1987 | HT-180 | 送受信機 | 143 |
| | | HT-140 | 送受信機 | 143 |
| | | HT-120 | 送受信機 | 143 |
| | | HT-115 | 送受信機 | 143 |
| | | HT-110 | 送受信機 | 143 |
| | | HT-106 | 送受信機 | 143 |
| | 1988 | HT-10 | スティック | 144 |
| | 1989 | HX-640 | トランスバータ | 263 |
| | | HX-240 | トランスバータ | 263 |
| | 1990 | HL-3K DX | HF9バンド | 288 |
| | | HL-700B | HF5バンド | 288 |
| | 1992 | HX-650 | トランスバータ | 265 |
| | 1993 | HT-750 | スティック | 168 |
| | 1996 | HL-1K FX | HF9バンド | 289 |
| 東光電波センター | 1980 | RT-1200 | トランスバータ | 113 |
| 東野電気 | 1974 | SSシリーズ | 144MHz | 281 |
| | | 6Sシリーズ | 50MHz | 281 |
| | 1990 | FSX-1M(MS) | 送受信機 | 264 |
| | 1993 | TT-400 | スティック | 266 |
| | | TT-400S | スティック | 266 |

| メーカー | 発売年 | 型番 | 種別 | 機種別紹介頁 |
|---|---|---|---|---|
| 東野電気 | 1994 | PR-1300 | スティック | 240 |
| | | TT-400X | スティック | 266 |
| | 1996 | PR-1300A | スティック | 240 |
| | | PMT-192H(L) | 送受信機 | 267 |
| | | TPS-7000 | スティック | 268 |
| | | TPS-7000B | 送受信機 | 268 |
| | 1997 | TT-143 | ポケット | 245 |
| 東名電子 | 1989 | TM-101 | 送受信機 | 144 |
| | 1990 | TM-102 | 送受信機 | 145 |
| | 1992 | TM-102N | 送受信機 | 145 |
| 都波電子 | 1972 | UHF-TV TX | TV送信機 | 257 |
| 内外電機製作所 | 1974 | nag-50XL | 50MHz | 281 |
| | | nag-144XL | 144MHz | 281 |
| 西無線研究所 | 1993 | NUC-1200 | トランスバータ | 122 |
| | | NTS-200 | スティック | 237 |
| | | NTS-700 | スティック | 237 |
| | 1995 | NTS-1000 | 送受信機 | 150 |
| | 2000 | NTS-210 | スティック | 248 |
| | | NTS-710 | スティック | 248 |
| 日昇電子 | 1971 | UHF PB-50 | 430MHz | 279 |
| 日生技研／T-ZONE | 1994 | HTR-55 | 送受信機 | 149 |
| 日本圧電気(アツデン) | 1978 | PCS-2000 | 送受信機 | 65 |
| | 1979 | PCS-2800 | 送受信機 | 135 |
| | 1980 | PCS-2200 | 送受信機 | 69 |
| | 1981 | PCS-2800Z | 送受信機 | 137 |
| | 1982 | PCS-4000 | 送受信機 | 73 |
| | | PCS-4300 | 送受信機 | 73 |
| | | PCS-4800 | 送受信機 | 139 |
| | 1983 | PCS-4500 | 送受信機 | 75 |
| | 1985 | PCS-4310 | 送受信機 | 78 |
| | | PCS-4010 | 送受信機 | 78 |
| | | PCS-5800(H) | 送受信機 | 141 |
| | 1986 | PCS-5000(H) | 送受信機 | 81 |
| | | PCS-5500 | 送受信機 | 81 |
| | 1987 | PCS-10 | スティック | 144 |
| | 1988 | PCS-6500(H) | 送受信機 | 144 |
| | | PCS-6800(H) | 送受信機 | 144 |
| | | PCS-6000(H) | 送受信機 | 196 |
| | 1989 | PCS-6 | スティック | 144 |
| | | PCS-6300(H) | 送受信機 | 196 |
| | 1990 | PCS-7800(H) | 送受信機 | 146 |
| | | PCS-7500(H) | 送受信機 | 146 |
| | | PCS-7000(H) | 送受信機 | 201 |
| | | PCS-7300(H) | 送受信機 | 201 |
| | 1991 | AZ-11 | スティック | 146 |
| | | AZ-61 | スティック | 146 |
| | 1992 | AZ-21 | スティック | 237 |
| アツデン | 1994 | PCS-7300D(DH) | 送受信機 | 201 |
| | 1995 | PCS-7801(H) | 送受信機 | 150 |
| | | PCS-7501(H) | 送受信機 | 150 |
| | 1996 | PCS-7801N(HN) | 送受信機 | 151 |
| | | PCS-7501N(HN) | 送受信機 | 151 |

| メーカー | 発売年 | 型番 | 種別 | 機種別紹介頁 |
|---|---|---|---|---|
| 日本コミュニケーション | 1977 | TR-1012 | 送受信機 | 132 |
| 日本システム工業 | 1977 | RT-145 | 送受信機 | 61 |
| 日本電業 | 1975 | LA-106 | 144MHz | 282 |
| | | Liner70A | 送受信機 | 42 |
| | | Liner15B | 送受信機 | 132 |
| | 1978 | LS-707 | 送受信機 | 44 |
| | | LS-707B | 送受信機 | 44 |
| | | LS-20F | 送受信機 | 63 |
| | 1979 | LS-205 | 送受信機 | 63 |
| | | LS-60 | 送受信機 | 135 |
| | 1980 | LS-602 | 送受信機 | 136 |
| | | LS-102 | 送受信機 | 136 |
| | 1981 | LS-102L(X) | 送受信機 | 136 |
| | 1982 | LS-200H | スティック | 98 |
| | | LS-20X | スティック | 99 |
| | 1984 | LS-202 | スティック | 101 |
| | | LS-702 | スティック | 101 |
| 日本電装 | 1977 | ND-1400 | 送受信機 | 62 |
| | 1978 | ND-4300 | 送受信機 | 62 |
| | 1979 | ND-2010 | 送受信機 | 66 |
| | | ND-1200 | 弁当箱 | 93 |
| | 1980 | ND-4200 | 弁当箱 | 96 |
| | | ND-1600 | 弁当箱 | 96 |
| | 1981 | ND-1500 | 送受信機 | 72 |
| 日本特殊無線 | 1985 | JAPAN-80(II) | 送受信機 | 141 |
| | 1986 | MKH-32 | 送受信機 | 142 |
| | | MK-32 | トランスバータ | 261 |
| | | MK-32(追加仕様) | トランスバータ | 261 |
| | | MK-32(追加仕様2) | トランスバータ | 261 |
| マランツ商事(日本マランツ) | 1977 | C5500 | 送受信機 | 42 |
| | 1978 | C5400 | 送受信機 | 42 |
| | 1978 | C8800 | 送受信機 | 64 |
| | | C145G | スティック | 92 |
| | 1979 | C7800 | 送受信機 | 64 |
| | | C8800G | 送受信機 | 64 |
| | | C432G | スティック | 92 |
| | | C88 | 弁当箱 | 95 |
| 日本マランツ | 1980 | C78 | 弁当箱 | 95 |
| | | C58 | 弁当箱 | 97 |
| | 1981 | C5800 | 送受信機 | 71 |
| | | C900J　トークマン | 板チョコ | 138 |
| | 1982 | C7900 | 送受信機 | 73 |
| | | C8900 | 送受信機 | 73 |
| | | C7800B | 送受信機 | 64 |
| | | C110 | スティック | 99 |
| | 1983 | C4800 | 送受信機 | 75 |
| | | C7900G | 送受信機 | 73 |
| | | C8900G | 送受信機 | 73 |
| | | C410 | スティック | 99 |
| | 1984 | C4100 | 送受信機 | 76 |
| | | C1100 | 送受信機 | 76 |
| | 1985 | C5000(D) | 送受信機 | 79 |

| メーカー | 発売年 | 型番 | 種別 | 機種別紹介頁 |
|---|---|---|---|---|
| 日本マランツ | 1985 | C411 | ポケット | 103 |
| | | C111 | ポケット | 103 |
| | | C120 | スティック | 103 |
| | 1986 | C420 | スティック | 103 |
| | | C6000(S) | 送受信機 | 117 |
| | | C311 | 送受信機 | 118 |
| | 1987 | HX600T | ポケット | 143 |
| | | C5200(D) | 送受信機 | 194 |
| | | C500 | スティック | 225 |
| | | RP70KF | レピータ | 263 |
| | 1988 | C150 | スティック | 227 |
| | | C450 | スティック | 227 |
| | | C412 | ポケット | 227 |
| | | C112 | ポケット | 227 |
| | 1989 | C520 | スティック | 229 |
| | 1990 | HX600TS | ポケット | 143 |
| | | C50(D) | 送受信機 | 182 |
| | | C5600(D) | 送受信機 | 199 |
| | | C460 | スティック | 232 |
| | 1991 | C160 | スティック | 232 |
| | 1992 | C481 | スティック | 234 |
| | | C181 | スティック | 234 |
| | | C620 | スティック | 235 |
| | | C550 | スティック | 235 |
| | | C401 | ポケット | 235 |
| | 1993 | C5700(D) | 送受信機 | 205 |
| | | C5710(D) | 送受信機 | 205 |
| | | C5720(D) | 送受信機 | 205 |
| | | C170 | スティック | 239 |
| | | C470 | スティック | 239 |
| | 1994 | C1200(D) | 送受信機 | 206 |
| | | C4200(D) | 送受信機 | 206 |
| | | C115 | ポケット | 240 |
| | | C415 | ポケット | 240 |
| | | C101 | ポケット | 235 |
| | | C560 | スティック | 241 |
| | 1995 | C5900(D) | 送受信機 | 210 |
| | | C501 | ポケット | 242 |
| | | C601 | ポケット | 242 |
| | 1996 | C5900B | 送受信機 | 211 |
| | | C701 | ポケット | 243 |
| | | C510 | ポケット | 245 |
| | 1997 | C710 | ポケット | 246 |
| スタンダード/マランツ | 1998 | C-5750 | 送受信機 | 213 |
| 日本無線 | 1977 | NRD-505 | 受信機 | 22 |
| | 1978 | NSD-505D(S) | 送信機 | 24 |
| | 1980 | NRD-515 | 受信機 | 28 |
| | | NSD-515D(S) | 送信機 | 30 |
| | 1982 | JST-100D(S) | 送受信機 | 32 |
| | | JST-10 | 送受信機 | 33 |
| | 1986 | JST-110D(S) | 送受信機 | 37 |
| | | JST-10A | 送受信機 | 33 |

| メーカー | 発売年 | 型番 | 種別 | 機種別紹介頁 |
|---|---|---|---|---|
| 日本無線 | 1986 | JHM-25S55DX | 送受信機 | 82 |
| | | JHM-45S50DX | 送受信機 | 82 |
| | 1987 | JST-125D(S) | 送受信機 | 159 |
| | 1988 | JST-135D(S, E) | 送受信機 | 161 |
| | | JRL-1000 | HF9バンド | 287 |
| | 1990 | JRL-2000F | HF8バンド | 288 |
| | | NRD-93 | 受信機 | 164 |
| | 1992 | JST-135HP | 送受信機 | 166 |
| | 1993 | JST-245D(E, S) | 送受信機 | 168 |
| | | JST-145D(E, S) | 送受信機 | 168 |
| | 1995 | JST-245D Limited | 送受信機 | 168 |
| | 1996 | JST-245H(Hフル) | 送受信機 | 168 |
| | | JRL-2000FH | HF8バンド | 288 |
| | 2000 | JRL-3000F | 50MHzまで | 290 |
| 福山電機 | 1977 | Bigear 1000 | 送受信機 | 43 |
| | | Quartsz-16 | 送受信機 | 60 |
| | | MULTI-800S(D) | 送受信機 | 61 |
| | | Bigear 500 | 送受信機 | 62 |
| | | Bigear 400 | 送受信機 | 62 |
| | | Bigear 200 | 送受信機 | 62 |
| | 1978 | Bigear 2000 | 送受信機 | 43 |
| | | MULTI-700S(D) | 送受信機 | 63 |
| | | MULTI-400S | 送受信機 | 65 |
| | | MULTI Palm2 | スティック | 90 |
| | | MULTI Palmsizer2 | スティック | 92 |
| | | MULTI Palm4 | スティック | 92 |
| | 1979 | MULTI-700SX(DX) | 送受信機 | 63 |
| | | Bigear MUV-430A(A4) | トランスバータ | 66 |
| | | Bigear System500S(D) | 送受信機 | 67 |
| | | MULTI-750 | 送受信機 | 68 |
| | | Biggar POCKETII | スティック | 94 |
| | 1980 | EXPANDER-430 | トランスバータ | 68 |
| 福島無線通信機 | 1987 | ATV-2TR | ATV送信機 | 262 |
| | | ATV-1200KA | ATV送信機 | 262 |
| | | ATV-435KA | ATV送信機 | 262 |
| | | FTV-435V | ATV送信機 | 262 |
| | 1990 | ATV-1201FM | ATV送信機 | 264 |
| | 1997 | ATV-12X | ATV送信機 | 268 |
| | 1998 | SSB-50X(50X 10W) | 送受信機 | 152 |
| 富士通テン | 1976 | UFC-833A | トランスバータ | 112 |
| フジヤマ・エンタープライズ・コーポレーション | 1981 | MULTI-750X | 送受信機 | 71 |
| | | EXPANDER-430X | トランスバータ | 71 |
| フロンティア エレクトリック | 1968 | SH-1000 | HF5バンド | 277 |
| | 1969 | SUPER3000LA | HF5バンド | 277 |
| | 1970 | SUPER3500LA | HF5バンド | 278 |
| | 1972 | SB-2000 | HF5バンド | 280 |
| | 1973 | SB-2000A(AS) | HF6バンド | 280 |
| | 1974 | LA-2 | 144MHz | 281 |
| | 1980 | SB-2200S(AS) | モノバンド | 280 |
| | 1981 | SB-3500AS | HF | 280 |
| | 1982 | SB-4000S | HF | 285 |
| 北辰産業 | 1977 | HS-144 | 送受信機 | 61 |

| メーカー | 発売年 | 型番 | 種別 | 機種別紹介頁 |
|---|---|---|---|---|
| 北辰産業 | 1978 | HS-2400S | 送受信機 | 63 |
| マーツ コミュニケーションズ | 1994 | MZ-22 | 送受信機 | 207 |
| | | MZ-43 | 送受信機 | 207 |
| | 1995 | BV-2210 | 送受信機 | 207 |
| | | BV-4310 | 送受信機 | 207 |
| | 1996 | MZ-23 | 送受信機 | 212 |
| | | MZ-45 | 送受信機 | 212 |
| マキ電機 | 1978 | UTV-430A | トランスバータ | 258 |
| | 1980 | UTV-1200B | トランスバータ | 113 |
| | | UTV-1200BII | トランスバータ | 113 |
| | | UTV-2300A(F) | トランスバータ | 114 |
| | 1981 | FM-2025改 | 送受信機 | 114 |
| | | UTV-2300B | トランスバータ | 114 |
| | 1982 | UTV-1200BIIHP | トランスバータ | 113 |
| | | UTV-2400B | トランスバータ | 114 |
| | 1983 | UTR-1200TV | TV送信機 | 260 |
| | 1984 | UTR-1230 | 送受信機 | 115 |
| | | UP-1210BL | 1.2GHz | 285 |
| | 1985 | UTV-120B | トランスバータ | 116 |
| | | UTV-1200BII-E 前期型 | トランスバータ | 113 |
| | | UTV-5600A | トランスバータ | 113 |
| | | UTV-2400E 前期型 | トランスバータ | 116 |
| | | UP-1211BL | 1.2GHz | 285 |
| | 1987 | FTV-1200 | FMTV送受信機 | 262 |
| | | FTV-2400 | FMTV送受信機 | 262 |
| | | FTV-140A | ジェネレータ | 262 |
| | 1988 | UTV-10G 前期型 | トランスバータ | 119 |
| | 1989 | UTV-5600B | トランスバータ | 120 |
| | | UTV-2400E 中期型 | トランスバータ | 117 |
| | | UTV-2400E03 | トランスバータ | 117 |
| | | FMT-1200 | FMTV送信機 | 263 |
| | | FMT-1202 | FMTV送信機 | 263 |
| | 1990 | FTV-120 | 送受信機 | 265 |
| | | FTV-240 | 送受信機 | 265 |
| | | FTV-140L | ジェネレータ | 265 |
| | | FTV-290A | ジェネレータ | 265 |
| | 1991 | UTV-2400E(後期型) | トランスバータ | 117 |
| | 1992 | UTV-5600BII | トランスバータ | 122 |
| | 1994 | UTV-1200BII-E後期型 | トランスバータ | 113 |
| | | UTV-10G 中期型 | トランスバータ | 119 |
| | | FMT-122PL | ATV送信機 | 267 |
| | | FTV-120L FTV-240L | 送受信機 | 267 |
| | 1995 | UTV-10G 後期型 | トランスバータ | 119 |
| | 1997 | UTV-1200BIIP | トランスバータ | 122 |
| | | UTV-2400BIIP | トランスバータ | 122 |
| | | UTV-5600BIIP | トランスバータ | 122 |
| | | UTV-24G | トランスバータ | 123 |
| | 1999 | UTV-47G | トランスバータ | 123 |
| | 2000 | WFM-1201PL | ATV送信機 | 269 |
| 松下電器産業 | 1978 | RJX-610 | 大弁当箱 | 134 |
| | | RJX-T2 | トランスバータ | 134 |
| | | RJX-T15 | ダウンバータ | 134 |

| メーカー | 発売年 | 型 番 | 種 別 | 機種別紹介頁 |
|---|---|---|---|---|
| 八重洲無線 | 1983 | FT-757GX(SX) | 送受信機 | 35 |
| | | FT-726 | 送受信機 | 47 |
| | | FT-230II | 送受信機 | 75 |
| | | FT-203 | スティック | 100 |
| | 1984 | FT-730RII | 送受信機 | 75 |
| | | FT-2700R(RH) | 送受信機 | 77 |
| | | FT-270(H) | 送受信機 | 77 |
| | | FT-209(H) | スティック | 101 |
| | | FT-703R | スティック | 102 |
| | | FTR-1054 | レピータ | 259 |
| | | FL-2100Z(後期型) | HF9バンド | 284 |
| | 1985 | FT-3700(H) | 送受信機 | 79 |
| | | FT-770(H) | 送受信機 | 79 |
| | | FT-3800(H) | 送受信機 | 80 |
| | | FT-3900(H) | 送受信機 | 80 |
| | | FT-709 | スティック | 101 |
| | 1986 | FT-767GX(SX) | 送受信機 | 37 |
| | | FT-70G | 送受信機 | 38 |
| | | FT-767GXX | 送受信機 | 48 |
| | | FT-290MKII | 弁当箱 | 104 |
| | | FT-690MKII | 弁当箱 | 104 |
| | | FT-727G | スティック | 104 |
| | | FT-23 | スティック | 105 |
| | | FT-73 | スティック | 105 |
| | | FT-2303 | 送受信機 | 118 |
| | 1987 | FT-2311 | 送受信機 | 118 |
| | | FT-757GXII(SXII) | 送受信機 | 159 |
| | | FT-747GX(SX) | 送受信機 | 160 |
| | | FT-736(M) | 送受信機 | 180 |
| | | FT-211L(H) | 送受信機 | 193 |
| | | FT-711L(H) | 送受信機 | 193 |
| | | FT-212L(H) | 送受信機 | 194 |
| | | FT-712L(H) | 送受信機 | 194 |
| | | FT-790MKII | 弁当箱 | 226 |
| | | FL-7000 | HF8バンド | 287 |
| | 1988 | FT-736X(MX) | 送受信機 | 180 |
| | | FT-4700(H) | 送受信機 | 195 |
| | | FT-204 | スティック | 228 |
| | 1989 | FT-104 | スティック | 120 |
| | | FT-1021(S, X, M) | 送受信機 | 163 |
| | | FT-704 | スティック | 228 |
| | | FT-728 | スティック | 228 |
| | 1990 | FT-2312 | 送受信機 | 121 |
| | | FT-655(M, S) | 送受信機 | 164 |
| | | FT-1011 | 送受信機 | 164 |
| | | FT-4800(M, H) | 送受信機 | 201 |
| | | FT-24 | スティック | 231 |
| | | FT-74 | スティック | 231 |
| | 1991 | FT-850(M, S) | 送受信機 | 166 |
| | | FT-5800(M, H) | 送受信機 | 201 |
| | | FT-205 | スティック | 233 |
| | | FT-705 | スティック | 233 |

| メーカー | 発売年 | 型 番 | 種 別 | 機種別紹介頁 |
|---|---|---|---|---|
| 八重洲無線 | 1992 | FT-2400(H) | 送受信機 | 203 |
| | | FT-4600(M, H) | 送受信機 | 203 |
| | | FT-4900(M, H) | 送受信機 | 203 |
| | | FT-729 | スティック | 234 |
| | | FT-305 | スティック | 236 |
| | | FT-805 | スティック | 236 |
| | 1993 | FT-840(S) | 送受信機 | 168 |
| | | FT-215(M, H) | 送受信機 | 205 |
| | | FT-715(M, H) | 送受信機 | 205 |
| | | FT-11(ND) | ポケット | 239 |
| | | FT-41(ND) | ポケット | 239 |
| | 1994 | FT-900(S) | 送受信機 | 169 |
| | | FT-51ND | スティック | 241 |
| | 1995 | FT-1000MP(/S) | 送受信機 | 170 |
| | | FT-1000 | 送受信機 | 171 |
| | | FT-8500(S) | 送受信機 | 209 |
| | | FT-8500(S)/MH39a6j | 送受信機 | 209 |
| | | FT-10 | ポケット | 243 |
| | | FT-40 | ポケット | 243 |
| | 1996 | FT-736M(MX)20Wタイプ | 送受信機 | 180 |
| | | FT-8000(H) | 送受信機 | 212 |
| | | FT-50N | ポケット | 244 |
| | 1997 | FT-920(S) | 送受信機 | 173 |
| | | FT-847(M, S) | 送受信機 | 173 |
| | | FT-8100(H) | 送受信機 | 213 |
| | | VX-1 | ポケット | 246 |
| | | VL-1000 | 50MHzまで | 289 |
| スタンダード/八重洲無線 | 1998 | FT-100(M, S) | 送受信機 | 174 |
| | | FT-90(H) | 送受信機 | 213 |
| | 1999 | MARK-V FT-1000MP | 送受信機 | 175 |
| | | FT-100D(DM, DS, DX) | 送受信機 | 174 |
| | | VX-5 | ポケット | 248 |
| | 2000 | FT-817 | 送受信機 | 176 |
| | | FTV-1000 | トランスバータ | 175 |
| ユニコム | 1983 | UX-10M | 送受信機 | 140 |
| ユピテル | 1990 | 50-H1 | ポケット | 145 |
| | 1991 | 50-H3 | ポケット | 145 |
| | | 50-H5 | ポケット | 145 |
| | | 50-H7 | ポケット | 145 |
| | 1997 | CT-H43 | ポケット | 246 |
| ラリー通信機 | 1975 | VT-435 | TV送信機 | 257 |
| | 1977 | VT-435K | TV送信機 | 257 |
| | | VT-435KV | TV送信機 | 257 |
| | 1985 | PTV-1 | TV送信機 | 261 |
| | | PTV-2 | TV送信機 | 261 |
| | | PTV-3 | TV送信機 | 261 |
| ロケット | 1982 | CQ-110E | 送受信機 | 32 |
| ワンダー電子 | 1982 | W-706G | トランスバータ | 259 |

# 著者プロフィール

**高木 誠利**（たかぎ まさとし）

1961年生まれ．1975年電話級アマチュア無線技士取得，1976年アマチュア無線局JJ1GRK開局．電気通信大学電気通信学部電波通信（電子情報）学科卒業．以後，放送通信関係の仕事に従事．第1級無線技術士（現，第1級陸上無線技術士），第1級無線通信士（現，第1級総合無線通信士），第1級アマチュア無線技士，電話工事の工事担任者総合種など，無線，有線通信関係の主要資格を取得．
1997年にアマチュア無線として初のスペクトラム拡散，ならびに音声デジタル変調通信の免許を受ける．通信機器と電子キットに関する著作多数．映像情報メディア学会（旧テレビジョン学会）エグゼクティブ会員．

# 日本アマチュア無線機名鑑 II

2022年7月1日　初版発行



著　者　髙木　誠利
発行人　小澤　拓治
発行所　CQ出版株式会社

〒112-8619　東京都文京区千石4-29-14
電話　編集　03-5395-2149
　　　販売　03-5395-2141
振替　00100-7-10665

乱丁，落丁本はお取り替えいたします．
定価はカバーに表示してあります．

ISBN978-4-7898-1274-0
Printed in Japan

編集担当者　甕岡　秀年
本文デザイン・DTP　(株)コイグラフィー
印刷・製本　三共グラフィック(株)